国家重点研发计划"固废资源化"重点专项支持
固废资源化技术丛书

危险废物环境风险评估 与分类管控

Environmental Risk Assessment and Classification Control of Hazardous Waste

胡华龙　何　艺　郑　洋　等　著
焦少俊　杨子良　吴　昊

科　学　出　版　社

北　京

内 容 简 介

危险废物污染防治一直是世界各国环境管理的重点和难点。加强危险废物污染防治，既要从法律、制度的层面完善管理措施，提高管理水平，又要从技术、原理出发，根据危险废物的物质属性明确管理要求，从根本上防控环境风险。本书系统梳理了危险废物对环境和人体健康的危害，分析了开展危险废物环境风险评估和全过程智能化可追溯管控的可行性，在此基础上简要概述了国内外危险废物风险评估和全过程智能化可追溯管控的现状，并对未来在我国大规模推广应用环境风险评估和全过程智能化可追溯管控技术提出了相应的建议，以期为显著提高我国危险废物环境管理水平和风险防控能力提供借鉴。

本书是作者团队多年从事危险废物环境管理技术研究的成果总结，并综合了国内外先进技术经验，旨在推动提升我国危险废物环境风险评估与全过程可追溯管控能力和水平。本书可供环境工程等专业的师生参考，也可作为危险废物环境管理、危险废物利用处置领域科研工作者、工程人员、企业技术人员的参考书。

图书在版编目（CIP）数据

危险废物环境风险评估与分类管控/胡华龙等著. —北京：科学出版社，2024.2

（固废资源化技术丛书）

ISBN 978-7-03-077398-2

Ⅰ. ①危⋯ Ⅱ. ①胡⋯ Ⅲ. ①危险物品管理-废物处理-环境生态评价 Ⅳ. ①X327

中国国家版本馆 CIP 数据核字（2024）第 006334 号

责任编辑：杨 震 杨新改/责任校对：杜子昂
责任印制：吴兆东/封面设计：东方人华

科学出版社 出版
北京东黄城根北街 16 号
邮政编码：100717
http://www.sciencep.com
天津市新科印刷有限公司印刷
科学出版社发行 各地新华书店经销

*

2024 年 2 月第 一 版 开本：720 × 1000 1/16
2024 年 6 月第二次印刷 印张：25 1/4
字数：500 000

定价：138.00 元
（如有印装质量问题，我社负责调换）

"固废资源化技术丛书"编委会

本书著作委员会

主　　任：胡华龙　何　艺
副 主 任：郑　洋　焦少俊　杨子良　吴　昊
成　　员（按姓氏汉语拼音排序）：

<table>
<tr><td>蔡洪英</td><td>陈　成</td><td>楚敬龙</td><td>付冬雪</td><td>郭玉文</td></tr>
<tr><td>郝雅琼</td><td>何　洁</td><td>胡　楠</td><td>胡俊杰</td><td>黄艳丽</td></tr>
<tr><td>霍慧敏</td><td>贾　佳</td><td>蒋京呈</td><td>金　晶</td><td>靳晓勤</td></tr>
<tr><td>李　彬</td><td>李　岩</td><td>李仓敏</td><td>李雅娟</td><td>梁　燕</td></tr>
<tr><td>刘　锋</td><td>刘国梁</td><td>刘海兵</td><td>刘宏博</td><td>柳　溪</td></tr>
<tr><td>毛佳茗</td><td>阮久莉</td><td>桑　源</td><td>邵　翔</td><td>孙书晶</td></tr>
<tr><td>田书磊</td><td>徐　杰</td><td>王　维</td><td>王天雪</td><td>吴　丹</td></tr>
<tr><td>吴宗儒</td><td>张　俊</td><td>张　喆</td><td>张东琦</td><td>张丽丽</td></tr>
<tr><td>张曼丽</td><td>张明杨</td><td>赵娜娜</td><td>郑凡瑶</td><td>周　奇</td></tr>
<tr><td>周　强</td><td>周洁莲</td><td>周曼丽</td><td></td><td></td></tr>
</table>

丛 书 序 一

深入推进固废资源化、大力发展循环经济已经成为支撑社会经济绿色转型发展、战略资源可持续供给和"双碳"目标实现的重要途径，是解决我国资源环境生态问题的基础之策，也是一项利国利民、功在千秋的伟大事业。党和政府历来高度重视固废循环利用与污染控制工作，习近平总书记多次就发展循环经济、推进固废处置利用做出重要批示；《2030 年前碳达峰行动方案》明确深入开展"循环经济助力降碳行动"，要求加强大宗固废综合利用、健全资源循环利用体系、大力推进生活垃圾减量化资源化；党的二十大报告指出"实施全面节约战略，推进各类资源节约集约利用，加快构建废弃物循环利用体系"。

回顾二十多年来我国循环经济的快速发展，总体水平和产业规模已取得长足进步，如：2020 年主要资源产出率比 2015 年提高了约 26%、大宗固废综合利用率达 56%、农作物秸秆综合利用率达 86%以上；再生资源利用能力显著增强，再生有色金属占国内 10 种有色金属总产量的 23.5%；资源循环利用产业产值达到 3 万亿元/年等，已初步形成以政府引导、市场主导、科技支撑、社会参与为运行机制的特色发展之路。尤其是在科学技术部、国家自然科学基金委员会等长期支持下，我国先后部署了"废物资源化科技工程"、国家重点研发计划"固废资源化"重点专项以及若干基础研究方向任务，有力提升了我国固废资源化领域的基础理论水平与关键技术装备能力，对固废源头减量—智能分选—高效转化—清洁利用—精深加工—精准管控等全链条创新发展发挥了重要支撑作用。

随着全球绿色低碳发展浪潮深入推进，以欧盟、日本为代表的发达国家和地区已开始部署新一轮循环经济行动计划，拟通过数字、生物、能源、材料等前沿技术深度融合以及知识产权与标准体系重构，以保持其全球绿色竞争力。为了更好发挥"固废资源化"重点专项成果的引领和应用效能，持续赋能循环经济高质量发展和高水平创新人才培养等方面工作，科学出版社依托该专项组织策划了"固废资源化技术丛书"，来自中国科学院过程工程研究所、五矿集团、矿冶科技集团有限公司、同济大学、北京工业大学等单位的行业专家、重点专项项目及课题负责人参加了丛书的编撰工作。丛书将深刻把握循环经济领域国内外学术前沿动态，系统提炼"固废资源化"重点专项研发成果，充分展示和深入分析典型无机固废源头减量与综合利用、有机固废高效转化与安全处置、多元复合固废智能拆解与清洁再生等方面的基础理论、关键技术、核心装备的最新进展和示范应用，以期让相关领域广大科研工作者、企业家群体、政府及行业管理部门更好地了解固废资源化科技进步和产业应用情况，为他们开展更高水平的科技创新、工程应用和管理工作提供更多有益的借鉴和参考。

左铁镛

中国工程院院士

2023 年 2 月

丛书序二

我国处于绿色低碳循环发展关键转型时期。化工、冶金、能源等行业仍将长期占据我国工业主体地位，但其生产过程产生数十亿吨级的固体废物，造成的资源、环境、生态问题十分突出，是国家生态文明建设关注的重大问题。同时，社会消费环节每年产生的废旧物质快速增加，这些废旧物质蕴含着宝贵的可回收资源，其循环利用更是国家重大需求。固废资源化通过再次加工处理，将固体废物转变为可以再次利用的二次资源或再生产品，不但可以解决固体废物环境污染问题，而且实现宝贵资源的循环利用，对于保证我国环境安全、资源安全非常重要。

固废资源化的关键是科技创新。"十三五"期间，科学技术部启动了"固废资源化"重点专项，从化工冶金清洁生产、工业固废增值利用、城市矿产高质循环、综合解决集成示范等全链条、多层面、系统化加强了相关研发部署。经过三年攻关，取得了一系列基础理论、关键技术和工程转化的重要成果，生态和经济效益显著，产生了巨大的社会影响。依托"固废资源化"重点专项，科学出版社组织策划了"固废资源化技术丛书"，来自中国科学院过程工程研究所、中国地质大学（北京）、中国矿业大学（北京）、中南大学、东北大学、矿冶科技集团有限公司、军事科学院国防科技创新研究院等很多单位的重点专项项目负责人都参加了丛书的编撰工作，他们都是固废资源化各领域的领军人才。丛书对固废资源化利用的前沿发展以及关键技术进行了阐述，介绍了一系列创新性强、智能化程度高、工程应用广泛的科技成果，反映了当前固废资源化的最新科研成果和生产技术水平，有助于读者了解最新的固废资源化利用相关理论、技术和装备，对学术研究和工程化实施均有指导意义。

我带领团队从1990年开始，在国内率先开展了清洁生产与循环经济领域的技术创新工作，到现在已经30余年，取得了一定的创新性成果。要特别感谢科学技术部、国家自然科学基金委员会、中国科学院等的国家项目的支持，以及社会、企业等各方面的大力支持。在这个过程中，团队培养、涌现了一批优秀的中青年骨干。丛书的主编李会泉研究员在我团队学习、工作多年，是我们团队的学术带头人，他提出的固废矿相温和重构与高质利用学术思想及关键技术已经得到了重要工程应用，一定会把这套丛书的组织编写工作做好。

固废资源化利国利民，技术创新永无止境。希望参加这套丛书编撰的专家、学者能够潜心治学、不断创新，将理论研究和工程应用紧密结合，奉献出精品工程，为我国固废资源化科技事业做出贡献；更希望在这个过程中培养一批年轻人，让他们多挑重担，在工作中快速成长，早日成为栋梁之材。

感谢大家的长期支持。

中国工程院院士

2022 年 12 月

丛 书 前 言

深入推进固废资源化已成为大力发展循环经济，建立健全绿色低碳循环发展经济体系的重要抓手。党的二十大报告指出"实施全面节约战略，推进各类资源节约集约利用，加快构建废弃物循环利用体系"。我国固体废物增量和存量常年位居世界首位，成分复杂且有害介质多，长期堆存和粗放利用极易造成严重的水-土-气复合污染，经济和环境负担沉重，生态与健康风险显现。而另一方面，固体废物又蕴含着丰富的可回收物质，如不加以合理利用，将直接造成大量有价资源、能源的严重浪费。

通过固废资源化，将各类固体废物中高品位的钢铁与铜、铝、金、银等有色金属，以及橡胶、尼龙、塑料等高分子材料和生物质资源加以合理利用，不仅有利于解决固体废物的污染问题，也可成为有效缓解我国战略资源短缺的重要突破口。与此同时，由于再生资源的替代作用，还能有效降低原生资源开采引发的生态破坏与环境污染问题，具有显著的节能减排效应，成为减污降碳协同增效的重要途径。由此可见，固废资源化对构建覆盖全社会的资源循环利用体系，系统解决我国固废污染问题、破解资源环境约束和推动产业绿色低碳转型具有重大的战略意义和现实价值。随着新时期绿色低碳、高质量发展目标对固废资源化提出更高要求，科技创新越发成为其进一步提质增效的核心驱动力。加快固废资源化科技创新和应用推广，就是要通过科技的力量"化腐朽为神奇"，将"绿水青山就是金山银山"的理念落到实处，协同推进降碳、减污、扩绿、增长。

"十三五"期间，科学技术部启动了国家重点研发计划"固废资源化"重点专项，该专项紧密面向解决固体废物重大环境问题、缓解重大战略资源紧缺、提升循环利用产业装备水平、支撑国家重大工程建设等方面战略需求，聚焦工业固废、生活垃圾、再生资源三大类典型固废，从源头减量、循环利用、协同处置、精准管控、集成示范等方面部署研发任务，通过全链条科技创新与全景式任务布局，引领我国固废资源化科技支撑能力的全面升级。自专项启动以来，已在工业固废建工建材利用与安全处置、生活垃圾收集转运与高效处理、废旧复合器件智能拆解高值利用等方面取得了一批重大关键技术突破，部分成果达到同领域国际先进水平，初步形成了以固废资源化为核心的技术装备创新体系，支撑了近20亿吨工业固废、城市矿产等重点品种固体废物循环利用，再生有色金属占比达到30%，为破解固废污染问题、缓解战略资源紧缺和促进重点区域与行业绿色低碳发展发挥了重要作用。

本丛书将紧密结合"固废资源化"重点专项最新科技成果,集合工业固废、城市矿产、危险废物等领域的前沿基础理论、创新技术、产品案例和工程实践,旨在解决工业固废综合利用、城市矿产高值再生、危险废物安全处置等系列固废处理重大难题,促进固废资源化科技成果的转化应用,支撑固废资源化行业知识普及和人才培养。并以此为契机,期寄固废资源化科技事业能够在各位同仁的共同努力下,持续产出更加丰硕的研发和应用成果,为深入推动循环经济升级发展、协同推进减污降碳和实现"双碳"目标贡献更多的智慧和力量。

李会泉　何发钰　戴晓虎　吴玉锋

2023 年 2 月

前　言

危险废物污染问题是党的十九大要求着力解决的突出环境问题之一，做好危险废物污染防治工作对于推进高质量发展、打好污染防治攻坚战具有重要意义。危险废物的种类和特性不同，环境危害和风险差异很大，需区别对待进行分类精细化管理。与欧美相比，我国危险废物污染防治存在着环境风险评估技术基础薄弱、风险管控能力不足、精细化管理水平低等问题，亟需补齐短板，构建基于环境风险的危险废物全过程精细化管理体系。同时，危险废物非法转移具有隐蔽性、随机性，现有基层监管力量难以实现全覆盖，亟需引入智能化可追溯管控技术弥补能力不足。

本书面向危险废物全过程环境风险评估、分级分类管理、利用处置污染控制评价和智能化可追溯管控的技术难题，揭示主要暴露途径下典型危险废物中有害物质释放规律，研究全过程环境风险评估技术方法，构建危险废物分级分类评价指标体系和利用处置污染控制技术评价指标体系，确定全过程智能化可追溯管控关键环节并建立可追溯管控技术平台，同时开展危险废物风险评估与可追溯管控技术应用示范。

本书撰写人员均为在危险废物环境风险评价、污染防治、分级分类管理和信息化管控等方面具有深入系统研究和丰富管理经验的人员。他们在相关领域积累了良好的技术基础，开展了大量技术方法及应用研究等工作，将这些技术和研究的成果汇总、凝练出来，将有利于显著提升我国危险废物风险评估能力和精细化管理水平，为实现危险废物管理由"被动式应对"逐步向"主动式预防"转变提供技术支撑。

本书既有对危险废物环境风险评估理论、技术的系统梳理和研究，又结合典型危险废物分级分类管理进行深入浅出分析，所涉及的内容有的已凝聚于相关政策文件和标准规范，在行业内相关会议上多次分享于主题报告中，反响强烈。本书的出版对读者全面系统地了解我国危险废物环境管理制度，对于建设现代化的危险废物管理制度体系均具有很高的参考价值。

全书共7章，由生态环境部固体废物与化学品管理技术中心组织撰写完成。全书由何艺、孙书晶负责统稿。各章的主要撰写分工如下：

第1章由霍慧敏、张东琦、胡楠、金晶、徐杰、郑凡瑶、梁燕、黄艳丽撰写；第2章由张丽丽、李仓敏、吴丹、蒋京呈、何洁、胡俊杰、刘锋撰写；第3章由刘海兵、郝雅琼、周奇、张俊、周曼丽、邵翔、周强撰写；第4章由田书磊、刘宏博、楚敬龙、郭玉文、张明杨、王维、李彬、刘国梁撰写；第5章由靳晓勤、贾佳、毛佳茗、周强、王天雪、柳溪、桑源、李雅娟撰写；第6章由张曼丽、赵娜娜、付冬雪、张喆、蔡洪英、周洁莲、陈成、李岩撰写；第7章由吴昊、刘宏博、楚敬龙、阮久莉、张明杨、王维、刘国梁、吴宗儒撰写。

国家重点研发计划"危险废物环境风险评估与分类管控技术"（项目编号：2018YFC1902800）的成果和经费支持了本书的出版，在此表示感谢。

由于作者水平有限，书中难免有疏漏和不妥之处，敬请读者批评指正。

本书著作委员会

目　录

第1章

危险废物环境管理

1.1　危险废物的定义

危险废物通常具有毒性、腐蚀性、易燃性、反应性和感染性等中一种或者多种危险特性，不同的国际组织和国家对其定义各有不同。联合国环境规划署（United Nations Environment Programme，UNEP）将危险废物定义为除放射性以外的废物（固体废物、污泥、液态废物和废弃容器中的气体），由于其具有化学反应性、毒性、易爆性、腐蚀性和其他危险特性，会引起或可能会引起对人体健康或环境的危害。世界卫生组织（World Health Organization，WHO）将危险废物定义为一种具有物理、化学或生物特性的废物，需要特殊的管理与处置过程，以免引起健康危害或产生其他环境危害。经济合作与发展组织（Organization for Economic Co-operation and Development，OECD）将危险废物定义为除放射性废物之外，如果不恰当运输或处置会引起对人体健康和环境重大危害的固体废物。美国在《资源保护与回收法》（Resources Conservation and Recovery Act，RCRA）中，将危险废物定义为由于不适当的处理、贮存、运输、处置或其他管理方面问题能引起或明显地导致各种疾病和死亡，或对人体健康或环境造成显著威胁的固体废物。日本《废弃物管理和公共清洁法》（Waste Management and Public Cleaning Act）将具有爆炸性、毒性或感染性及可能产生对人体健康或环境危害的物质定义为"特别管理废弃物"。根据《中华人民共和国固体废物污染环境防治法》，我国将危险废物定义为列入国家危险废物名录或者根据国家规定的危险废物鉴别标准和鉴别方法认定的具有危险特性的固体废物。

1.2　危险废物环境危害

危险废物对生态环境的危害是多方面的，主要表现在对水体、大气和土壤造成的污染（如表 1-1 所示）。

表 1-1　危险废物的环境影响

影响对象	影响内容
水环境	危险废物随天然降水径流流入江、河、湖、海，污染地表水
	危险废物颗粒物随风飘移，污染地表水
	危险废物随渗滤液渗入土壤，污染地下水
	危险废物非法倾倒，污染水体
大气环境	危险废物向大气中挥发、释放有毒有害气体
	危险废物细小颗粒物污染大气环境
	危险废物利用、处置过程中的废气排放
土壤环境	危险废物细小颗粒随风飘落到土壤上，污染土壤
	危险废物随渗滤液渗入并污染土壤
	危险废物非法倾倒、填埋，污染土壤

（1）对水体的污染　危险废物随天然降水径流流入江、河、湖、海，污染地表水；危险废物颗粒物随风飘移，污染地表水；危险废物中的有害物质随渗滤液渗入土壤，污染地下水；若将危险废物直接排入江、河、湖、海，会造成更为严重的污染，且多为不可逆的。

（2）对大气的污染　危险废物本身蒸发、升华及有机废物被微生物分解而释放出的有害气体会直接污染大气；危险废物中的细颗粒、粉末随风飘散，扩散到空气中，会造成大气粉尘污染；在危险废物运输、贮存、利用及处置过程中，产生的有害气体、粉尘也会直接或间接排放到大气中污染环境。

（3）对土壤的污染　危险废物的粉尘、颗粒随风飘落在土壤表面，而后进入土壤中污染土壤；液体、半固态危险废物在贮存过程中或抛弃后洒漏至地面、渗入土壤，有害成分混入土壤中会继续迁移从而导致地下水污染或通过生物富集作用而进入食物链等；危险废物非法倾倒、填埋，污染土壤。

危险废物多为有机物质和无机物质的混合物，成分复杂多变，有的在自然环境中难以消纳和完全降解，特别是其中所含的重金属等无机成分。危险废物造成的危害具有复杂性、滞后性和难恢复性，并且能够长距离迁移或通过食物链在生物体内富集，对生态环境造成不可逆破坏。

1.3　危险废物人体健康危害

危险废物主要以大气、土壤、水为媒介，通过摄入、吸入、皮肤吸收而进入人体造成危害。危险废物对人体健康产生的危害主要表现为生物毒性、生物蓄积性和"三致"（致癌、致畸、致突变）作用。

（1）生物毒性　危险废物除了能直接作用于人和动物引起机体损伤表现出急性毒性外，在水的作用下，会溶解释放出能够影响生物体的有害成分，产生浸出毒性。

（2）生物蓄积性　有些危险废物被人和动物体吸收时，会在生物体内富集，使其在生物体内的浓度超过它在环境中的浓度，而对人体产生更大的危害性。

（3）遗传变异性　有些毒性危险废物会引起脱氧核糖核酸或核糖核酸分子发生变化，产生致癌、致畸、致突变的严重环境影响。具有"三致"作用的有害物质的种类较多，常见的有多环芳烃类、亚硝胺类、金属有机化合物、甲基汞和部分农药等。

1.4　中国危险废物管理历史沿革

尽管从数量上讲，中国危险废物产生量仅占固体废物总量的 2%左右，但由于危险废物种类繁多、成分复杂，并具有与环境健康安全有关的危害特性，且这种危害具有复杂性、滞后性和难恢复性，使得危险废物管理成为固体废物管理和环境保护工作的重点和难点（2006～2020 年我国危险废物产生和利用处置情况如图 1-1 所示）。相较于废水和废气管理，我国危险废物管理工作起步较晚。为妥善解决好危险废物污染防治问题，危险废物管理经历了一个从"探索起步"到"全面深化发展"的过程。

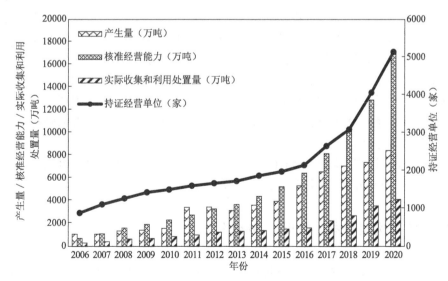

图 1-1　2006～2020 年中国危险废物产生、利用处置情况

数据来源：环境统计年报、全国固体废物管理信息系统

1.4.1　引进认识阶段（1995 年以前）

这一阶段的主要目标是解决发达国家向中国转移危险废物问题，通过《控制危险废物越境转移及其处置巴塞尔公约》（以下简称《巴塞尔公约》）履约以外促内带动国内开始关注危险废物，严控固体废物进口。

20 世纪 70~80 年代，美国、加拿大、日本等发达国家的危险废物产生量和种类急剧增加，同时公众的环境保护意识不断增强并将其广泛地体现在国家的法律之中，对企业危险废物的处置制定了明确且严格的标准和惩罚规则，导致在发达国家处置危险废物的成本要比将其转移到发展中国家高得多。例如，当时在美国处置 1 t 危险废物需要 2000 美元，转运到中国需要 130 美元，到非洲就只需要40 美元，即便加上运费和所谓的"保障金"，节省的成本也是非常可观的。由此导致，大量危险废物由发达国家转移到发展中国家。发展中国家在接收这些危险废物之后，由于缺乏技术支撑，无法进行有效处置，只能采用简单原始的方式处置，并不能有效控制环境风险，同时可能对发展中国家的人体健康和自然环境构成严重威胁。为妥善解决以上问题，联合国环境规划署于 1989 年 3 月 22 日在巴塞尔召开了关于控制危险废物越境转移全球公约全权代表会议，中国派代表团出席会议，会上表决通过了《巴塞尔公约》。中国政府代表团于 1990 年 3 月 22 日在美国纽约联合国总部签署了《巴塞尔公约》。在《巴塞尔公约》准备、协商和签署的过程中，我国不断加深了对危险废物的认知。

国家环境保护局和海关总署于 1991 年 3 月联合发布《关于严格控制境外有害废物转移到我国的通知》。1993 年 10 月，我国查封从韩国非法进入江苏南京的危险废物 1288 t，并 1994 年 3 月全部退运出境。1994 年 7 月 21 日，国家环境保护局发布《关于严格控制从欧共体进口废物的暂行规定》。1995 年 11 月 7 日，国务院发布《关于坚决控制境外废物向我国转移的紧急通知》，要求多部门联合制定并公布执行进口废物的具体管理办法。1995 年 11~12 月期间，国家环境保护局会同全国人大常委会法工委、商检等 9 部门赴江西、福建、广东三省调研检查，严厉打击废物非法进口行为。

1991 年，国家环境保护局在全国 17 个城市开展"固体废物申报登记"试点工作，并于 1994 年在全国范围内正式开展工作。

1.4.2　体系构建阶段（1995~2003 年）

这一阶段主要是解决危险废物管理法规制度空白问题，通过制定出台首部《中华人民共和国固体废物污染环境防治法》（以下简称《固废法》），以及一系列配套法规标准，中国初步建立了危险废物管理法规制度体系。

1995 年 10 月，第八届全国人民代表大会常务委员会审议通过首部《固废法》，这标志着中国危险废物管理进入法治化轨道。以《固废法》实施为起点，中国陆续制定 30 余项配套法规和标准，以及一批地方性法规和政策文件。1996 年 3 月，国家环境保护局、对外贸易经济合作部、海关总署、国家工商行政管理局、国家商检局联合发布《废物进口环境保护管理暂行规定》；1996 年 10 月，国家环境保护局颁布了《进口废物环境保护控制标准》；1996 年 7 月，国家环境保护局和国家技术监督局联合发布《危险废物鉴别标准》；1998 年 7 月，国家环境保护局、国家经济贸易委员会、对外贸易经济合作部、公安部联合发布《国家危险废物名录》（1998 年版）；1999 年 5 月与 12 月，国家环境保护总局先后发布《危险废物转移联单管理办法》与《危险废物焚烧污染控制标准》；2001 年 12 月，国家环境保护总局发布《危险废物贮存污染控制标准》《危险废物填埋污染控制标准》等标准文件。

这些法规和文件的制定与发布，有力推动了《固废法》的贯彻落实，初步建立了中国的危险废物管理法规制度体系。中国开始对危险废物实行申报登记、转移联单、经营许可等管理制度。

1.4.3　能力构筑阶段（2003～2013 年）

这一阶段主要是解决严重急性呼吸综合征（SARS）期间暴露出的危险废物利用处置能力和管理能力不足的问题，通过规划实施和法规标准完善，初步建立了中国危险废物利用处置产业。

2003 年爆发的 SARS 疫情导致多地出现医疗废物处置能力不足的问题，这极大地促进了我国危险废物管理能力和利用处置水平的提升。2003 年 6 月，根据《中华人民共和国传染病防治法》和《固废法》，国务院颁布实施了《医疗废物管理条例》，至此，我国步入医疗废物法治化管理轨道。为配合《医疗废物管理条例》的实施，原卫生部和原国家环境保护总局单独或联合制定了《医疗卫生机构医疗废物管理办法》、《医疗废物分类目录》和《医疗废物管理行政处罚办法》等一系列部门法规标准，涵盖医疗废物产生、收集、运输以及处置全过程。

为解决危险废物利用处置能力不足造成的环境污染问题，2003 年 11 月，国家发展和改革委员会、国家环境保护总局、卫生部、财政部和建设部发布《关于实行危险废物处置收费制度促进危险废物处理产业化的通知》；2004 年 1 月，国家发展改革委和国家环境保护总局发布《全国危险废物和医疗废物处置设施建设规划》，要求用 3 年时间建设综合性危险废物处置中心 31 个，医疗废物集中处置设施 300 个，基本实现全国危险废物、医疗废物和放射性废物的安全贮存和处置；

2004 年 5 月，国务院发布《危险废物经营许可证管理办法》，加强对危险废物收集、贮存和处置经营活动的监督管理；同年，国家环境保护总局发布了《医疗废物集中焚烧处置工程建设技术要求（试行）》、《危险废物和医疗废物处置设施建设项目环境影响评价技术原则(试行)》、《危险废物集中焚烧处置工程建设技术要求(试行)》和《危险废物安全填埋处置工程建设技术要求》等一系列标准。

为提升危险废物管理能力，全国 31 个省、自治区、直辖市陆续在此阶段建立了省级固体废物管理中心。同时，各项危险废物管理法规制度不断建立健全，全国人民代表大会常务委员会于 2004 年第一次修订《固废法》，除此之外，通过修订《国家危险废物名录》（2008 年版），发布《危险废物鉴别技术规范》和《危险废物出口核准管理办法》，中国建立起危险废物申报登记、转移联单和鉴别等 8 项管理制度，涵盖危险废物产生、转移、利用、处置、出口等全过程。

这一阶段，中国危险废物利用处置能力和环境监管水平得到了明显提升，有力推动了危险废物利用处置产业的发展。

1.4.4　全面提升阶段（2013 年至今）

这一阶段主要是解决危险废物非法倾倒案件高发暴露出来的危险废物治理体系滞后于人民群众对美好生态环境质量需求的问题，通过发布《最高人民法院、最高人民检察院关于办理环境污染刑事案件适用法律若干问题的解释》(以下简称《"两高"司法解释》)、修订完成 "史上最严"《固废法》，中国危险废物管控力度空前加强，危险废物利用处置产业快速发展。这一阶段的特点如下：

一是危险废物环境监管能力不断增强。2018 年，生态环境部组建固体废物与化学品司，地方生态环境部门相继设置固体废物环境管理处室。建成并推广应用全国固体废物管理信息系统，初步实现全国危险废物产生、转移、利用、处置的全过程环境监管 "一张网"。二是危险废物利用处置能力快速提升。截至 2020 年底，全国危险废物利用处置单位数量超过 5000 家，总利用处置能力超过 1.4 亿吨/年，其中利用能力约 10700 万吨/年、处置能力约 3300 万吨/年。三是危险废物环境风险防控能力不断提高。2018 年以来，全国先后组织开展 "清废行动"、危险废物环境违法问题专项治理、危险废物污染环境专项整治三年行动、危险废物专项执法检查等，全面排查整治危险废物环境风险隐患，严厉打击危险废物环境违法犯罪行为。

为强化司法手段打击危险废物违法犯罪行为，2013 年 6 月最高人民法院、最高人民检察院联合下发 2013 年《"两高"司法解释》，并分别于 2016 年、2023 年对《"两高"司法解释》进行版本升级，进一步织密保护绿水青山的刑事法网。

2020 年 4 月 29 日，第十三届全国人民代表大会常务委员会审议通过新修订

的《固废法》，自 2020 年 9 月 1 日起施行。新《固废法》中，新增危险废物分级
分类管理制度，要求建立强制责任保险制度，并增加了按日连续处罚的规定和拘
留处罚等措施；进一步加强危险废物集中处置设施建设、危险废物跨省、自治区、
直辖市转移管理；在医疗废物管理方面，增加重大传染病疫情等突发事件发生时
对医疗废物等危险废物应急管理与处置的工作要求。为推进危险废物精细化管理，
建立基于环境风险的危险废物管理体系，先后修订发布《国家危险废物名录》（2016
年版）和《国家危险废物名录》（2021 年版）。

2021 年，为提升危险废物监管和利用处置能力，有效防控危险废物环境与
安全风险，国务院发布《强化危险废物监管和利用处置能力改革实施方案》（以
下简称《实施方案》），落实企业、地方各级人民政府等各方的责任。明确地方
各级人民政府对本地区危险废物治理负总责，同时加强组织领导，有关部门按
职责分工履行监管责任，强化协调沟通，形成工作合力。《实施方案》深入贯彻
习近平生态文明思想，深化体制机制改革，着力提升危险废物监管和利用处置
能力，提出到 2025 年底建立健全源头严防、过程严管、后果严惩的危险废物监
管体系。

为补齐社会源危险废物管理体系短板，2019 年生态环境部联合多部门发布
《废铅蓄电池污染防治行动方案》和《铅蓄电池生产企业集中收集和跨区域转运制
度试点工作方案》，推动铅蓄电池生产企业落实生产者责任延伸制度。

2020 年 2 月 24 日，国家卫生健康委等十部委联合印发了《医疗机构废弃物
综合治理工作方案的通知》，进一步加强医疗机构废弃物综合治理，实现废弃物减
量化、资源化、无害化；5 月 14 日，国家卫生健康委等七部委联合发布了《关于
开展医疗机构废弃物专项整治工作的通知》，对医疗机构产生的废弃物联合开展专
项整治工作。

2021 年 3 月 11 日，第十三届全国人民代表大会第四次会议通过《中华人民
共和国国民经济和社会发展第十四个五年规划和 2035 年远景目标纲要》，明确提
出"构建集污水、垃圾、固废、危废、医废处理处置设施和监测监管能力于一体
的环境基础设施体系"和"提升危险废弃物监管和风险防范能力"，并将构建危险
废物处理处置设施等环境基础设施体系作为主要任务之一，提出了"建设国家和
6 个区域性危废风险防控技术中心、20 个区域性特殊危废集中处置中心"的工程
任务（简称"危险废物'1+6+20'重大工程"）。

2023 年 5 月 8 日，生态环境部、国家发展和改革委员会联合发布《危险废物
重大工程建设总体实施方案（2023—2025 年）》，推动加快建设国家危险废物环境
风险防控技术中心、6 个区域性危险废物环境风险防控技术中心和 20 个区域性特
殊危险废物集中处置中心，健全完善危险废物生态环境风险防控技术支撑体系，
加快补齐特殊类别危险废物处置能力短板，着力提升危险废物生态环境风险防控

和利用处置能力，兼顾提升新污染物、新兴固体废物等环境治理能力，推动持续改善生态环境质量，维护生态环境安全，推进美丽中国建设，努力建设人与自然和谐共生的现代化。

1.4.5　展望

当前，我国已经进入了全面建设社会主义现代化国家的新征程，危险废物管理面临的形势和人民群众对生态环境质量的要求都发生了深刻变化。加强危险废物收集处理，要深入贯彻习近平新时代中国特色社会主义思想尤其是习近平生态文明思想，以全面深化改革为引领，落实好危险废物污染防治的目标任务，进一步健全危险废物管理法律法规制度体系,完善危险废物利用处置工程和能力体系，建立健全源头严防、过程严管、后果严惩的危险废物监管体系，切实维护生态环境安全、保障好人民群众身体健康，助力美丽中国建设。

1.5　中国危险废物产生和利用处置现状

1.5.1　产生及分布现状

《中国统计年鉴（2021）》相关数据显示，随着我国经济社会的快速发展，危险废物的产生量逐年递增，2021 年中国工业危险废物产生量约为 5755.56 万吨，同比增长 11.8%。综合比较同期的国内生产总值，在经济增长的同时，单位 GDP 危险废物的产生量也不断升高。目前，我国危险废物以综合利用为主，综合利用和处置量逐年明显上升，但利用率及处置率却没有明显提升。我国危险废物地域产生量及处置能力的数据显示，东部及西北部工业化地区的危险废物产生量约占全国的 77.2%，但 44.9% 的危险废物利用及处置能力则分布在华东地区，废物产生区域和利用处置区域不匹配的问题突出。

1.5.2　利用处置现状

危险废物的利用处置大致分为分类、预处理、利用或处置三个环节。

（1）分类主要是为了将相同类别或属性相近的危险废物与其他危险废物相区分，以利于更好进行利用处置的过程，同时将其中一些溶剂、金属等能再利用的组分进行资源化再利用。

（2）预处理主要采用物理、化学、固化和生物等方式对危险废物进行处理，旨在减少其体积、中和其酸碱性、固定或解除其毒性、稳定其化学性质等。

（3）利用是通过提纯、转化等方式对可利用危险废物中的有用成分进行提取或加工，从而有效利用危险废物中有价值成分的过程。对于不能进行资源化利用的危险废物，则采取最终处置技术进行无害化处理。

（4）处置技术主要有焚烧、填埋两种方式：焚烧法是危险废物最终处置技术中最有效的一种方法，通过在焚烧炉中进行焚烧，进一步将危险废物中的有机成分消除，并实现减量化，产生的热源也可进行回收利用，但焚烧过程中要安装废气处理装置，避免由气体排放造成二次污染；填埋是将最终不能再利用处置的部分进行固化处理后填入专门的危险废物填埋场，其弊端是有造成地下水污染的隐患。

1.5.3　存在的主要问题及原因分析

党的二十大对推动绿色发展，促进人与自然和谐共生，建设美丽中国作出重大战略部署，提出一系列新理念新论断、新目标新任务、新举措新要求。特别是针对危险废物领域，提出了"加快构建废弃物循环利用体系""严密防控环境风险"等具体任务要求。面对新形势、新使命和新要求，危险废物污染防治工作面临三个方面挑战：

一是污染防治和环境风险防控形势依然严峻。当前，我国发展不平衡、不充分问题依然突出，产业结构、能源结构和运输结构还没有发生根本性改变，结构性、根源性、趋势性压力总体上尚未根本缓解，危险废物增量和历史存量仍将处于高位，风险防控压力还在持续增加。危险废物违法转移倾倒案件时有发生。

二是治理体系和治理能力现代化尚有较大短板。与美丽中国建设目标相比，危险废物治理体系和治理能力尚不能满足工作需要。在加强危险废物污染防治与水、气、土污染防治工作协同方面还存在研究不深不透、协同不够等问题；中西部地区对于有的危险废物收集处置项目建设配套资金难以落实，历史遗留固体废物处置缺少专门资金。

三是推动绿色转型、减污降碳协同增效的支撑作用发挥不足。危险废物的环境问题归根到底是由于生产方式和生活方式导致的，反过来加强危险废物管理又可以推动经济社会绿色转型和绿色生活方式的形成。对于法律确立的危险废物"减量化、资源化、无害化"原则落实不均衡，减量化、资源化的约束和激励政策仍然不足，对产业绿色发展的倒逼作用十分有限。危险废物循环利用的低碳化路径不清晰、降碳效益核算方法学不足等，一定程度上制约了危险废物资源化利用与减污降碳协同增效。

1.5.4　下一步工作思路

一是深入推进强化危险废物监管和利用处置能力改革。贯彻落实好习近平总书记重要指示批示和党中央、国务院各项决策部署。落实《中共中央、国务院关于深入打好污染防治攻坚战的意见》以及"十四五"生态环境保护规划，坚持综合施策、标本兼治。

二是深入推进"无废城市"高质量建设。推动"无废城市"建设相关任务和工程项目取得明显进展，在危险废物重点领域和关键环节初步形成一批经验模式。稳步推进"无废城市"高质量建设，抓好废物清单、任务清单、项目清单、责任清单的落实，不折不扣推进各领域建设任务。力争通过"无废城市"高质量建设，充分激发地方党委、政府积极性，加快"无废"制度、技术、市场和监管体系建设，构建城乡各类危险废物回收利用体系，补齐相关设施短板，提升城乡危险废物综合治理能力。

三是扎实做好危险废物生态环境风险防控工作。不断强化责任意识和底线思维，严守生态环境安全底线。推动危险废物"1+6+20"重大工程建设取得实质性进展，大力推进危险废物信息化环境管理，强化危险废物规范化环境管理评估质量，在规范有序、不增加生态环境风险的前提下积极开展危险废物"点对点"定向利用豁免、以"白名单"方式简化跨省转移审批等助企纾困举措。

1.6　危险废物管理法规政策

1.6.1　法律法规

1.《固废法》

《固废法》立法的目的是保护和改善生态环境，防治固体废物污染环境，保障公众健康，维护生态安全，推进生态文明建设，促进经济社会可持续发展。最新修订版于 2020 年 4 月 29 日经第十三届全国人民代表大会常务委员会第十七次会议通过，自 2020 年 9 月 1 日起施行。

2020 年的最新修订主要作了以下修改：一是明确固体废物污染环境防治坚持"减量化、资源化和无害化"原则。二是强化政府及其有关部门监督管理责任。明确目标责任制、信用记录、联防联控、全过程监控和信息化追溯等制度，明确国家逐步实现固体废物零进口。三是完善工业固体废物污染环境防治制度。强化产生者责任，增加排污许可、管理台账、资源综合利用评价等制度。四是完善生活垃圾污染环境防治制度。明确国家推行生活垃圾分类制度，确立生活垃圾分类的原则。统筹城乡，加强农村生活垃圾污染环境防治。规定地方可以结合实际制定生活垃圾具体管理办法。五是完善建筑垃圾、农业固体废物等污染环境防治制度。建立建筑垃圾分类处理、全过程管理制度。健全秸秆、废弃农用薄膜、畜禽粪污等农业固体废物污染环境防治制度。明确国家建立电器电子、铅蓄电池、车用动力电池等产品的生产者责任延伸制度。加大过度包装、塑料污染治理力度。明确污泥处理、实验室固体废物管理等基本要求。六是完善危险废物污染环境防治制度。规定危险废物分级分类管理、信息化监管体系、区域性集中处置设施场所建设等内容。加强危险废物跨省、自治区、直辖市转移管理，通过信息化手段管理、共享转移数据和信息，规定电子转移联单，明确危险废物转移管理应当全程管控、提高效率。七是健全保障机制。增加"保障措施"一章，从用地、设施场所建设、经济技术政策和措施、从业人员培训和指导、产业专业化和规模化发展、污染防治技术进步、政府资金安排、环境污染责任保险、社会力量参与、税收优惠等方面全方位保障固体废物污染环境防治工作。八是严格法律责任。对违法行为实行严惩重罚，提高罚款额度，增加处罚种类，强化处罚到人，同时补充规定一些违法行为的法律责任。比如有未经批准擅自转移危险废物等违法行为的，对法定代表人、主要负责人、直接负责的主管人员和其他责任人员依法给予罚款、行政拘留处罚。

2.《医疗废物管理条例》

《医疗废物管理条例》是为加强医疗废物的安全管理，防止疾病传播，保护环境，保障人体健康，根据《中华人民共和国传染病防治法》和《中华人民共和国固体废物污染环境防治法》制定。由国务院于 2003 年 6 月 16 日发布并实施。主要内容包括：

一是对医疗废物进行登记。《医疗废物管理条例》规定，医疗卫生机构和医疗废物集中处置单位，应当对医疗废物进行登记，登记内容应当包括医疗废物的来源、种类、重量或者数量、交接时间、处置方法、最终去向以及经办人签名等项目。登记资料至少保存 3 年。

二是不得随意处置医疗废物。《医疗废物管理条例》规定了严格的管理办法，保证医疗废物得以安全处置。条例规定，医疗卫生机构和医疗废物集中处置单位，应当建立、健全医疗废物管理责任制，其法定代表人为第一责任人；应当制定与医疗废物安全处置有关的规章制度和在发生意外事故时的应急方案，设置监控部门或者专（兼）职人员；应当对本单位从事医疗废物收集、运送、贮存、处置等工作的人员和管理人员，进行相关法律和专业技术、安全防护以及紧急处理等知识的培训；应当采取有效的职业防护措施，为从事医疗废物收集、运送、贮存、处置等工作的人员和管理人员，配备必要的防护用品，定期进行健康检查，必要时，对有关人员进行免疫接种，防止其受到健康损害。

三是禁止转让买卖邮寄医疗废物。《医疗废物管理条例》规定，禁止任何单位和个人转让、买卖医疗废物，禁止邮寄医疗废物，禁止通过铁路、航空运输医疗废物。条例还规定，禁止在运送过程中丢弃医疗废物；禁止在非贮存地点倾倒、堆放医疗废物或将医疗废物混入其他废物和生活垃圾。有陆路通道的，禁止通过水路运输医疗废物；没有陆路通道必需经水路运输医疗废物的，应当经设区的市级以上人民政府环境保护行政主管部门批准，并采取严格的环境保护措施后，方可通过水路运输。禁止将医疗废物与旅客在同一运输工具上载运。禁止在饮用水源保护区的水体上运输医疗废物。

四是运送医疗废物专用车辆不得运送其他物品。《医疗废物管理条例》规定，医疗废物集中处置单位运送医疗废物，应当遵守国家有关危险货物运输管理的规定，使用有明显医疗废物标识的专用车辆。医疗废物专用车辆应当达到防渗漏、防遗撒以及其他环境保护和卫生要求。

五是贮存处置医疗废物应远离居民区、水源保护区和交通干道。《医疗废物管理条例》规定，医疗废物集中处置单位的贮存、处置设施，应当远离居（村）民居住区、水源保护区和交通干道，与工厂、企业等工作场所有适当的安全防护距离，并符合国务院环境保护行政主管部门的规定。条例还规定，医疗废物集中处置单位应当至少每2天到医疗卫生机构收集、运送一次医疗废物，并负责医疗废物的贮存、处置。运送医疗废物过程中，应当做到确保安全，不得丢弃、遗撒医疗废物。条例要求医疗废物集中处置单位安装污染物排放在线监控装置，并确保监控装置经常处于正常运行状态。

六是医疗废物包装应有明显警示标识。《医疗废物管理条例》规定，医疗卫生机构应当及时收集本单位产生的医疗废物，并按照类别分置于防渗漏、防锐器穿透的专用包装物或者密闭的容器内。医疗废物专用包装物、容器，应当有明显的警示标识和警示说明，其标准和警示标识的规定，由国务院卫生行政主管部门和环境保护行政主管部门共同制定。条例还规定，医疗卫生机构应当建立医疗废物的暂时贮存设施、设备，不得露天存放医疗废物；医疗废物暂时贮存的时间不得超过2天。医疗废物的暂时贮存设施、设备，应当远离医疗区、食品加工区和人员活动区以及生活垃圾存放场所，并设置明显的警示标识和防渗漏、防鼠、防蚊蝇、防蟑螂、防盗以及预防儿童接触等安全措施。

另外，《医疗废物管理条例》要求，医疗卫生机构应当使用防渗漏、防遗撒的专用运送工具，按照本单位确定的内部医疗废物运送时间、路线，将医疗废物收集、运送至暂时贮存地点。

同时，《医疗废物管理条例》还规定，医疗废物的暂时贮存设施、设备应当定期消毒和清洁，运送工具使用后应当在医疗卫生机构内指定的地点及时消毒和清洁。

3.《危险废物经营许可证管理办法》

《危险废物经营许可证管理办法》是根据《中华人民共和国固体废物污染环境防治法》制定，旨在加强对危险废物收集、贮存和处置经营活动的监督管理，防治危险废物污染环境。根据 2013 年 12 月 4 日施行的《国务院关于修改部分行政法规的决定》，以及 2016 年 2 月 6 日施行的《国务院关于修改部分行政法规的决定》，先后进行了 2 次修订。

修订后的《危险废物经营许可证管理办法》，一是明确了危险废物收集、利用、处置许可制度的具体要求。将危险废物利用经营活动纳入许可证经营范围，补充了危险废物利用经营活动的内容，从经营形式上保证资源化的合法性。二是扩充了收集经营许可证的可收集废物类别。三是分别针对收集、利用、处置经营活动，提出了更为细化的许可条件要求。四是完善危险废物监管手段，建立危险废物信息管理系统，利用信息化手段加强监管，并强化经营单位信息公开，接受社会监督。

4.《国家危险废物名录》

2020 年 11 月 27 日，《国家危险废物名录（2021 年版）》（以下简称 2021 年版《名录》）由生态环境部、国家发展和改革委员会、公安部、交通运输部和国家卫生健康委员会共同修订发布，自 2021 年 1 月 1 日起施行。

2021 年版《名录》由正文、附表和附录三部分构成。其中，正文规定原则性要求，附表规定具体危险废物种类、名称和危险特性等，附录规定危险废物豁免管理要求。本次修订对这三部分均进行了修改和完善。正文部分增加了"第七条　本名录根据实际情况实行动态调整"的内容，删除了 2016 年版《名录》中第三条和第四条有关医疗废物和废弃危险化学品相关条款的规定；附表部分则主要对部分危险废物类别进行了增减、合并以及表述的修改。2021 年版《名录》共计列入 467 种危险废物，较 2016 年版《名录》减少了 12 种；附录部分新增豁免 16 个种类危险废物。豁免的危险废物共计达到 32 个种类。

2021 年版《名录》修订坚持三个主要原则：一是坚持问题导向。重点针对 2016 年版《名录》实施过程环境管理工作中反映问题较为集中的废物进行修订，如铅锌冶炼废物、煤焦化废物等。二是坚持精准治污。通过细化类别的方式，确保列入 2021 年版《名录》的危险废物的准确性，推动危险废物精细化管理。例如，2021 年版《名录》中排除了脱墨渣等不具有危险特性的废物。三是坚持风险管控。按照《固废法》关于"实施分级分类管理"的规定，在环境风险可控前提下，2021 年版《名录》新增对一批危险废物在特定环节满足相关条件时实施豁免管理。

5. 《危险废物转移管理办法》

危险废物转移联单制度是追踪危险废物流向,实现危险废物"从摇篮到坟墓"全过程管理的重要手段,是各国普遍采用的一项环境管理制度。1999 年,根据《固废法》的有关规定,国家环境保护总局颁布了《危险废物转移联单管理办法》,在全国建立和实施了危险废物转移联单制度。《危险废物转移联单管理办法》的出台对于规范危险废物转移活动、防止危险废物环境污染,起到了积极的作用。

2021 年 11 月 30 日,生态环境部、公安部、交通运输部公布《危险废物转移管理办法》,自 2022 年 1 月 1 日起施行,原《危险废物转移联单管理办法》废止。《危险废物转移管理办法》规定,危险废物转移应当遵循就近原则。跨省、自治区、直辖市转移(以下简称"跨省转移")处置危险废物的,应当以转移至相邻或者开展区域合作的省、自治区、直辖市的危险废物处置设施,以及全国统筹布局的危险废物处置设施为主。

生态环境、交通运输主管部门及公安机关按职责分工,依法分别对危险废物转移污染环境防治工作以及危险废物转移联单运行实施监督管理,查处危险废物运输违反危险货物运输管理相关规定的违法行为,打击涉危险废物污染环境犯罪行为,并建立健全协作机制,共享危险废物转移联单信息、运输车辆行驶轨迹动态信息和运输车辆限制通行区域信息,加强联合监管执法。

《危险废物转移管理办法》还对危险废物移出人、危险废物承运人、危险废物接受人的相关方责任,危险废物转移联单的运行和管理,危险废物跨省转移管理,以及违反本办法规定行为的处罚措施等进行了规定。

6. 《危险废物出口核准管理办法》

为了规范危险废物出口管理,防止环境污染,国家环境保护总局于 2008 年 1 月 25 日发布了《危险废物出口核准管理办法》,并于 2008 年 3 月 1 日起实施。《危险废物出口核准管理办法》对危险废物的界定、危险废物处理的原则、危险废物出口的申请与核准、危险废物出口的监督管理、法律责任等作出了具体规定。

(1)危险废物出口的监督管理部门。国务院环境保护行政主管部门负责核准危险废物出口申请,并进行监督管理。县级以上地方人民政府环境保护行政主管部门依据《危险废物出口核准管理办法》的规定,对本行政区域内危险废物出口活动进行监督管理。海关凭环境保护行政主管部门签发的《危险废物出口核准通知单》办理危险废物通关事项。

(2)我国对危险废物出口的原则。在中华人民共和国境内产生的危险废物应当尽量在境内进行无害化处置,减少出口量,降低危险废物出口转移的环境风险。

(3)禁止向《巴塞尔公约》非缔约方出口危险废物。产生、收集、贮存、处置、利用危险废物的单位，向中华人民共和国境外《巴塞尔公约》缔约方出口危险废物，必须取得危险废物出口核准。

（4）危险废物出口的申请。《危险废物出口核准管理办法》规定：申请出口危险废物，应当向国务院环境保护行政主管部门提出。

1.6.2　主要管理制度

1. 危险废物名录和鉴别制度

《固废法》第七十五条规定：国务院生态环境主管部门应当会同国务院有关部门制定国家危险废物名录，规定统一的危险废物鉴别标准、鉴别方法、识别标志和鉴别单位管理要求。国家危险废物名录应当动态调整。

我国危险废物名录制度始建于 1998 年。1998 年版《国家危险废物名录》（以下简称《名录》）主要参照《巴塞尔公约》制定，采用列举法，提出了 47 大类（未细分种类）危险废物名录。

2008 年对《名录》进行了第一次修订。2008 年版《名录》根据产生源首次列出了细分种类，指明了具体工艺，扩展了名录框架，包括"类别、行业来源、代码、废物描述和危险特性"，共有 49 大类 400 种危险废物纳入名录管理。

2016 年版《名录》则根据危险废物鉴别案例与管理实践进行了调整。危险废物种类略有增加，共有 46 大类 479 种；首次引入分级分类管理理念，新增危险废物豁免管理清单（16 种）。

2021 年，针对新《固废法》、危险废物"三个能力"提升等新要求，对《名录》做了进一步调整，纳入名录的危险废物种类有所减少，共有 46 大类 467 种；豁免管理清单进一步扩充，共列入 32 种危险废物，新增豁免 16 种。

危险废物鉴别制度始建于 1996 年，国家环境保护局和国家技术监督局联合发布《危险废物鉴别标准》，规定了危险废物的鉴别程序和鉴别规则；2007 年，危险废物鉴别系列标准（GB 5085.1～5085.7）颁布实施；2017 年，《固体废物鉴别标准　通则》（GB 34330）颁布实施；2019 年，《危险废物鉴别技术规范》（HJ 298）颁布实施，我国危险废物鉴别从制度到标准体系建设逐步完善。

2. 管理计划和申报登记

《固废法》第七十八条规定：产生危险废物的单位，应当按照国家有关规定制定危险废物管理计划；建立危险废物管理台账，如实记录有关信息，并通过国家危险废物信息管理系统向所在地生态环境主管部门申报危险废物的种类、产生量、流向、贮存、处置等有关资料。

为落实《固废法》关于产生危险废物的单位必须按照国家有关规定制定危险废物管理计划的规定，指导危险废物产生单位制定管理计划，2016 年，环境保护部发布了《危险废物产生单位管理计划制定指南》。该指南规定，危险废物管理计划应由具有独立法人资格的产废单位依据国家相关法律法规和标准规范的有关要求制定，并严格按照管理计划加强危险废物全生命周期的环境管理；"管理计划"应当包括危险废物产生、转移和处置利用各个环节的全过程管理内容和环境监测内容。"指南"同时要求产废单位应当建立危险废物台账，如实记载产生危险废物的种类、数量、流向、贮存、利用处置等信息。

2022 年，生态环境部印发《危险废物管理计划和管理台账制定技术导则》，对运用国家危险废物信息管理系统开展危险废物管理计划备案、管理台账记录和有关资料申报的要求作出具体规定，为巩固和深化危险废物规范化环境管理工作成效，进一步夯实企业污染防治主体责任提供了制度保障。

3. 转移联单

《固废法》第八十二条规定：转移危险废物的，应当按照国家有关规定填写、运行危险废物电子或者纸质转移联单。跨省、自治区、直辖市转移危险废物的，应当向危险废物移出地省、自治区、直辖市人民政府生态环境主管部门申请。移出地省、自治区、直辖市人民政府生态环境主管部门应当及时商经接受地省、自治区、直辖市人民政府生态环境主管部门同意后，在规定期限内批准转移该危险废物，并将批准信息通报相关省、自治区、直辖市人民政府生态环境主管部门和交通运输主管部门。未经批准的，不得转移。

危险废物转移管理应当全程管控、提高效率，具体办法由国务院生态环境主管部门会同国务院交通运输主管部门和公安部门制定。

《危险废物转移联单管理办法》的发布施行标志着危险废物转移联单管理制度的正式建立。正在实施的《危险废物转移管理办法》对危险废物转移联单填写、运行和管理做出了明确规定。危险废物转移联单应当根据危险废物管理计划中填报的危险废物转移等备案信息填写、运行。危险废物转移联单实行全国统一编号，编号由十四位阿拉伯数字组成。危险废物电子转移联单数据应当在信息系统中至少保存十年。

4. 经营许可

《固废法》第八十条规定：从事收集、贮存、利用、处置危险废物经营活动的单位，应当按照国家有关规定申请取得许可证。许可证的具体管理办法由国务院制定。禁止无许可证或者未按照许可证规定从事危险废物收集、贮存、利用、处置的经营活动。禁止将危险废物提供或者委托给无许可证的单位或者其他生产经营者从事收集、贮存、利用、处置活动。

2004 年国务院颁布了《危险废物经营许可证管理办法》，正式建立了危险废物利用处置行业许可管理制度，规定从事收集、贮存、利用、处置危险废物经营活动的单位，必须向县级以上环境保护行政主管部门申请领取危险废物经营许可证。

为指导和规范各级环境保护行政主管部门对申请领取危险废物经营许可证单位的审查和许可工作，2009 年环境保护部颁布了《危险废物经营单位审查和许可指南》，对申领许可证的证明材料、审批程序及时限、专家评审、设施审查要点、许可证内容、监督检查、费用等进行了规范。

《废铅蓄电池危险废物经营单位审查和许可指南（试行）》于 2020 年发布，对废铅蓄电池收集网点和集中转运点建设、废铅蓄电池运输、收集过程和再生铅企业处理过程环境管理等提出一系列新的要求，用于指导和规范地方生态环境部门对从事废铅蓄电池收集、利用、处置经营活动申请许可证的单位的审查和许可工作。

《废烟气脱硝催化剂危险废物经营许可证审查指南》于 2014 年发布，针对废烟气脱硝催化剂（钒钛系）再生和利用过程中存在的主要问题，对从事废烟气脱硝催化剂（钒钛系）收集、贮存、运输、再生、利用处置活动的经营单位，从技术人员、废物运输、包装与贮存、设施及配套设备、技术与工艺、制度与措施等方面提出了相关审查要求。

《水泥窑协同处置危险废物经营许可证审查指南》于 2017 年发布，针对水泥窑协同处置危险废物经营单位的发展现状、技术特点和存在的主要问题，细化了水泥窑协同处置危险废物的具体审查要点，用于指导和规范水泥窑协同处置危险废物经营许可证的审批工作，强化水泥窑协同处置危险废物行业环境监管。

《废氯化汞触媒危险废物经营许可证审查指南》于 2014 年发布，针对废氯化汞触媒危险废物经营单位的特点和存在的主要问题，进一步细化了相关要求，规范了废氯化汞触媒危险废物经营许可证的审批工作。

5. 应急预案

《固废法》第八十五条规定：产生、收集、贮存、运输、利用、处置危险废物的单位，应当依法制定意外事故的防范措施和应急预案，并向所在地生态环境主管部门和其他负有固体废物污染环境防治监督管理职责的部门备案；生态环境主管部门和其他负有固体废物污染环境防治监督管理职责的部门应当进行检查。

按照《固废法》要求，2007 年环境保护部发布了《危险废物经营单位编制应急预案指南》，指导危险废物经营单位制定应急预案，有效应对意外事故。该指南规定了制定应急预案的原则要求、基本框架、保证措施、编制步骤、文本格式等，适用于从事贮存、利用、处置危险废物经营活动的单位。产生、收集、运输危险废物的单位及其他相关单位制定应急预案可参考本指南。

6. 标识和标签

《固废法》第七十七条规定：对危险废物的容器和包装物以及收集、贮存、运输、利用、处置危险废物的设施、场所，应当按照规定设置危险废物识别标志。

《环境保护图形标志　固体废物贮存（处置）场》（GB 15562.2）于 1995 年发布，规定了一般固体废物和危险废物贮存、处置场环境保护图形标志及其功能。《危险废物识别标志设置技术规范》（HJ 1276）规定了产生、收集、贮存、利用、处置危险废物单位需设置的危险废物识别标志的分类、内容要求、设置要求和制作方法。《危险废物贮存污染控制标准》（GB 18597）规定，危险废物贮存设施或场所、容器和包装物应按 HJ 1276 要求设置危险废物贮存设施或场所标志、危险废物贮存分区标志和危险废物标签等危险废物识别标志。《医疗废物专用包装袋、容器袋和警示标志标准》（HJ 421）规定了医疗废物专用包装袋、利器盒和周转箱（桶）的技术要求以及相应的试验方法和检验规则，并规定了医疗废物警示标志。

7. 出口核准

《固废法》第二十三条规定：禁止中华人民共和国境外的固体废物进境倾倒、堆放、处置。第八十九条规定：禁止经中华人民共和国过境转移危险废物。

为规范危险废物出口管理，防止环境污染，根据《巴塞尔公约》和有关法律、行政法规，环境保护部于 2008 年发布了《危险废物出口核准管理办法》。该办法要求，在中华人民共和国境内产生的危险废物应当尽量在境内进行无害化处置，减少出口量，降低危险废物出口转移的环境风险；禁止向《巴塞尔公约》非缔约方出口危险废物；产生、收集、贮存、处置、利用危险废物的单位，向中华人民共和国境外《巴塞尔公约》缔约方出口危险废物，必须取得危险废物出口核准。

8. 事故报告

《固废法》第八十六条规定：因发生事故或者其他突发性事件，造成危险废物严重污染环境的单位，应当立即采取有效措施消除或者减轻对环境的污染危害，及时通报可能受到污染危害的单位和居民，并向所在地生态环境主管部门和有关部门报告，接受调查处理。

9. 经营情况记录与报告

《危险废物经营许可证管理办法》第十八条规定：县级以上人民政府环境保护

主管部门有权要求危险废物经营单位定期报告危险废物经营活动情况。危险废物经营单位应当建立危险废物经营情况记录簿，如实记载收集、贮存、处置危险废物的类别、来源、去向和有无事故等事项。

《危险废物经营单位记录和报告经营情况指南》于 2009 年由环境保护部发布。危险废物经营情况记录的基本要求是，跟踪记录危险废物在危险废物经营单位内部运转的整个流程，确保危险废物经营单位掌握任何时候各危险废物的贮存数量和贮存地点、利用和处置数量、时间和方式等情况；跟踪记录危险废物在危险废物经营单位内部整个运转流程中，相关保障经营安全的规章制度、污染防治措施和事故应急救援措施的实施情况；危险废物经营情况的记录要求应当分解落实到经营单位内部的运输、贮存（或物流）、利用（处置）、实验分析和安全环保等相关部门，各项记录应由相关经办人签字；有关记录应当分类装订成册，由专人管理，防止遗失，以备环保部门检查。有条件的单位应当采用信息软件进行辅助管理。

10. 排污许可

《固废法》第三十九条规定：产生工业固体废物的单位应当取得排污许可证。排污许可的具体办法和实施步骤由国务院规定。产生工业固体废物的单位应当向所在地生态环境主管部门提供工业固体废物的种类、数量、流向、贮存、利用、处置等有关资料，以及减少工业固体废物产生、促进综合利用的具体措施，并执行排污许可管理制度的相关规定。

第七十八条第三款规定：产生危险废物的单位已经取得排污许可证的，执行排污许可管理制度的规定。

《排污许可证申请与核发技术规范　危险废物焚烧》（HJ 1038）于 2019 年发布，适用于国民经济行业分类中的"生态保护和环境治理业（代码 N77）""环境治理业（代码 N772）""危险废物治理（代码 N7724）"类别中危险废物焚烧处置单位；适用于危险废物（含医疗废物）焚烧排污单位排放大气污染物、水污染物的排污许可管理；适用于危险废物集中焚烧处置单位（焚化燃烧危险废物使之分解并无害化的焚烧处置单位），排污单位自建危险废物焚烧处置设施且其适用的主行业排污许可证申请与核发技术规范未作相关规定的可参照本标准执行。

《排污许可证申请与核发技术规范　工业固体废物（试行）》（HJ 1200—2021）于 2021 年发布，突出工业固体废物全生命周期管理的特征，将一般工业固体废物和工业危险废物的产生、贮存、利用、处置、去向等环节载入排污许可证，明确排污单位和固废设施的环境管理要求；强化工业固体废物台账记录和执行报告要求，载明工业固体废物基本信息，细化污染防控技术要求；强化工业固体废物台账记录和执行报告要求，排污单位应当对危险废物和一般工业固体废物分别建立环境管理台账。

11. 连带责任

《固废法》第三十七条规定：产生工业固体废物的单位委托他人运输、利用、处置工业固体废物的，应当对受托方的主体资格和技术能力进行核实，依法签订书面合同，在合同中约定污染防治要求。受托方运输、利用、处置工业固体废物，应当依照有关法律法规的规定和合同约定履行污染防治要求，并将运输、利用、处置情况告知产生工业固体废物的单位。产生工业固体废物的单位违反本条第一款规定的，除依照有关法律法规的规定予以处罚外，还应当与造成环境污染和生态破坏的受托方承担连带责任。

12. 设施规划和区域合作

《固废法》第七十六条规定：省、自治区、直辖市人民政府应当组织有关部门编制危险废物集中处置设施、场所的建设规划，科学评估危险废物处置需求，合理布局危险废物集中处置设施、场所，确保本行政区域的危险废物得到妥善处置。编制危险废物集中处置设施、场所的建设规划，应当征求有关行业协会、企业事业单位、专家和公众等方面的意见。相邻省、自治区、直辖市之间可以开展区域合作，统筹建设区域性危险废物集中处置设施、场所。

13. 综合利用标准要求

《固废法》第十五条规定：国务院标准化主管部门应当会同国务院发展改革、工业和信息化、生态环境、农业农村等主管部门，制定固体废物综合利用标准。综合利用固体废物应当遵守生态环境法律法规，符合固体废物污染环境防治技术标准。使用固体废物综合利用产物应当符合国家规定的用途、标准。

14. 医疗废物管理

《固废法》第九十条规定：医疗废物按照国家危险废物名录管理。县级以上地方人民政府应当加强医疗废物集中处置能力建设。

第九十一条规定：重大传染病疫情等突发事件发生时，县级以上人民政府应当统筹协调医疗废物等危险废物收集、贮存、运输、处置等工作，保障所需的车辆、场地、处置设施和防护物资。卫生健康、生态环境、环境卫生、交通运输等主管部门应当协同配合，依法履行应急处置职责。

15. 生产者责任延伸制度

《固废法》第六十六条规定：国家建立电器电子、铅蓄电池、车用动力电池等产品的生产者责任延伸制度。电器电子、铅蓄电池、车用动力电池等产品的生产者应当按照规定以自建或者委托等方式建立与产品销售量相匹配的废旧产品回收体系，并向社会公开，实现有效回收和利用。

国家鼓励产品的生产者开展生态设计，促进资源回收利用。

16. 生活垃圾、实验室废物管理

《固废法》第四十三条第一款规定：县级以上地方人民政府应当加快建立分类投放、分类收集、分类运输、分类处理的生活垃圾管理系统，实现生活垃圾分类制度有效覆盖。

第五十条第二款规定：从生活垃圾中分类并集中收集的有害垃圾，属于危险废物的，应当按照危险废物管理。

第七十三条规定：各级各类实验室及其设立单位应当加强对实验室产生的固体废物的管理，依法收集、贮存、运输、利用、处置实验室固体废物。实验室固体废物属于危险废物的，应当按照危险废物管理。

17. 污染防治责任险

《固废法》第九十九条规定：收集、贮存、运输、利用、处置危险废物的单位，应当按照国家有关规定，投保环境污染责任保险。

18. 信息化管理

《固废法》第十六条规定：国务院生态环境主管部门应当会同国务院有关部门建立全国危险废物等固体废物污染环境防治信息平台，推进固体废物收集、转移、处置等全过程监控和信息化追溯。

第七十五条规定：国务院生态环境主管部门根据危险废物的危害特性和产生数量，科学评估其环境风险，实施分级分类管理，建立信息化监管体系，并通过信息化手段管理、共享危险废物转移数据和信息。

第七十八条规定：产生危险废物的单位，应当按照国家有关规定制定危险废物管理计划；建立危险废物管理台账，如实记录有关信息，并通过国家危险废物信息管理系统向所在地生态环境主管部门申报危险废物的种类、产生量、流向、贮存、处置等有关资料。

第八十二条规定：转移危险废物的，应当按照国家有关规定填写、运行危险废物电子或者纸质转移联单。

1.6.3　标准、技术规范、指南

现行危险废物主要法规标准和技术规范详见表 1-2。

表 1-2 中国现行主要危险废物管理法规标准及技术规范

序号	名称
法律法规	
1	中华人民共和国环境保护法（2015 年）
2	中华人民共和国固体废物污染环境防治法（2020 年）
3	最高人民法院 最高人民检察院 关于办理环境污染刑事案件适用法律若干问题的解释（2023 年）
4	最高人民法院 最高人民检察院 公安部 司法部 生态环境部 关于办理环境污染刑事案件有关问题座谈会纪要（2019 年）
5	危险废物经营许可证管理办法（2004 年）
6	国家危险废物名录（2020 年）
7	危险废物转移联单管理办法（1999 年）
8	危险废物出口核准管理办法（2008 年）
9	排污许可管理办法（试行）（2019 年）
10	道路危险货物运输管理规定（2013 年）
11	危险货物道路运输安全管理办法（2019 年）
12	道路运输车辆技术管理规定（2016 年）
13	医疗废物管理条例（2011 年）
14	医疗废物管理行政处罚办法（2010 年）
15	医疗卫生机构医疗废物管理办法（2003 年）
标准规范	
1	含多氯联苯废物污染控制标准（GB 13015—2017）
2	环境保护图形标志 固体废物贮存（处置）场（GB 15562.2—1995）及其修改单
3	危险废物填埋污染控制标准（GB 18598—2019）
4	一般工业固体废物贮存和填埋污染控制标准（GB 18599—2020）
5	危险废物贮存污染控制标准（GB 18597—2023）
6	危险废物焚烧污染控制标准（GB 18484—2001）
7	水泥窑协同处置固体废物污染控制标准（GB 30485—2013）
8	固体废物鉴别标准 通则（GB 34330—2017）
9	危险废物鉴别标准 腐蚀性鉴别（GB 5085.1—2007）
10	危险废物鉴别标准 急性毒性初筛（GB 5085.2—2007）
11	危险废物鉴别标准 浸出毒性鉴别（GB 5085.3—2007）
12	危险废物鉴别标准 易燃性鉴别（GB 5085.4—2007）
13	危险废物鉴别标准 反应性鉴别（GB 5085.5—2007）
14	危险废物鉴别标准 毒性物质含量鉴别（GB 5085.6—2007）
15	危险废物鉴别标准 通则（GB 5085.7—2019）
16	道路危险货物运输安全技术要求（DB22/T 1556—2012）
17	工业固体废物采样制样技术规范（HJ/T 20—1998）

续表

序号	名称
18	危险废物集中焚烧处置工程建设技术规范（HJ/T 176—2005）
19	废弃机电产品集中拆解利用处置区环境保护技术规范（试行）（HJ/T 181—2005）
20	危险废物鉴别技术规范（HJ 298—2019）
21	铬渣污染治理环境保护技术规范（暂行）（HJ/T 301—2007）
22	报废机动车拆解环境保护技术规范（HJ 348—2007）
23	危险废物（含医疗废物）焚烧处置设施二噁英排放监测技术规范（HJ/T 365—2007）
24	废铅蓄电池处理污染控制技术规范（HJ 519—2020）
25	危险废物集中焚烧处置设施运行监督管理技术规范（试行）（HJ/T 515—2009）
26	危险废物（含医疗废物）焚烧处置设施性能测试技术规范（HJ 561—2010）
27	废矿物油回收利用污染控制技术规范（HJ 607—2011）
28	水泥窑协同处置固体废物环境保护技术规范（HJ 662—2013）
29	排污许可证申请与核发技术规范　水泥工业（HJ 847—2017）
30	排污许可证申请与核发技术规范　有色金属工业——再生金属（HJ 863.4—2018）
31	黄金行业氰渣污染控制技术规范（HJ 943—2018）
32	排污许可证申请与核发技术规范　陶瓷砖瓦工业（HJ 954—2018）
33	排污许可证申请与核发技术规范　废弃资源加工工业（HJ 1034—2019）
34	排污许可证申请与核发技术规范　无机化学工业（HJ 1035—2019）
35	排污许可证申请与核发技术规范　工业固体废物和危险废物治理（HJ 1033—2019）
36	排污许可证申请与核发技术规范　危险废物焚烧（HJ 1038—2019）
37	砷渣稳定化处置工程技术规范（HJ 1090—2020）
38	固体废物再生利用污染防治技术导则（HJ 1091—2020）
39	危险废物识别标志设置技术规范（HJ 1276—2022）
40	铬渣干法解毒处置工程技术规范（HJ 2017—2012）
41	危险废物收集贮存运输技术规范（HJ 2025—2012）
42	危险废物处置工程技术导则（HJ 2042—2014）
43	危险货物道路运输规则（JT 617—2018）
44	医疗废物焚烧环境卫生标准（GB/T 18773—2008）
45	医疗废物转运车技术要求（试行）（GB 19217—2003）
46	医疗废物焚烧炉技术要求（试行）（GB 19218—2003）
47	医疗废物集中焚烧处置工程建设技术规范（HJ/T 177—2005）
48	医疗废物高温蒸汽集中处理工程技术规范（试行）（HJ/T 276—2006）
49	医疗废物化学消毒集中处理工程技术规范（试行）（HJ/T 228—2006）
50	医疗废物微波消毒集中处理工程技术规范（试行）（HJ/T 229—2006）
51	医疗废物专用包装袋、容器和警示标志标准（HJ 421—2008）
52	医疗废物集中焚烧处置设施运行监督管理技术规范（试行）（HJ 516—2009）

1.7　国外危险废物管理现状

1.7.1　美国

美国将危险废物和一般废物的混合物，来源于危险废物的处理、贮存或处置过程（如焚烧飞灰等）以及被危险废物污染的土壤、地下水等划分为危险废物，体现出从危险废物产生"摇篮"到消亡"坟墓"的一个全过程定义，为全过程管理制度奠定了基础。

在美国 RCRA 法则 40CFR 261 中，将危险废物的鉴别特性（易燃性、腐蚀性、反应性和毒性）进行定量化，结合详尽的废物列表，使危险废物有较多的定量特性和较好的可操作性。美国的毒性浸出实验（HCLP）所覆盖的范围广，测试方法和检测项目已达 40 种，浸出能力强、重复性好，规定了鉴别标准值，是全球所做的最完整、最细致的工作。

美国一般废物的法定管理职责在州政府，危险废物管理职能在联邦政府，美国环境保护署（EPA）是执行 RCRA 等相关法律的法定机构。EPA 可授权有关州实施经 EPA 许可的危险废物管理方案，如果该州的实施情况不能达到要求，EPA 应接管该州的危险废物管理，对于危险废物管理方案未获得 EPA 批准的州，则直接由 EPA 负责该州的危险废物管理。

美国的生活废水、核废料、归属《清洁水法》管理的灌溉废物和工业排水不纳入危险废物管理范畴。家庭废物即使包含油漆、杀虫剂等危险废物也不算危险废物。同时，美国将电池、农业杀虫剂等作为"通用"有害废物（universal waste），强调标记、贮存时间限制、员工培训、应急响应等方面的要求，对其管理要求比危险废物相对较松，比一般废物相对严格。

美国危险废物管理政策遵从于源头减量—回收利用—安全焚烧/填埋的管理目标序列，其基本出发点为减少废物产生、提高资源化回用比率，从而最终减少进入环境、需要处理处置的废物量。

美国危险废物管理的两大系列制度是跟踪制度和许可制度，强调每个产生有毒废物相关企业（大源及处理处置企业）都必须获得一个识别代码，通过统一格式的转移联单实施"从摇篮到坟墓"的系统管理，处理、贮存、处置企业必须获得许可。根据 RCRA 要求，美国将危险废物分为大源、小源、豁免小源进行管理。大源（LQGs）指的是某一个月产生 1000 kg（2200 磅）以上的 RCRA 规定的危险废物的污染源，小源（SQGs）指的是 100 kg 以上、1000 kg 以下的危险废物产生源，如实验室、印刷者、干洗店。另外，危险废物产生量在 100 kg 以下的源为豁免小源，承担的义务较小，如牙医办公室等。

美国对危险废物的处理处置实际上包括贮存、处理、处置，对其界定有明确的差异。对于处理，指的是能改变废物性质和组成，以使废物能回收、再用或减量的工艺过程（如焚烧），而处置专指永久性保存的工艺过程，如填埋。另外，美国强调执行标准（performance standard），只要达到规定的技术要求和排放标准，而不对技术做硬性规定。

美国对危险废物的处理处置设施监管极其严格，根据 RCRA 法规，在危险废物处理、贮存和处置设施（机构）的营业许可证管理文件中，明文规定操作程序、禁忌等，对将要关闭的危险废物处理、贮存和处置设施，规定其所有者和营业者负有该场所关闭后 30 年的环境责任（如地下水监测、处置设施维护、安全监测）。为预防业主破产倒闭无力承担此责任，RCRA 法律要求业主建立与之区分开的保证金系统（如信托基金、担保抵押、信用证等，用于该场所关闭时和后续清理的费用）、准备金（用于该场所关闭后的 30 年内地下水监测，该场所的维护和安全费用）、出示用于承担因事故或误操作造成危险废物泄漏的第三方责任财政保险（可用于赔偿公民或第三方在该场所附近的财产或人体健康之损害）。

在美国有两家危险废物处理公司非常值得关注：美国最大的工业、生活危险废物处理企业——Clean Harbors 公司和美国最大的医疗危险废物处理企业——Stericycle 公司。

1）美国 Clean Harbors 公司

Clean Harbors 是美国最大的工业、生活危险废物处理公司，经营化学、燃料、易燃易爆物以及工业和家庭危险材料的处理、存储业务。目前在全美拥有 9 个填埋场、5 座焚烧炉、7 座污水处理设施以及其他废弃物处理设备。公司的服务包括：原料循环、实验室化学品处理、印刷电路板（printed circuit board，PCB）处置、工地管理以及实验室的迁移等。

Clean Harbors 上市之后不断依靠收购兼并和建立新公司进入不同的业务和市场，实现业务种类和范围的延伸。而监管法规的变化也带动了设备升级和支出增加，如 2002 年美国环境保护署通过《清洁空气法》修正案收紧垃圾焚烧的各项规定后，当年公司支出 98.5 万美元升级各项焚烧设备，2003 年公司又支出 2000 万美元升级各项焚烧设备。

2）美国 Stericycle 公司

Stericycle 公司创立之初，固体废物处理市场已经有 Waste Management 等数家巨头公司，其凭借本身规模优势采取单一价格回收单一机构所有垃圾的模式，使大型垃圾产生机构如医院等将垃圾处理外包成本低于 Stericycle 公司。同时，占据了优势的 Waste Management 等巨头公司也实施了大规模的收购兼并活动。直到医疗废物的环保政策趋严之后，专业化处理医疗废物的 Stericycle 公司才在变化的行业中取得了专业优势，开始迅速发展。

Stericycle 公司通过收购兼并小公司而快速发展。1997 年首次实现盈利，其后通过并购进入墨西哥和加拿大医疗废物处理领域。纵观 Stericycle 公司的发展历程，有四个重要拐点值得关注：一是 1988 美国 EPA "Medical Waste Tracking Act"的颁布，规范了医疗废物处理市场，并涌现出大量的小型医疗废物处理公司；二是 1992～1993 年美国 EPA 收紧了医疗废物处理政策，并加重了罚金，使得诸如 Stericycle 公司之类专业化的医疗废物处理公司走出固体废物处理巨头公司的阴影，开始快速发展；三是 1997 年美国 EPA "New Clean Air Standards"颁布，众多缺乏技术的小型医疗废物处理公司寻求被并购，Stericycle 公司获得了更大的生存空间；四是 2002 年 "New Clean-Air Rules"颁布，医院开始关闭自建的焚烧炉，转而将医疗废物外包，市场容量进一步增加。

1.7.1.1 《资源保护与回收法》

《资源保护与回收法》（RCRA）是美国固体废物管理的基础性法律。主要阐述由国会决定的固体废物管理的各项纲要，并且授权美国 EPA 实施各项纲要并制订具体法规。RCRA 有众多的章节和小章节、条款以及相当多的附录。RCRA 建立了美国固体废物管理体系。这一法律分成三部分，分别对固体废物、危险废物和危险废物地下贮存库的管理提出了要求。这一法律的重点是危险废物的控制与管理。为了与这一法律配套，EPA 制定了上百个关于固体废物、危险废弃物的排放、收集、贮存、运输、处理、处置回收利用的规定、规划和指南等，形成了较为完善的固体废物管理法规体系。

RCRA 的突出特点是对法律中的用语有明确定义，涉及这些用语要做详细的描述。例如，对于小源（SQGs）废物排放者的规定：在一个月中所排放的有害废物总量超过 100 kg 低于 1000 kg 的排放者。而在该法中对小源废物排放的描述则较多：①要明确说明 EPA 是根据该法的哪些章节对被定义为小源排放者实施具体规定；②这些规定的应用范围；③从何时开始排放者必须使用环保局的排放清单以及清单必须含有的内容；④该法还规定有效标准和日期产生前，排放者应该在何种条款下排放废物。同时还规定如果排放者临时需在废物产生地点堆放废物时，在 270 天内如果超过 6000 kg 而废物运输路程又超过 200 英里（321.8688 km）的情况下不需要专门许可证等。

美国《固体废物处置法案》制定和修正的过程反映了固体废物管理基本方针从最初重视废物末端处置向强调减少废物和节约资源的转变。RCRA 的主要目标是采用环境安全方式实施危险废物的削减与管理，在促进健康与环境保护的同时，以保护基础的物质资源和能量资源为目标。RCRA 确定了美国固体废物管理的新思路，即废物预防（源头削减）、回收利用、焚烧和填埋处置。废物资源的回收利用是美国各州固体废物管理计划中不可缺少的内容，是获取联邦政府财政援助的必要条件。

美国 RCRA 的管理范围包括一般固体废物和危险废物两大类，实行国家和地方的分级管理：EPA 负责管理危险废物，各州政府对非危险废物进行管理，州政府制定的固体废物管理计划需经联邦环境保护局批准。同时，为方便危险废物监管，根据产生量不同、其环境风险产生者应承担的环境责任也应不同的原则，EPA 按照每月危险废物产生量及危害程度，将产生者划分为 3 类（大源、小源、豁免小源），实施差别化管理。此外，随着对危险废物风险评估能力的不断提高，EPA 认为 RCRA 中相关法规对低风险的危险废物实行了过于严格的管理，给社会和危险废物生产者增加了不必要的、高额的处理处置费用，对此于 1995 年颁布的《危险废物鉴别法规》对 RCRA 管理的危险废物做了部分豁免排除。

为鼓励固体废物实现充分利用、控制固体废物填埋处置对环境造成的污染，美国在城市固体废物管理中还广泛利用市场力量，充分发挥许可、税收、抵押等经济杠杆作用。例如，美国各州普遍实行“垃圾按量收费政策”（pay-as-you throw，PAYT）制度，对居民征收固体废物收集费，促进城市固体废物产生者承担其对社会的责任；美国印第安纳州、新泽西州等对需要填埋的城市固体废物征收填埋费/税，倒逼城市固体废物的源头减量和综合利用。

1.7.1.2　美国危险废物管理体系

1. 法律体系

美国早在 1965 年即颁布了《固体废物处置法案》（Solid Waste Disposal Act），这是第一部针对改进固体废物处置方法的法令。RCRA 是对《固体废物处置法案》的修订，于 1976 年颁布实施，重新建立了国家的固体废物管理系统，并为当时的危险废物管理项目设置了基本框架。1984 年，《危险和固体废物修正案》（HSWA）对该法案进行了重要修订，拓宽了 RCRA 的范围和要求。1992 年，美国议会再次对 RCRA 进行修改，通过了《联邦设施遵守法案》，增强了在联邦设施执行 RCRA 的权限。1996 年，《掩埋处置计划弹性法案》对 RCRA 进行了修正，从而可以对某些废物的土地掩埋处理进行灵活的管理。

美国国会授权 EPA 根据法案要求，制定废物管理条例、政策指南等，通过为废物管理提供明确而且具有法律强制性的要求以贯彻国会的意图。

2. 主要制度

州废物管理计划。RCRA 要求，EPA 必须出台指南文件指导州政府编制和实施州废物管理计划，州政府应按照法律要求编制计划并提交 EPA 批准后实施。计划必须尽可能详细地给出为达到 RCRA 目标要采取的措施及其时间安排，计划至少为期 5 年，必须明确州政府和地方政府的实施责任。

危险废物产生者管理。在 RCRA 中，危险废物的产生者是其"从摇篮到坟墓"管理体系的第一环。所有的产生者都必须负责确定它们产生的废物是否为危险废物，必须对这些废物的最终处理进行监管。因为不同类型的单位会产生不同数量的废物，给环境带来不同程度的风险，所以 RCRA 根据这些产生者的危险废物产生量进行分级管理。危险废物产生者不能通过与运输或处置的第三方签订协议而免除责任。即使是由第三方的行为造成了废物的违法处理，废物产生者仍需对不符合要求的处置所造成的问题承担连带责任或共同责任。

危险废物运输者管理。危险废物运输者，不仅受 RCRA 管制，还要受《危险物质运输法案》制约。EPA 要求，危险废物运输者必须申请获得 EPA ID 码，以掌握危险废物的运输行为。同时，危险废物运输必须执行转移联单。为促进资源的回收和循环利用，某些被循环利用的危险废物的运输，可以不受转移联单管理要求的制约。

危险废物处理、贮存及处置设施管理。美国 EPA 针对危险废物处理、贮存及处置设施管理（TSDF）制定了十分严格的管理要求，并要求 TSDF 必须申领许可证。许可证由 EPA 或者被 EPA 授权的州政府签发，也可由两者共同签发。由于循环利用活动本身受到了 RCRA 豁免，TSDF 不包括循环利用设施，因此危险废物循环利用不需要申领许可证，也不受制于 TSDF 的管理要求。

3. 借鉴意义

2020 年我国发布实施的《固废法》，出台了工业固体废物连带责任制度，力图从源头上减少或避免固体废物非法转移、倾倒事件的发生，倒逼固体废物产生者采取有效措施治理固体废物污染。这一制度的建立，正是参考借鉴了美国 RCRA 关于产生者连带责任的规定。另外，针对我国危险废物种类多、危害特性差异大的现状，《固废法》提出了分级分类管理要求，也是借鉴了美国 RCRA 关于危险废物产生者分级管理的做法。

1.7.2　日本

日本将废弃物定义为除放射性物质外的固态或液态污染物或废料。根据废物来源，废弃物分为产业废弃物和一般废弃物。产业废弃物是指工业活动中产生的炉渣、污泥、废油、废弃塑料等废弃物。一般废弃物是指除产业废弃物外的其他废弃物。产业废弃物中具有爆炸性、毒性、感染性及其他可能危害人体健康或者生活环境性状的废弃物为特别管理产业废弃物；一般废弃物中具有爆炸性、毒性、感染性及其他可能危害人体健康或者生活环境性状的废弃物为特别管理一般废弃物。

日本《废弃物管理和公共清洁法》将废弃物分为一般废弃物、产业废弃物，并明确规定了国民、企业、政府的废弃物处理责任（排放者责任原则）。其中：

国民责任：国民必须协助国家和地方公共团体开发废弃物减量、正确处理的相关对策措施。

一般废弃物的处理责任：各市町村必须制定该区域内一般废弃物的处理计划，并根据该计划在各自区域内不使生活环境受到影响的情况下，对一般废弃物进行收集、搬运以及处理、处置。其中收集、搬运过程一般委托给第三方回收公司。除此之外，为了减少废弃物的排放，垃圾处理服务有偿化也是各市町村的一项任务，它是根据地区情况由各市町村自定，现行的方法有：单纯计量收费制、累进计量收费制、定量免费制、补助组合收费制和定额收费制 5 种。从征收费用的方式，还可分"指定垃圾袋方式"和"粘贴方式"。

产业废弃物的处理责任：作为一般原则，企业必须自己处理其产业废弃物。具体处理方法有：①自家处理方式，该方式必须有环境大臣的认定；②委托第三方废弃物处理公司处理方式，这个方式是现行方式中最常用的方式，排放者承担处理成本委托第三方废弃物处理公司处理。除此之外，在产业废弃物处理过程中，为了防止非法丢弃，企业不仅履行排放者责任原则，同时还要遵守和执行产业废弃物管理票的义务。

1.7.2.1　日本废弃物管理体系

日本废弃物管理发展主要分为三个阶段：第一阶段是 20 世纪 50 年代，第二次世界大战结束后的一段时期，许多日本民众直接将日常生活中产生的生活垃圾随意倾倒，导致蚊蝇肆虐，出现了很多环境卫生问题。1954 年，为进一步规范卫生管理，日本出台了《清扫法》。第二阶段是随着经济的飞速发展和废弃物的日益增加，出现了一些环境公害问题，对废弃物的处理及管理要求提高，日本于 1970 年出台了《废弃物管理和公共清洁法》，并分别在 1981 年和 1983 年颁布了《广域临海环境整治中心法》和《净化槽法》。第三阶段是社会经济发展稳定后出现了新的环境与资源问题，社会各界对实现废弃物的恰当处理和回收利用、解决环境问题的呼声日益高涨，自 1995 年开始集中制定和颁布了各类循环发展的相关法律法规。

1994 年全面实施的《环境基本法》是日本环境保护领域的基本政策，规定了环境保护的基本管理制度和措施。以建立"循环型社会"为目标，日本于 2001 年全面推行了《循环型社会形成推进基本法》，规定了生产者在生产、销售商品过程中应落实生产者责任延伸制度，为确保社会物资循环、降低天然资源消耗、减轻环境负担提供了有力保障。

为合理处理废弃物、推进废弃物循环利用，日本出台了《废弃物管理和公共清洁法》和《资源有效利用促进法》。《废弃物管理和公共清洁法》明确了废弃物处理设施设置的相关规章制度、废弃物处理单位管理要求、建立废弃物处理标准等内容。《资源有效利用促进法》提出了改进产品结构和材质以方便回收利用、分类回收标识等制度。为促进一般固体废物熔融产物的回收利用，日本环境省于 2007 年出台了《一般固体废物熔融固态物的回收利用方针》，规定了熔融产物用途以及有关环境安全质量标准。此外，日本还制定了与综合性法律配套的专项法，如《容器包装物再生利用法》《家用电器再生利用法》《食品资源再生利用法》《建筑材料再生利用法》《汽车再生利用法》《小型家电再生利用法》。

1970 年，日本颁布《废弃物管理和公共清洁法》，确立了国内废物管理的主要法律依据。20 世纪 90 年代之前，日本废弃物管理的方式以末端处理为主。随着经济的快速增长以及相应产生的废弃物环境问题，日本提出了有效利用资源并循环使用的政策，其主要目的是削减处置固体废物的数量，改变"大量生产、大量消费、大量废弃"型的社会现状。2000 年，日本颁布了《循环型社会形成推进基本法》，提出了建立循环型经济社会的根本原则，即在确保预防废物产生、再生资源循环利用和废物合理处置的基础上，抑制天然资源的消费、最大限度地减少环境的负荷，并将废弃物循环利用对策优先顺序法定化，即抑制产生、再使用、再生利用、热回收、适当处置。

法律框架和主要制度。日本废弃物管理相关法律体系可以分为三个层面：第一层指基本法，即《循环型社会形成推进基本法》；第二层指综合性法律，废物合理处置和再生资源循环利用分别由《废弃物管理和公共清洁法》和《资源有效利用促进法》具体管理；第三层指与综合性法律配套的专项法，如图 1-2 所示。

根据《废弃物管理和公共清洁法》，实行不同层级地方政府的分级管理：一般废弃物由市町村负责制定处理计划和监督管理，产业废物回收运输、处理处置行业由都道府县进行许可和指导监督。

此外，经济政策和公众参与也是日本废弃物管理的重要手段。回收处理收费制度普遍应用于汽车、家电和城市废物等方面：对汽车采取预先付费方式，即在购买汽车时就预先交付报废费用，包括汽车破碎残渣、安全气囊、氟利昂的处理费；根据《家用电器再生利用法》，电视机、空调器、电冰箱、洗衣机的消费者也必须缴纳废家电处理费；城市废物方面，采取废物处理费和税并存模式，通过强制使用收费袋和处理票的方式收取生活垃圾处理费，部分地方政府还对产业废物课税。公众参与下，日本生活垃圾分类是公认的全球典范。

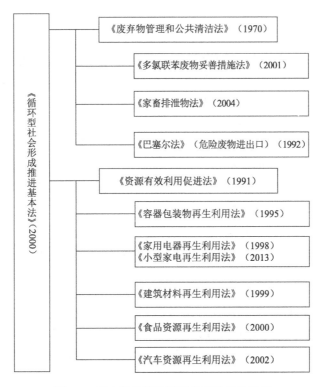

图 1-2　日本固体废物管理相关法律体系图

1. **法律体系**

日本 20 世纪 50～60 年代的快速发展带来了大量的环境污染问题。到了 70 年代初期污染控制提到政府管理的优先议程。1970 年 12 月，日本出台了《废弃物管理和公共清洁法》，对于特殊管理产业废弃物管理进行了规定，随后在政令、省令中进一步明确了危险废物的管理思路。

《废弃物管理和公共清洁法》作为进行废弃物管理的一部核心法律，对废弃物的产生、转移、处理处置等环节以及相关方的责任等进行了规定，自颁布以来，历经数十次修正。《废弃物管理和公共清洁法实施令》则是内阁府在《废弃物管理和公共清洁法》之后颁布的一部政令，其目的是对《废弃物管理和公共清洁法》进行有益补充。《废弃物管理和公共清洁法实施规则》则是由当时的厚生省所颁布的一部部门规章，其更多的是提出一些更为具体的标准。这 3 部法律法规由上至下,《废弃物管理和公共清洁法实施令》和《废弃物管理和公共清洁法实施规则》对《废弃物管理和公共清洁法》不断丰富补充,构成了日本废弃物分类管理的法律框架体系。

2. 主要制度

废弃物处理计划。市町村必须制定本辖区内的一般废弃物处理计划;产生大量产业废弃物(上年度产生量大于 1000 t)的企业,必须按照规定制定产业废弃物减量及其他处理计划,提交给都道府县知事。

废物处理从业许可。从事一般废弃物处理事业,需经市町村长批准;从事产业废弃物处理事业,需经都道府县知事批准。

废弃物处理设施许可。设置一般废弃物、产业废弃物处理设施,必须获得设施管辖地都道府县知事的许可。

产业废弃物转移联单。产生产业废弃物的企业,委托转移或处置业务时,必须按规定使用产业废弃物管理单。

再生利用认定制度。满足一定条件的再生利用,且经过环境大臣认定后,对认定者实施无须取得处理业经营许可及处理设施设置许可的放宽限制政策。

3. 借鉴意义

2020 年我国颁布的《固废法》建立了工业固体废物排污许可制度,要求产生工业固体废物的单位申请领取排污许可证,这一规定与日本的废弃物处理计划制度有着异曲同工之处。二者均是针对工业固体废物产生者提出的要求,其目的都是为了约束产生者的废物管理行为,实现源头风险防范。

1.7.2.2　日本废弃物管理制度

1. 产业废弃物管理制度

日本环境省对产业废弃物的管理职责主要为制定基本方针及废弃物处理设施管理计划,研究制定废弃物处理标准、设施标准、委托处置标准,开展废弃物处理技术研发及信息收集,进行废弃物出口审批及进口许可等。都道府县负责产业废弃物产生单位、处置单位及处理设施设置单位的具体管理工作,要求其提交报告并对提交的管理表反馈相关建议,开展现场检查、提出责令整改措施等。产业废弃物的产生单位有自觉履行产业废弃物安全处理、遵守贮存处置标准和对外委托标准、保存并上报管理表的责任;处理单位有取得优秀单位认证的权利,同时也有遵守处置标准、原则上禁止将委托处置的废弃物转移到其他单位处置、保存并上报管理表的责任;处置设施设置单位有遵守养护标准、储备养护备用基金的责任。计划建设产业废弃物处理单位或处理设施设置单位，需获得所属都道府县知事的批准。

2. 一般废弃物管理制度

日本环境省对一般废弃物处理设施建设、维护及设备标准均出台了相关规定。市町村依法具有处理一般废弃物的责任，应制订"一般废弃物处理计划"以防止一般废弃物的环境污染问题。依据环境省令，市町村在计划建设一般废弃物处理设施时，需向都道府县知事申报。都道府县知事将对一般废弃物处理单位和处理设施设置单位进行许可认证，具有定期开展现场检查、提出责令整改措施、要求其提交相关报告的责任。一般废弃物的处理单位应遵守处理标准，禁止将委托处置的一般废弃物转移至其他单位处置；处置设施设置单位有遵守养护标准、储备养护备用基金的责任。

3. 废弃物相关企业认证与处罚制度

日本废弃物相关单位可申请循环利用认证、广域认证、无害化认证、热回收设施设置单位认证和优秀单位认证。其中，环境省大臣负责开展对实施大规模循环利用的单位进行认证，对实施有利于减少废弃物数量等广域处理的单位进行认证，对实施石棉、多氯（溴）联苯无害化处理单位进行认证。都道府县知事对设置具备热回收（如废弃物发电、余热利用）功能设施的单位、优秀产业废弃物处理单位进行认证。

1.7.3　欧盟

20 世纪 80 年代，欧盟废物管理由早期单纯处理转向综合治理战略，开始重视源头控制和综合利用，从而有效控制污染、回收资源，从根本上转变了废物管理的内涵。几乎所有欧盟成员国在废物管理上都经历了巨大的转变，强调减量化、资源化和无害化，并将资源化作为废物处理的最终发展目标，有效提高了物质和能源的回收利用。

1972 年，德国颁布了《废物处理法》。随着垃圾焚烧和填埋带来的环境问题增多，政府环境管理政策的指导思想发生了转变，从建设更多的填埋场和焚烧厂以扩大废物处理能力转向注重废物源头减量和循环利用。1986 年，德国颁布了《废物防止和管理法》，此后又于 1994 年颁布了《物质封闭循环与废弃物管理法》。后者强调废物首先要减量化，特别是要降低废物的产生量和有害程度；其次是作为原料再利用或能源再利用；最后只有在当前的技术和经济条件下无法被再利用时，才可以在"保障公共利益的情况下"进行"在环境可承受能力下的安全处置"。

为增加废物回收和再利用比重，欧盟委员会特别强调废物管理中的循环经济原则和零废弃理念。目前，欧盟废物管理战略确立了"废物分级"的处理体系，即遵循"预防或减量—重复使用—循环利用—堆肥—处置"的顺序，强调资源化是废物处理的首选方式和最终发展目标；并将管理目标向物质产生的源头减量化延伸，全面且综合地考虑废物管理的每个阶段，通过对物质"从摇篮到坟墓"的整个生命周期管理，实现物质产生、流通、消费的全过程良性循环。

1.7.3.1　欧盟危险废物管理法律框架

欧盟废物管理法规体系由条例、指令、决定等构成。1975 年，欧盟理事会颁布的《废物框架指令》（75/442/EEC）是欧盟固体废物管理的基础，此外配套有《废油处置指令》《包装废物指令》《废汽车指令》《废物焚烧指令》《废物填埋指令》等多项专项法规。

欧盟在 2008 年推出了《废物框架指令》（2008/98/EC），于 2008 年 12 月 12 日开始生效。该指令取代了原有的废物框架指令（2006/12/EC）、危险废物指令（91/689/EEC）以及废油指令（75/439/EEC）。

欧盟废物立法包括三个层次：一是框架指令，规定了废物管理的原则、目标等；二是水平立法，在操作层面提出废物管理的共性要求，如焚烧指令、填埋指令；三是垂直立法，针对不同种类废物进行专项立法。欧盟的法律文件主要由法规（regulation）、指令（directive）、决议（decision）等组成。法规要求所有成员国强制执行；指令只对必须达到的结果进行限定，至于采取何种形式及方法则转化为国内法律，由各成员国自行决定；决议则只对其接受者具有直接拘束力而不具有普遍约束力，其发出的对象可以是成员国，也可以是自然人或法人。

1.7.3.2　欧盟及德国危险废物管理制度体系

欧盟废物管理中不仅运用法律和行政手段，而且辅以税收、财政补贴等诸多经济手段，实现了多种政策工具的结合，从而使废物管理的各项制度得以贯彻实施。欧盟废物管理大部分是以成员国各地政府财政投入为主，结合以政府许可形式引入的社会资本这一融资渠道，为废物的综合管理提供了资金保障。对此，欧盟制定了较为全面的固体废物税收政策，如城市废物收集费和废物填埋费/税、对包装物等具有潜在环境污染的产品征收包装费/税等，有利于政府的宏观调控、促使生产者采用先进技艺，进而优化消费模式和产业结构。

废物管理是一项系统的综合工程，需要全社会的共同努力。在欧盟，不只是政府和企业，各公民团体以及普通民众对欧盟环境法律、政策的制定均有重要影响，如在推行新的废物管理指令时，政府十分重视对公众意见的采集与反馈。欧盟较强的公众环保理念使废物分类得以充分地开展，降低了后端废物处理的难度与成本，有效实现了废物资源的再利用。欧盟要求，废物管理应当遵从以下优先次序：减量、再使用、再利用、其他利用方式、处置。

制定循环利用目标。比如，针对产生量较大的拆建废物和生活垃圾，要求建筑废物中的70%要用于再使用、循环利用及其他物料回收利用；生活废物中的50%的纸张、金属、塑料和玻璃等废物用于再使用和循环利用。

自给自足和就近原则。各成员国应利用最佳可行技术建立废物处置设施及废物回收利用网络，实现自给自足目标。但就近原则和自给自足原则并不意味着各成员国必须拥有所有的回收利用设施。

废物处理许可要求。针对旨在开展废物治理的机构或单位规定许可要求以及许可豁免情况。

德国对危险废物处理企业的审批十分严格，通常环保部门对于危险废物处置许可证审批过程需要1～2年时间，内容十分详尽。环保部门定期由专人对各处置企业进行检查管理，同时通过在线监测系统对焚烧厂尾气排放、填埋场渗漏雨水处理情况等进行监控，通过这些监管手段保证危险废物的无害化处置。另外，通过危险废物监控系统（ARSYS），由网络电子数据传输进行处置许可、转移联单、运输许可的审批，同时建立危险废物原始数据库，提供处置和回收利用计划。

在德国，危险废物收集设备和贮存罐必须具备以下性能：密闭、化学安全性好；耐爆炸、耐碰撞、耐压；可堆放、可固定；可多次使用；发生事故时地面或周围较易清理。

在危险废物贮存场所，危险废物被分类贮存不同设备中。少量的危险废弃物收集在中转站中并归类集中存放，待数量较多时运输至特种垃圾处理厂。

此外，虽然欧盟各国的化工包装桶的清洗管理和回收利用水平并不一致，但其中以德国的"上下游联动"治理原则最具代表性。

据了解，目前德国政府的规定是：桶的生产者要参与回收清洁；桶的使用者即原料生产厂要向下游客户提供桶的清洗券，以及相关的清洗方法；下游客户需要将使用后的桶送到指定清洗点清洗回收。通过产业链上下游的协同合作与监督管理，德国危险废物包装桶的清洗问题得到了妥善了解决，回收利用率也明显高于其他国家。

1.7.4　小结

发达国家危险废物管理的法律体系和发展模式虽然不尽相同，但是在管理理念和相关举措方面又体现出诸多相似之处。

1.7.4.1　危险废物环境管理经验

一是管理理念方面。随着经济发展以及对废物资源性看法的转变，国际公约和发达国家相关法规均表现出了由末端治理转向强调源头控制和资源保护的全过程危险废物管理的蜕变和发展。当前，发达国家危险废物管理的主要考核指标已不再是排放标准，而是危险废物的产生减少率和回收再生率，具体表现在：将危险废物管理的主要环节（源头减量、再生循环和处置）作为全过程无害化管理的重点，而不仅是处置的无害化；将源头减量作为优先手段，而不是无害处置；以资源保护或资源循环为基本目标，而不仅是污染防治。

二是管理举措方面。分类分级、环境经济、公众参与等多种灵活的管理手段被普遍应用于国际公约和发达国家的危险废物管理工作，有力地保障了管理战略的有效执行和监管。例如，美国对危险废物分类和部分豁免的管理制度，美国和日本由不同层级政府部门分别管理危险废物/工业废物和一般废物的分级模式，体现了风险控制的原则，减少了危险废物管理的成本和难度；美国、欧盟和日本采用的城市固体废物处理费和税等经济政策，既为废物末端治理提供资金保障又反向作用于废物的源头减量和回收利用，实现了环境与经济发展双赢。

1.7.4.2　对我国危险废物环境管理的启示

一是推动危险废物源头减量。目前我国危险废物立法仍主要关注危险废物产生后的污染防治，沿用末端治理的思路，管理停留在事后补救阶段，工业固体废物产生量仍在高位运行，危险废物管理的严峻形势并未从根本上得到缓解。"源头减量"是最为经济高效、环境友好的固体废物处理方式。建议积极开展相关法律法规修订与完善，明确危险废物全过程管理的优先次序，落实危险废物产生者的主体责任，在工业生产环节推行清洁生产和循环经济，在居民消费和生活环节提倡绿色消费和生活，尽可能在源头减少危险废物的产生。

二是强化危险废物风险防控。我国危险废物种类多，考虑到危险废物产生、贮存和处置现状，现有设施和技术水平以及资金投入，不可能对所有类型的危险废物进行同等管理。建议以有毒有害物质全过程控制为重点，对产生量大和危害性大的危险废物、产生行业和地区进行重点或优先监管，实行危险废物从产生到最终处置的"全生命周期"主动式风险防控，并探索通过部分物质豁免、国家和地方政府分级管理等可控方案优化危险废物分类分级管理体系。

三是运用绿色环境经济政策。我国危险废物相关环境经济政策尚不完善，未能充分发挥对环境质量改善的调控效用。环境经济政策作为一种调控环境行为的政策工具，被视为绿色发展的重要手段和核心内容。建议充分应用财税、绿色采购等多种经济手段，推动危险废物管理和综合利用产业良性发展。根据危险废物的种类、危害性、产生量和管理需求，在废物产生环节，针对某种危险废物征收环境税，促使危险废物产生者采取措施从源头减少危险废物产生；在危险废物资源利用环节，加大财税政策的支持力度，将符合条件的危险废物综合利用纳入劳务增值税优惠目录；在再生产品推广环节，将符合质量和环保要求的产品优先纳入政府绿色采购。

四是提高公众环保意识和参与。当前我国公众的环保期盼与日俱增，参与范围和程度在扩大和加深，然而有关固体废物特别是危险废物的科学认识还相对薄弱，邻避效应已经成为阻碍部分地区危险废物利用处置设施发展的核心问题。公众的正确理解和积极参与是固体废物立法顺利实施的重要前提。建议开展形式多样的宣传教育，积极利用媒体发布等，科普固体废物相关知识，动员公众积极践行垃圾分类、废物利用等绿色生活方式；推进环境信息公开，保障公众知情权，加强社会监督；拓宽公众参与渠道，凝聚各利益相关方，形成危险废物污染治理和生态环境保护的合力。

第 2 章

危险废物环境风险评估

2.1　危险废物全过程环境风险识别

风险是危险概率及后果的综合量度期望值，风险评价是通过对潜在危险的定性和定量分析，估计污染物进入环境之后对环境造成危害的可能性及程度。

2.1.1　危险废物风险评估方法及软件

2.1.1.1　危险废物管理风险评估方法

1998 年，美国环境保护署（EPA）所属的国家环境经济中心（NCEE）发布了《危险废物管理风险评估方法》。该文件描述了一种用于系统评估和比较不同危险废物管理方案对人类健康和环境的风险程度大小的方法。在审查并评估技术与科学政策文献，特别是关于环境迁移模型、健康效应模型、风险评估和风险管理概念的基础上，选择并确定了该文件所应用的方法。

1. 基本情况

该方法的目的是：

（1）针对每一种已确定的废物管理替代方案，对可能受影响的个体和人群的风险作出最佳估计。

（2）同时考虑到随机和系统的不确定性，在一个或多个置信水平上估计风险范围的上限和下限。

目前开发的方法针对替代处理、储存和处置设施的特定场地进行了评估，定义了七个主要的方法学步骤：

（1）源估计（危害识别）。需要以下环境污染源的表征，包括：识别存在的化学物质；初步识别化学物质的物理、化学和生物特性；分析可能释放到环境中的污染物的技术和措施，识别释放点和释放途径；量化源强度，即速率、浓度、量和有害成分的释放形式。

（2）环境迁移和转化分析。关于环境中污染物迁移与反应方式的环境迁移和转化分析估计，包括：识别关注化学物质的主要环境迁移途径和转化途径；估计在这些途径中化学物质（或化学物质转化的危险产物）随着时间变化的浓度；识别这些途径中化学物质可能接触的易感人群的位置。

（3）暴露预测。关于污染物接触人体或其他有机体的程度估计，包括：估计可能接触到人体或有机体的数量；预测可能发生的人体或亚种群暴露的频率、强度和持续时间。

（4）健康和环境效应分析。包括：认真评估文献中所关注化学物质的健康和环境效应；识别已知的反应范围，特别是在预测的环境暴露下可以产生反应的范围；选择或开发关注效应的特定化学剂量反应关系；开发（通过选择的外推法）特定预测环境剂量的风险因子。

（5）不良影响估计和总结。是综合的一步，预测暴露中不良健康和环境效应的可能性和范围估计，具体包括：剂量反应函数在暴露组个体中的应用；识别关注的敏感亚群；针对每一亚群的每一个效应开展最优风险估计；对每一效应的案例总数进行最佳估计；对于每一个最优估计开展不确定性范围估计。

（6）不确定性分析。在风险评估的所有过程中综合考虑系统和随机源误差，具体包括：为评估的每个选项确定导致风险的每个因素的不确定性；开展关键变量的敏感性分析；评估所有因素的不确定性；陈述所有因素中相同置信区间的不确定性；累积整体评估中每一个步骤的不确定性；比较所有选项中的总不确定性和多个选项中某一特定因素通用时的不确定性；将每个选项的风险范围表示为风险的最佳估计值 R 乘以一个数量级因子 $10 \pm U$，U 代表累积不确定性或相对不确定性。

（7）结果和结论的报告和交流。从风险评估中谨慎选择最大值。报告应包括：清晰地给出评估中技术、废物和废物管理替代的详细描述；清晰地陈述应用到的模型技术、数据来源及所作的假设；展示和比较替代评估中健康风险及其不确定性的最佳估计；如果考虑到对生态和其他环境风险、控制技术成本和其他社会经济成本、风险和收益进行替代评估，则给出类似的最佳估计和不确定性；准备评估结果及结论的扩展和简洁的总结；适当条件下进行口头汇报；将替代方案的风险、成本和益处展示在对读者、观众和决策者有帮助的视角中。

2. 制定方法与主要任务

美国 EPA 研究制定该评估方法的总目标是探索和推荐开展危险废物管理决策时进行风险评估的方法，具体包括 3 个目标：一是评估在风险评估方法学中不同步骤的现有有效技术和模型；二是识别每一步骤中最常用和最有效的方法；三是基于选择的方法推荐一种通用方法。

基于上述目标，美国 EPA 确定了 3 个主要任务：一是危险废物处置中风险评估过程（包括必要的定义）和风险评估内容的综述；二是危险废物风险评估中具体步骤的方法审查，包括源估计、环境迁移和转化分析、暴露预测、健康效应分析和预测、环境和其他影响的评估、影响集成和不确定性分析；三是危险废物管理风险评估通用方法的开发。

危险废物管理风险评估方法聚焦于危险废物对公众健康的影响，在生态和社会经济影响方面只是进行了简单的考虑，但对于决策者而言，应该对生态和社会经济影响进行详细的评估。评估方法需要大量的输入数据和信息，获得定量的风险点估计和不确定区间，对于大多数决策者，应给出更好的基础数据而不是不实际的、过于保守或过于乐观的估计值。在危险废物管理决策时，需要进行更深入的研究来证明方法学的可靠性和有效性。

3. 危险废物管理风险评估方法阐述

1）源估计（危害识别）

风险评估的源评估主要包括两个方面：废物识别和描述；环境污染物的定量释放。

对关注化学品及其来源的评估通常是同时进行的。整理已知的或潜在的环境污染物来源对于危害识别与描述具有重要的作用。废物识别和描述包括技术经济表征、关注的化学物质及其性质、释放机制和释放源。

（1）技术经济表征。

生产和分配过程：生产、制剂、运输事故等；

产品使用模式：未使用的农田化学品、废溶剂和废处理液、召回产品、受污染的产品；

危险废物处理、贮存、处置设施：堆肥池、废物堆、焚化炉、堆填区、化学反应、吸附过程。

（2）关注的化学物质及其性质。

综合评估过程应该识别会产生重大风险的所有化学物质。包括：浓度、数量、向环境的释放，以及物理、化学、健康效应和环境性质。其中，健康效应包括：当数据不充分时，可以使用外推法、类推法或定量结构活性关系进行合理的估计。评估应该识别这些化学物质中释放量最大且产生严重不良效应的物质。

其中，健康效应参数包括：一般毒性；致肿瘤性、致癌性；致突变性；致畸性；不育或生殖成功率降低；行为效应；细胞或亚细胞效应。数据可以来源于文献中报道的毒理学研究，人类临床观察或流行病学研究，实验室或家畜的急性、亚慢性、慢性和特定的毒性测试，微生物的毒理学测试，以及相关的生化实验。

（3）释放机制和释放源。

释放途径：生产过程中以蒸气或颗粒的状态排放到大气中，以溶剂或悬浮液的形式排放到水中；耗散使用，例如杀虫剂应用、未使用材料和危废的不当处置等通过径流、浸出或挥发等释放到环境中；事故，例如油罐车漏油、仓库起火等释放到环境中。

接收介质：排放到局部、地区、全球大气中；污水流入小溪和河流、淡水蓄水池、河口、大海中；非饱和带和含水层或饱和带浸出到地下水中；在陆地上处理的表层土壤、亚表层土壤、深层地层。

环境污染物的定量释放参数包括：熔沸点、蒸气压和蒸气速率、溶解度、蒸气或液体密度等。

EPA 在危害识别方面，从生产和分配过程、产品使用模式、设施等方面，对废物中需要关注的污染物、释放机制、接受介质等进行了分析（表 2-1）。

表 2-1 　危险废物处置源评估的主要考虑

废物表征		释放表征			
产生活动	关注废物	释放机制	接收介质	危害指定	定量释放
生产和分配过程	位置	排放 蒸气 颗粒	大气 局部 地区 全球	化学品	化学品
产品使用模式	数量	流出 溶液 悬浮物	地表水 流域 蓄水 河口 大海和海洋	可用数量	速率
危险废物处理、贮存、处置设施	成分	地面处置	地下水区 不饱和的 饱和的	特性 物理 化学 生物	数量
	性质	事故 泄漏 溢出 爆炸 火灾 洪涝 风	土地 表层 地下 深部地层	时间考虑	物化形式

2）环境迁移和转化分析

在危险废物风险评估中，通常考虑的污染物环境迁移和转化过程包括物理化学过程、生物过程，其中物理化学过程主要指转移、分布、稀释、吸附、反应、中间物转移等，生物过程主要包括吸收、新陈代谢、生物累积、生物放大、转移等（表2-2）。

表2-2　影响污染物的环境迁移和转化过程

物理化学过程	生物过程
转移	吸收 　陆生植物 　水生物种 　微生物 　其他生物
分布	新陈代谢 　激活 　转化 　降解 　分解 　排泄 　毒性效应
稀释	生物累积
吸附 　活化作用 　稳定化 　固定化	生物放大 　食物链
反应 　水解作用 　氧化作用 　还原作用 　光解作用 　降解作用 　分解作用 　放射性衰变	生物间/中间物转移
中间物转移 　挥发 　除尘 　腐蚀 　沉降 　沉淀 　溶解 　累积	

（1）环境迁移和转化分析中的需求参数。

评估环境中迁移转化参数包括：熔沸点、挥发性、溶解性、黏性、光解速率、水解速率、氧化/还原率、与臭氧或羟基自由基的大气反应速率、生物转化速率、蒸气粒子大小和密度、辛醇/水分配系数、土壤吸附系数。

表征场址的物理参数包括：特定的地理位置、地形图、土壤图、最近的水体、排放源的类型、烟囱高度和烟气上升因素。

迁移转化模型中需要的土壤理化参数：土壤类型、有机物质含量、pH、体积密度、水分含量、粒径分布、温度、植被、坡度和坡长、土壤可蚀性。

地表水数据：溪流速率、pH、温度和溶解氧；水系沉积物负荷、背景水质、周围的土地使用。

地下水数据：渗透系数、水力梯度、透射率、实际含水层孔隙度、有效孔隙度、地下水深度、饱和厚度、横向和纵向色散度、渗透速度、体积密度、回灌率、土壤渗透性。

典型的气象数据：风速、主导风向、沉淀、大气稳定度、云量、每日最高温度和每日最低温度、混合高度、太阳辐射通量。

生物学参数：摄取（饮食中摄取、从水或土壤中吸收）、代谢反应（激活、转化、降解、分解）、生物富集或生物浓缩、生物放大、生物间/媒介物转移。

（2）环境迁移和转化分析中的模型。

在模型方面，针对地下水、地表水、空气等介质，已经有了多个模型可供选择，包括：地下水模型、地表水模型、空气扩散和沉积模型、多介质模型和不确定性分析模型。

3）暴露预测

暴露预测主要为使用选择化学物质和人口学信息来预测哪些人群和有多少人群（或其他种群和关注体）可以与环境中的污染物接触，并预测持续的接触时间。

（1）可能暴露的种群。

污染物产生或大量处理场所的工人；

可能有污染物扩散到的一般公众；

动植物的自然种群；

农业、商业（如玉米、森林、渔场、观赏植物等）的植物和动物；

其他具有经济性和审美价值的物质（如腐蚀性的油漆、结构材料和艺术品）。

职业暴露：暴露评估必须识别暴露工人的类型、每种类型的数量、频率、强度和持续暴露在相关有毒物质的时间。

一般人群暴露：关注人类的居住地点、人类的工作地点和可能增加暴露的其他生活方式因素；暴露途径包括吸入受污染灰尘、雾、蒸气，摄入受污染的水、食物、饮料或其他物质，经皮吸收受到污染的物质。

（2）暴露预测。

暴露描述：暴露途径（大气、水、食物、土壤或其他途径）；暴露时间（开始时间和持续时间）；污染物浓度（暴露途径下的浓度和随时间变化的浓度）。

暴露累积：不同途径、浓度、时间和种群的累积暴露。累积程度取决于关注化学物质的毒理学性质、物理化学性质和可能需要考虑到的暴露途径。

美国 EPA 危险废物管理风险评估方法主要是对人体的风险评估，暴露预测主要针对两个人群：一是直接暴露在危险废物活动中的工作人员；二是可能接触到危险废物处理、贮存、处置设施和环境运输过程中释放污染物的一般人群。暴露预测主要通过对污染物、影响人群、暴露途径、参数等方面考虑（表 2-3），需要以下三种分析活动：①可能明显暴露人群的定性识别；②每个群体中个体数量的定量估计；③每个群体暴露程度的定量估计。

表 2-3　暴露预测的主要考虑因素

污染物	人群	直接暴露源	暴露参数
介质	分布 地理的 数值的	饮用及洗浴水	途径 吸入 摄入 吸收、皮肤
化学品	特性 一般的 特殊的	食用作物	强度
浓度	随时间变化	日常生活中的非食用产品	频率
时间变化		室内空气 环境空气 生活方式活动	持续时间

4）健康和环境效应分析

基因毒性；消化、呼吸或心血管系统效应；中枢神经系统效应（神经毒性）；肝脏效应（肝毒性）；肾脏效应（肾毒性）；生长发育速率等。也包括致肿瘤性、致癌性、致突变性、胚胎毒性或胎儿毒性、致畸性、不育性或生殖性降低、不良行为效应、细胞或亚细胞效应。

衰弱效应：过敏、哮喘、关节炎、行为紊乱、肺气肿、内分泌紊乱、免疫紊乱、神经紊乱、肾脏紊乱、严重的体重下降。

生殖和基因效应：不孕或生育能力下降、流产和自然流产、出生时体重或活力下降、致畸效应、突变效应。

致命效应：癌症和白血病，中枢神经系统紊乱，严重的呼吸或肠胃不适，心脏和循环系统疾病，肝功能损伤。

其中，急性数据暴露时间为 24 小时，亚慢性暴露时间为 96 小时，慢性数据暴露时间啮齿类动物为 2 年、狗类为 7 年。

动物实验外推到人类健康效应的局限性包括：

固有局限性：暴露条件（动物亚慢性实验外推人类慢性数据）、动物实验高剂量外推人类暴露低剂量、物种的不同大小、代谢和习性（在一些情况下，小鼠不能较好预测大鼠的反应）、不同的暴露途径。

实际局限性：混合因素（环境因素、测试化学品的污染或错误识别），剂量准确性，阴性结果（没有观察到不良反应）。

5）不良影响估计和总结

不良影响估计和总结是综合的一步，是在预测暴露中不良健康和环境效应的可能性和范围估计，具体包括：剂量反应函数在暴露组个体中的应用；识别关注的敏感亚群；针对每一亚群的每一个效应开展最优风险估计；对每一效应的案例总数进行最佳估计；对于每一个最优估计开展不确定性范围估计。

6）不确定性分析

不确定性分析包括：不确定性分析概况、不确定性源、不确定性累积、相对不确定性和风险以及在比较风险评估中使用替代物。

7）结果和结论的报告和交流

美国 EPA 危险废物管理风险评估方法中的风险表征主要包括三方面的内容：

（1）健康与环境效应分析：通过评估有关的文献资料，对可能的反应进行识别，在此基础上建立剂量-效应关系。

（2）健康与环境影响评估和集成：对每个个体的效应进行估计，集成对人群的效应评估，以特殊情况下的最大暴露风险为基础，形成环境影响评估结果。

（3）不确定性分析：通过对污染源、关键变量的不确定性及这些不确定性的累积（表 2-4），通常包括以下三个步骤来进行不确定性分析：每个场景分析中的源不确定性的识别和定性讨论、定义潜在影响的选择因素和变量的敏感性分析以及使用误差传播法对给定场景开展不确定性累积。

表 2-4 不确定性分析的一些方法

方法	信息需求
定性讨论	因果关系理解、数据、进行详细的分析时或寻求专家判断受到限制时，定性讨论是有用的
专家判断分析	当因果效应关系是基于直接或间接数据而得出主观评价时，需要技术专家交叉意见，需要引出专家的观点
敏感性（参数）分析	关系的数学模型，关键数据或信息源中对可能差异的合理估计

续表

方法	信息需求
统计分析	批量的实验或历史数据，正式的统计方法
误差分析的传播	问题分析的数学公式，每一个数据成分的不确定性估计

2.1.1.2 危险废物焚烧设施的风险评估方法

1. 危险废物焚烧设施的人体健康风险评估导则

1999 年，美国 EPA 所属的固体废物办公室（OSW）颁布了《危险废物焚烧设施的人体健康风险评估导则》，该导则也称为人类健康风险评估协议（HHRAP 或 Protocol）。该导则用于对根据《资源保护与回收法》（RCRA）批准的危险废物燃烧设施进行多途径、现场特定的人类健康风险评估，详细地给出了危险废物焚烧设施的健康风险评价工作流程（图 2-1）。2005 年，美国对《危险废物焚烧设施的人体健康风险评估导则》进行了修订。

《危险废物焚烧设施的人体健康风险评估导则》包括简介、焚烧设施污染源排放特性、污染物的大气扩散模拟、人体暴露情景选择、焚烧设施排放引起的周边环境介质（大气、土壤、水和食物四种介质）中污染物浓度增加量的估算、暴露的定量、风险表征、人体健康风险评估的不确定性解释以及完成风险评估报告和后续活动。其中，人体的污染物暴露量的计算以及人体暴露量危害风险[包括致癌风险（CR）和非致癌风险（NCR）]的表征和模型计算过程中不确定性的分析是开展健康风险评估的关键步骤。

2. 危险废物焚烧设施生态风险评估方案

1999 年，美国发布《危险废物焚烧设施筛选级生态风险评估方案》，规定了危险废物焚烧设施的生态风险评估技术要求。该技术导则共分为三大部分，第一部分为简介、焚烧设施污染源排放特性、污染物的大气扩散模拟、问题制定、分析以及风险特征描述；第二部分为附录——化学品特定数据；第三部分为附录——风险评估过程中的相关参数（生物富集因子、毒性参考值等）。

《危险废物焚烧设施筛选级生态风险评估方案》是关于生态筛选级别程序的通用指南，并提供了一种规范性工具，支持根据《资源保护与回收法》（RCRA）批准危险废物焚烧设施。该方案是一种多途径筛选工具，基于对有害废物焚烧设施排放的引起关注的化合物（COPC）对生态受体暴露和受到不利影响的可能性的合理的保护性假设。美国 EPA 的 OSW 风险评估过程是一种规范性分析，旨在利用代表食物网特定类别/行业和社区的测量受体，以及现成的暴露和生态效应信息，进行快速评估（图 2-2）。

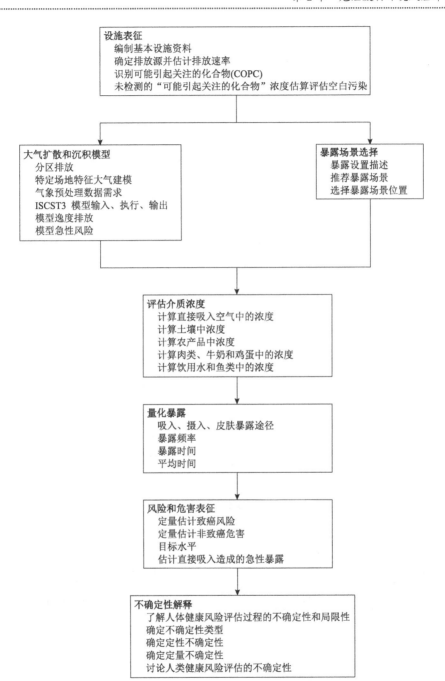

图 2-1　人体健康风险评估过程

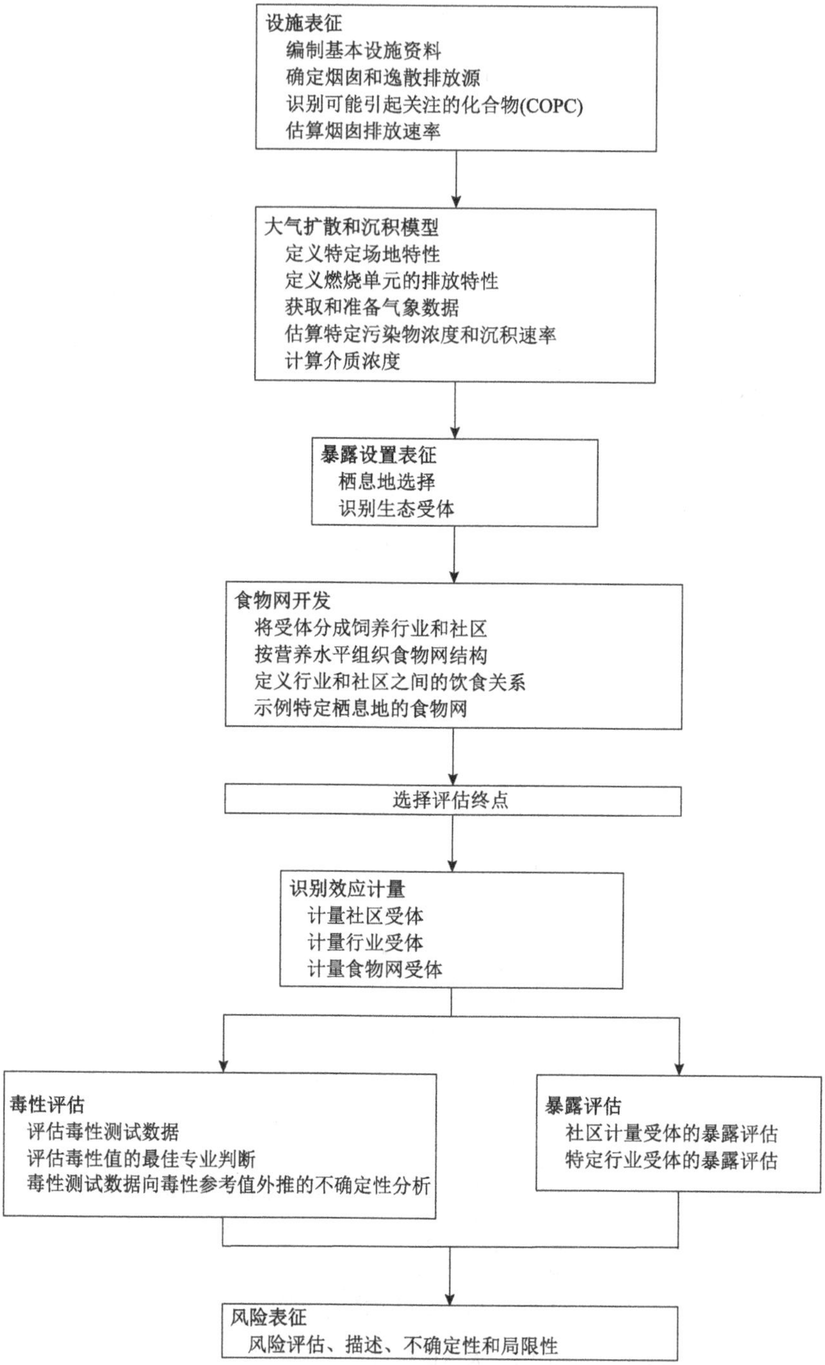

设施表征
　　编制基本设施资料
　　确定烟囱和逸散排放源
　　识别可能引起关注的化合物(COPC)
　　估算烟囱排放速率

大气扩散和沉积模型
　　定义特定场地特性
　　定义燃烧单元的排放特性
　　获取和准备气象数据
　　估算特定污染物浓度和沉积速率
　　计算介质浓度

暴露设置表征
　　栖息地选择
　　识别生态受体

食物网开发
　　将受体分成饲养行业和社区
　　按营养水平组织食物网结构
　　定义行业和社区之间的饮食关系
　　示例特定栖息地的食物网

选择评估终点

识别效应计量
　　计量社区受体
　　计量行业受体
　　计量食物网受体

毒性评估
　　评估毒性测试数据
　　评估毒性值的最佳专业判断
　　毒性测试数据向毒性参考值外推的不确定性分析

暴露评估
　　社区计量受体的暴露评估
　　特定行业受体的暴露评估

风险表征
　　风险评估、描述、不确定性和局限性

图 2-2　生态风险评估过程

该方案提供了一个获取和评估各种类型的技术信息的过程，这些技术信息将使风险评估人员能够进行快速的风险评估。此外，该方案还提供：食物网示例，计量受体自然历史信息示例，38 个可能引起关注的化合物的迁移转化数据、生物富集因子和毒性参考值。

2.1.1.3　危险废物相关风险评估方法研究现状

目前，危险废物风险评价还没有真正成为一个独立的体系，只是包含在固体废物风险评价体系以及环境影响评价和风险评价之中。

1. 按危险废物不同过程的风险评估指标体系

危险废物全过程管理是一个复杂的过程，影响其风险性的因素很多，因此一个单一性指标是难以全面反映危险废物全过程处置管理过程中风险水平的，必须采用一系列指标对危险废物全过程管理的环境风险影响的主要方面和主要层次进行全方位评价。因此，在建设评估指标体系时，需要明确一个研究框架，再对大量危险废物风险评估有关信息加以综合与集成。

危险废物从产生到最终处置是一个风险性极大的过程，且存在着诸多风险因素，因此针对危险废物全过程管理风险进行评估的指标体系框架采用树形结构。树形结构框架不同层面的指标之间具有从属关系，下一层次的指标从属于上一层次的指标并依次类推，最后的指标是位于树状结构顶端的综合指标。这种结构有助于危险废物全过程管理风险因素指标之间的分类，同时也可以把指标之间的关系清晰地表现出来。

由于危险废物全过程管理风险带有不确定性，而其影响因素又常是多种风险因子相互作用的后果，因此，研究环境风险评估指标体系，筛选合理的风险因素指标是危险废物环境风险评估与管理的关键环节之一。

虽然危险废物全过程管理的风险因素较多且复杂，但综合研究来看，其风险因素指标主要由其本身特性风险和全过程管理过程中产生的风险两大指标构成，而这两个风险因素指标又由若干个分支风险因素构成。

1）危险废物特性风险因素识别

危险废物的特性风险是危险废物全过程管理的重要风险因素之一，它是指废物产生给环境带来的自身风险，包括废物的数量、毒性、易燃性、易爆性、腐蚀性、反应性、浸出毒性等特性风险。

2）危险废物处置管理风险因素识别

危险废物处置管理风险是指危险废物从产生到最终处置过程中存在的管理风险因素，人为参与活动较多，其中包括危险废物产生单位的环境风险管理、危险废物收集贮存过程产生的风险以及危险废物处置过程风险三个方面。

危险废物产生单位存在的风险主要存在于产生单位对危险废物产生、收集、贮存等方面的污染防治措施,产生单位对危险废物管理制度制定(包括管理计划制度、危险废物申报登记制度、危险废物转移联单制度、经营许可证制度、应急预案制度等)以及人员培训情况等方面。

危险废物收集贮存过程产生的风险主要有危险废物包装、装卸、运输操作,运输工具和路线选择,危险废物贮存容器,废物贮存分类管理,贮存库运行及操作,应急能力及环境风险管理能力等方面。

危险废物最终安全处置技术主要有焚烧和填埋两种方式,因此,危险废物处置过程风险因素按照这两种方式存在的风险因素分别进行分析识别。危险废物焚烧(含预处理)过程产生的风险主要由焚烧处置设施能力及工艺、焚烧设施系统组成、预处理及进料系统操作、焚烧设施性能指标、厂区及道路规划、环境敏感性、应急能力以及环境风险管理能力等方面。危险废物填埋(含固化/稳定化)过程风险产生的方面主要有填埋处置设施能力及工艺、填埋设施系统组成、填埋操作、厂区道路规划、环境敏感性、应急能力及环境风险管理能力等方面。

危险废物全过程管理风险指标体系框架见图 2-3。

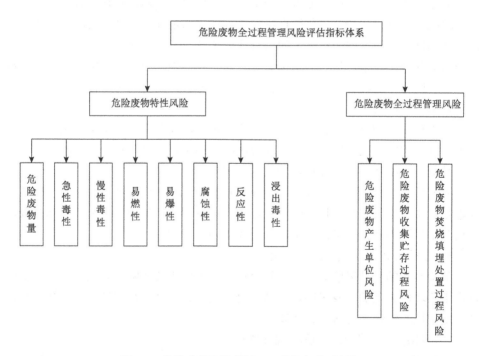

图 2-3　危险废物全过程管理风险指标体系框架

2. 危险废物风险评价一般程序

建立风险评价指标体系的目的是为危险废物的风险评价提供科学的分析依据。根据所关注的有害物质危害风险性，通过运用数学方法如德尔菲法、因素成对比较法、层次分析法等，确定各指标的权重。建立评价指标体系时，所选的指标主要涉及有害物质的理化特性、环境持久性、高生物蓄积性、毒性、环境监测中的检出频次、迁移及归趋行为以及环境背景浓度等。以目前国内对风险评价指标体系的研究为主要参考依据，选择理化特性、环境暴露行为及环境毒理学等 3个方面共 14 项指标建立风险评价指标体系，如图 2-4 所示。

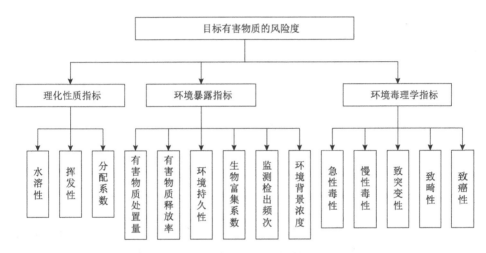

图 2-4　危险废物风险评价指标体系

风险是危险概率及后果的综合量度期望值，危险废物风险评价是对所关注的危险对象的潜在危险的定性和定量分析，估计危险污染物进入环境后对环境所造成危害的可能性及程度，并描述在未来一段时期内随机事件的危险可能性。危险废物风险评价的一般程序如图 2-5 所示。从图 2-5 可知，危险废物风险评价程序主要包括如下几个紧密相连的步骤：①收集有关危险废物性质和环境性质的基础数据，识别危险废物可能产生的危害；②分析可能受到危害的生物包括人类的暴露途径；③利用各种迁移转化模型，对环境介质中危险废物浓度进行预测，得到各环境介质中的浓度分布；④进行人体暴露评价；⑤根据毒理学或流行病学研究，确定评价指标，进行风险表征；⑥分析评价过程中的各种不确定性因素；⑦按照得出的指标值结果对危险废物进行分级管理。

对危险废物进行风险评价同样也是对危险废物进行风险识别、风险估计以及风险决策和管理的过程。

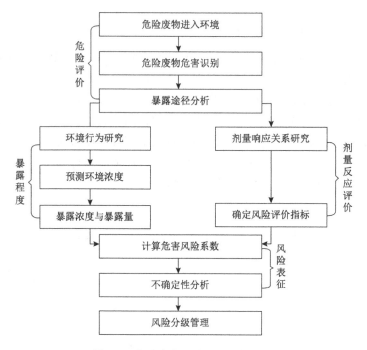

图 2-5　危险废物风险评价一般程序

2.1.1.4　危险废物风险评估相关软件

1. 危险废物的多介质、多途径和多受体暴露和风险评估模型（multimedia，multipathway，and multireceptor risk assessment model，3MRA）

美国是危险废物处理场所发生严重危害较多的发达国家，在其 EPA 设有专门的固体废物办公室（OSW），主要负责解决固体废物、危险废物在处理处置及环境管理等方面产生的相关问题。这里的固体废物、危险废物是指在 RCRA 及之后的立法，如《危险和固体废物修正案》（HSWA）中均明确规定的废物污染物。而后随着资源保护与回收法案处理程序的发展，OSW 要求在资源保护和修复法案制定环境管理决策时，必须将固体废物、危险废物处理处置过程中产生的人体健康风险和生态环境风险都纳入考虑。

1997 年，为提高危险废物鉴别规则（HWIR）评估法的科学性，EPA 固体废物办公室和研究开发部门（ORD）开始合作开发 3MRA 模型系统。1999 年 11 月，3MRA 模型，即多介质、多途径、多受体暴露和风险评估模型搭建成功。

1）3MRA 系统模型开发

3MRA 模型是《美国 2006～2011 年环境保护战略规划》中指定的废物风险评估专属模型，主要用于评估废弃污染物释放区域，受保护区域中化学物质的浓度阈值，其模拟预测结果可作为相关法律制定、部门决策的参考依据。用来估算已受管理的工业废弃物，可能经由多介质传输、多途径暴露而释放出污染物质，造成各个不同暴露族群的风险。各生产企业可通过 3MRA 模型衡量其产生废物是否低于 HWIR 中的污染物浓度限值，以此摆脱 RCRA 及超级基金计划的经济制约。

3MRA 模型由 17 个子模型、900 余个输入变量构成：5 个污染源模型、5 个介质模型、3 个食物链模型和 4 个暴露/风险表征模型，子模型间紧密结合构成一个多介质、多暴露途径、多受体风险评估体系（图 2-6）。该体系由两部分组成：风险评估和不确定性分析。风险评估是利用释放源、迁移转化、暴露和风险评估模型来评估所涉及的受体（人类、生态）的暴露风险；不确定性分析是通过两级蒙特卡罗程序嵌入到风险评估中，该程序允许在风险评估中进行不确定性计算，是一个计算输入参数不确定性和预测迁移转化、暴露、风险模型误差的功能组件。3MRA 模型采用最新科学技术，可模拟 400 多种污染物（如有色金属、有机物和二噁英类等化学物质）的物理化学特性以及对人类、生态受体造成的影响。模型模拟计算得到的化学污染物浓度称之为"豁免水平"，即根据既定的可接受风险值推算出污染物的安全浓度阈值，当污染物实际浓度低于这个"阈值"时，则认为在非危险废物处置单元中处置该废物对人类、生态是安全的。

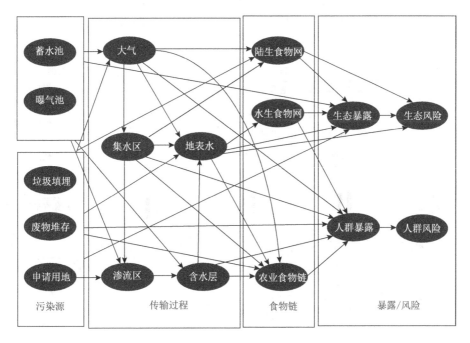

图 2-6　3MRA 模型体系关系图

3MRA 模型可针对 46 种常见污染物，哺乳期幼儿、青少年、成年人、哺乳期妇女及 60 岁以上老人 5 种人群受体进行健康风险评价。

2）设计目的与意义

3MRA 体系设计的最初目的是用于评估和估算危险废物在非危险废物处理单元进行处理处置对人体健康和生态环境产生的潜在风险，并依据模拟计算的风险值判定危险废物是否可以进行豁免管理，为鉴定美国全国范围内危险废物提供技术支撑。但最后被设计为通用性模型，适用于各种污染物的多介质风险评估。所以，3MRA 模型也常用于评价因长期暴露于指定废物污染的环境而引起的潜在人类健康风险和生态风险。

3）3MRA 模型构建

3MRA 模型软件逻辑运算过程如图 2-7 所示，3MRA 软件系统共由四个功能组件组成：运算模块、数据库、系统处理器和系统数据文件。模型的输入数据涵盖了废物管理单元、气象、地质和食物链等方面的信息数据，是通过 GIS 技术以代表位点的形式整合而成，具有较高的精确性。运用 3MRA 评价程序模拟得到的化学污染物浓度则为"豁免水平"。"豁免水平"是特指通过对居住在废物处置单元周围 2 km 范围内的人群。美国 EPA 曾通过此模型对全美 201 个场地进行估算而得出一系列适用于全美范围的"豁免水平"，使 3MRA 模型成为《美国 2006～2011 年环境保护战略规划》制订指定的废物风险评估专属模型。

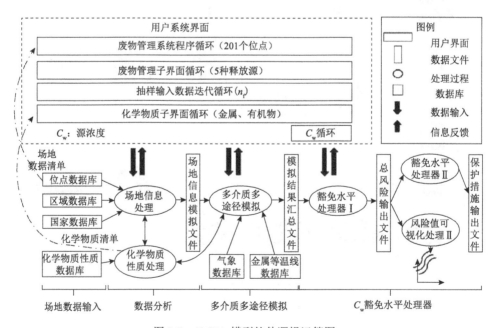

图 2-7　3MRA 模型软件逻辑运算图

（1）系统数据库构建。

位点数据库：包含有关 3MRA 位点的全部数据。201 个位点，每个位点包含一个或一个以上的废物管理单元，共计 419 种污染物。

区域数据库：代表区域地理特征的变量数据。所有数据以统计分布的形式储存在区域数据库中，方便针对特定位点进行取样和分配。

国家数据库：代表国家地理特征的变量数据。所有数据以统计分布的形式储存在国家数据库中，方便针对特定位点进行取样和分配。

化学物质性质数据库：包含全部特定化学物质（如厌氧生物降解速率常数、健康影响数据）的一系列数据文件夹。

气象数据库：包含美国气象站的气象数据的一系列文件夹。气象数据以不同的时间格式提供，包括每小时、每天、每月、每年和长期平均值。

金属等温线数据库：用于地下水模型，仅指包气带和含水层。包含针对金属的介质划分数据。

（2）系统运行集成。

3MRA 模型采用子模块集成模式来构建整体模型。

源数据处理：即源程序模块，用于集合从数据库中调用的源数据，并形成模拟计算的初始文件，便于下一个子模块的模拟计算。

多介质模拟：由地表水模块、地下水模块、大气模块和集水区模块组成，本组模块主要是依照设定好的计算方法对源程序模块形成的初始文件进行模拟计算，模拟污染物在环境介质中迁移转化的过程，以及在各种介质中的浓度值。

污染物累积效应模拟：包括农业陆生食物链模块、水生食物链模块和食物链模块，用于模拟在不同环境介质中，污染物浓度随生物累积效应的变化情况。

风险计算：包括人群暴露模块、人群风险模块、生态暴露模块和生态风险模块。计算过程结合人群污染物暴露剂量及相关统计数据，采用 EPA 推荐的风险计算方法对人体健康风险（致癌、非致癌）、生态风险进行估算。

风险表征：即模型预测结果，按既定的风险表征方式、决策准则将风险计算结果以图文兼具的形式进行表征。

（3）系统处理器。

3MRA 模型系统的运行由系统处理器统一管理。处理器是用户操作的直接窗口，能够更快地输入数据，管理各个系统组件的运行，处理模型输出，形成国家风险结果。3MRA 处理器有以下几种：

用户系统界面（SUI）：是用户接触 3MRA 技术的切入点。通过 SUI，用户可以选择模拟的位点组合、废物管理单元、化学污染物和污染物的浓度，以及每个位点执行的蒙特卡罗模拟数。也可以通过 SUI 生成计算机目录结构，系统的每个部件都可以储存在目录里。最后，SUI 可管理执行用户自定义的国家评估。

位点定义处理器（SDP）：执行调用全部的位点、区域、国家、化学物质性质数据库，并将这些数据生成一系列"位点模拟文件夹"，文件夹中包含了 17 个科学模块所需的输入数据。

多介质模拟处理器（MMSP）：管理有关 17 个独立的科学模型的调用、执行和错误操作，去模拟释放源、多介质迁移转化、食物网动态，以及人类/生态暴露与风险。

化学物质性质处理器（CPP）：访问化学物质性质数据库和传输或评定所有请求数据。CPP 代表模型系统内一个单独的位置，这个模型系统内的化学数据是有效可用的。

豁免水平处理器Ⅰ（ELPⅠ）：接受单个位点的风险结果并形成一个总风险数据库，包括评估国家保护标准的数据。

豁免水平处理器Ⅱ（ELPⅡ）：读取 ELPⅠ得出的总风险数据并生成基于监管标准的具体的国家豁免水平。

风险可视化处理器（RVP）：访问 ELPⅡ（和有效地 ELPⅡ组件），这个处理器以图形的形式给出国家风险最终结果。

（4）3MRA 模拟系统运行逻辑。

3MRA 模型模拟化学物质从废物管理单元（曝气池、填埋场、土地利用、蓄水池和废物堆存）释放到环境介质（空气、地下水、土壤、地表河流、湖泊、湿地等）的整个过程。模拟及评估过程共涉及 3 个生境群（陆生、水生和湿地），11 种栖息类型（森林、湖泊、河流等），9 种受体（人类、水生生物、陆生植物等），5 级营养级（生产者到最高级捕食者），模拟结果以 3 种距离类型表示（500 m、1000 m 及 2000 m）。

模型具体操作步骤如下：①选择项目单元；②选择废物单元管理类型和有效污染类型，如固体、液体；③选择化学成分；④选择废物中污染物的浓度，C_w；⑤读取数据文件；⑥选择受体的位置或栖息地；⑦计算受体位置范围内接触介质中污染物浓度；⑧选择受体类型；⑨选择受体年龄范围；⑩选择受体可能的暴露途径；⑪计算风险值/危害商；⑫选择下一个暴露途径；⑬选择下一个受体年龄范围；⑭选择下一个受体；⑮选择下一个受体暴露位置；⑯找到模拟评价的关键时间段；⑰输出风险值/危害商。

（5）风险表征形式：

危险废物鉴别规则（HWIR）中使用五种不同的风险防护标准生成豁免水平：①致癌风险基准，RL；②人类非致癌危害商，HQ；③生态危害商，HQ；④人群保护比，%；⑤置信水平，%（保护概率）。

通过对这些标准值的设置，可以确定人类受体在受保护的条件下，指定化学污染物的浓度值，即浓度阈值。

4）3MRA 模型输入/输出数据

3MRA 模型主要输入/输出数据见表 2-5 和表 2-6。

表 2-5　3 MRA 主要输入数据

输入数据类别	输入数据名称
废物管理单位数据	管理单位类型（LF、WP、AT、SI、LAU）、占地面积（m²）、模拟时间（a）、污染层厚度（m）、水力传导系数（cm/h）、饱和度（V/V）、初始湿度（V/V）
化学特性数据	液体中浓度（mg/L）、土壤中浓度（mg/kg）、气体中浓度（g/m³）、亨利常数（atm·m³/mol）、空气中分子扩散率（cm²/g）、水中分子扩散率（cm²/s）、分子质量（g/mol）、水中溶解度（mg/L）、有机碳吸附系数（mL/g）、土壤-水分配系数（mL/g）
化学毒性数据	致癌：口服致癌效应因子[mg/(kg·d)]、吸入致癌效应因子[mg/(kg·d)] 非致癌：口服参考剂量[mg/(kg·d)]、吸入参考剂量[mg/(kg·d)]
暴露数据	生物可利用系数（无量纲）；皮肤入渗常数（cm/h）；皮肤吸附系数（无量纲）；鱼体内生物浓度（mg/kg）；牲畜转移因子（d/kg）；牛奶转移因子（d/kg）
大气数据	清除层厚度（cm）、污染深度（cm）、温度（℃）、颗粒沉降速率（m/s）、侵蚀和蒸发均风速（m/s）、植物覆盖分数（%）、极限摩擦速率（cm/s）、地表粗糙高度（m）
地表水数据	水流速率（m/s）、使用点距上游距离（m/a）、暴雨因子（无量纲）、地下水补给河流的起止时间（a）
渗流区及含水层数据	地下水运移数据：地下水梯度（m/m）、水力传导系数（m/a）、含水层孔隙度（V/V）、含水层容重（g/cm³）、含水层有机碳分数（g/m³）、弥散度（m）、含水层厚度（m） 蒸发入渗数据：自然补给度（cm/a）、表土容量（V/V）、含水层数（无量纲）、每个土层的水力传导系数（cm/h）、水饱和度（V/V） 时间地点数据：计算点位置[x（m），y（m），z（m）]；计算时间（a）
土壤输入数据	饱和导水率（%）、饱和含水率（%）、土壤容重（g/cm³）、厚度（cm）、土壤柱温（℃）
食物链数据	动植物生长数据：草地产量（kg/m²）、蔬菜产量（kg/m²）、牲畜土壤摄入量（kg/d）、牲畜食物摄入量（kg/d）、牲畜水摄入量（L/d） 土壤侵蚀数据：与农田距离（m）、农田面积（m²）、场地到人体暴露距离（m）、人体暴露的场地面积（m²）、有机碳分数（mL/g）、农田土壤容重（g/cm³）、灌溉深度（m/a）、灌溉和牲畜饮用水源数
暴露期摄入量数据	平均体重（kg）、皮肤暴露时间（d/a）、饮水/空气/土壤/鱼类/蔬菜/肉类和牛奶的摄入量（kg/d）及时间（a）

表 2-6　3MRA 主要输出数据

要素种类	源释放化学物质通量	环境介质之间的化学通量	暴露点环境介质中的污染物浓度	受体各个暴露途径的暴露剂量	对受体健康的影响
要素明细	空气（挥发，二次夹带颗粒）；流域（侵蚀，流失）；次表面（浸出）	空气到表层土壤；表层土壤到包气带；包气带到含水层；含水层到地表水；地表土壤到地表水	空气；水；土壤；生物（农作物，植物，捕食动物）	人体（吸入途径）：环境空气；淋浴；人体（摄入途径）土壤、水、农作物、牛肉、牛奶、鱼、母乳（婴幼儿）；生态（摄入）土壤；植物；捕食动物	致癌性（人类）危害商数（人类）危害商数（生态）

2. 危险废物豁免风险评估软件

1998 年，EPA 开发了危险废物豁免风险评估软件 DRAS，用于确定一种废物是否满足联邦法规 CFR 第 40 章第 261.11（a）（3）（列出危险废物的标准）的条件，用于分析"联邦法规"CFR 第 40 章第 260.22 条中要求豁免的危险废物的风险。DRAS 可以评估废物在垃圾填埋或表面蓄水两种废物管理单元的致癌风险和非致癌危害。对于给定的废物，DRAS 可以计算废物的总风险，也可以计算每个废物成分豁免时的最大容许浓度。2008 年 10 月 EPA 发布了 DRAS 3.0 版本。

DRAS 可以进行多途径、多化学品的风险评估，以评估申请弃置于填埋或表面蓄水的废物的可接受程度。DRAS 同时执行正向和反向计算。正向计算输入化学品浓度和废物量来确定累积致癌风险和危害结果。反向计算采用废物量、可接受风险和危害值来计算废物中允许的最高化学物质浓度。

DRAS 为用户提供毒性特征渗滤液程序（TCLP）、与目标致癌风险水平有关的总废物成分浓度目标致癌风险级别和最敏感暴露途径的目标危险系数。累积风险评估为用户提供了废物的整体致癌风险和非致癌风险指数（HI），对给定成分的每个暴露途径的风险进行求和，然后对所有废物成分的风险进行求和。

3. 用于转化产物的渗滤液迁移复合模型（EPACMTP）

EPACMTP 是由 EPA 开发的一种迁移转化模型，用于模拟填埋处置单元中管理废物的释放成分，以及这些成分对地下环境的后续影响。该模型由两个模块构成，模拟了垃圾处置单元下非饱和区组分的一维向下流动和转移，以及饱和区下的地下水流动和三维组分转移。该模型设计为以概率或确定性模式运行，并具有内置的国家和地区建模参数分布。该模型的输出包括在稳态或随时间变化的情况下到达下梯度井的组分预测浓度。

2.1.2 化学物质环境风险评估技术方法

危险废物之所以具有腐蚀性、毒性、易燃性、反应性等特性，是因其含有具有相关危害属性的化学物质，可以看作为各种具有危害特性的化学物质组成的混合物。因此，研究化学物质环境风险评估方法对于危险废物环境风险评估方法具有重要的借鉴意义。

2.1.2.1 欧盟

欧盟的化学品风险评估基本是以立法的形式进行支撑、保障与实施的，因此欧盟化学品风险评估技术体系具有完整性、系统性和可操作性。欧盟在化学品风险评估方面已经形成了法规支持、技术体系完善、责任主体分明、运作顺畅的整体评估技术体系。

在早期，欧盟对化学品风险评估体系建设具有重要意义的法规包括 79/831/EEC、92/32/EEC、793/93/EEC、93/67/EEC 以及 1488/94/EC 等。为了配合这些法规的实施，欧盟于 1996 年发布了适用于新物质和现有物质的《风险评估技术导则》（TGD，2003 年修订），详细规定了开展化学物质风险评估的技术要求。TGD 指南系统性地对开展人体健康风险评估、环境风险评估、建立排放场景等进行了规定，提出了具有实际操作性的技术方法。该技术导则共分为四大部分：第一部分介绍总论和人体健康风险评估；第二部分介绍环境风险评估；第三部分是（Q）SARs 使用、用途类别及风险评估报告格式；第四部分介绍排放场景文件。

为配合欧盟《化学品的注册、评估、授权和限制》（Registration，Evaluation，Authorization and Restriction，REACH）的实施，在 TGD 指南的基础上，2008 年欧盟发布了《关于信息要求与化学物质安全评估（CSA）指南》（REACH-CSA）。该指南详细阐述了在 REACH 法规框架下开展化学物质风险评估的技术方法（见图 2-8），指南文件多达数千多页，包括简明指南（concise guidance）和支持性参考指南（supporting reference guidance）两部分内容。简明指南部分包括 6 个方面内容（以下简称 Part A～Part F）；支持性参考指南部分包括 19 个章节（以下简称 R.2～20），每一章节独立成册，主要内容包括数据收集与评估规范、危害剂量-效应评估规范、暴露评估规范、风险表征与风险管理规范等。该指南分别于 2008 年 10 月、2011 年 8 月、2011 年 12 月进行了部分修订。

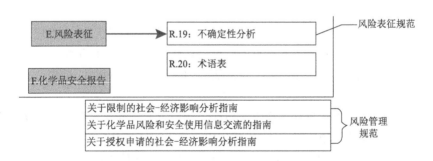

图 2-8 欧盟 REACH 法规中化学品风险评估规范分析示意图

2.1.2.2 美国

美国 EPA 在一系列法规中强调了要防范化学品对人体健康和环境造成的不合理风险，但是这些法规并没有系统化规定对化学品（包括工业化学品、农药、食品添加剂、医药等）开展风险评估，也没有制定出统一的化学品风险评估指南。

直至美国国家科学院（NAS）在 1983 年出版的"红皮书"中提出了化学品风险评估的"四步法"，才原则性建立了风险评估的基本方法框架，但是对于各类风险评估技术指南尚未进行统一规定。

进入 20 世纪 80 年代之后，美国风险评估技术研究成果集中爆发，先后发布了一系列风险评估指南、导则、框架文件等，例如发育毒性风险评估导则、生态风险评估框架、暴露评估导则、生殖毒性风险评估导则、生态风险评估导则等。这些技术规范奠定了美国 EPA 化学品风险评估的基础，直至现在仍在不断完善发展中。

进入 21 世纪之后，美国 EPA 化学品风险评估研究更加深入，已经逐渐成熟，一方面继续修订完善已有的风险评估技术指南，另一方面又不断根据新的研究成果制定新的评估指南，例如生态效益经济评估框架、累积风险评估框架、致癌物风险评估导则、金属风险评估框架、生态评估和 EPA 决策的整合、暴露系数手册等，分为人体健康和与生态环境两类。其中人体健康类有 104 份、生态环境 74 份，合计 125 份（删除重复 50 个及不相关 3 个）。

但是，从目前来看，美国 EPA 的化学品风险评估技术规范并不具有系统化特点，往往是在实际工作中随时按照需求来制定相应的技术导则、指南等。由于缺乏整体规划，造成了技术规范体系的散乱。随着《有毒物质控制法》（TSCA）法规修订后，要求 EPA 建立具有操作性的风险评估过程和方法，各类风评指南、导则等将逐渐围绕评估方法来构成系统化的评估架构。

2.1.2.3 日本

日本《化学物质审查和生产控制法》（以下简称《化审法》）明确规定，要求环境省、经产省和厚生劳动省对通过危害筛查获得的优先评估化学物质（PACs）开展详尽的风险评估，并且要求风险评估必须采用透明、科学的过程，充分体现预警原则。

根据每种化学物质的暴露等级（预计向环境中的排放量）和危害等级（有害程度），通过矩阵筛选出风险高的化学物质，作为优先评估化学物质。

2012 年，日本发布了《优先评估化学物质风险评估方法》技术文件，对评估方法进行了一般性规定。2014 年，环境省、厚生劳动省和经产省联合发布《优先评估化学物质风险评价技术指南》，详细规定了开展风险评估的技术内容（见图 2-9），用于指导开展 PACs 的风险评估。同国际上风险评估相似，日本 PACs 风险评估过程中广泛运用了多学科知识、多种模型方法，风险评估的主要内容包括：

（1）危害评估。评估 PACs 对人体健康和生态环境存在的危害性，并分别明确危害的剂量-效应关系。

（2）暴露评估。包括人体暴露评估和生态环境暴露评估，主要利用企业申报数量信息、污染物排放和转移登记（pollutant release and transfer register，PRTR）数据、环境监测数据等，采用合理的估算方法与模型并结合专家判断，来估算 PACs 人体暴露和环境暴露的数量与浓度。

（3）风险表征。采用商值法表征 PACs 是否存在风险。用 PACs 的暴露数量（或浓度）与危害评估获得的表征值相除，商值若大于 1，则表明存在风险。

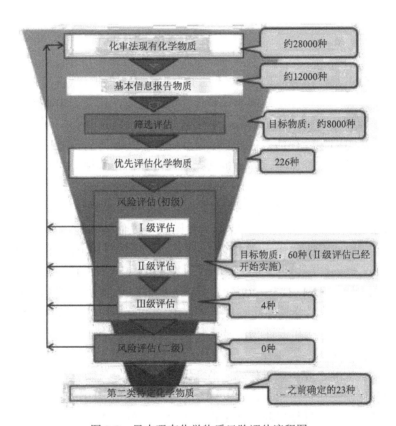

图 2-9　日本现有化学物质风险评估流程图

但是，与其他国家风险评估方法不同的是，日本在 PACs 风险评估中，将风险评估分成了两类：一类是基本风险评估[risk assessment（primary）]，主要采用通用方法对所有 PACs 开展风险评估；另一类是二次风险评估[risk assessment（secondary）]，主要对那些获得了新的慢性危害数据的 PACs 开展再评估。

此外，在基本风险评估中，日本采用了分阶段评估的方式，将评估过程划分为以下三个阶段：

　　Ⅰ阶段评估（assessment Ⅰ）：在现有最少信息基础上对 PACs 开展初步评估，主要目的是进行优先性排序，确定进入下一阶段评估的 PACs；

　　Ⅱ阶段评估（assessment Ⅱ）：对于Ⅰ阶段评估结论为存在风险的 PACs，进一步优化危害数据和环境暴露数据，基于新数据重新进行评估，以确定是否将该物质列入第二类特定化学物质清单进行管理；

　　Ⅲ阶段评估（assessment Ⅲ）：对于生产、使用和处置方式发生改变，并且有新的环境暴露监测数据的 PACs，重新开展评估，并确定是否有必要制定危害数据调查与监测计划。

2.1.2.4　中国

　　2016 年 11 月，国务院印发《"十三五"生态环境保护规划》，其中明确要求加强有毒有害化学品的环境与健康风险评估能力建设，建立化学品环境与健康风险评估方法、程序和技术规范体系，夯实化学品风险防控基础。总体上，我国化学品环境管理方面风险评估工作才刚刚起步，技术基础薄弱，缺乏系统化、规范化的风险评估技术支撑体系，同时也缺乏对风险评估技术规范体系的合理设计与规划。

　　对化学品实施风险管理的前提是能够全面、科学地开展风险评估，并基于评估结果实施科学的风险管理。但是，我国风险评估技术能力比较弱，主要颁布了一些与化学品管理相关的技术标准：《化学物质测试方法导则》（HJ/T 153—2004）；《新化学物质危害性评估导则》（HJ/T 154—2004）；《化学品测试合格实验室导则》（HJ/T 155—2004）；《新化学物质申报类名编制导则》（HJ/T 420—2008）；《化学品分类和标签规范》（GB 30000—2013）（系列标准 28 个）；《持久性、生物累积性和毒性物质及高持久性和高生物累积性物质的判别方法》（GB/T 24782—2009）等。

　　这些技术标准主要侧重于化学品的危害性，未涉及风险评估与风险管理。

　　为加强化学物质环境管理，建立健全化学物质环境风险评估技术方法体系，规范和指导化学物质环境风险评估工作，国家卫生健康委员会、生态环境部组织编制了《化学物质环境风险评估技术方法框架性指南（试行）》（以下简称《框架性指南》），并于 2019 年 8 月 26 日发布实施。根据《框架性指南》规定，化学物质环境风险评估是通过分析化学物质的固有危害属性及其在生产、加工、使用和废弃处置全生命周期过程中进入生态环境及向人体暴露等方面的信息，科学确定化学物质对生态环境和人体健康的风险程度，为有针对性地制定和实施风险控制措施提供决策依据。

　　化学物质环境风险评估通常包括危害识别、剂量（浓度）-反应（效应）评估、暴露评估和风险表征四个步骤（以下简称"四步法"）。

（1）危害识别。危害识别是确定化学物质具有的固有危害属性，主要包括生态毒理学和健康毒理学属性两部分。

（2）剂量（浓度）-反应（效应）评估。剂量（浓度）-反应（效应）评估是确定化学物质暴露浓度/剂量与毒性效应之间的关系。

（3）暴露评估。暴露评估是估算化学物质对生态环境或人体的暴露程度。环境风险评估中，通常以环境中化学物质的浓度表示；健康风险评估中，通常以人体的化学物质总暴露量表示。

（4）风险表征。风险表征是在化学物质危害识别、剂量（浓度）-反应（效应）评估及暴露评估基础上，定性或定量分析判别化学物质对生态环境和人体健康造成风险的概率和程度。

为指导和规范化学物质环境风险评估工作，2020 年 12 月，生态环境部组织制定了《化学物质环境与健康危害评估技术导则（试行）》《化学物质环境与健康暴露评估技术导则（试行）》《化学物质环境与健康风险表征技术导则（试行）》，指导开展工业化学物质环境与健康风险评估工作。

2.1.3　其他相关风险评估技术方法

2.1.3.1　企业突发环境事件风险分级方法

为贯彻《中华人民共和国环境保护法》《中华人民共和国突发事件应对法》《国家突发环境事件应急预案》《突发环境事件应急管理办法》，预防和减少突发环境事件的发生，控制、减轻和消除突发环境事件的危害，规范和指导企业突发环境事件风险分级，生态环境部于 2018 年 2 月发布了《企业突发环境事件风险分级方法》（HJ 941—2018）。

适用范围。《企业突发环境事件风险分级方法》规定了企业突发环境事件风险分级的程序和方法，适用对象为涉及生产、加工、使用、存储或释放附录 A 中突发环境事件风险物质的企业。突发环境事件风险物质是指具有有毒、有害、易燃易爆、易扩散等特性，在意外释放条件下可能对企业外部人群和环境造成伤害、污染的化学物质，简称为"风险物质"。

分级程序。根据企业生产、使用、存储和释放的突发环境事件风险物质数量与其临界量的比值（Q），评估生产工艺过程与环境风险控制水平（M）以及环境风险受体敏感程度（E）的评估分析结果，分别评估企业突发大气环境事件和突发水环境事件风险，将企业突发大气或水环境事件风险等级划分为一般环境风险、较大环境风险和重大环境风险三级。企业突发环境事件风险分级程序如图 2-10 所示。

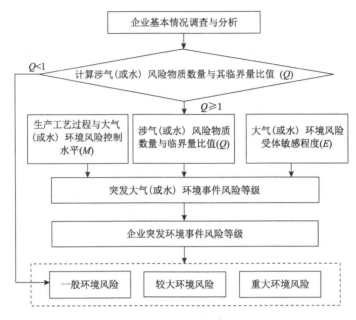

图 2-10　企业突发环境事件风险分级流程示意图

突发大气环境事件风险分级。首先，计算涉气风险物质数量与临界量比值（Q），涉气风险物质存在量如呈动态变化，则按年度内最大存在量计算。当企业存在多种风险物质时，Q 即为每种风险物质的存在量与临界量比值的加和。其次，通过评分法对企业生产工艺过程、大气环境风险防控措施及突发大气环境事件发生情况进行评估，将各项指标分值累加，确定企业生产工艺过程与大气环境风险控制水平（M）。再次，大气环境风险受体敏感程度（E）评估，大气环境风险受体敏感程度类型按照企业周边人口数进行划分。按照企业周边 5 km 或 500 m 范围内人口数将大气环境风险受体敏感程度划分为类型 1、类型 2 和类型 3 三种类型，分别以 E_1、E_2 和 E_3 表示。最后，确定突发大气环境事件风险等级。根据企业周边大气环境风险受体敏感程度（E）、涉气风险物质数量与临界量比值（Q）和生产工艺过程与大气环境风险控制水平（M），按照表 2-7 确定企业突发大气环境事件风险等级。

表 2-7　企业突发环境事件风险分级矩阵表

环境风险受体敏感程度（E）	风险物质数量与临界量比值（Q）	生产工艺过程与环境风险控制水平（M）			
		M_1 类水平	M_2 类水平	M_3 类水平	M_4 类水平
	$1 \leqslant Q < 10$（Q_1）	较大	较大	重大	重大
类型 I（E_1）	$10 \leqslant Q < 100$（Q_2）	较大	重大	重大	重大
	$Q \geqslant 100$（Q_3）	重大	重大	重大	重大

续表

环境风险受体敏感程度（E）	风险物质数量与临界量比值（Q）	生产工艺过程与环境风险控制水平（M）			
		M_1 类水平	M_2 类水平	M_3 类水平	M_4 类水平
类型 2（E_2）	$1 \leqslant Q < 10$（Q_1）	一般	较大	较大	重大
	$10 \leqslant Q < 100$（Q_2）	较大	较大	重大	重大
	$Q \geqslant 100$（Q_3）	较大	重大	重大	重大
类型 3（E_3）	$1 \leqslant Q < 10$（Q_1）	一般	一般	较大	较大
	$10 \leqslant Q < 100$（Q_2）	一般	较大	较大	重大
	$Q \geqslant 100$（Q_3）	较大	较大	重大	重大

突发水环境事件风险分级。首先，计算涉水风险物质数量与临界量比值（Q），混合或稀释的风险物质按其组分比例折算成纯物质。当企业存在多种风险物质时，Q 即为每种风险物质的存在量与临界量比值的加和。其次，生产工艺过程与水环境风险控制水平（M）评估，通过评分法对企业生产工艺过程、水环境风险防控措施及突发水环境事件发生情况进行评估，将各项指标分值累加，确定企业生产工艺过程与水环境风险控制水平（M）。再次，水环境风险受体敏感程度（E）评估，水环境风险受体敏感程度类型按照水环境风险受体敏感程度，同时考虑河流跨界的情况和可能造成土壤污染的情况，将水环境风险受体敏感程度类型划分为类型 1、类型 2 和类型 3，分别以 E_1、E_2 和 E_3 表示。最后，确定突发水环境事件风险等级。根据企业周边水环境风险受体敏感程度（E）、涉水风险物质数量与临界量比值（Q）和生产工艺过程与水环境风险控制水平（M），按照表 2-7 确定企业突发水环境事件风险等级。以企业突发大气环境事件风险和突发水环境事件风险等级高者确定企业突发环境事件风险等级。

2.1.3.2　建设项目环境风险评价技术导则

为贯彻《中华人民共和国环境保护法》和《中华人民共和国环境影响评价法》，规范环境风险评价工作，加强环境风险防控，生态环境部于 2018 年 10 月发布《建设项目环境风险评价技术导则》（HJ 169—2018）。该导则规定了建设项目环境风险评价的一般性原则、内容、程序和方法。

1. 适用范围

适用于涉及有毒有害和易燃易爆危险物质生产、使用、储存（包括使用管线输运）的建设项目可能发生的突发事故（不包括人为破坏及自然灾害引发的事故）的环境风险评价。

2. 评价内容及程序

环境风险评价基本内容包括风险调查、环境风险潜势初判、风险识别、风险事故情形分析、风险预测与评价、环境风险管理等。

基于风险调查，分析建设项目物质及工艺系统危险性和环境敏感性，进行风险潜势的判断，确定风险评价等级。

风险识别及风险事故情形分析应明确危险物质在生产系统中的主要分布，筛选具有代表性的风险事故情形，合理设定事故源项。

各环境要素按确定的评价工作等级分别开展预测评价，分析说明环境风险危害范围与程度，提出环境风险防范的基本要求。主要包括大气、地表水、地下水的环境风险预测。

提出环境风险管理对策，明确环境风险防范措施及突发环境事件应急预案编制要求。

综合环境风险评价过程，给出评价结论与建议。

具体评价工作程序如图 2-11 所示。

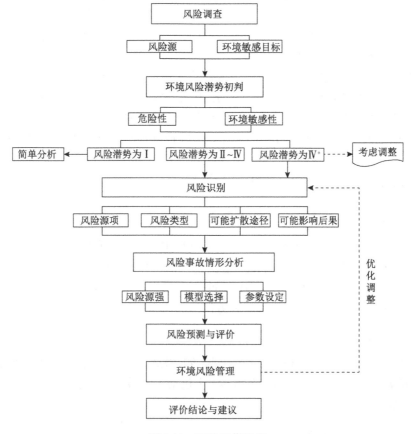

图 2-11　评价工作程序

3. 评价范围

大气环境风险评价范围：一级、二级评价距建设项目边界一般不低于 5 km；三级评价距建设项目边界一般不低于 3 km。油气、化学品输送管线项目一级、二级评价距管道中心线两侧一般均不低于 200 m；三级评价距管道中心线两侧一般均不低于 100 m。当大气毒性终点浓度预测到达距离超出评价范围时，应根据预测到达距离进一步调整评价范围。

地表水环境风险评价范围参照《环境影响评价技术导则　地表水环境》（HJ 2.3—2018）；地下水环境风险评价范围参照《环境影响评价技术导则　地下水环境》（HJ 610—2016）。

环境风险评价范围应根据环境敏感目标分布情况，事故后果预测可能对环境产生危害的范围等综合确定。项目周边所在区域，评价范围外存在需要特别关注的环境敏感目标，评价范围需延伸至所关心的目标。

2.2　危险废物全过程环境风险评估技术方法探索

环境风险评估包括生态环境风险评估及经环境暴露引发的人体健康风险评估。目前研究的危险废物全过程环境风险评估就是危险废物在贮存、运输、利用、处置的环节，进入或者可能进入环境后，其含有的有毒有害化学物质可能对生态环境和人体健康造成危害效应的程度和概率大小。

危险废物全过程环境风险评估的内容和程序包括废物判定、危害识别、剂量-反应评估、暴露评估、风险表征和不确定性分析六部分。

2.2.1　危险废物判定

危险废物判定包括三项任务：一是判断该物品或物质是否属于危险废物；二是识别出危险废物中的有毒有害化学物质；三是计算或测出有毒有害化学物质在废物中的含量。

2.2.1.1　危险废物鉴别

《危险废物鉴别标准　通则》（GB 5085.7—2019）规定了危险废物的鉴别程序和鉴别规则。主要程序为：①依据法律规定和 GB 34330，判断待鉴别的物品、物质是否属于固体废物，不属于固体废物的，则不属于危险废物。②经判断属于固体废物的，则首先依据《国家危险废物名录》鉴别。凡列入《国家危险废物名录》的固体废物，属于危险废物，不需要进行危险特性鉴别。③未列入《国家危险废物名录》，但不排除具有腐蚀性、毒性、易燃性、反应性的固体废物，依据 GB 5085.1、GB 5085.2、GB 5085.3、GB 5085.4、GB 5085.5 和 GB 5085.6，以及 HJ 298 进行鉴别。凡具有腐蚀性、毒性、易燃性、反应性中一种或一种以上危险特性的固体废物，属于危险废物。④对未列入《国家危险废物名录》且根据危险废物鉴别标准无法鉴别，但可能对人体健康或生态环境造成有害影响的固体废物，由国务院生态环境主管部门组织专家认定。

2.2.1.2 有毒有害化学物质的识别

根据危险废物的产生工艺（过程）分析，确定废物中重金属、有机污染物等污染物的种类。

对于在企业生产和使用过程中产生的危险废物，需对企业的生产工艺流程进行调查，掌握目标危险废物产生所涉及环节中使用的原辅料、中间产物和最终产物的成分，识别产生的危险废物中目标污染物组分。

对在企业内部废水（或废物）处理过程中产生的危险废物，除需对导致废水（或废物）产生的生产工艺进行调查外，还需对废水（或废物）处理过程中添加的药剂、中间产物和最终产物的成分进行调查，识别产生的危险废物中的有毒有害物质组分。

2.2.1.3 有毒有害化学物质含量确定

根据危险废物产生工艺，通过物料衡算，计算危险废物中有毒有害化学物质的含量。

如果除某一排放流量外，其他所有的排放流量都有现成的测试数据，缺少的排放流量也能定量，则在一定时期内，某工艺或活动的质量平衡基本计算公式是

$$I = E_w + E_a + E_s + W + P + dS + D \tag{2-1}$$

式中，I——输入量（产生、购买的量等）；

E_w——随废水排出的量；

E_a——排放至空气的量；

E_s——排放至土壤的量；

W——流出废物的量；

P——流出产物的量；

dS——开始和结束时储藏量的变化；

D——降解的量（热、生物和化学的）。

如果可以通过实验室测试确定危险废物的整体危害属性，则不需要开展其中

具体有毒有害物质的识别，直接进入危害识别环节即可。但考虑到危险废物的种类多、成分复杂，每种均开展测试将浪费大量不必要的人力物力，并且对于提高管理效率的作用有限。

2.2.2　危害识别

危害识别是指对有毒有害化学物质固有属性造成的不利影响的识别。化学物质具有的固有危害属性，主要包括生态毒理学和健康毒理学属性两部分。

2.2.2.1　环境危害识别

环境危害识别是确定化学物质具有的生态毒理特性，一般包括急性毒性和慢性毒性。通常采用化学物质对藻、溞、鱼（代表三种不同营养级）的毒性代表对内陆水环境和海洋水环境的危害，采用对摇蚊、带丝蚓、狐尾藻等生物的毒性代表对沉积物的危害，采用对植物、蚯蚓、土壤微生物的毒性代表对陆生生物环境的危害，采用对活性污泥的毒性代表对污水处理系统微生物环境的危害。对于大气环境的危害通常包括全球气候变暖、消耗臭氧层、酸雨效应等非生物效应以及特定的环境生物效应，评估中重点考虑化学物质对大气环境的生物效应。对于顶级捕食者的评估，重点考虑亲脂性化学物质通过食物链的蓄积。

2.2.2.2　健康危害识别

健康危害识别重点关注化学物质的致癌性、致畸性、致突变性、生殖发育毒性、重复剂量毒性等慢性毒性以及致敏性等。一种化学物质可能具有多种毒性。

通常而言，有四类数据可用来定性化学物质危害性：流行病学调查数据、动物体内实验数据、体外实验数据以及其他数据（如计算毒理学数据）。流行病学调查数据是确定化学物质对人体健康危害的最可靠资料，但一般较难获得；而且由于许多混杂因子（如共暴露污染物）、目标人群差异性、样本量、健康影响滞后性等的影响，难以确定化学物质与健康危害的因果关系。目前而言，动物实验数据依旧是危害识别的主要数据来源。

对获得的环境危害和健康危害数据应进行有效性、可靠性、充分相关性评估，才能用来确定剂量-反应关系。

2.2.3　剂量（浓度）-反应（效应）浓度

环境危害效应评估主要分析有毒有害化学物质对水环境（包括沉积物）、土壤环境、大气环境以及污水处理厂微生物可能造成的急性或慢性环境危害；健康危害效应评估主要分析化学物质对一般人群（非职业人群）可能造成的急性或慢性健康危害。

2.2.3.1　环境危害效应评估

化学物质环境危害的剂量（浓度）-反应（效应）评估的主要目的是如何定量表征不同环境介质中化学物质的效应浓度，确定不同环境介质中化学物质不会产生不利环境效应的环境浓度，这个浓度被称作"预测无效应浓度"（predicted no effect concentration，PNEC）。

理想情况下，PNEC 来自于通过实验室测试或非测试方法获得的相关环境介质中生物体的毒性数据。然而，如果没有特定环境介质的生物（如土壤）的实验数据，则可以根据水生生物的测试结果来估计相应环境介质的 PNEC 值。由于生态系统的多样性很高，而且只有少数物种在实验室中被使用，因此生态系统对化学物质的敏感度很可能比实验室中的单个生物体更高。因此，测试结果并不直接用于风险评估，而是作为推断 PNEC 的基础。

一般采用评估系数法、相平衡分配法或物种敏感度分布法等方法，估算化学物质长期或短期暴露不会对环境介质产生不利效应的浓度。

1. 评估系数法

采用评估系数法估算 PNEC 时，应根据不同环境介质中生物的生态毒理学数据（例如 LC_{50}、EC_{50}、NOEC、LOEC 等），考虑种间差异、种内差异、测试暴露时间、数据质量等因素选择相应的评估系数，按照式（2-2）计算各个环境介质的 PNEC 值：

$$PNEC_{comp} = Min\{L(E)C_{comp}\}/AF \qquad (2-2)$$

式中，$PNEC_{comp}$——不同环境介质（通常包括淡水环境、海水环境、沉积物、土壤、污水处理厂微生物环境等）的预测无效应浓度，常用单位为 mg/L 或 mg/kg；

$Min\{L(E)C_{comp}\}$——不同环境介质中生物的生态毒理学终点最敏感数据，例如半数致死浓度（LC_{50}）、效应浓度（EC_{50} 或 EC_{10}）或无观察效应浓度（NOEC）等，常用单位为 mg/L 或 mg/kg；

AF——环境危害效应评估系数，无量纲。

评估系数反映了从有限物种数量的实验室毒性数据向"真实环境"推导过程中存在的不确定性程度。在确定这些评估系数时，需要考虑多方面的影响因素，包括：实验室能力之间的差异；种内和种间的差异；短期毒性向长期毒性推导过程存在的不确定性；实验室数据向野外数据推导过程存在的不确定性。

　　不同环境介质不同情况下估算化学物质 PNEC 时的评估系数是不同的，详见表 2-8。

表 2-8　估算化学物质 PNEC 的评估系数

数据要求	评估系数（AF）
淡水环境	
三个营养级别生物，每个营养级别至少有一个短期 L(E)C$_{50}$（基本集：藻类、水蚤、鱼类）	1000
除基本集外，还有一个长期试验的 EC$_{10}$ 或 NOEC（鱼类和水蚤）	100
除基本集外，还应有两项来自于两个营养级的长期试验的 EC$_{10}$ 或 NOEC（鱼类、水蚤或藻类）	50
除基本集外，还应有三项来自于三个营养级的长期试验的 EC$_{10}$ 或 NOEC（鱼类、水蚤或藻类）	10
野外数据或模拟生态系统数据	视实际情况判断
海水环境	
最低的短期 L(E)C$_{50}$ 数据，来自淡水或海水三个营养级别的三类物种（鱼类、溞类和藻类）	10000
最低的短期 L(E)C$_{50}$ 数据，来自淡水或海水三个营养级别的三类物种（鱼类、溞类和藻类），并且具有两个额外的海洋种群生物的试验数据（例如棘皮动物、软体动物）	1000
一项长期试验的数据（如 EC$_{10}$ 或 NOEC）（淡水或海水甲壳类繁殖研究或鱼类生长研究）	1000
两项长期试验数据（如 EC$_{10}$ 或 NOEC），分别代表淡水或海水两个营养级别的物种（鱼类、溞类或藻类）	500
最低的长期试验数据（如 EC$_{10}$ 或 NOEC），分别来自至少三个营养级别的淡水或海水环境的三类物种（通常为鱼类、溞类和藻类）	100
两项长期试验数据（如 EC$_{10}$ 或 NOEC），分别代表淡水或海水两个营养级别的物种（鱼类、溞类或藻类），并且具有一个额外的海洋种群生物的试验数据（例如棘皮动物、软体动物）	50
最低的长期试验数据（如 EC$_{10}$ 或 NOEC），分别来自至少三个营养级别的淡水或海水环境的三类物种（通常为鱼类、溞类和藻类），并且具有两个额外的海洋种群生物的试验数据（例如棘皮动物、软体动物）	10
淡水沉积物	
一项长期试验数据（NOEC 或 EC$_{10}$）	100
两项代表不同食性及生长条件的物种的长期试验数据（NOEC 或 EC$_{10}$）	50
三项代表不同食性及生长条件的物种的长期试验数据（NOEC 或 EC$_{10}$）	10
海水沉积物	
一项淡水或海洋物种的短期试验数据（如 LC$_{50}$ 等）	10000
两项短期试验，至少包括一项对海洋敏感种群生物的试验	1000
一项淡水沉积物物种的长期试验数据	1000
两项淡水沉积物中代表不同食性及生长条件的物种的长期试验数据	500
一项淡水沉积物和一项海水沉积物中代表不同食性及生长条件的物种的长期试验数据	100
三项代表不同食性及生长条件的物种的长期沉积物试验数据	50
三项代表不同食性及生长条件的物种的长期沉积物试验数据，其中至少包括两项海洋物种试验数据	10

续表

数据要求	评估系数（AF）
土壤	
短期毒性试验的 L(E)C$_{50}$ 数据（如植物、蚯蚓或微生物）	1000
一项长期毒性试验的 NOEC 数据（如植物）	100
两项长期试验的 NOEC 数据，至少代表两个营养级别的物种	50
三项长期试验的 NOEC 数据，至少来自三个营养级别的物种	10
物种敏感度分布法（SSD）	1～5，根据实际案例进行校正
野外数据或模拟生态系统数据	视实际情况判断

  污水处理厂的降解和硝化功能，以及运转性能和效率，受到原生动物种群的影响。由于化学物质可能对污水处理厂的微生物产生不利影响，因此也需要计算污水处理厂的 PNEC，其相应的评估系数如表 2-9 和表 2-10 所示。

表 2-9　污水处理厂（STP）微生物环境

测试方法	数据	评估系数（AF）
活性污泥呼吸抑制试验，主要有 OECD 209、ISO 8192 等	NOEC 或 EC$_{10}$	10
	EC$_{50}$	100
标准化生物降解试验中的抑制控制 　—快速生物降解测试 　　OECD 301A-F、OECD310、ISO-7827、 　　ISO-9439、ISO-10707、ISO-9408 　—固有生物降解试验 　　OECD 302B-C、ISO-9888	采用污水处理厂微生物的毒性 NOEC	10
小规模活性污泥降解模拟试验，主要有 OECD 303A、ISO-11733 等	根据个案专家的判断，在不影响连续活性污泥试验单元正常工作的情况下，所测浓度可视为 STP 微生物的 NOEC	视实际情况判断：1～5
硝化细菌抑制试验，主要有 ISO-9509 等	NOEC 或 EC$_{10}$	1
	EC$_{50}$	10
活性污泥生长抑制试验，主要有 ISO-15522	NOEC 或 EC$_{10}$	10
	EC$_{50}$	100
纤毛虫生长抑制试验，优先用 *Tetrahymena* sp.，OECD 1998	NOEC 或 EC$_{10}$	1
	EC$_{50}$	10
假单胞菌（*Pseudomonas putida*）生长抑制试验，主要有 ISO-10712	NOEC 或 EC$_{10}$	1
	EC$_{50}$	10

表 2-10　哺乳动物和鸟类毒性数据外推的评估系数

采用的毒性值	毒性测试周期	评估系数
LC$_{50\,鸟类}$	5 天	3000
NOEC$_{鸟类}$	慢性测试	30
NOEC$_{mammal,\,food,\,chr}$	28 天	300
	90 天	90
	慢性测试	30

2. 物种敏感度法

如果存在大量水生生物的慢性毒性数据，可以采用物种敏感度分布法估算水环境 PNEC。物种敏感性分布法是一种数学统计方法，该方法假定不同生物物种的慢性毒性值（例如 NOEC）遵循特定的分布函数，能够通过函数计算来确定水生生物暴露于化学品免于发生毒性效应的浓度。

物种敏感性分布法推导 PNEC 的具体过程参见《淡水生物水质基准推导技术指南》（HJ 831—2022）中的"7　基准推导"。

3. 相平衡分配法

当沉积物或土壤环境中生物的生态毒理学数据缺失时，可采用相平衡分配法来估算沉积物或土壤环境的 PNEC，但是相平衡分配法不适用于对水环境和污水处理厂微生物 PNEC 的估算。相平衡分配法是假设化学品浓度在沉积物或土壤中的有机质与孔隙水之间达到平衡，考虑化学品有机质吸附能力，利用水环境 PNEC 进行沉积物或土壤预测无效应浓度的估算。

由于相平衡分配法利用的是化学物质在不同环境单元中的分配关系，可存在高估或低估化学物质对生物毒性的情况，因此平衡分配法通常仅在初步的风险筛查中使用。

（1）沉积物的 PNEC 计算方法如下：

$$\mathrm{PNEC_{sed}} = \frac{K_{\mathrm{susp\text{-}water}}}{\mathrm{RHO_{susp}}} \cdot \mathrm{PNEC_{water}} \cdot 1000 \tag{2-3}$$

式中，$\mathrm{PNEC_{sed}}$——沉积物生物预测无效应浓度，mg/kg；

$\mathrm{PNEC_{water}}$——水生态预测无效应浓度，mg/L；

$\mathrm{RHO_{susp}}$——水中悬浮物容重，kg/m^3；

$K_{\mathrm{susp\text{-}water}}$——水中悬浮物-水分配系数，m^3/m^3，计算方法如下：

$$K_{\mathrm{comp\text{-}water}} = F_{\mathrm{air_{comp}}} \cdot K_{\mathrm{air\text{-}water}} + F_{\mathrm{water_{comp}}} + F_{\mathrm{solid_{comp}}} \cdot \frac{K_{p_{\mathrm{comp}}}}{1000} \cdot \mathrm{RHO_{solid}} \tag{2-4}$$

式中，$K_{\text{comp-water}}$——环境介质（土壤、沉积物、悬浮物）水分配系数，m^3/m^3；

$\quad\quad K_{\text{air-water}}$——汽-水分配系数，无量纲；

$\quad\quad K_{p_{\text{comp}}}$——化学物质在各种环境介质中（土壤、沉积物、悬浮物质）中的固·水分配系数，$1/kg$；

$\quad\quad F_{\text{water}_{\text{comp}}}$——环境介质（土壤、沉积物、悬浮物）中水的比例，$m^3/m^3$；

$\quad\quad F_{\text{solid}_{\text{comp}}}$——环境介质（土壤、沉积物、悬浮物）中固体的比例，m^3/m^3；

$\quad\quad F_{\text{air}_{\text{comp}}}$——环境介质（土壤、沉积物、悬浮物）中气的比例（仅与土壤相关），m^3/m^3；

$\quad\quad \text{RHO}_{\text{solid}}$——土壤容重，$kg/m^3$。

（2）土壤的 PNEC 计算方法如下：

$$\text{PNEC}_{\text{soil}} = \frac{K_{\text{soil-water}}}{\text{RHO}_{\text{soil}}} \cdot \text{PNEC}_{\text{water}} \cdot 1000 \tag{2-5}$$

式中，$\text{PNEC}_{\text{soil}}$——土壤生物预测无效应浓度，$mg/kg$；

$\quad\quad \text{PNEC}_{\text{water}}$——水生态预测无效应浓度，$mg/L$；

$\quad\quad \text{RHO}_{\text{soil}}$——土壤容重，$kg/m^3$；

$\quad\quad K_{\text{soil-water}}$——土壤-水分配系数，$m^3/m^3$。

平衡分配法计算 $\text{PNEC}_{\text{soil}}$ 主要适用于 $\log K_{\text{ow}}$ 值小于 5 的化学物质，对于 $\log K_{\text{ow}}$ 大于 5 的化学物质，可以根据实际情况将 $\text{PEC}_{\text{soil}}/\text{PNEC}_{\text{soil}}$ 乘以评估因子 10 进行修正。一般在风险评估过程中，水生生物毒性值不能代替土壤生物毒性值，尤其当 $\text{PEC}_{\text{soil}}/\text{PNEC}_{\text{soil}}$ 大于 1 时，必须有土壤生物毒性数据。

2.2.3.2　健康危害效应评估

分析化学物质经不同途径对人体健康的危害效应，确定对人体健康的危害机理和剂量（浓度）-反应（效应）关系评估。健康危害效应评估首先根据可靠的健康毒理学数据（例如 NOAEL、LOAEL）确定化学物质对人体健康危害的作用模式，即阈值效应或无阈值效应模式。根据不同的作用模式，采用定量、半定量或定性方法，确定化学品长期或短期作用于人体不会产生明显毒性效应或不良效应的安全剂量或概率。

1. 有阈值的效应评估

第一类情况是有阈值的剂量（浓度）-反应（效应）评估，即化学物质只有超过一定剂量（阈值）才会造成毒性效应，这一阈值称作"未观察到有害效应的剂量水平"（NOAEL）。当 NOAEL 值无法得到时，可以用"可观察到有害效应的最低剂量水平"（LOAEL）作为毒性阈值。

确定 NOAEL 或 LOAEL 值后，进一步计算该化学物质对人体无有害效应的安全阈值，例如每日可耐受摄入量（TDI），即人体终生每天都摄入该剂量以下的化学物质，也不会引起健康危害效应。需要强调的是，估算安全阈值的假设前提是人的一生都处于暴露中。

安全阈值一般是用 NOAEL 除以不确定性系数（UF）获得。评估系数体现了评估过程中可能存在的不确定性，主要是根据综合分析所采用的关键效应数据情况并结合专家判断确定的，不是固定不变的。通常，以 100 倍的不确定性作为评估起点，即体现种间差异不确定性 10 倍和种内差异不确定性 10 倍。此外，根据采用的数据情况，例如以 LOAEL 代替 NOAEL、试验暴露时间（亚慢性外推到慢性研究）、数据信息完整性等，结合专家判断以 10 倍递进方式进一步增加评估系数。通常，评估系数不超过 10000。具体公式表示如下：

$$TDI=EnPTox/UF \tag{2-6}$$

式中，TDI——每日可耐受摄入量，mg/(kg 体重·d)；

EnPTox——化学品关键效应终点的毒理学数据，通常选取 NOAEL、NOAEC 或 LOAEL 等，mg/kg 或 mg/m^3；

UF——健康危害效应评估系数，无量纲。

在健康毒理数据充分的情况下，也可采用基准剂量（benchmark dose）替代 NOAEL 或 LOAEL 值来开展健康危害效应评估。基准剂量考虑了试验样本数量、所有试验动物毒理数据、组距等因素，获得的毒性阈值更接近真实情况。

2. 无阈值的效应评估

通常，遗传毒性、致癌性和生殖细胞致突变性是无阈值效应的毒性终点。对于无阈值效应的评估，推荐采用线性外推法，即通过获取的不同暴露途径下试验数据建立剂量（浓度）-反应（效应）关系曲线，根据曲线定量推导产生无阈值危害效应的单位危害强度系数（q_1），并在给定的可接受风险概率下计算安全剂量。

单位危害强度系数（q_1）的估算，通常是根据剂量（浓度）-反应（效应）关系曲线推导出暴露剂量或浓度为 1 mg/(kg 体重·d) 或 1 $\mu g/m^3$ 时产生无阈值效应的概率，q_1 的单位为 $[mg/(kg\ 体重·d)]^{-1}$ 或 $(\mu g/m^3)^{-1}$。如果推导过程采用的是动物试验数据，则还需要对 q_1 进一步修正。修正方法如下。

$$q_1(人) = q_1(动物) \times \left[\frac{BW(人)}{BW(动物)} \right]^{1/3} \tag{2-7}$$

式中，BW(人)——人体体重，我国成人体重默认为 60.6 kg；

BW(动物)——试验动物体重，kg。

根据剂量（浓度）-反应（效应）关系曲线，在给定的可接受风险概率（默认为 10^{-6}）下，计算无阈值效应化学物质的安全剂量，方法如下：

$$VSD = \frac{10^{-6}}{q_1(人)} \qquad (2-8)$$

式中，VSD——无阈值效应化学物质的安全剂量，mg/(kg·d)或 μg/m³；

q_1(人)——人体单位危害强度系数，[mg/(kg 体重·d)]$^{-1}$ 或(μg/m³)$^{-1}$。目前已有对部分化学物质的计算，可参见美国 EPA 的 IRIS 数据库、区域筛选水平（regional screening levels，RSLs），或者引用 HJ 25.3—2014《污染场地风险评估技术导则》中附表 B.1 部分污染物的毒性参数。

2.2.4　暴露评估

危险废物在贮存、运输、利用、处置的各个环节，均可能造成对环境的暴露。环境暴露评估主要基于代表性监测数据和/或模型估算数据，确定危险废物中有毒有害化学物质在每个潜在暴露的环境介质（大气、水、土壤等）中的环境暴露浓度。普通人群的环境间接暴露通常包括呼吸空气、消费食物与饮用水、摄入尘（土）等造成的有毒有害化学物质人体摄入，而无论是食物还是饮用水中的浓度，又与有毒有害化学物质在自然环境（大气、水、土壤）中的浓度密切相关。因此，通过环境间接暴露的人体健康评估，主要基于地表水、地下水、大气和土壤中有毒有害化学物质的预测浓度，估算人体对化学物质每日的总暴露量。

2.2.4.1　环境实测要求

不同环境单元的实测数据可以用来推导确定化学物质局部和/或区域尺度的环境暴露浓度，同时与模型估算数据一起更好地解释说明环境暴露状况。开展环境实测数据质量评估时需要考虑以下内容。

（1）采样技术和分析技术的质量。环境实测数据所采用的采样技术、样品运输和储存方式、前处理技术、分析技术等必须已经充分考虑了化学物质的理化属性（如挥发性、水溶性、氧化性、分解性等）。对于未采用合理采样和分析技术获得的环境实测数据，通常认为不具有代表性或质量不足，不应在暴露评估中使用。

（2）选择代表性环境实测数据的方法，以满足对所关注环境单元和暴露场景评估需求。主要应该考虑以下几点：

环境实测结果的置信水平。通过分析采样模式（如样本数量、采样频率、采样模式、采样点相隔距离等），确保实测数据能够足以充分代表选择地点的环境浓度。

　　明确采样点代表的是局部尺度的暴露场景，还是区域尺度的暴露场景。通常，受排放直接影响的采样点仅能够代表局部尺度的暴露场景，而距离排放点相对较远的采样点可以代表区域浓度。

　　明确环境实测数据是否能够充分反映所关注暴露场景的相关信息，如危险废物加工利用工艺信息、风险防控信息等。

　　（3）离群异常值的判断。如果存在许多有效的环境实测数据，在这些数据中就可能会有少量不希望存在的过高或过低的离群异常值。通常，离群异常值是由于各种原因造成的不常见和不可信的测量值，不太可能仅根据数据的随机变化规律来进行解释。判断离群异常值的方法可以参考欧盟经验公式：

$$\lg(X_i) > \lg(p_{75}) + K[\lg(p_{75}) - \lg(p_{25})] \tag{2-9}$$

式中，X_i——有效的环境实测数据，大于 X_i 的数据被确定为离群异常值；

　　　　P_i——环境实测数据中第 i^{th} 百分位数值。

2.2.4.2　贮存

1. 贮存环节风险点分析

1）固态危险废物散落及液态危险废物的外泄

在危险废物出入库的装卸过程中，可能由于操作不当致使固态危险废物散落或飞扬、液态危险废物外泄。

在危险废物贮存过程中，由于危险废物的包装破损、腐蚀等因素，造成危险废物的泄漏；或在危险废物库内的搬运、转移等作业过程中，由于操作不当致使包装物破损或其他原因导致的危险废物泄漏、散落，液体废物外泄。

2）有毒有害气体的有组织排放及无组织排放

对于封闭式贮存设施，通过采取集中通风排放技术措施，经排气筒排放库内含有的有毒有害成分气体的情况，属于有组织排放。

危险废物贮存库未采取集中通风排放的技术措施，而向大气中自由扩散有毒有害气体的情况，属于无组织排放。

2. 暴露浓度计算

危险废物贮存场中贮存对大气造成的污染属面源污染，ISCST3 模型即可用于处理面源空气质量影响。ISCST3 模型是美国 EPA 开发的大气质量模型，它是以稳态封闭型高斯扩散方程为核心，主要用以处理工业集中地区多个连续排放的点源、面源、线源和体源的空气质量影响。美国 3MRA 模型即以该模型为子模块进行废物贮存场的大气质量预测；该模型已被使用多年，得到了充分的验证。

· ISCST3 模型

对面源污染，受体在地面水平所接受的空气中污染物的浓度可由式（2-10）计算得出：

$$C_i = \frac{Q_i K}{2\pi V_a} \int_x \frac{VD}{\sigma_y \sigma_z} \left\{ \int_y \exp\left[-0.5\left(\frac{y}{\sigma_y}\right)^2\right] d_y \right\} d_x \tag{2-10}$$

式中，C_i——敏感点（x，y）处空气中污染物 i 的浓度，g/m³；

Q_i——污染物 i 的释放速率，g/s；

K——单位转换系数；

V_a——释放高度处的平均风速，m/s；

V——垂直项；

D——消减项；

σ_y、σ_z——水平方向和垂直方向的扩散参数，m；

d_x、d_y——下风向和横截风向距离，m。

1）模型假设

（1）长方形面源，且长宽比不超过 10（对于不规则面源将其划分成几个符合假设的小面源后进行评价）；

（2）受体点位置离面源边界 1 m 以上。

2）模型参数

（1）污染物 i 的释放速率 Q_i：

$$Q_i = \frac{\mathrm{CE30}_i \times S}{86400} \tag{2-11}$$

式中，$\mathrm{CE30}_i$——吸附在颗粒上的污染组分 i 的量，g/(m²·d)；

S——填埋场的面积（假设危险废物进入填埋场后分布均匀），m²。

$$\mathrm{CE30} = \frac{M_{\mathrm{loss}i,\mathrm{wd}}}{t} \tag{2-12}$$

$$M_{\mathrm{loss}i,\mathrm{wd}}(t) = \left[1 - \exp(-k_{\mathrm{wd}i}t)\right] C_{\mathrm{T0}i} \times d_z \tag{2-13}$$

$$k_{\mathrm{wd}i} = \frac{1}{d_z} \times \frac{K_{di}}{K_{\mathrm{TL}i}} \times \frac{1}{10^6} \times \mathrm{E30}_{\mathrm{wd}} \tag{2-14}$$

$$k_{\mathrm{TL}i} = \rho_b K_{di} + \theta_w + \theta_a H \tag{2-15}$$

式中，$M_{\mathrm{loss}i,\mathrm{wd}}$——风蚀造成的单位贮存场面积上污染物 i 的损失量，g/m²；

t——模拟的暴露时间，d；

$k_{\mathrm{wd}i}$——污染物 i 的风蚀损失常数；

$C_{\mathrm{T0}i}$——单位体积废物中所含的污染物 i 的量，g/m³；

d_z——时间 t 内进入贮存场的目标废物沿贮存场表面均匀分布时的厚度，m；

K_{di}——污染物 i 在目标废物中的固液分配系数，cm^3/g；

K_{TLi}——污染物 i 在目标废物中的总浓度和在目标废物液相中的浓度的平衡分配系数；

$E30_{wd}$——风蚀固体颗粒物损失量，$g/(m^2 \cdot d)$；

ρ_b——目标废物干密度，g/cm^3；

K_{di}——污染物 i 在目标废物中的固液分配系数，cm^3/g；

θ_w——目标废物体积含水量，m^3/m^3；

θ_a——目标废物体积含气量，m^3/m^3；

H——亨利常数。

（2）释放高度处的平均风速 V_a：

以释放源所在市（县）邻近气象台（站）最近 5 年平均风速，按幂指数关系换算到释放高度的平均风速：

$$V_a = V_{ref} \left(\frac{h_s}{Z_{ref}} \right)^m \tag{2-16}$$

式中，V_{ref}——邻近气象台（站）Z_{ref} 高度 5 年平均风速，m/s；

Z_{ref}——相应气象台（站）测风仪所在的高度，m；

h_s——污染物的释放高度，m；

m——指数，可通过查阅《制定地方大气污染物排放标准的技术方法》（GB/T 3840—91）表 3 获取。

（3）垂直项 V：

垂直项用于表述污染物在垂向上的分布状况，对面源污染，可由式（2-17）计算得出：

$$V = \exp\left[-0.5 \left(\frac{Z - h_s}{\sigma_z} \right)^2 \right] + \exp\left[-0.5 \left(\frac{Z + h_s}{\sigma_z} \right)^2 \right] \tag{2-17}$$

式中，Z——受体点的高度（取人体平均身高），m；

h_s——污染物的释放高度，m；

σ_z——扩散参数，见式（2-21）。

（4）消减项 D：

考虑污染物因物理或化学机制所引起的消减，如式（2-18）所示：

当 $\Psi > 0$，

$$D = \exp\left(-\Psi \frac{x}{V_a} \right) \tag{2-18}$$

当 $\Psi=0$, $D=1$

式中，Ψ——一阶消减系数，s^{-1}（Ψ 为 0 表示不考虑消减）；

x——下风向距离，m。

$$\Psi = \frac{0.693}{T_{1/2}} \tag{2-19}$$

式中，$T_{1/2}$——污染物的半衰期。

（5）扩散参数 σ_y、σ_z：

国际上一些通用的扩散系数算法包括 P-G 法、布里格斯公式、LAEA 方式等，其中 P-G 法是目前确定扩散参数值的应用最广泛的方法。我国在修订 P-G 法基础上产生了国家标准方法[具体见《制定地方大气污染物排放标准的技术方法》（GB/T 3840—91）]，该方法根据我国实际大气污染状况建立，针对性更强。本书研究选择国家标准方法进行扩散参数的计算。

该方法的技术路线是：根据时间、地理位置确定日倾角、太阳高度角，利用天气条件（总云量/低云量）确定太阳辐射等级，然后利用辐射等级和地面风速（地面风速指离地面 10 m 高度处 10 min 平均风速，m/s）确定大气稳定度，最后查扩散参数幂函数表，确定扩散参数。其中太阳辐射等级和大气稳定度的等级可以查表（GB/T 3840—91 中表 B1 和表 B2）获取。

扩散参数的表达式为（取样时间 0.5 h）：

$$\sigma_y = \gamma_1 x^{a_1} \tag{2-20}$$

$$\sigma_z = \gamma_2 x^{a_2} \tag{2-21}$$

式中，γ_1、γ_1、a_1、a_2 的数值可以查表获取，即《制定地方大气污染物排放标准的技术方法》（GB/T 3840—91）中表 D1、表 D2 和表 D3。

2.2.4.3 运输

根据《危险废物收集 贮存 运输技术规范》（HJ 2025—2012）规定，运输是使用专用的交通工具，通过水路、铁路或公路转移危险废物的过程。从事危险废物运输的单位应具有危险废物经营许可证并按照其许可证的经营范围组织实施，承担危险废物运输的单位应获得交通运输部门颁发的危险货物运输资质。危险废物公路运输应按照《道路危险货物运输管理规定》（交通部令〔2005〕9 号，现更新为 2019 年第 42 号文）、JT617 以及 JT618 执行；危险废物铁路运输应按《铁路危险货物运输管理规则》（铁运〔2006〕79 号）规定执行；危险废物水路运输应按《水路危险货物运输规则》（交通部令〔1996〕10 号）规定执行。废弃危险化学品的运输应执行《危险化学品安全管理条例》有关运输的规定。运输单位承运危险废物时，应在危险废物包装上按照 GB 18597 附录 A 设置标志，其中医疗废物包装容器上的标志应按 HJ 421 要求设置。危险废物公路运输时，运输车辆应按 GB 13392 设置车辆标志。铁路运输和水路运输危险废物时应在集装箱外按 GB 190 规定悬挂标志。

根据《道路危险货物运输管理规定》（交通运输部部令〔2019〕42 号），关于危险货物装卸，第二十三条规定用于装卸危险货物的机械及工具的技术状况应当符合行业标准《汽车运输危险货物规则》（JT617）规定的技术要求。第四十九条规定在危险货物装卸过程中，应当根据危险货物的性质，轻装轻卸，堆码整齐，防止混杂、撒漏、破损，不得与普通货物混合堆放。关于危险货物的包装，第二十五条规定道路危险货物运输企业或者单位对重复使用的危险货物包装物、容器，在重复使用前应当进行检查；发现存在安全隐患的，应当维修或者更换。关于危险货物的泄露，第三十五条规定道路危险货物运输企业或者单位应当采取必要措施，防止危险货物脱落、扬散、丢失以及燃烧、爆炸、泄漏等。

根据《水路危险货物运输规则》（交通部令〔1996〕10 号），关于危险货物包装，第五条规定除爆炸品、压缩气体、液化气体、感染性物品和放射性物品的包装外，危险货物的包装按其防护性能分为：Ⅰ类包装，适用于盛装高度危险性的货物；Ⅱ类包装，适用于盛装中度危险性的货物；Ⅲ类包装，适用于盛装低度危险性的货物。各类包装应达到法规要求的防护性能。第八条规定根据危险货物的性质和水路运输的特点，包装应满足以下基本要求：（一）包装的规格、型式和单件质量（重量）应便于装卸或运输；（二）包装的材质、型式和包装方法（包括包装的封口）应与拟装货物的性质相适应。包装内的衬垫材料和吸收材料应与拟装货物性质相容，并能防止货物移动和外漏；（三）包装应具有一定强度，能经受住运输中的一般风险。盛装低沸点货物的容器，其强度须具有足够的安全系数，以承受住容器内可能产生的较高的蒸气压力；（四）包装应干燥、清洁、无污染，并能经受住运输过程中温、湿度的变化；（五）容器盛装液体货物时，必须留有足够的膨胀余位（预留容积），防止在运输中因温度变化而造成容器变形或货物渗漏；（六）盛装下列危险货物的包装应达到气密封口的要求：①产生易燃气体或蒸气的货物；②干燥后成为爆炸品的货物；③产生毒性气体或蒸气的货物；④产生腐蚀性气体或蒸气的货物；⑤与空气发生危险反应的货物。关于危险货物装卸，第四十四条规定装卸危险货物，应根据货物性质选用合适的装卸机具。装卸易燃、易爆货物，装卸机械应安置火星熄灭装置，禁止使用非防爆型电器设备。装卸前应对装卸机械进行检查，装卸爆炸品、有机过氧化物、一级毒害品、放射性物品，装卸机具应按额定负荷降低 25% 使用。第四十五条规定装卸危险货物，应根据货物的性质和状态，在船-岸、船-船之间设置安全网，装卸人员应穿戴相应的防护用品。第五十三条规定装卸危险货物，装卸人员应严格按照计划积载图装卸，不得随意变更。装卸时应稳拿轻放，严禁撞击、滑跌、摔落等不安全作业。堆码要整齐、稳固、桶盖和瓶口朝上，禁止倒放。包装破损、渗漏或受到污染的危险货物不得装船，理货部门应做好检查工作。

根据《危险货物运输包装通用技术条件》（GB 12463—2009）要求，运输包装应结构合理，并具有足够强度，防护性能好。材质、型式、规格、方法和内装货物重量应与所装危险货物的性质和用途相适应，便于装卸、运输和储存。运输包装应质量良好，其构造和封闭型式应能承受正常运输条件下的各种作业风险，不应因温度、湿度或压力的变化而发生任何渗（撒）漏，表面应清洁，不允许黏附有害的危险物质。运输包装封口应根据内装物性质采用严密封口、液密封口或气密封口等。

1. 运输环节风险点分析

危险废物的运输主要包括装卸过程和通过水路、铁路或公路转移危险废物的过程。虽然危险废物可能存在有毒有害化学物质，还有很多化学性能不稳定的物质，但如果严格按照法规和标准的要求，根据危险废物的性质、成分、形态及污染防治和安全防护要求，选择安全的包装材料并进行分类包装，在正常装卸和运输的情况下，是不会产生环境风险的。

唯一可能存在的风险是发生事故，导致危险废物倾洒或泄漏。当泄漏地点是在道路或周边土地时，《中华人民共和国环境保护法》《中华人民共和国突发事件应对法》《国家突发环境事件应急预案》《突发环境事件应急管理办法》等规定，及时采取突发环境事件风险防控措施，包括有效防止泄漏物质扩散至外环境的收集、导流、拦截、降污等措施，一般情况下风险可控。当泄漏地点是河流、湖泊等地表水时，有毒有害化学物质很有可能全部排入水环境，对水中生物造成危害。

2. 暴露浓度估算

运输过程经过的水环境主要包括河流、湖泊和水库。因为其各自流向、流场、边界等各不相同，所采用的公式略有不同。

1）河流

以"合理的最坏情况假设"为前提，所有运输的危险货物均倒入河流中，借鉴国内外学者在水体中污染物迁移转化方程的推导，得出污染物通过泄漏进入河流后的浓度，基本形式如下：

$$\frac{\partial C_i}{\partial t}+u_x\frac{\partial C_i}{\partial x}+u_y\frac{\partial C_i}{\partial y}+u_z\frac{\partial C_i}{\partial z}=E_x\frac{\partial^2 C_i}{\partial x^2}+E_y\frac{\partial^2 C_i}{\partial y^2}+E_z\frac{\partial^2 C_i}{\partial z^2}+\sum S-kC_i \quad (2\text{-}22)$$

式中，C_i ——河流中污染物 i 的浓度，mg/L；

t——时间，s；

k——有害物质的降解系数，1/s；

x、y、z——纵向、横向和垂直水面方向距离，m；

u_x、u_y、u_z——水流在 x、y、z 方向的速度分量，m/s；

E_x、E_y、E_z——河流纵向、横向、垂向弥散系数，m²/s；

S——内部所有源和漏的总和，g/(m³·s)，源是指体积元内污染物的增加速率，漏则指减少速率。

为进一步简化模型，不考虑其他支流污染物的汇合和分散，不考虑泥沙夹带效应的损失，不考虑垂直水面方向污染物浓度变化，不考虑河流横向流速，只考虑污染物的横向扩散作用与两岸对污染物的一次反射。

$$C_i\left(x,y,t\right)=\frac{M}{4\pi H\sqrt{E_xE_yt^2}}e^{-\frac{(x-ut)^2}{4E_xt}}\left[e^{-\frac{y^2}{4E_yt}}+e^{-\frac{(2b+y)^2}{4E_yt}}+e^{-\frac{(2B-2b-y)^2}{4E_yt}}\right]e^{-kt} \quad (2\text{-}23)$$

式中，M——事故瞬时排入河流的污染物的量，g；

H——河流平均水深，m；

B——河流平均宽度，m；

b——污染物投放的近岸距离，m，对于岸边排放，$b=0$，则有

$$C_i\left(x,y,t\right)=\frac{M}{4\pi H\sqrt{E_xE_yt^2}}e^{-\frac{(x-ut)^2}{4E_xt}}\left[2e^{-\frac{y^2}{4E_yt}}+e^{-\frac{(2B-y)^2}{4E_yt}}\right]e^{-kt} \quad (2\text{-}24)$$

污染物排入河流后，在水体非推流迁移运动的作用下，横向混合过程通常是弥散-扩散过程而非单纯的弥散过程，因此采用横向混合系数表达更为合适。M_y 为横向混合系数，包括横向弥散系数 E_y 和横向湍流扩散系数 K_y，即 $M_y=K_y+E_y$。

研究学者推荐了计算大型河道 E_y（横向弥散系数）的经验公式：

$$\frac{E_y}{Hu_*}=\left(\frac{1}{3520}\right)\left(\frac{u}{u_*}\right)\left(\frac{B}{H}\right)^{1.38} \quad (2\text{-}25)$$

式中，u_*——动力流速或切应力流速，表征水力摩阻条件，m/s；

u——河流平均流速，m/s。

对于 K_y（横向湍流扩散系数），研究学者通过试验发现无量纲的横向紊动扩散系数 K_y/Hu_*，可以用式（2-26）表示：

$$\frac{K_y}{Hu_*}=0.145 \quad (2\text{-}26)$$

则由方程（2-24）及方程（2-25）可得横向混合系数：

$$M_y = \left[0.145 + \left(\frac{1}{3520}\right)\left(\frac{u}{u_*}\right)\left(\frac{B}{H}\right)^{1.38}\right]u_*H \tag{2-27}$$

纵向弥散系数的计算公式，如下所示：

$$\frac{E_x}{Hu_*} = \frac{0.043}{8M_{y0}}\left(\frac{B}{H}\right)^2\left(\frac{u}{u_*}\right)^2 \tag{2-28}$$

$$u_* = \frac{u\sqrt{g}}{c} \tag{2-29}$$

$$c = \frac{1}{n}R^{\frac{1}{6}} \tag{2-30}$$

$$R = \frac{A}{\chi} \tag{2-31}$$

式中，c ——谢才系数，$m^{1/2}/s$；

　　　R ——水力半径（过水断面积与湿周之比），m；

　　　A ——渠道过水断面面积，m^2；

　　　χ ——湿周（湿周为过水断面上水流所湿润的边界长度），m；

　　　n ——粗糙系数，可查询水工手册。

2）湖泊和水库

湖泊和水库水质模型是在河流水质模型发展的基础上建立起来的，在某个点源泄漏或以其他方式释放的污染物进入湖泊后，在水体中的迁移转化过程同样可用对流-扩散方程描述为

$$C(x,y,t) = \frac{M}{4\pi H\sqrt{E_xE_yt^2}}\exp\left[-\frac{(x-ut)^2}{4E_xt} - \frac{(y-vt)^2}{4E_yt} - kt\right] \tag{2-32}$$

式中，C ——湖泊（水库）中污染物的浓度，mg/L；

　　　M ——事故瞬时排入湖泊（水库）的污染物的量，g；

　　　H ——湖泊（水库）平均水深，m；

　　　u、v ——x、y 方向的流速，m/d；

　　　t ——时间，s；

　　　E_x、E_y ——x、y 方向上的弥散系数，m^2/s，假设湖泊流场均质各向同性，令 $E_x=E_y=E$（水平扩散系数 x，y 方向相等）。

若湖泊水平面是流动的，则

$$C(x,y,t) = \frac{M}{4\pi HEt}\exp\left[-\frac{(x-ut)^2+(y-vt)^2}{4Et} - kt\right] \tag{2-33}$$

若湖泊水平面是静止的，则可假设为无随流情况（即不考虑水流速度在 x、y 轴方向的分量），此时公式又简化为

$$C(x,y,t) = \frac{M}{4\pi HEt} \exp\left[-\frac{x^2 + y^2}{4Et} - kt \right] \tag{2-34}$$

式中，C ——湖泊中污染物的浓度，mg/L；

　　　M ——事故瞬时排入湖泊的污染物的量，g；

　　　x、y —— x 轴方向和 y 轴方向上扩散的距离，m；

　　　E —— x、y 方向上的湍流扩散系数，m^2/s；

　　　t ——时间，s；

　　　H ——湖泊的平均水深，m；

　　　k ——有机污染物的降解系数，1/s。

无量纲的横向紊动扩散系数 E/Hu_* 可以用下式表示：

$$\frac{E}{Hu_*} = 0.145 \tag{2-35}$$

$$u_* = \frac{u\sqrt{g}}{c} \tag{2-36}$$

$$c = \frac{1}{n} R^{\frac{1}{6}} \tag{2-37}$$

$$R = \frac{A}{\chi} \tag{2-38}$$

运输事故产生的环境暴露是瞬时的，在环境中有毒有害化学物质的浓度不是持续不变的，因此在进行风险表征时不能用该浓度与预计环境无效应浓度进行比较，而可以用来解释产生急性毒性的风险。

2.2.4.4　利用

利用是指从危险废物中提取物质作为原材料或者燃料的活动。危险废物综合利用是将废物循环利用的一种手段，目前对危险废物的综合利用途径为回收利用、再生利用、燃料利用等，比如金属回收、有机溶剂回收等。

《固废法》规定从事利用危险废物经营活动的单位，必须向国务院环境保护行政主管部门或者省、自治区、直辖市人民政府环境保护行政主管部门申请领取经营许可证。但《危险废物经营许可证管理办法》未对从事利用危险废物经营活动的单位做出规定。2017 年底环境保护部发布的《危险废物经营许可证管理办法（修订草案）（征求意见稿）》规定，申请领取危险废物综合经营许可证或者利用经营许可证，应当具备下列条件：（一）有 3 名以上环境工程专业或者相关专业中级以

上职称，且具备 3 年以上固体废物污染治理经验的技术人员；（二）有符合国家或者地方环境保护标准或者技术规范要求，并与所经营的危险废物类别相适应的利用或者处置技术、工艺、设施、设备和配套的污染防治设施；（三）有符合国家或者地方环境保护标准或者技术规范要求的包装工具，中转和临时存放设施、设备以及贮存设施、设备；（四）有符合国务院交通主管部门有关危险货物运输安全要求的运输工具，或者有具备相应运输能力的合作单位；（五）具备保障危险废物经营安全的危险废物特性分析和环境监测的相关能力，其中，排放监测和周边环境介质监测也可委托第三方机构开展；（六）有健全的危险废物环境管理规章制度、污染防治措施和事故应急救援措施。

《关于提升危险废物环境监管能力、利用处置能力和环境风险防范能力的指导意见》（环固体〔2019〕92 号）规定，鼓励有条件的地区结合本地实际情况制定危险废物资源化利用污染控制标准或技术规范。鼓励省级生态环境部门在环境风险可控前提下，探索开展危险废物"点对点"定向利用的危险废物经营许可豁免管理试点。推进危险废物利用处置能力结构优化。鼓励危险废物龙头企业通过兼并重组等方式做大做强，推行危险废物专业化、规模化利用，建设技术先进的大型危险废物焚烧处置设施，控制可焚烧减量的危险废物直接填埋。制定重点类别危险废物经营许可证审查指南，开展危险废物利用处置设施绩效评估。支持大型企业集团跨区域统筹布局，集团内部共享危险废物利用处置设施。

《废矿物油回收利用污染控制技术规范》（HJ 607—2011）规定了废矿物油收集、贮存、运输、利用和处置过程中的污染控制技术及环境管理要求。废矿物油经营单位应对废矿物油在利用和处置过程中排放的废气、废水和场地土壤进行定期监测，监测方法、频次等应符合 HJ/T 55、HJ/T 397、HJ/T 91、HJ/T 373、HJ/T 166 等的相关要求。废矿物油利用和处置过程中排放的废水、废气、噪声应符合 GB 8978、GB 13271、GB 16297、GB 12348 等的相关要求。

1. 利用环节风险点分析

因为危险废物利用的方式、工艺等各不相同，在确定利用过程的风险点时，需要收集以下基本信息，包括①危险废物的利用类型，如行业类型、使用方式、主要用途、暴露途径等；②使用的持续时间、使用的频率；③使用的技术条件（如工艺流程、工艺污染程度、环境条件等）；④危险废物的物理形态；⑤危险废物中化学物质使用活动的用量和排放量；⑥化学物质在产品中的浓度；⑦其他与使用相关的操作条件，如受体环境的受纳能力，主要指污水处理厂或河流的水流量等；⑧与环境相关的风险管理措施。

根据具体工艺条件，分析有毒有害化学物质向环境（水、气）的直接排放，以及经由污水处理厂（STP）的间接排放（水、气、土），不考虑向土壤介质的直接排放。

2. 暴露浓度计算

局部地区生态环境中化学物质的预测环境浓度（PEC$_{local}$）是化学物质点源排放对当地生态环境直接产生暴露后的预测环境浓度。

1）水环境暴露浓度估算

对于水环境来说，采用以下公式进行化学物质环境暴露浓度（PEC$_{水}$）估算。

$$PEC_{水} = C_{local水} + PEC_{regional水} \tag{2-39}$$

$$C_{local水} = \frac{C_{local\,STP出水}}{\left(1 + K_{p悬浮物} \cdot SUSP_{水} \cdot 10^{-6}\right) \cdot DILUTION} \tag{2-40}$$

$$C_{local\,STP出水} = C_{local\,STP进水} \cdot F_{STP水} \tag{2-41}$$

$$C_{local\,STP进水} = \frac{E_{local水} \cdot 10^{6}}{EFFLUENT_{STP}} \tag{2-42}$$

其中，PEC$_{水}$——局部地区淡水或海水环境的化学物质预测环境浓度，mg/L；

PEC$_{regional水}$——淡水或海水环境的化学物质背景浓度，mg/L；

$C_{local水}$——局部地区淡水或海水环境中化学物质浓度，mg/L；

$C_{local\,STP出水}$——STP 排放废水中化学物质浓度，mg/L；

$C_{local\,STP进水}$——进入 STP 的未处理废水中化学物质浓度，mg/L；

$K_{p悬浮物}$——淡水或海水悬浮物的固-水分配系数，1/kg；

SUSP$_{水}$——淡水或海水中的悬浮物浓度，mg/L，默认值为 15；

DILUTION——稀释系数，量纲一，淡水默认值为 10，海水默认值为 100；

$F_{STP水}$——经由 STP 排放废水中化学物质进入水相的比例，量纲一；

$E_{local水}$——废水中化学物质的日排放量，kg/d；

EFFLUENT$_{stp}$——STP 废水的日均排放速率，1/d；

STP——污水处理厂。

2）地下水环境暴露浓度估算

$$PEC_{地下水} = PEC_{local土壤，孔隙水} \tag{2-43}$$

$$PEC_{local土壤，孔隙水} = \frac{PEC_{土壤} \times RHO_{土壤}}{K_{土壤-水}} \tag{2-44}$$

式中，PEC$_{地下水}$——地下水环境中化学物质预测环境浓度，mg/L；

PEC$_{local土壤，孔隙水}$——土壤孔隙水中化学物质预测环境浓度，mg/L；

PEC$_{土壤}$——土壤环境中化学物质预测环境浓度，mg/kg；

RHO$_{土壤}$——湿土容重，kg/m³；

$K_{土壤-水}$——土壤-水分配系数，m³/m³。

3）沉积物环境暴露浓度估算

$$\text{PEC}_{沉积物} = \frac{K_{悬浮物-水}}{\text{RHO}_{悬浮物}} \times \text{PEC}_水 \times 1000 \qquad (2-45)$$

式中，$\text{PEC}_{沉积物}$——沉积物中化学物质预测环境浓度，mg/kg；

$\text{PEC}_水$——淡水或海水环境的化学物质预测环境浓度，mg/L；

$K_{悬浮物-水}$——悬浮物-水分配系数，m^3/m^3；

$\text{RHO}_{悬浮物}$——沉积物容重，kg/m^3。

4）土壤环境暴露浓度估算

$$\text{PEC}_{\text{local}土壤} = C_{\text{local}土壤} + \text{PEC}_{\text{regional}自然土壤} \qquad (2-46)$$

$$C_{\text{local}土壤} = \frac{D_{沉降}}{k} + \frac{1}{kT} \left[C_{土壤}(0) - \frac{D_{沉降}}{k} \right] \cdot \left[1 - e^{-kT} \right] \qquad (2-47)$$

式中，$\text{PEC}_{\text{local}土壤}$——局部地区土壤环境中化学物质的预测环境浓度，mg/kg；

$\text{PEC}_{\text{regional}自然土壤}$——区域自然土壤环境中化学物质的预测环境浓度，mg/kg；

$C_{\text{local}土壤}$——局部地区土壤环境中化学物质在 T 天内的平均浓度，mg/kg；

$D_{沉降}$——每千克土壤的空气沉降通量，mg/(kg·d)；

T——平均时间，d，土壤生态风险评估中默认为 30 d；

k——土壤中化学物质消除的一级反应速率常数，d^{-1}；

$C_{土壤}(0)$——污泥施用后（0 时刻）土壤中化学物质的初始浓度，mg/kg。

5）污水处理厂（STP）微生物环境暴露浓度估算

$$\text{PEC}_{\text{STP}} = C_{\text{local STP}出水} \qquad (2-48)$$

$$C_{\text{localSTP}出水} = C_{\text{localSTP}进水} \cdot F_{\text{STP}水} \qquad (2-49)$$

$$C_{\text{localSTP}进水} = \frac{E_{\text{local}水} \cdot 10^6}{\text{EFFLUENT}_{\text{STP}}} \qquad (2-50)$$

式中，PEC_{STP}——STP 微生物环境中化学物质的预测环境浓度，mg/L；

$C_{\text{local STP}出水}$——STP 排放废水中化学物质浓度，mg/L；

$C_{\text{local STP}进水}$——进入 STP 的未处理废水中化学物质浓度，mg/L；

$F_{\text{STP}水}$——经由 STP 排放废水中化学物质进入水相的比例，量纲一；

$E_{\text{local}水}$——废水中化学物质的日排放量，kg/d；

$\text{EFFLUENT}_{\text{STP}}$——STP 废水的日均排放速率，L/d。

6）大气环境暴露浓度估算

$$\text{PEC}_{大气} = C_{\text{local}大气平均} + \text{PEC}_{\text{regional}大气} \qquad (2-51)$$

$$C_{\text{local}大气平均} = C_{\text{local}大气} \cdot \frac{T_{排放}}{365} \qquad (2-52)$$

$$C_{\text{local大气}} = \max\left(E_{\text{local大气}}, E_{\text{STP大气}}\right) \cdot C_{\text{std大气}} \tag{2-53}$$

式中，$\text{PEC}_{\text{大气}}$——大气环境中化学物质的预测环境浓度，mg/m^3；

$C_{\text{local大气平均}}$——局部大气环境（距离排放电源 100 m 处）中化学物质的年均浓度，mg/m^3；

$\text{PEC}_{\text{regional大气}}$——区域大气环境中化学物质的背景浓度，$\text{mg/m}^3$；

$C_{\text{local大气}}$——排放阶段的局部大气环境中化学物质的浓度，mg/m^3；

$T_{\text{排放}}$——每年排放天数（=每年用量/每天用量），d/a；

$E_{\text{local大气}}$——排放阶段的废气中化学物质的日排放量，kg/d；

$C_{\text{std大气}}$——排放源强为 1 kg/d 时大气中化学物质的浓度，mg/m^3，默认值为 2.78×10^{-4}。

2.2.4.5　焚烧

危险废物焚烧是指高温燃烧危险废物使之分解并无害化的过程，是一种高温热处理技术。焚烧处置技术是目前国际上危险废物处置应用最为广泛的技术。根据《危险废物焚烧污染控制标准》（GB 18484—2020），目前常用的危险废物焚烧设备包括回转窑、液体喷射炉、固定床和流化床。

目前，我国用于危险废物处置的焚烧炉主要有回转窑焚烧炉和液体喷射焚烧炉，其次是热解焚烧炉、多层床焚烧炉和流化床焚烧炉等。近年来，我国建设的危险废物焚烧处置设施多采用回转窑焚烧炉和液体喷射焚烧炉，而对于医疗废物焚烧多采用国产热解焚烧炉。

危险废物焚烧处置通用工艺流程及污染物产生和控制措施如图 2-12 所示。

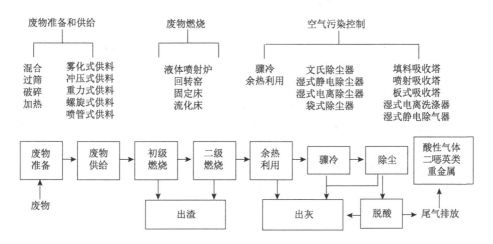

图 2-12　危险废物焚烧处置通用工艺流程及污染物产生和控制措施

回转窑焚烧炉可同时处理固、液、气态危险废物，除了重金属、水或无机化合物含量高的不可燃物外，各种不同物态（固体、液体、污泥等）及形状（颗粒、粉状、块状及桶状）的可燃性固体废物皆可送入回转窑中焚烧。

1. 焚烧环节风险点分析

危险废物的种类繁多，性质、成分各异，适合焚烧处置的类型多种多样。危险废物中除主要含碳和氢元素外，也不同程度地含有氮、磷、硫、卤素和金属等有害元素，如表 2-11 所示。

表 2-11　一些危险废物的成分分析值（%）

危险废物	水分	灰分	可燃成分	C	H	O	N	S
废油	0.0	60.0	40.0	55.0	7.0	35.0	1.0	0.5
废油类	50.0	1.0	49.0	88.0	10.0	0.0	0.0	1.0
油泥	30.0	20.0	50.0	88.0	10.0	0.0	0.0	1.0
污泥	85.0	7.5	7.5	50.5	6.2	36.1	5.5	1.2
污泥	70.0	19.0	11.0	55.1	5.6	37.1	1.1	1.1
废溶剂	0.1	0.0	99.9	89.9	9.1	0.1	0.0	0.0
废液	93.0	5.0	2.0	85.0	10.0	2.0	1.0	1.0
废塑料	2.0	2.0	96.0	75.0	9.0	7.5	5.0	0.5

在焚烧过程中，危险废物被转变成简单成分的气体、烟粉尘、焚烧副产物和燃烧残渣。产生的气体主要含有 CO_2、水蒸气和过量的空气，而有害元素则转变为 NO_x、SO_x、HCl 以及可挥发的金属及其化合物，同时也可能含有极少量的未燃成分，并且烟粉尘也混杂在排放物中。焚烧残渣主要是灰分、金属氧化物和未燃物，焚烧残渣为危险废物，按照危险废物的规定进行处置。由焚烧炉排出的废气须经过严格的后续处理后才能排放到环境中。废气中所含污染物质的成分和含量与所焚烧废物的成分、焚烧效率、焚烧炉型、焚烧条件、废物进料方式密切相关。

危险废物焚烧设施通常包括危险废物进料系统、焚烧系统、燃烧空气系统、热能利用系统、烟气净化系统、残渣处理系统等。危险废物焚烧设施可能出现的环境风险见表 2-12。

表 2-12　危险废物焚烧设施的风险源识别

风险源	事故类型	原因
烟囱		焚烧设施正常情况排放的烟气中也会含有一定量的有毒有害物质
燃烧空气系统、辅助燃烧装置	事故性停车	由于机械故障（冷却水、除渣、引风、余热锅炉堵塞、压缩空气执行机构等故障）等造成事故性停车，事故排放口紧急打开
烟气净化系统	多种原因造成的烟气净化系统故障	净化系统出现故障，此时焚烧炉烟气由紧急排气筒直接排入空气，短时间内烟气中高浓度有毒物质扩散到空气中
		净化系统中急冷和活性炭吸附出现故障，从而使烟气中二噁英以较高浓度排入空气中
		引风机出现故障，引风机因停电或设备故障停运时，除尘器内压力升高，废气、粉尘外溢，对周围空气环境产生危害
		当除尘器某一单元出现滤袋破损时，将形成含尘气流短路，未经过滤除尘的废气直接排放进入空气中
危险废物进料系统、焚烧系统	物料不相容故障泄漏事故	还原性和氧化性危险废物同时送入焚烧炉，在高温下产生剧烈的化学反应，烧坏炉壁，导致危险废物泄漏甚至爆炸事故
		危险废物中混入高酸碱性物质，焚烧时严重腐蚀炉壁而导致泄漏事故

2. 暴露浓度估算

危险废物焚烧设施的环境风险大致可以分为正常情况下烟气中的有毒有害气体带来的环境风险和由于焚烧设施发生事故产生的环境风险。

对于危险废物焚烧设施的暴露评估，其主要是要估算烟气中的污染物在不同区域的浓度，可选用的公式如下：

$$C_{air} = \frac{Q}{2\pi U_s \sigma_y \sigma_z} \exp\left(\frac{y^2}{2\sigma_y^2}\right)\left\{\exp\left[-\frac{(z-H_e)^2}{2\sigma_z^2}\right] + \exp\left[-\frac{(z+H_e)^2}{2\sigma_z^2}\right]\right\} \quad (2\text{-}54)$$

式中，C_{air} ——污染物质量浓度，mg/m^3；

Q ——污染物的毒性当量排放速率，mg/s；

U_s ——在排放高度 H_s 的风速，m/s；

σ_y、σ_z ——水平、垂直扩散参数，m；

y ——水平扩散距离，m；

z ——地面高差，m；

H_e ——有效烟羽高度，m。

2.2.4.6 填埋

危险废物安全填埋处置是一种把危险废物放置或贮存在土壤中的方法。对危险废物来说，填埋往往被认为是一种最终处置措施，就是在进行各种方式处理之后最后消纳的场地。对于危险废物的处置，填埋是在环境隔离条件下的长期贮存措施，而不是对危险废物进行处理或解毒，而且填埋场需要特别建造，并需长期维护和监测。

《危险废物填埋污染控制标准》（GB 18598—2019）中规定了危险废物填埋的入场条件，填埋场的选址、设计、施工、运行、封场及监测要求。危险废物填埋场由若干个处置单元和构筑物组成，主要包括接收与贮存设施、分析与鉴别系统、预处理设施、填埋处置设施（其中包括防渗系统、渗滤液收集和导排系统、填埋气体控制设施）、封场覆盖系统（填埋封场阶段）、渗滤液和废水处理系统、环境监测系统（其中包括人工合成材料衬层渗漏检测、地下水监测、稳定性监测和大气与地表水等的环境检测）、应急设施及其他公用工程和配套设施。

其中，填埋处置设施应采取双人工复合衬层作为防渗层（图2-13）。填埋处置设施主要包括渗滤液导排层、保护层、主人工衬层、压实黏土衬层、渗漏检测层、次人工衬层、压实黏土衬层和基础层。渗滤液导排层的坡度不宜小于2%，渗滤液导排系统的导排效果要保证人工衬层之上的渗滤液深度不大于30 cm，渗滤液导排层采用石料时应采用卵石。双人工复合衬层中的人工合成材料采用高密度聚乙烯膜，厚度不小于2.0 mm。其中，主衬层应具有厚度不小于0.3 m，且其被压实、人工改性等措施后的饱和渗透系数小于1.0×10^{-7} cm/s 的黏土衬层；

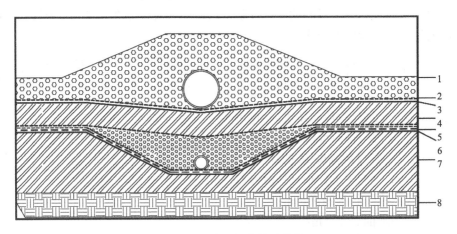

图2-13　双人工复合衬层系统

1-渗滤液导排层；2-保护层；3-主人工衬层（HDPE）；4-压实黏土衬层；5-渗漏检测层；
6-次人工衬层（HDPE）；7-压实黏土衬层；8-基础层

次衬层应具有厚度不小于 0.5 m，且其被压实、人工改性等措施后的饱和渗透系数小于 1.0×10^{-7} cm/s 的黏土衬层。黏土衬层每平方米黏土层高度差不得大于 2 cm，黏土的细粒含量（粒径小于 0.075 mm）应大于20%，塑性指数应大于10%，不应含有粒径大于 5 mm 的尖锐颗粒物。两层人工复合衬层之间应设置渗漏检测层，它包括双人工复合衬层之间的导排介质、集排水管道和集水井，并应分区设置。

1. 风险点分析

填埋场危险废物的主要类型为炉渣、含重金属污泥和固化飞灰。

1）渗滤液污染地下水

危险废物填埋场在一定条件下存在渗漏风险，污染物质包括渗滤液在包气带即不饱和带迁移和扩散而引起的地下水污染风险（图 2-14）。填埋场防渗层破损、渗滤液渗漏时，渗漏液迁移扩散至包气带，随地下水的天然流动发生污染，人体经饮用地下水等暴露途径对人体健康产生危害。

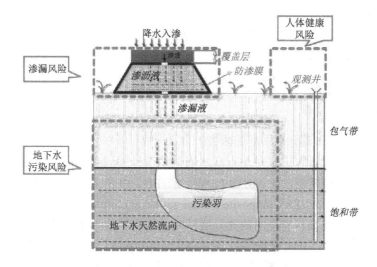

图 2-14　危险废物填埋的主要环境风险

危险废物填埋场一旦出现渗漏，渗滤液迁移转化至地下含水层，在这一变化过程中，其不仅污染了周边环境，破坏以土壤为栖息地的微生物生态循环系统，影响了土壤自身功能，而且流经至地下含水层的渗滤液随地下水的流动而危害以地下水为生产生活水源的人群，对人体健康造成危害。虽然渗滤液所含危险组分浓度低于相应地下水标准限值，但长期在这种受到污染的地下水和土壤区域生活，短期内可能不会产生相应症状，然而这些污染物具有累积性，长此以往将会严重威胁人体健康。危险废物填埋场环境风险主要体现在防渗层渗漏的概率风险。

渗漏源强的大小是引起渗漏风险的直接原因：渗滤液产生量大，对应的渗漏风险增大；渗滤液所含组分浓度高，该组分渗漏风险增高；两者协同作用使渗漏风险达到最大。危险废物在填埋环节的典型暴露场景，如图 2-15 所示。

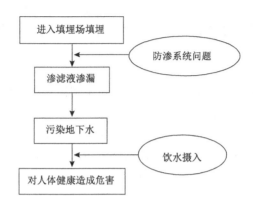

图 2-15　填埋处置环节的典型暴露场景

2）填埋场封场前污染物对大气的释放

在填埋场未封场前，已经填埋的危险废物以及实施填埋操作的过程中有毒有害物质可能会释放到大气中，对人体造成健康风险。

2. 暴露浓度计算

1）地下水中有毒有害物质的浓度

美国、澳大利亚等国家对地下水水质模型进行了较多的研究，相继成功开发了多种地下水水质模型，如 MODFLOW、MT3D、PESTAN、EPACMTP（渗滤液迁移转化复合模型，EPA Composite Model with Transformation Products）等。国内学者对地下水水质预测模型的研究开展较晚。常用的地下水模型有 MODFLOW、MT3D、PESTAN、EPACMTP 等，其中 MODFLOW 和 MT3D 用有限差分法模拟地下三维水流和溶质运移模型，但对于非饱和带水流分布情况模拟效果不佳。PESTAN 则不能模拟污染物在简单一维均匀介质中线性可逆吸附行为，且对无机污染物的模拟效果差。EPACMTP 由包气带模型和饱和层模型两个子模型组成，用于模拟填埋场目标废物中污染组分通过包气带运移至地下水的过程，可预测下游（取水井）污染物的暴露量，但计算精度上稍有欠缺。

相比较而言，EPACMTP 局限性较小，适用于填埋场下方地下水中污染物的浓度变化研究，因此本书采用 EPACMTP 模型对地下水水质进行评价。

（1）污染物迁移转化的包气带模型。

不考虑污染物在土壤中的降解规律和吸附解吸规律，可得到污染物质的迁移平衡方程：

$$R\frac{\partial C_i}{\partial t}=D\frac{\partial^2 C_i}{\partial Z^2}-u\frac{\partial C_i}{\partial Z}-K_i\cdot C_i \qquad (2\text{-}55)$$

式中，C_i ——由包气带进入地下水中的污染组分 i 的浓度，mg/L；

$\quad\quad R$ ——滞后因子；

$\quad\quad t$ ——渗滤时间，d；

$\quad\quad D$ ——动力弥散系数，m²/s；

$\quad\quad Z$ ——包气带厚度，m；

$\quad\quad u$ ——孔隙水流速，m/d；

$\quad\quad K_i$ ——污染组分 i 的一阶降解系数，1/s。

在初始条件为

$\quad\quad C_i=0$ $\quad\quad\quad\quad$ $t=0$ 且 $Z\geqslant 0$ 时（包气带中污染物浓度为 0）

$\quad\quad C_i=C_{0i}$ $\quad\quad\quad\quad$ $0<t\leqslant t_0$ 且 $Z=0$（C_{0i} 渗滤液中污染物浓度）

$\quad\quad \dfrac{\partial C_i}{\partial Z}=0$ $\quad\quad\quad$ $t\geqslant 0$ 且 Z 趋向于 ∞ 时

假设渗滤时间 t 趋向于 ∞，t_0 为污染物持续进入包气带时间，则式（2-55）的解析解为

当 $0<t\leqslant t_0$ 时

$$C_i(Z,t)=C_{0i}E(Z,t) \qquad (2\text{-}56)$$

当 $t>t_0$ 时

$$C_i(Z,t)=C_{0i}E(Z,t)-C_{0i}E(Z,t-t_0) \qquad (2\text{-}57)$$

C_{0i} 可由下式计算得出：

$$C_{0i}=\frac{C_{ji}\times V_j\times m}{m_j\times L} \qquad (2\text{-}58)$$

式中，C_{ji} ——目标废物 j 中污染组分 i 的浸出毒性，mg/L；

$\quad\quad V_j/m_j$ ——浸出毒性实验中样品的液固比，L/g；

$\quad\quad m$ ——每年进入填埋场的目标废物的总量，g/a；

$\quad\quad L$ ——填埋场渗滤液的年产生量，m³/a。

其中，年均渗滤液产生体积可由下式计算：

$$L=(P-E)A+\frac{\eta\times V\times \rho_{\rm w}}{\rho_{\rm H}} \qquad (2\text{-}59)$$

式中，P ——填埋场所在地的年均降雨量，m；

$\quad\quad E$ ——填埋场所在地的年均蒸发量，m；

A ——填埋场的表面积，m^2；

η ——填埋垃圾的年均质量损失率；

V ——填埋垃圾的总容积，m^3；

ρ_w ——填埋场中垃圾的平均容重，kg/m^3；

ρ_H ——水的密度，kg/m^3。

$E(Z, t)$可由式（2-60）计算得出：

$$E(Z,t)=\frac{1}{2}\left[\exp\left(\frac{(1-c)u\times Z}{2D}\right)\times\mathrm{erfc}\left(\frac{R\times Z-ut}{\sqrt{4DRt}}\right)\right.$$
$$\left.+\exp\left(\frac{(1+c)u\times Z}{2D}\right)\times\mathrm{erfc}\left(\frac{R\times Z+ut}{\sqrt{4DRt}}\right)\right] \tag{2-60}$$

$$c=\sqrt{1+\frac{4DK_i}{u^2}} \tag{2-61}$$

（2）包气带模型中的参数。

孔隙水流速：

$$u=\frac{v}{\theta} \tag{2-62}$$

$$v=K\frac{Z+h}{Z} \tag{2-63}$$

式中，u ——孔隙水流速，m/d；

θ ——包气带土壤的体积含水率（根据土壤类型可查表获取）；

v ——达西速率，m/d；

Z ——包气带深厚度，m；

h ——年均渗滤液深度，m；

K ——水力传导率，m/d。

动力弥散系数：

$$D=\alpha_{Lu}u \tag{2-64}$$

$$\alpha_{Lu}=0.02+0.022Z \tag{2-65}$$

式中，D ——动力弥散系数，m^2/s；

α_{Lu} ——纵向弥散度，m。

滞后因子：

$$R=1+\frac{\rho_b\cdot f_{oc}\cdot 10^{0.623\log(k_{ow})+0.873}}{\theta} \tag{2-66}$$

$$f_{oc}=\%OM/174 \tag{2-67}$$

式中，ρ_b——包气带土壤的容重（自测或根据土壤类型查表获取），g/cm^3；

f_{oc}——包气带土壤中有机碳的质量分数；

k_{ow}——辛醇-水分配系数（可查表获取）；

%OM——包气带土壤中有机物的质量分数（自测或查表获取）。

（3）含水层模型。

填埋场中污染物通过包气带进入地下水，可视为在 x、y 平面上无限分布的均质各向同性含水介质中，由点源在含水层厚度上方连续定量注入污染物。此时，污染物在含水层中迁移的对流-弥散方程为

$$\frac{\partial C_{wi}}{\partial t} = D_x \frac{\partial^2 C_{wi}}{\partial x^2} + D_y \frac{\partial^2 C_{wi}}{\partial y^2} - u\frac{\partial C_{wi}}{\partial x} - \lambda C_{wi} + \frac{I}{n} \tag{2-68}$$

式中，C_{wi}——敏感点地下水中污染组分 i 的浓度值，mg/L；

t——时间，d；

x 和 y——纵向和横向距离，m；

D_x 和 D_y——x、y 方向上的弥散系数，m^2/d；

u——地下水流速，m/d；

λ——一级反应常数，1/d；

I——迁移过程的源汇强度，mg/(L·d)；

n——含水层孔隙度。通过推导可以得到均匀等速流场中点源连续注入污染物时二维对流弥散的解析解：

$$C_{wi}(x,y,t) = \frac{QC_i}{4\pi nb\sqrt{D_x D_y}}\exp\left(\frac{x}{B}\right)W\left(U,\frac{r}{B}\right) \tag{2-69}$$

$$Q = u \times A \tag{2-70}$$

$$B = \frac{2D_x}{u} \tag{2-71}$$

$$W\left(U,\frac{r}{B}\right) \cong \sqrt{\frac{\pi B}{2r}}\exp\left(-\frac{r}{B}\right)\mathrm{erfc}\left(-\frac{r/B - 2U}{2\sqrt{U}}\right) \tag{2-72}$$

$$U = \frac{r^2}{4D_x t\left(1 + \dfrac{2B\lambda}{u}\right)} \tag{2-73}$$

$$r = \sqrt{\left(x^2 + \frac{D_x}{D_y}y^2\right)\left(1 + \frac{2B\lambda}{u}\right)} \tag{2-74}$$

式中，Q——渗滤液注入流量，m^3/d，可由式（2-70）计算得出；

b——含水层厚度，m。

（4）含水层模型中的参数。

孔隙度：

$$n = 1 - \frac{\rho_h}{2.65} \tag{2-75}$$

式中，ρ_h——含水层土壤的容重（自测或根据土壤类型查表获取），g/m^3。

弥散系数：

$$D_x = \alpha_L u \tag{2-76}$$

$$D_y = \alpha_T u \tag{2-77}$$

式中，α_L 和 α_T——纵向和横向弥散度，m。成建梅运用最小二乘法得出三种级别可信度的尺度效应分形特征，采用其中最高可信度的分维值（2∶1.5∶1），可计算得出弥散度的值：

$$\log \alpha_L = D_1 \log L_s + D_2 \tag{2-78}$$

$$\alpha_T = \frac{\alpha_L}{8} \tag{2-79}$$

式中，L_s——污染组分 i 的运移距离，m；

D_1（0.9642）、D_2（1.2864）——方程中的常数。

2）大气中有毒有害物质的浓度

ISCST3 模型是美国 EPA 开发的大气质量模型，它是以稳态封闭型高斯扩散方程为核心，主要用以处理工业集中地区多个连续排放的点源、面源、线源和体源的空气质量影响。美国 3MRA 模型即以该模型为子模块进行填埋场中的大气质量预测，已被使用多年，得到了充分的验证。

（1）ISCST3 模型。

受体在地面水平所接受的污染物浓度的计算式如下：

$$C = \frac{QK}{2\pi V_a} \int_x \frac{VD}{\sigma_y \sigma_z} \left\{ \int_y \exp\left[-0.5 \left(\frac{y}{\sigma_y} \right)^2 \right] d_y \right\} d_x \tag{2-80}$$

式中，Q——污染物的释放速率，g/s；

K——单位转换系数（如 1×10^6，可将 Q 的释放单位 g/m^3，转化为 $\mu g/m^3$ 浓度单位）；

V_a——释放高度处的平均风速，m/s；

V——垂直项；

D——消减项；

σ_y、σ_z——水平方向和垂直方向的扩散参数，m；

d_x、d_y——下风向和横截风向距离，m。

（2）模型假设。

①长方形面源，且长宽比不超过 10（对于不规则面源，需先将其划分成几个符合假设的小面源后进行评价）；

②受体点位置离面源边界 1 m 以上。

（3）模型参数。

①扩散参数 σ_y、σ_z。

国际上一些通用的扩散系数算法包括 P-G 法、布里格斯公式、LAEA 方式等，其中 P-G 法是目前确定扩散参数值应用最广泛的方法。我国在修订 P-G 法基础上产生了国家标准法《制定地方大气污染排放标准的技术方法》（GB/T 3840-91），该法根据我国实际大气污染状况建立，针对性更强。本书研究选择国标法进行扩散参数的计算。

该方法的技术路线是：根据时间、地理位置确定日倾角、太阳高度角，利用天气条件（总云量/低云量）确定太阳辐射等级，然后利用辐射等级和地面风速（地面风速指离地面 10 m 高度处 10 min 平均风速，m/s）确定大气稳定度，最后查扩散参数幂函数表，确定扩散参数。其中太阳辐射等级和大气稳定度的等级可以查表获取（GB/T 3840—91 中表 B1 和 B2）。

扩散参数的表达式为（取样时间 0.5 h）：

$$\sigma_y = \gamma_1 x^{a_1} \tag{2-81}$$

$$\sigma_z = \gamma_2 x^{a_2} \tag{2-82}$$

式中，x ——下风向距离，m；

γ_1、γ_2、a_1、a_2 ——其数值可以查表获取（GB/T 3840—91 中表 D1、D2 和 D3）。

②污染物的释放速率 Q。

$$Q = \frac{\text{CE30} \times S}{86400} \tag{2-83}$$

式中，CE30——吸附在颗粒上的污染组分的量，g/（$m^2 \cdot d$）；

S——填埋场的面积（假设危险废物进入填埋场后分布均匀），m^2。

$$\text{CE30} = \frac{M_{\text{loss,wd}}}{365} + \text{E30}_{\text{un}} \times C'_{\text{T,W}} \times f_{\text{wmu}} \times 10^{-6} \tag{2-84}$$

$$M_{\text{loss,wd}}(t) = \left[1 - \exp\left(-k_{\text{wd}}t\right)\right] C_{T0} \times d_z \tag{2-85}$$

$$k_{\text{wd}} = \frac{1}{d_z} \times \frac{K_d}{K_{\text{TL}}} \times \frac{1}{10^6} \left(\text{E30}_{\text{wd}} + \text{E30}_{\text{ve}} + \text{E30}_{\text{sc}}\right) \tag{2-86}$$

$$K_{\text{TL}} = \rho_b K_d + \theta_w + \theta_a H \tag{2-87}$$

式中，$M_{\text{loss,wd}}$——风蚀和损失，g/m^2；

E30$_{\text{un}}$——垃圾装卸等过程造成的固体颗粒损失量，$g/(m^2 \cdot d)$；

k_{wd}——风蚀及机械活动损失常数；

t——时间，s；

C_{T0}——污染物总量，mg/kg；

d_z——废物堆放厚度，m；

K_d——污染组分的固液分配系数，cm^3/g；

K_{TL}——污染物在垃圾中的总浓度和在垃圾液相中的浓度的平衡分配系数（假定垃圾由固液气三相组成）；

$C'_{T,W}$——所加干废物的污染物浓度，$\mu g/g$；

f_{wmu}——填埋场中该废物的质量百分数；

ρ_b——垃圾干密度，g/cm^3；

θ_w——垃圾体积含水量，m^3/m^3；

θ_a——垃圾体积含气量，m^3/m^3；

H——亨利常数；

E30$_{\text{wd}}$——风蚀固体颗粒物损失量，$g/(m^2 \cdot d)$；

E30$_{\text{ve}}$——车辆运输活动造成的固体颗粒损失量，$g/(m^2 \cdot d)$；

E30$_{\text{sc}}$——翻碾压实操作活动的固体颗粒损失量，$g/(m^2 \cdot d)$。

$$E30_{\text{un}} = 0.0012 \cdot \frac{(u/2.2)^{1.3}}{(\text{mcW}/2)^{1.4}} \cdot \frac{L}{A} \cdot \frac{10^3}{365} \tag{2-88}$$

$$E30_{\text{sc}} = 1.77 \cdot S^{0.6} \cdot N_{\text{op}} \cdot 10^3 \cdot \frac{1}{10^4} \tag{2-89}$$

$$E30_{\text{sc}} = 0.177 \cdot S^{0.6} \cdot N_{\text{op}} \tag{2-90}$$

式中，u——年均风速，m/s；

mcW——废物体积含水率；

L——废物年加载量，t/a；

A——填埋面积，m^2；

S——垃圾表面的粉土百分数；

N_{op}——每天操作频数，$1/d$。

③垂直项 V。

$$V = \exp\left[-0.5\left(\frac{Z - h_s}{\sigma_z}\right)^2\right] + \exp\left[-0.5\left(\frac{Z + h_s}{\sigma_z}\right)^2\right] \tag{2-91}$$

式中，Z——受体点的高度（取人体平均身高），m；

　　h_s——污染物的释放高度，m。

　④消减项 D。

考虑污染物因物理或化学机制所引起的消减。

当 $\Psi > 0$，

$$D = \exp\left[-\Psi \frac{x}{V_a}\right] \tag{2-92}$$

当 $\Psi = 0$，$D = 1$

式中，Ψ——一阶消减系数，s^{-1}（Ψ 为 0 表示不考虑消减）。

　　x——下风距离，m。

$$\Psi = \frac{0.693}{T_{1/2}} \tag{2-93}$$

式中，$T_{1/2}$ 表示污染物的半衰期。

　⑤释放高度处的平均风速 V_a。

以释放源所在市（县）邻近气象台（站）最近 5 年平均风速，按幂指数关系换算到释放高度的平均风速。

$$V_a = V_{ref}\left(\frac{h_s}{Z_{ref}}\right)^m \tag{2-94}$$

式中，V_{ref}——邻近气象台（站）Z_{ref} 高度 5 年平均风速，m/s；

　　Z_{ref}——相应气象台（站）测风仪所在的高度，m；

　　h_s——污染物的释放高度，m；

　　m——指数，可查表获取（《制定地方大气污染物排放标准的技术方法》GB/T 3840-91 表 3）。

2.2.4.7　普通人群间接暴露

普通人群的环境间接暴露通常包括呼吸空气、消费食物与饮用水、摄入尘土等造成的化学物质人体摄入，而无论是食物还是饮用水中化学物质的浓度，又与化学物质在自然环境（大气、水、土壤）中的浓度密切相关。

开展通过环境间接暴露的人体健康暴露评估时，通常考虑吸入、经口摄入和经皮吸收 3 种暴露途径。吸入主要是指呼吸空气；经口摄入包括消费食物（鱼、粮食、肉和奶等）、饮水以及尘（土）摄入；经皮吸收一般仅在特定场合（如皮肤接触污染土壤等）考虑。因此，通过环境间接暴露的人体健康暴露评估的步骤通常为：评估人体所摄入介质（食物、水、大气和土壤）中化学物质的浓度；评估人体对每类介质的摄入率；综合人体对各介质的摄入率及介质中化学物质的浓度，计算摄入总量。估算方法如下：

$$\text{DOSE}_{总} = \left(\sum \text{DOSE}_i\right) + \text{DOSE}_{大气} \tag{2-95}$$

$$\text{DOSE}_i = \frac{C_i \cdot \text{IH}_i}{\text{BW}} \tag{2-96}$$

$$\text{DOSE}_{大气} = \frac{C_{大气} \cdot \text{IH}_{大气}}{\text{BW}} \cdot \frac{\text{BIO}_{吸入}}{\text{BIO}_{经口}} \tag{2-97}$$

式中，$\text{DOSE}_{总}$——普通人群通过环境间接暴露的化学物质总量，mg/(kg 体重·d)；

DOSE_i——通过人体摄入介质 i 所产生的化学物质暴露量，mg/(kg 体重·d)；

$\text{DOSE}_{大气}$——通过大气吸入的人体化学物质暴露量，mg/(kg 体重·d)；

i——人体摄入介质，主要指饮用水、鱼类食物、肉制品、奶制品、叶类作物、根茎类作物等；

C_i——人体摄入介质 i 中化学物质浓度，mg/L 或 mg/m^3；

IH_i——人体每日摄入介质 i 的速率，kg/d 或 m^3/d 或 L/d；

$C_{大气}$——人体每日吸入大气中的化学物质浓度，mg/m^3；

BW——人体平均体重，kg；

$\text{BIO}_{吸入}$——吸入化学物质的生物利用率，无量纲，默认值为 0.75；

$\text{BIO}_{经口}$——经口摄入化学物质的生物利用率，无量纲，默认值为 1。

1. 饮用水中化学物质浓度的估算

$$C_{饮用水} = C_{水,溶解态} \tag{2-98}$$

$$C_{水,溶解态} = C_{水环境} \times (1 - f_{wp}) \tag{2-99}$$

式中，$C_{饮用水}$——化学物质饮用水中浓度（最坏情景下），mg/L；

$C_{水,溶解态}$——化学物质水环境溶解态浓度，mg/L；

$C_{水环境}$——化学物质水环境浓度（用于人体健康评估的浓度），mg/L；

f_{wp}——悬浮物吸附率，无量纲。

2. 鱼体内化学物质浓度的估算方法

$$C_{鱼类} = C_{水环境} \times \text{BCF} \times \text{BMF} \tag{2-100}$$

式中，$C_{鱼类}$——鱼类（淡水或海水）体内化学物质浓度，mg/kg；

$C_{水环境}$——化学物质水环境浓度（淡水或海水，用于人体健康评估的浓度），mg/L；

BCF——化学物质在鱼体内的生物蓄积系数，1/kg；

BMF——化学物质在鱼体内的生物放大系数（表 2-13），无量纲。

表 2-13　BMF 推荐值

lgK_{ow}	BCF	BMF
<4.5	<2000	1
4.5~<5	2000~5000	2
5~8	>5000	10
>8~9	2000~5000	3
>9	<2000	1

3. 根茎类农作物中化学物质浓度

$$C_{农作物, 根茎} = C_{间隙水} \times RCF \times VG_{农作物, 根茎} \tag{2-101}$$

式中，$C_{农作物, 根茎}$——根茎类农作物（地下部分）中化学物质浓度，mg/kg；

$C_{间隙水}$——土壤间隙水中化学物质浓度，mg/L；

RCF——根茎类农作物蓄积系数，1/kg。当化学物质 $-0.57 \leqslant lgK_{ow} < 2$ 时，

$RCF = 10^{0.77 \, lgK_{ow} - 1.52} + 0.82$；当 $2 \leqslant lgK_{ow} < 8.2$ 时，$RCF = 10^{0.77 \, lgK_{ow} - 1.52}$；

$VG_{农作物, 根茎}$——修正系数，无量纲。

4. 叶类农作物中化学物质浓度估算方法

$$C_{农作物, 叶类} = C_{ag\_aer} + C_{ag\_gas\_r} \tag{2-102}$$

式中，$C_{农作物, 叶类}$——叶类农作物（地上部分）中化学物质浓度，mg/kg；

C_{ag_aer}——来自大气中化学物质吸附于农作物的浓度，mg/kg；

$C_{ag\_gas\_r}$——从大气和土壤吸收的化学物质分布于吸附于茎叶部分的浓度，mg/kg。

5. 肉制品与奶制品中化学物质浓度估算方法

$$C_{肉制品} = BTF_{肉制品} \times \left\{ \left(C_{草} \times CTL_{草} \times CONWD \right) + \left(C_{土壤} \times CTL_{土壤} \times CONV_{土壤} \right) + \left(C_{大气} \times CTL_{吸入} \right) \right\} \tag{2-103}$$

$$C_{奶制品} = BTF_{奶制品} \times \left\{ \left(C_{草} \times CTL_{草} \times CONWD \right) + \left(C_{土壤} \times CTL_{土壤} \times CONV_{土壤} \right) + \left(C_{大气} \times CTL_{吸入} \right) \right\} \tag{2-104}$$

式中，$C_{肉制品}$、$C_{奶制品}$——肉制品、奶制品中化学物质浓度，mg/kg；

$BTF_{肉制品}$——肉制品中化学物质的转移系数，d/kg。当化学物质 $1.5 < lgK_{ow} < 6.5$ 时，$BTF_{肉制品} = 10^{-7.6 + lgK_{ow}}$；

$BTF_{奶制品}$——奶制品中化学物质的转移系数，d/kg。当化学物质 $3 < lgK_{ow} <$

6.5 时，$BTF_{奶制品} = 10^{-8.1+\lg K_{ow}}$；

  $C_{草}$——牧草中化学物质浓度，mg/kg；

  $CTL_{草}$——牧草摄入量（干重），kg/d，默认值为 8；

  CONWD——换算系数（牧草干重→湿重），无量纲，默认值为 4；

  $C_{土壤}$——土壤中化学物质浓度（10 年平均值），mg/kg；

  $CTL_{土壤}$——土壤摄入量（干重），kg/d；

  $CONV_{土壤}$——换算系数（牧草干重→湿重），无量纲；

  $C_{大气}$——大气环境浓度，mg/m³；

  $CTL_{吸入}$——大气吸入量，m³/d，默认值为 122。

2.2.5　风险表征

  风险表征定性或定量分析判别有毒有害化学物质对生态环境和人体健康造成风险的概率和程度。其中，环境风险表征是比较每个环境介质中的预测环境浓度（PEC）和相应的预测无效应浓度（PNEC）的关系；健康风险表征是比较经环境间接暴露人群的每日总暴露量与安全阈值或安全剂量的关系。

  根据不同管理要求，对危险废物的风险表征通常有点源尺度和区域尺度之分。风险表征分为定量风险表征和定性风险表征。

2.2.5.1　化学物质风险表征

1. 计算环境风险表征比率

  定量环境风险表征以风险表征比率 RCR 表示。

  内陆环境应考虑的风险表征比率见表 2-14，海洋环境应考虑的风险表征比率见表 2-15。

  如果 RCR≤1，表明未发现化学物质存在不合理环境风险。

  如果 RCR>1，表明化学物质存在不合理环境风险。

表 2-14　内陆环境风险表征比率

点源尺度	区域尺度
水：$PEC_{点源, 水}/PNEC_{水}$	水：$PEC_{区域, 水}/PNEC_{水}$
沉积物：$PEC_{点源, 沉积物}/PNEC_{沉积物}$	沉积物：$PEC_{区域, 沉积物}/PNEC_{沉积物}$
土壤：$PEC_{点源, 土壤}/PNEC_{土壤}$	土壤：$PEC_{区域, 土壤}/PNEC_{土壤}$
微生物：$PEC_{微生物}/PNEC_{微生物}$	

表 2-15 海洋环境风险表征比率

点源尺度	区域尺度
水：$PEC_{点源, 海水}/PNEC_{海水}$	水：$PEC_{区域, 海水}/PNEC_{海水}$
沉积物：$PEC_{点源, 海洋沉积物}/PNEC_{海洋沉积物}$	沉积物：$PEC_{区域, 海洋沉积物}/PNEC_{海洋沉积物}$

1）水生环境

针对点源以及区域淡水和海洋环境，将地表水中化学物质的浓度与水生生物的无效应浓度进行比较。

$$RCR_{点源, 淡水} = PEC_{点源, 淡水}/PNEC_{淡水} \tag{2-105}$$

$$RCR_{区域, 淡水} = PEC_{区域, 淡水}/PNEC_{淡水} \tag{2-106}$$

$$RCR_{点源, 海水} = PEC_{点源, 海水}/PNEC_{海水} \tag{2-107}$$

$$RCR_{区域, 海水} = PEC_{区域, 海水}/PNEC_{海水} \tag{2-108}$$

2）沉积物环境

针对点源及区域的淡水和海洋环境，将沉积物中化学物质的浓度与居住在沉积物中的生物的无效浓度进行比较。

$$RCR_{点源, 淡水沉积物} = PEC_{点源, 淡水沉积物}/PNEC_{淡水沉积物} \tag{2-109}$$

$$RCR_{区域, 淡水沉积物} = PEC_{区域, 淡水沉积物}/PNEC_{淡水沉积物} \tag{2-110}$$

$$RCR_{点源, 海水沉积物} = PEC_{点源, 海水沉积物}/PNEC_{海水沉积物} \tag{2-111}$$

$$RCR_{区域, 海水沉积物} = PEC_{区域, 海水沉积物}/PNEC_{海水沉积物} \tag{2-112}$$

如果$PNEC_{沉积物}$是通过相平衡分配法计算得到，对于$\lg K_{ow} > 5$的化学物质，计算方式如下：

$$RCR_{点源, 淡水沉积物} = PEC_{点源, 淡水沉积物}/PNEC_{淡水沉积物} \cdot 10 \tag{2-113}$$

$$RCR_{区域, 淡水沉积物} = PEC_{区域, 淡水沉积物}/PNEC_{淡水沉积物} \cdot 10 \tag{2-114}$$

$$RCR_{点源, 海水沉积物} = PEC_{点源, 海水沉积物}/PNEC_{海水沉积物} \cdot 10 \tag{2-115}$$

$$RCR_{区域, 海水沉积物} = PEC_{区域, 海水沉积物}/PNEC_{海水沉积物} \cdot 10 \tag{2-116}$$

该方法推导的$PNEC_{沉积物}$一般用于筛查是否需要开展后续的毒性测试，不能替代采用沉积物生态毒理数据推导的PNEC。

3）陆地环境

将土壤中化学物质的浓度与陆地生物的无效浓度进行比较。

$$RCR_{点源, 土壤} = PEC_{点源, 土壤}/PNEC_{土壤} \tag{2-117}$$

$$RCR_{区域, 土壤} = PEC_{区域, 土壤}/PNEC_{土壤} \tag{2-118}$$

如果$PNEC_{土壤}$是通过相平衡分配法计算得到，对于$\lg K_{ow} > 5$的化学物质，计算方式如下：

$$RCR_{点源，土壤}=PEC_{点源，土壤}/PNEC_{土壤}·10 \qquad (2-119)$$

$$RCR_{区域，土壤}=PEC_{区域，土壤}/PNEC_{土壤}·10 \qquad (2-120)$$

该方法推导的$PNEC_{土壤}$一般用于筛查是否需要开展后续的毒性测试，不能替代采用土壤生态毒理数据推导的PNEC。

4）污水处理系统微生物环境

针对点源区域，将污水处理厂中化学物质的浓度与微生物的无效应浓度进行比较。新化学物质不涉及针对该环境介质的风险表征。

$$RCR_{微生物}=PEC_{污水处理系统}/PNEC_{淡水微生物} \qquad (2-121)$$

2. 计算健康风险表征比率

依据化学物质人体健康毒性作用机理的不同，健康风险表征可分为有阈值效应的风险表征和无阈值效应的风险表征两种方式。

通过比较相关暴露场景下的估计人体暴露量对主要健康效应的关键阈值或安全剂量进行定量风险表征。估计人体暴露量与关键阈值或安全剂量必须以相同的单位显示，并反映相同的时间范围。

暴露人群指的是通过环境暴露的人群；暴露途径包括：吸入、经皮、口服。

1）有阈值的化学物质

当对人体健康毒性作用为有阈值效应，通过比较经环境暴露的普通人群人体暴露总量与对主要健康效应的每日可耐受摄入量（TDI）等关键安全阈值来计算健康风险表征比率RCR。

$$RCR=人体暴露总量/TDI$$

如果RCR<1，表明未发现化学物质存在不合理健康风险；

如果RCR≥1，表明化学物质存在不合理健康风险。

2）无阈值的化学物质

当对人体健康毒性作用为遗传毒性致癌性和生殖细胞致突变性等无阈值效应，通过比较经环境暴露的普通人群人体暴露总量与无阈值效应化学物质的安全剂量（VSD）计算健康风险表征比率RCR。

$$RCR=人体暴露总量/VSD$$

如果RCR<1，表明暴露控制在可接受风险概率水平；

如果RCR≥1，表明暴露控制尚未在可接受风险概率水平。

无阈值是指无法建立无效应水平，安全剂量只代表理论上可能的较低风险，是一个与风险相关的参考值。

2.2.5.2　危险废物风险表征

只要危险废物中有一种有毒有害化学物质存在不合理环境风险，则整个危险废物存在高风险。因多种化学物质同时风险评估的技术难度很大，国内外相关研究及技术规定较为匮乏，在相关体系和技术尚未完全确立的情况下，当危险废物中每种有毒有害化学物质均不存在不合理环境风险时，认为该危险废物整体为低环境风险。

2.2.6　不确定性分析

不确定性评估主要解决可以导出环境风险表征比率的情况，但是对于定性风险表征，一般原理也可适用。

2.2.6.1　不确定性来源分析

识别各类不确定性来源，并分析不确定性来源对风险评估结果的影响程度，明确已知的不确定性会导致高估还是低估风险。评估过程中的主要不确定性来源见表 2-16、表 2-17。

表 2-16　危害识别与剂量（浓度）-反应（效应）评估相关的主要不确定源

不确定性分组	不确定性来源
模型不确定性	模型的适当性，例如：结构-活性关系，毒代动力学和机理模型： ——过于简化 ——依存度误差 ——在有效范围外使用
参数不确定性（理化参数和危害参数）	测试不确定性，例如： ——样本量低 ——试验误差
	数据选择，例如： ——剂量描述符的选择 ——默认值
	外推不确定性，例如： ——定量结构-活性关系 ——交叉读取 ——体外试验
	与不确定性相关的评估因素的充分性，例如： ——种间（从动物到人类） ——急性至慢性 ——一种途径到另一种途径 ——实验室到野外

表 2-17　与暴露评估相关的主要不确定性来源

不确定性分组	不确定性来源
场景不确定性	暴露情景假设的充分性，例如： —排放源（即在生产/使用过程或生命周期中未考虑相关的排放源） —暴露人群或生态群落 —时空设置（例如点源或区域、短期或长期） —暴露途径/路线（例如，未考虑重要的暴露途径/路线） —暴露事件（例如事件的大小和频率） —假定风险管理措施的有效性
模型不确定性	使用的模型的适当性，例如： —过于简化 —依存度误差 —在有效范围外使用
参数和数据不确定性	监测不确定性，例如： —样本量低 —检测误差
	数据选择不确定性，例如： —排放量估算保守 —暴露评估中暴露浓度的选择 —默认值的适当性 —假定风险管理措施的有效性
	外推不确定性，例如： —相似物质或者场景的交叉读取
	可变性，例如： —环境可变性（温度、风、同源性等） —行为可变性（与潜在暴露有关） —与上述任何一项有关的时空变化的可变性

2.2.6.2　整体不确定性评估

考虑不确定性来源之间的相关性和依赖性，整体不确定性评估主要为评估人员的主观意见。

2.2.6.3　不确定性评估结果

不确定性的评估结果应确定最相关的不确定性来源和减少不确定性的技术手段，以及评估不确定性来源对风险评估的总体影响。当定性评估表明单个或组合的不确定性足以改变风险管理决策的可能性时，有必要对不确定性做进一步量化评估。可以通过情景分析来完成，即通过更改关键假设和/或输入参数计算对评估结果的影响。敏感性分析可以确定对结果影响最大的参数，可以显著提高风险评估的可信度。

2.3　展　　望

通过调研国内外危险废物风险评估方法及相应软件，借鉴我国化学物质环境风险评估技术方法经验，首次提出通过评估危险废物中的有毒有害化学物质的环境风险来评估危险废物环境风险的理论。危险废物来源广泛、成分复杂，即便是通过危险废物鉴别相关试验确定的危险废物，危害属性数据也较为匮乏，并且需要投入一定的经济成本开展相关试验。有毒有害化学物质的理化特性、危害特性、环境归趋等信息相对危险废物较为明确，数据来源较为广泛，根据有毒有害化学物质的危害和风险，判断危险废物的危害和风险具有可行性。

通过收集有毒有害化学物质的危害数据，根据评估系数法、相平衡分配法或物种敏感度分布法等方法，估算化学物质长期或短期暴露不会对环境介质产生不利效应的浓度；借鉴国内外在贮存、运输、利用、处置等环节的相关模型，收集模型所需参数，预测出环境中该有毒有害化学物质的浓度，从而可以定量地确定有毒有害化学物质在危险废物全过程中存在的环境风险，为完善危险废物环境风险管理体系提供了参考。

整体来说，危险废物全过程环境风险方法的探索为危险废物环境风险管理起到了一定的指导作用，但由于国内外在该领域的研究工作较少，基础薄弱，作者力薄才疏，加之时间有限，该方法仍存在一些不足之处。

2.3.1　有毒有害化学物质成分及含量确定困难

对于来源固定、产生工艺相对简单的危险废物，生产企业往往能确定该危险废物可能的化学物质及含量，有利于后续工作的开展。但对于来源广泛、成分复杂的危险废物，区分其中含有的每种有毒有害化学物质及含量存在一定困难。另外，是否对危险废物中的每种化学物质进行风险评估，以及开展环境风险评估的有毒有害化学物质含量和危害类别也需要深入研究，提出切实可行的要求。

2.3.2　危害效应评估工作量巨大

每种化学物质都存在多种危害属性，无论是采用评估系数法、相平衡分配法或物种敏感度分布法等方法，估算化学物质长期或短期暴露不会对环境介质产生不利效应的浓度，还是分析化学物质经不同途径对人体健康的危害效应，确定对人体健康的危害机理和剂量（浓度）-反应（效应）关系评估，都需要收集大量的危害数据，并开展数据质量评估，才能将相关数据运用到危害效应评估中。危害数据的可获得性以及数据质量的可靠性需要投入大量时间和精力来保障。

2.3.3 模型参数的获取存在困难

在进行暴露评估阶段，需要确定评估物质在各个环境介质的存在情况。如果有评估物质在环境介质中的监测数据最好，可以直接进行应用。但往往是缺少环境介质中的监测数据，这就需要通过模型进行预测。为保证暴露情形的客观真实，需要收集贮存、运输、利用、处置各个环节的暴露参数信息，然后应用到相关模型中，如扩散参数、风速、水流速度等，在获取中存在困难。

2.3.4 存在不确定性

整个危险废物环境风险评估存在着不确定性，如风险本身的不确定性特征，模型选择带来的不确定性，危险废物含有的多种化学物质之间的作用机理存在着不确定性等，因此不确定性问题处理将一直伴随着环境风险评价研究的始末。它的存在直接影响着危险废物环境风险评价理论研究，突破各种定量化处理不确定性的理论和方法，并尽快与实践应用相结合，才能提高环境风险评价工作的质量。

我国危险废物环境风险评估理论研究方兴未艾，在理论研究和实践运用过程中仍有很多问题需要不断摸索。随着科学的进步，危险废物环境风险评估理论研究的不断深入，检测手段的进一步提升，相关危害预测和暴露预测模型的不断成熟，危险废物环境风险评估将会在危险废物环境管理中发挥巨大的作用。

第 3 章

危险废物分级分类管理

3.1 危险废物危害特性量化评价

我国从 1996 年开始，通过制定腐蚀性和毒性鉴别的国家标准，开始采用特性鉴别法判别危险废物的管理模式。2007 年印发了危险废物鉴别系列标准，如表 3-1 所示。

表 3-1 我国危险废物鉴别标准体系

标准号	标准名称	备注
GB 5085.1	危险废物鉴别标准 腐蚀性鉴别	
GB 5085.2	危险废物鉴别标准 急性毒性初筛	
GB 5085.3	危险废物鉴别标准 浸出毒性鉴别	
GB 5085.4	危险废物鉴别标准 易燃性鉴别	
GB 5085.5	危险废物鉴别标准 反应性鉴别	
GB 5085.6	危险废物鉴别标准 毒性物质含量鉴别	
GB 5085.7	危险废物鉴别标准 通则	2019 年修订
HJ 298	危险废物鉴别技术规范	2019 年修订

3.1.1 危险废物判定逻辑

按照我国现行的法律法规与标准体系，判定某种物品（或物质）是否属于危险废物，应当首先判定其是否属于固体废物，即根据《固体废物鉴别标准 通则》（GB 34330），判断待鉴别的物品、物质是否属于固体废物，不属于固体废物的，则不属于危险废物；若属于固体废物，则首先对比《国家危险废物名录》（以下简称《名录》），凡列入《名录》的，属于危险废物，不再进行危险特性鉴别；若未列入《名录》，但不排除具有腐蚀性、毒性、易燃性、反应性的固体废物，则可依据 GB 5085.1～7 等标准进行鉴别，其鉴别过程按照《危险废物鉴别技术规范》（HJ 298）组织开展，凡具有腐蚀性、毒性、易燃性、反应性中一种或一种以上危险特性的固体废物，属于危险废物；此外，对未列入《名录》且根据危险废物鉴别标准无法鉴别，但可能对人体健康或生态环境造成有害影响的固体废物，由国务院生态环境主管部门组织专家认定。其逻辑如图 3-1 所示。

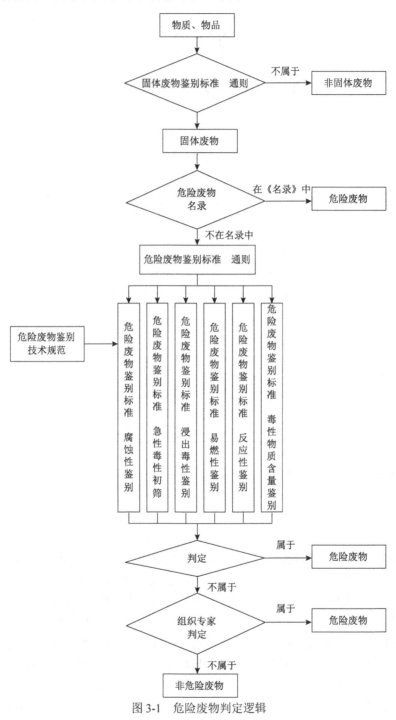

图 3-1 危险废物判定逻辑

在进行危险废物鉴别过程中，其判定的依据是按照特定的方法，对固体废物的危害特性进行量化评价，超过一定限值时，可判定为危险废物。

3.1.2　腐蚀性

部分危险废物具有腐蚀性，其危害特性主要可能通过两个方面表现，一是 pH 值，过低或过高 pH 值会损害人体组织器官，研究表明当 pH 值超过 11.5 或低于 2.5 时，人类眼角膜就难以忍受。此外，异常高或低 pH 值可能促进重金属的溶解，污染地下水。同时能与其他废物混合发生反应导致起火、爆炸、产生易燃或有毒气体、产生高压损害设备。二是对钢制容器（或设备）易产生腐蚀，以致在运输或贮存过程中可能从容器或设备中溢出，直接与环境介质接触而产生危害，如剧烈反应或释放有害组分到环境中。

按照《危险废物鉴别标准　腐蚀性鉴别》（GB 5085.1），经鉴别满足以下条件之一的固体废物属于危险废物：

（1）对于固态、半固态的固体废物浸出液和水溶性液态废物，按照《固体废物　腐蚀性测定　玻璃电极法》（GB/T 15555.12）中规定的方法制备浸出液，并测定表明其 pH 值≥12.5，或者 pH 值≤2.0 时，该废物具有腐蚀性。

（2）对于非水溶性液态废物，在 55℃条件下，对《优质碳素结构钢》（GB/T 699）中规定的 20♯钢材，按照《金属材料实验室均匀腐蚀全浸试验方法》（JB/T 7901）中规定的方法测定其腐蚀速率，若≥6.35 mm/a，则说明该废物具有腐蚀性。

上述两种方法，对于两种不同形态的固体废物，分别提出了量化其腐蚀性的测定方法及限值。

3.1.3　急性毒性

从保护人类健康和生态环境的角度出发，以半致死量 LD_{50} 或 LC_{50} 作为毒性废物的鉴别标准值是发达国家的通常做法。例如，美国将固体废物的动物试验半致死量（LD_{50}）作为列入危险废物名录的主要依据之一，欧盟将动物试验半致死量（LD_{50}）作为毒性物质的分级指标，对于不同毒性级别的物质制定了对应的含量标准。

现行有效的《危险废物鉴别标准　急性毒性初筛》（GB 5085.2）印发于 2007 年，其中标准值的制定考虑以有毒作为危险废物管理的范畴，引用了《危险货物分类和品名编号》（GB 6944—2005）中规定的有毒物质的划分标准，规定满足以下三种情形之一的，可判定为危险废物：

（1）经口摄取：固体 LD_{50}≤200 mg/kg，液体 LD_{50}≤500 mg/kg；

（2）经皮肤接触：$LD_{50} \leqslant 1000$ mg/kg；

（3）蒸气、烟雾或粉尘吸入：$LC_{50} \leqslant 10$ mg/L。

上述规定一定程度上也对急性毒性进行了量化评价，使得在横向对比不同毒性物质时，可以对其毒性大小进行比较。

《危险货物分类和品名编号》在 2012 年发布了修订稿，其中对毒性物质的定义与限值进行了修改，规定满足以下四种情形之一的，可判定为毒性物质：

（1）经口摄取：固体或液体 $LD_{50} \leqslant 300$ mg/kg；

（2）经皮肤接触：$LD_{50} \leqslant 1000$ mg/kg；

（3）粉尘或烟雾：$LC_{50} \leqslant 4$ mg/L；

（4）蒸气吸入：$LC_{50} \leqslant 5000$ mL/m^3。

3.1.4 浸出毒性

大部分危险废物均具有浸出毒性，在对危险废物进行量化评价时，一般是按照《固体废物 浸出毒性浸出方法 硫酸硝酸法》（HJ/T 299）制备固体废物浸出液。

由于危险废物最终处置多采用填埋方式，因此一般情况下其主要危害的对象为地下水，目前国际上大部分国家在浸出毒性的保护目标选择上，也都选择了地下水。因此，我国现行有效的《危险废物鉴别标准 浸出毒性鉴别》（GB 5085.3），也是将地下水作为保护目标。

在确定各项指标及其限值时，充分考虑了我国水环境质量标准，参照《地下水环境质量标准》（GB/T 14848）、《地表水环境质量标准》（GB 3838）、《污水综合排放标准》（GB 8978）等水环境质量标准，以及《关于持久性有机污染物（POPs）的斯德哥尔摩公约》中规定的与我国实际情况相关的 5 类 POPs 项目，选定了 50 个浸出项目，并参照每个项目在各项标准中的限值，按照一定稀释倍数来确定标准限值，其中《地下水环境质量标准》（GB/T 14848）和《地表水环境质量标准》（GB 3838）为 100 倍，《污水综合排放标准》（GB 8978）为 10 倍。

《危险废物鉴别标准 浸出毒性鉴别》（GB 5085.3）中规定，只要固体废物中有一项指标，按照其附录中规定的检测方法，对其浸出液中相应的污染物浓度进行检测，即对固体废物浸出浓度超出限值的，则该固体废物可判定为危险废物。

3.1.5 易燃性

一些固体废物在日常运输、贮存和处置过程中易着火，且一旦点燃极易剧烈燃烧，其暴露风险主要包括在废物管理和运输中对工作人员健康危害，主要来源于直接的火灾（燃烧和烟尘吸入），以及可能产生向空气中释放的有毒颗粒物、烟雾。

对于危险废物易燃性危害程度，难以进行量化评价，但是在我国的危险废物鉴别标准中，根据不同性状的废物在易燃性的表象上不同，分别规定了易燃性的限值。

对于液态废物，闪点是表征其易燃性的指标，因此规定当液态废物的闪点温度小于 60℃（采用闭杯法试验）时，则属于液态易燃性危险废物。

对于固态废物，在特定环境下（我国鉴别标准中规定 25℃，101.3 kPa），可因摩擦或自发性化学反应发生自燃，或者点燃后发生剧烈并持续燃烧。其中，上述"剧烈并持续燃烧"是指将被测物质堆成长 250 mm、宽 20 mm、高 10 mm 的样品带，在样品带的一端点燃待测物质，当样品燃烧到 80 mm 处开始计时，记录燃烧到 180 mm 样品带的燃烧时间，由此确定燃烧速率，如果燃烧速率超过 2.2 mm/s 或是 100 mm 样品带的燃烧时间小于 45 s，那么此物质被认为是剧烈且持续燃烧的，也就是易燃性的。对于金属则应是 100 mm 样品带的燃烧时间小于 10 min 或是燃烧速率超过 0.17 mm/s 被认为是易燃性的。

对于气态易燃性废物，在特定环境下（我国鉴别标准中规定 20℃，101.3 kPa），在可点燃的前提下，其空气中占比下限越低越说明其易燃（我国鉴别标准中规定为≤13%）。此外，在其可点燃前提下，在空气中占比上限与下限差越大（我国鉴别标准中规定为大于或等于 12%），也说明其易燃的范围较大，危险性较高。

3.1.6 反应性

有一类危险废物，由于其不稳定，容易发生爆炸或其他剧烈反应而具有危害特性，容易在废物运输和处理过程中对工作人员造成身体伤害，并且可能由于发生化学反应而释放毒性组分到空气中。

一般情况，如果某种废物满足下列条件之一则表现为反应性：

（1）易发生爆炸；

（2）与水或酸接触产生易燃气体或有毒气体；

（3）氧化剂或有机过氧化物

但是一般反应性的判定均为定性判别，难以量化，因此在我国危险废物鉴别标准体系中，尚未对反应性实施量化评价。

3.1.7 毒性物质含量

有些危险废物具有危害特性的原因是含有毒性物质，通过毒性物质占整个危险废物的质量比，可满足量化评价危险废物的危害特性的要求。在我国危险废物鉴别标准体系中，将可量化评价的毒性物质分为剧毒性、有毒性、致癌性、生殖毒性和致突变性五种，并根据各自不同毒性强度，确定毒性物质含量限值，如表 3-2 所示。

表 3-2　鉴别标准中毒性物质含量限值

毒性物质类别	含量标准（质量百分比）	附录
剧毒性	0.1%	A
有毒性	3%	B
致癌性	0.1%	C
致突变性	0.1%	D
生殖毒性	0.5%	E

3.2　危险废物分级管理原则

3.2.1　国外危险废物分级管理实践

1.《巴塞尔公约》

为了加强对危险废物的管理，使各国共同采取行动防止危险废物非法越境转移，联合国环境规划署于 1989 年 3 月通过了《巴塞尔公约》，并于 1992 年生效。公约由序言、9 项条款和 9 个附件组成，内容包括公约的管理对象和范围、定义、一般义务、缔约方之间危险废物越境转移的管理、非法运输的管制、缔约方的合作和解决争端的办法等。其中：

附件一"应控制的废物类别"列出了 45 类受控危险废物，编号为 Y1～Y18 的废物具有行业来源特征，是以来源命名的，主要有医院临床废物、医药废物、废药品、农药废物、木材防腐剂废物等 18 类；编号为 Y19～Y45 的废物具有成分特征，是以危害成分命名的，主要有含金属羰基化合物废物、含铍废物、含铬废物、含有机溶剂废物、废酸、废碱等 27 类废物。

附件二"须特别考虑的废物类别"指出家庭废物和焚烧家庭废物的残渣需要特别注意。根据公约第一条第二款说明：为本公约的目的，越境转移所涉载于附件二的任何类别的废物即为"其他废物"。这里，《巴塞尔公约》并未把这类废物视为危险废物，是因为它们几乎全部都是一些被扔掉之前由人们经手处理过的物质，在正常情况下不具有毒害性质的物品。但由于它们当中可能会含有一些有毒有害的物质，家庭废物经焚烧处理后的残灰中也会含有微量的重金属物质，可以溶于浸出液中，致使地下水和地面水中的污染物聚集，因此，在这里需要对这两种废物谨慎处理。

附件三"危险特性的等级"规定了 14 类不同性质的危险废物的危险特性，如爆炸物、易燃液体、有机过氧化物、毒性、传染性、腐蚀等，并对检验方法进行了说明。依照公约，各国应当把本国产生的危险废物减少到最低限度并用最有利于环境保护的方式尽可能地在本国境内处置；各国必须确保这类废物的越境转移不致危害人类环境并应把这类转移减少到最低限度。

同时公约还认为，危险废物管理是一项综合性活动，应由废物产生者、转运者、处置者和有关过程中的其他操作者分担责任，以确保工作圆满完成。重要的是，不能将废物管理工作视为仅应由废物处置者关心的问题；废物产生者特别在提供资料方面负有重大责任，从而就可以适当的处置方法做出决定，并确保选用环境无害的办法。

虽然"危险废物"常被用作一个泛指而无特定含义的用语，但《巴塞尔公约》把要控制的废物分成了各种类型。还规定，危险废物应包括出口、进口或缔约方国内立法规定或认为是危险废物的任何废物。《巴塞尔公约》还论及废物的环境无害管理，指出这种管理工作应"采取一切可行步骤，确保危险废物或其他废物的管理方式得以保护人类健康和环境免受此类废物可能产生的不利影响"。

2. 欧盟危险废物管理

1999 年，欧洲委员会环境总署起草了一份关于欧盟目前和未来废物管理战略的信息宣传册。那个时候，人们就已经意识到废物管理是一个综合的学科，由很多部分组成而且很容易迷失大方向。欧盟制定了主要原则及废物管理措施：一是预防原则，必须将废物产生量降到最低；二是生产者责任制度和污染者付费原则，废物的产生者以及谁污染了环境谁就要为他们的行为全额买单；三是警惕原则，警惕问题的发生；四是就近原则，处理废物的地点要尽量靠近它的产生地。

2000 年，随着《欧洲废物名录》和《危险废物名单》被《欧洲废物名单》（EWL）取代，欧盟颁布了统一的危险和非危险废物区分体系。从 2002 年开始，所有欧盟成员国必须将《欧盟废物名单》纳入各自的相关法规。除了极个别特例，几乎所有的成员国都按规定制定了各自的相关法规。

《欧洲废物名单》是区分废物必不可少的依据，并附带废物分组的相关代码。该名单清晰地划分了危险废物和非危险废物，共列出了 800 多种以 6 位数为代码的废物，其中有 400 多种是危险废物。《欧洲废物名单》按照行业来源和废物种类相结合的方式对废物进行划分，共分为 20 章节：工业或商业活动（第 1～12 章，以及第 17～19 章）、生活垃圾（第 20 章）、物料（第 13～15 章）和不属于任何章节的其他废物（第 16 章）。

分级分类的第一级按照废物产生活动（第 1～12 章，第 17～20 章），之后按照各活动中所涉及的特种材料（第 13～15 章）。未分类的废物包含在第 16 章（列表中无其他说明的废物）。

欧盟利用风险评价方法对危险废物（具有毒性、致癌性、致突变性和致畸性等特性的毒性物质）从浓度和毒性大小两方面进行危险废物风险评估，确定风险分级浓度标准，其分级过程如下：①确定毒性物质的危险性，即通过毒理数据具体说明某些物质引起过敏、致癌及对水体环境的毒害等危险特性；②确定危险废物的暴露途径；③进行急性危害（短期暴露产生的即时或延迟的负面影响）和长期毒性（致癌、致畸和致突变毒性物质）试验；④确定各种物质在表现剧毒、有毒、有害、致癌、致畸和致突变等危害特性时的最低浓度以及毒性物质分级标准。

废物中急性毒性物质超过下列浓度时将表现出有害特征，需按照危险废物进行管理：①一种及一种以上剧毒性物质（T+）总浓度≥0.1%；②一种及一种以上有毒性物质（T）总浓度≥3%；③一种及一种以上有害性物质（Xn）总浓度≥25%。

依据最不利原则，废物中"三致"毒性物质超过下列浓度时表现为"三致"毒性特征，需按照危险废物进行管理：①一种及一种以上致癌性 1 或 2 类（R45）浓度≥0.1%；②一种及一种以上致癌性 3 类（R40）浓度≥1%；③一种及一种以上致突变性物质 1 或 2 类（R46）浓度≥0.1%；④一种及一种以上致突变性物质 3 类（R40）浓度≥1%；⑤一种及一种以上致畸性物质 1 或 2 类（R47）浓度≥0.5%；⑥一种及一种以上致畸性物质 3 类（R40）浓度≥5%。

除毒性物质浓度之外，欧盟 91/689/EEC 指令还对其他特性做了规定，表现出以下特性及浓度的物质属于危险废物：①一种及一种以上腐蚀性物质（R35）浓度≥1%；②一种及一种以上腐蚀性物质（R34）浓度≥5%；③一种及一种以上刺激性物质（R41）浓度≥10%；④一种及一种以上腐蚀性物质（R36、R37、R38）浓度≥20%。

3. 美国危险废物管理

美国将固体废物分为危险废物（hazardous waste）和非危险废物（non-hazardous waste）。而非危险废物又分为市政固体废物（municipal solid waste，MSW）和工业废物（industrial waste）两大类，危险废物按照 RCRA 章节 C 进行专门管理。

根据 RCRA，危险废物首先必须是固体废物。如果可以确定废物不属于固体废物就可以判定该废物不属于危险废物。美国危险废物的定义为：由于其数量、浓度和物理、化学、传染特性可能导致或明显影响死亡率的增加和严重不可挽回或不可逆疾病的增加，或在不恰当处理、贮存、运输、处置或其他方式时对人体健康或环境造成确实存在或潜在危害的固体废物。

美国固体废物管理的重点是危险废物，其管理从产生量方面体现了分级管理的思想，即对其产生量大小划分了等级。按照危险废物的月产生量不同，将产生源分为了三个级别：

LQGs（大产生源）：指的是每月危险废物产生量大于 1000 kg，或者每月产生急性危险废物量大于 1 kg 的产生源；

SQGs（小产生源）：指的是每月危险废物产生量在 100～1000 kg 的产生源；

CESQG（可豁免的小产生源）：每月危险废物产生量不到 100 kg，或者产生等于或小于 1 kg 急性危险废物的产生源。

此外，在危险废物鉴别方面，RCRA 特别规定了危险废物的鉴别方法和分类方法。

危险废物鉴别程序，包括四步，一是判别这一材料是否是固体废物，二是判断是否为豁免的固体废物或者危险废物，三是判断是否列表危险废物或者是特性危险废物，四是判断是否可以从列表中删除。因此，美国危险废物根据其判定方法可分为两大类，即列表危险废物和特性危险废物。

其中，列表危险废物是指列入危险废物名录的废物。美国危险废物名录共分为四类，即 F 表、K 表、P 表和 U 表，详见表 3-3。

表 3-3　美国危险废物分类表

类别	数量	内容
F	39	来自某些一般工业或制造业工艺过程中所产生的废物。根据这些工业或制造业工艺过程中的产生方式，F 表名录划分为 7 类：①废弃溶剂；②电镀及金属加工过程中的废物；③含二噁英（doxins）的废物；④绿色脂肪族碳氢化合物；⑤木材防腐过程中的废物；⑥石油精炼业废水处理过程中的污泥；⑦多种污染物的渗滤液
K	148	来自工业及制造业工艺过程中一些特性部门（车间）所产生的废物。K 表废物产生于制造过程中，含有由于某种特定用途的化学物质。根据不同工艺来源，将其划分 17 类：①木材防腐剂；②有机化工制造业；③农药（杀虫剂）生产业；④石油精炼业；⑤粗钢冶炼业；⑥粗锌冶炼业；⑦铁合金生产业；⑧兽医药制造业；⑨无机颜料（染料）制造业；⑩无机化工产品制造业；⑪爆炸品生产业；⑫钢铁企业；⑬粗铅生产业；⑭粗铝制造业；⑮铅冶炼工艺；⑯油墨生产业；⑰炼焦生产业
P	239	为具有急性毒性的纯或者具有商业等级的未使用化工产品，当这些化工产品被废弃后属于 P 表危险废物
U	486	具有毒性以及其他危害特性如易燃性、反应性的纯或者具有商业等级的未使用化工产品名录中的化工产品，其废弃后属于 U 表危险废物

此外，特性危险废物是指利用危险废物鉴别标准进行测定，确定其具有危险废物特性的危险废物。危险废物鉴别标准共有四大类，即易燃性、腐蚀性、反应性和毒性。

对于危险废物的混合与衍生，美国制定了相应的规则，如表 3-4 所示。

表 3-4　美国危险废物混合与衍生规则

	列表危险废物	特性危险废物
混合规则	任何数量的非危险废物与任何数量具有毒性的列表危险废物混合后,仍然是列表危险废物	包含有特性危险废物的混合废物,只有经鉴别其特征符合鉴别标准,这一混合废物为特性危险废物
衍生规则	任何产生于具有毒性的列表危险废物处理、贮存和处置过程中的残渣和其他衍生物,仍然是列表危险废物	特性危险废物处理、贮存和处置过程中产生的残渣和其他衍生物,只有经鉴别其特性符合鉴别标准,才为特性危险废物

4. 日本危险废物管理

为了节约有限资源,减少浪费,保护环境安全,日本政府在 20 世纪末以来,制定了一系列的法律法规,大力促进了循环型经济社会的形成。日本促进循环型社会发展的法律法规体系包括 3 个层次:1 部基本法,即《循环型社会形成推进基本法》;2 部综合性法律,分别是《废物处理和公共清洁法》和《资源有效利用促进法》;6 部专项法,分别是《容器包装物再生利用法》、《家用电器再生利用法》、《建筑材料再生利用法》、《食品资源再生利用法》、《汽车资源再生利用法》及《绿色采购法》。

《废物处理和公共清洁法》作为进行废弃物管理的一部核心法律,对废弃物的产生、转移、处理处置等环节以及相关方的责任等方面进行了规定,自颁布以来,历经数十次增删修改,但其对废弃物的分类框架始终维持不变。《废物处理和公共清洁法实施令》则是内阁府在《废物处理和公共清洁法》之后颁布的一部政令,其目的是对《废物处理和公共清洁法》进行有益补充,如具体提出了产业废弃物所包含的种类。《废物处理和公共清洁法实施规则》则是由当时的厚生省所颁布的一部部门规章,其更多的是提出一些更为具体的标准。

这 3 部法律法规由上至下,《废物处理和公共清洁法实施令》和《废物处理和公共清洁法实施规则》对《废物处理和公共清洁法》不断丰富补充,构成了日本废弃物分类管理的法律框架体系。在《废物处理和公共清洁法》中,将废弃物分为一般废弃物和产业废弃物,如图 3-2 所示。

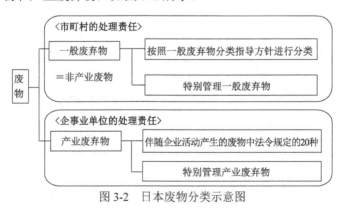

图 3-2　日本废物分类示意图

5. 俄罗斯危险废物管理

俄罗斯规定，通过计算方法或者试验方法，按照危险废物对自然环境的直接或潜在危害程度分为 5 个等级，如表 3-5 所示。其中，通过计算方法被确定为第 5 类危险废物时，必须通过试验方法进行确认，否则该类废物被划分到第 4 类危险废物中。

计算方法中综合考虑了危险废物的成分浓度、危险废物成分的危害程度，以及多种成分综合危害等因素，计算出来的结果为危险废物的危害程度指数（K），根据危害程度指数从大到小，将危险废物分为 5 级，如表 3-6 所示。

表 3-5　俄罗斯危险废物分类表

等级	危险废物对自然环境的危害程度	危险废物的分类标准	危害级别
1	极高	生态系统遭受到不可逆转的破坏，不能恢复	第一类别 极高有害
2	较高	生态系统被严重破坏，在污染源被消除后恢复期不少于三十年	第二类别 较高危害
3	一般	生态系统被破坏，在破坏作用减弱后恢复期不少于十年	第三类别 一般危害
4	较低	生态系统被破坏，自我恢复期不少于三年	第四类别 低度危害
5	极低	生态系统几乎未被破坏	第五类别 几乎无害

表 3-6　俄罗斯危险废物分级表

危险废物类别	危险废物的危害程度
1	$10^6 \geqslant K > 10^4$
2	$10^4 \geqslant K > 10^3$
3	$10^3 \geqslant K > 10^2$
4	$10^2 \geqslant K > 10$
5	$K \leqslant 10$

而试验方法则根据废物生物稳定性，按照液体提取物溶解倍数对危险废物类别进行划分，如表 3-7 所示。

表 3-7　俄罗斯危险废物分类表（参照液体提取物溶解倍数）

危险废物类别	危险废物对水生生物没有负面影响时，其液体提取物的溶解倍数
1	＞10000
2	10000～1001

续表

危险废物类别	危险废物对水生生物没有负面影响时，其液体提取物的溶解倍数
3	1000～101
4	<100
5	1

3.2.2　国内危险废物管理探索

相比于美国、欧盟和俄罗斯，我国对危险废物的管理遵照从严的原则，对危险废物管理实行统一要求与标准，尚未建立危险废物分级管理机制。在地方层面，部分省份开展了相关的探索。

广东省为了加强对环境和人体健康危害大、高毒性和具有"三致"特性高危危险废物及其处理处置设施的监管，防止因不当处置造成二次污染，科学分配固体废物管理资源，对危险废物试行开展分级管理。2008 年 11 月，广东省环境保护局发布了《广东省高危险废物名录》，列出了高危险废物编号、名称、危险特性、主要行业来源、典型工序以及主要有毒有害成分等。

2021 年，江苏省泰州市生态环境局印发了《泰州市危险废物产生企业和经营企业分级分类管理办法（试行）》。在该管理办法中，按照危险废物产生单位和经营单位经营情况及其产生（次生）危险废物的危害特性、产生数量、日常环境行为、环保信用等级、规范化考核结果等因素，在市、县区和园区（乡镇）三个层级，将危险废物产生企业和经营企业分成一般涉废、重点涉废和严控涉废三种类型，实施差别化监管。将年产废量在 10 t 以上的产废企业为市重点危险废物源监管单位，在 100 t 以上的产废企业及所有经营企业为省重点危险废物源监管单位。

此外，陕西省从 2011 年开始，把年产危险废物 1 t 以上的工业企业列入全省危险废物重点监管清单，并每年进行动态更新。2020 年，济宁市生态环境局嘉祥分局发布了《关于对危险废物分级管理的通知》。

3.2.3　危险废物分级管理原则建议

根据我国的危险废物管理现状和产生特点，综合考虑管理中的各个因素（如危险废物产生量、活性大小、暴露方式和暴露程度等），确定分级管理原则，建立分级管理程序，运用风险评价的方法对其危害性进行评价，从而综合判定它的暴露程度和危害等级，制定危险废物优先管理目录，进而有针对性地对其采取不同程度的管理措施，加强高风险、环境危害大的危险废物监管力度，提高危险废物的管理水平。

3.3　危险废物分级分类评价技术指标体系

3.3.1　危险废物分级与分类

3.3.1.1　分级

1. 一般原则

（1）危险废物的责任主体对目标危险废物的不同危险特性分别量化，根据危险特性大小，划分为Ⅰ级、Ⅱ级和Ⅲ级危险废物。

（2）Ⅰ级危险废物是指具有强腐蚀性、反应性、易燃性、剧毒类急性毒性、感染性的危险废物，主要表现特征为对人体有害或易造成安全事故。剧毒危险化学品和剧毒危险废物以及感染性废物的废弃包装物属于Ⅰ级危险废物。

（3）Ⅱ级危险废物是指具有弱腐蚀性、非剧毒类急性毒性、浸出毒性或毒性物质含量危害值 H 大于 1 的危险废物，主要表现特征为环境危害性。

（4）Ⅲ级危险废物是指浸出毒性或毒性物质含量危害值 H 小于 1 的危险废物，主要表现特征为环境污染性。

2. 腐蚀性分级

（1）腐蚀性Ⅰ级。根据 GB 5085.1 测定的 pH$<$0 或者$>$14，或者腐蚀速率$\geqslant$6.35 mm/a 的危险废物划分为腐蚀性Ⅰ级，其分级代码为 C1。

（2）腐蚀性Ⅱ级。根据 GB 5085.1 测定的 0$\leqslant$pH$\leqslant$2.0 或者 12.5$\leqslant$pH$\leqslant$14 的危险废物划分为腐蚀性Ⅱ级，其分级代码为 C2。

3. 易燃性分级

易燃性Ⅰ级。根据 GB5085.4 测定的具有易燃性的危险废物划分为易燃性Ⅰ级，其分级代码为Ⅰ。

4. 反应性分级

反应性Ⅰ级。根据 GB5085.5 测定的具有反应性的危险废物划分为反应性Ⅰ级，其分级代码为 R。

5. 急性毒性分级

（1）急性毒性Ⅰ级。危险废物大鼠经口 $LD_{50}\leqslant$5 mg/kg 或经皮 $LD_{50}\leqslant$50 mg/kg，

或吸入（4 h）$LC_{50} \leqslant 100 \text{ mL/m}^3$（气体）或 0.5 mg/L（蒸气）或 0.05 mg/L（尘、雾），划分为急性毒性 I 级，其分级代码为 Ta1。

（2）急性毒性 II 级。危险废物大鼠经口固体 5 mg/kg＜LD_{50}≤200 mg/kg，经口液体 5 mg/kg＜LD_{50}≤500 mg/kg，或经皮 50 mg/kg＜LD_{50}≤1000 mg/kg，或蒸气吸入（4 h）0.5 mg/L＜LC_{50}≤10 mg/L，烟雾或粉尘吸入（4 h）0.05 mg/L＜LC_{50}≤10 mg/L，划分为急性毒性 II 级，其分级代码为 Ta2。

6. 浸出毒性分级

（1）浸出毒性危害值 H 计算。按照 GB 5085.3 测定危险废物特征污染物的浸出浓度，参照 GB 5085.3 表 1 中规定的各类危害成分的浸出毒性浓度限值，按照下列公式计算，取特征污染物的最高 H 值作为目标危险废物的危害值。

$$H_i = \frac{P_i}{L_i} \tag{3-1}$$

式中，H_i——目标危险废物中第 i 种特征污染物的危害值；

P_i——目标危险废物中第 i 种特征污染物的浸出浓度；

L_i——目标危险废物中第 i 种特征污染物的浸出浓度限值。

（2）浸出毒性 II 级。$H \geqslant 1$ 的危险废物划分为浸出毒性 II 级，其分级代码为 Te2。

（3）浸出毒性 III 级。$H < 1$ 的危险废物划分为浸出毒性 III 级，其分级代码为 Te3。

7. 毒性物质含量分级

（1）毒性物质含量危害值 H 计算。按照 GB 5085.6 测定危险废物的毒性物质含量。对于剧毒物质、有毒物质、致癌性物质、致突变性物质和生殖毒性物质，计算公式如下：

$$H = \sum \left[\left(\frac{p_{T^+}}{L_{T^+}} + \frac{p_T}{L_T} + \frac{p_{Carc}}{L_{Carc}} + \frac{p_{Muta}}{L_{Muta}} + \frac{p_{Tera}}{L_{Tera}} \right) \right] \tag{3-2}$$

式中，H——目标危险废物的危害值；

P——各种毒性类别物质的含量；

L——各种毒性类别物质在 GB 5085.6 中规定的含量限值。

对于持久性有机污染物，计算公式如下：

$$H = \frac{P}{L} \tag{3-3}$$

式中，P——持久性有机污染物，或多氯二苯并对二噁英和多氯二苯并呋喃的含量；

　　L——持久性有机污染物，或多氯二苯并对二噁英和多氯二苯并呋喃在 GB 5085.6 中规定的含量限值。

　　（2）毒性物质含量Ⅱ级。*H* 值≥1 的危险废物划分为毒性物质含量Ⅱ级，其分级代码为 Ts2。

　　（3）毒性物质含量Ⅲ级。*H* 值<1 的危险废物划分为毒性物质含量Ⅲ级，其分级代码为 Ts3。

8. 感染性分级

　　感染性Ⅰ级。根据《国家危险废物名录》认定的具有感染性的危险废物划分为感染性Ⅰ级，其分级代码为 In。

3.3.1.2　分类管理要求

1. 一般原则

　　危险废物的责任主体应根据危险废物的危险特性分级情况，在贮存、运输、利用和处置环节对目标危险废物按照甲类、乙类、丙类要求进行管理。

2. 贮存环节

　　（1）甲类管理：对象为 C1、C2、I、R、Ta1 和 In 类危险废物。执行安全生产、剧毒物质管理、危险废物贮存污染防治等相关标准；C1 和 C2 类参照腐蚀性化学品进行贮存；I 和 R 类贮存设施选址参照易燃易爆仓库要求，参照易燃易爆化学品进行贮存；Ta1 类参照剧毒化学品进行贮存；In 类按照医疗废物进行贮存；参照危险化学品、危险废物要求进行包装；贮存场所安装视频监控设施；I、R 和 Ta1 类执行贮存场所双锁管理要求；制定专门的危险废物贮存应急预案。

　　（2）乙类管理：对象为 Ta2、Te2 和 Ts2 类危险废物。执行危险废物贮存污染防治相关标准；按照危险废物要求进行包装；贮存场所安装视频监控设施；制定贮存危险废物应急预案专章。

　　（3）丙类管理：对象为 Te3 和 Ts3 类危险废物。在环境风险可控的前提下，做好"三防"措施，妥善贮存；具有合适的包装；自主决定是否安装视频监控设施；不做应急预案强制要求。

3. 运输环节

　　（1）甲类管理：对象为 C1、C2、I、R、Ta1 和 In 类危险废物。执行危险货物运输及资质管理的相关要求；参照危险货物、剧毒物质、医疗废物要求进行包装；严格落实车载全球定位系统（GPS）等实时监控要求，专人押运；执行运输沿途属地告知要求；制定专门的危险废物运输应急预案。

（2）乙类管理：对象为 Ta2、Te2 和 Ts2 类危险废物。执行危险货物运输及资质管理的相关要求；按照危险货物要求进行包装；执行路线监控要求；执行运输沿途属地告知要求；落实"三防"措施的前提下，简化危险废物运输应急预案要求。

（3）丙类管理：对象为 Te3 和 Ts3 类危险废物。在环境风险可控的前提下，做好"三防"措施，可参照一般货物的运输要求；具有合适的包装与防护措施；执行路线监控要求；自主决定是否告知沿途属地；不做应急预案强制要求。

4. 利用环节

（1）甲类管理：对象为 C1、I、R 和 Ta1 类危险废物。执行环境影响评价、经营许可证和排污许可证要求；涉及危险化学品的，申领危险化学品安全生产许可证；严格执行资源化产品有害杂质控制要求的国家或行业标准；制定专门的危险废物利用应急预案。

（2）乙类管理：对象为 C2、Ta2、Te2 和 Ts2 类危险废物。执行环境影响评价、经营许可证和排污许可证要求，自行利用的可不申领经营许可证；严格执行资源化产品有害杂质控制要求的国家或行业标准，利用价值高、去向明确且不易出现非法倾倒的，可进行豁免；简化危险废物利用应急预案要求。

（3）丙类管理：对象为 Te3 和 Ts3 类危险废物。在环境风险可控的前提下，执行环境影响评价、排污许可证要求，豁免经营许可证要求；严格执行资源化产品中有害杂质控制要求的国家、行业或团体标准，利用价值高、去向明确且不易出现非法倾倒的，可进行豁免；不做应急预案强制要求。

5. 处置环节

（1）甲类管理：对象为 C1、I、R、Ta1 和 In 类危险废物。执行环境影响评价、经营许可证和排污许可证要求；危险废物经营单位应在制定的危险废物接收和拒绝标准中纳入易燃、自反应、遇水反应等物理危险特性指标要求；制定专门的危险废物处置应急预案。

（2）乙类管理：对象为 C2、Ta2、Te2 和 Ts2 类危险废物。执行环境影响评价、经营许可证和排污许可证要求，自行处置的可不申领经营许可证；制定专门的危险废物处置应急预案。

（3）丙类管理：对象为 Te3 和 Ts3 类危险废物。在环境风险可控的前提下，焚烧处置可豁免经营许可证要求，执行环境影响评价、排污许可证要求；制定应急预案专章。

3.3.2　涉危险废物单位分级与分类

3.3.2.1　分级

按照危险废物产生企业和经营企业经营情况及其产生（次生）危险废物的危险特性分级情况、产生数量、日常环境行为、环保信用等级、规范化考核结果等因素，将危险废物产生企业和经营企业划分为一般涉废企业、重点涉废企业和严控涉废企业三种类型。

各级生态环境部门应明确监管的一般涉废企业范围、重点涉废企业范围、严控涉废企业范围并向社会公开。

1. 有下列情形之一的企业纳入严控涉废企业范围

（1）含硝化工艺的产废企业；

（2）年产 I、R 或 Ta1 类危险废物 1 t 及以上的企业；

（3）年产危险废物 100 t 及以上的企业（不含表面处理废物）；

（4）自建危险废物焚烧处置设施的企业；

（5）危险废物处置利用企业；

（6）上年度各级规范化考核不达标的企业；

（7）涉危险废物信访交办、存在严重违法违规记录、危险废物环境安全隐患突出的企业；

（8）因涉废事项企事业环保信用评价等级被评为红色或黑色的企业。

2. 有下列情形之一的企业纳入重点涉废企业范围

（1）年产 I、R 或 Ta1 类危险废物 1 t 以下的企业；

（2）年产危险废物 10 t 及以上至 100 t 以下的企业；

（3）年产表面处理废物 100 t 及以上的企业；

（4）危险废物收集企业；

（5）因涉废事项企事业环保信用评价等级被评为黄色的企业；

（6）长期贮存，不及时转移、利用、处置危险废物的企业（化工企业超 90 天、经营企业超 1 年）；

（7）上年度各级规范化考核基本达标的企业；

（8）停产、历史遗留、强制清算、破产等非正常经营，且危险废物未规范化处置结束的涉废企业；

（9）其余危险废物产生企业和经营企业全部纳入一般涉废企业范围。

涉废企业管理等级实行动态管理，各级生态环境部门原则上根据上一年度危

险废物管理情况，结合最新的《国家危险废物名录》，于每年 2 月份实行管理等级
动态调整并同步报送上级生态环境部门。

3.3.2.2 分类管理要求

严控涉废企业：执行最严格环境管理要求。在严格执行危险废物规范化管理
要求的基础上，强化精细化与信息化管理；每年年初申报危险废物管理计划，每
月 5 日前报送月报表；收集的危险废物务必在 90 个工作日内委托给处置单位进行
处置；建立危险废物管理台账，每季度通过国家危险废物管理信息系统申报危险
废物的种类、产生量、流向、贮存、处置等有关资料；制定专门针对危险废物的
意外事故防范措施和应急预案，每季度组织开展演练 1 次；在关键节点安装智能
摄像头等实时监控设施；开展强制性清洁生产审核；企业的危险废物管理档案每
季度按类归档。

重点涉废企业：执行较严格环境管理要求。严格执行危险废物规范化管理要
求；每年年初申报危险废物管理计划；建立危险废物管理台账，每半年申报危险
废物的种类、产生量、流向、贮存、处置等有关资料；制定专门针对危险废物的
意外事故防范措施和应急预案，每半年组织开展演练 1 次；在关键节点安装智能
摄像头等实时监控设施；自愿开展清洁生产审核；企业的危险废物管理档案每半
年按类归档。

一般涉废企业：执行一般性环境管理要求。执行危险废物规范化管理要求；
在环境风险可控的前提下，管理计划实行简化管理；建立危险废物管理台账，每
年度申报危险废物的种类、产生量、流向、贮存、处置等有关资料；简化应急预
案要求，每年度组织开展演练 1 次；自愿在关键节点安装智能摄像头等实时监控
设施；自愿开展清洁生产审核；企业的危险废物管理档案每年按类归档。

地市级生态环境部门对严控涉废企业每年开展督查不少于 1 次，对其他涉废
企业每年按照"双随机"制度进行监管。

县（区）级生态环境部门对严控涉废企业每年开展督查不少于 2 次，对重点涉废
企业每年开展督查不少于 1 次，对一般涉废企业每年按照"双随机"制度进行监管。

各乡镇（园区）生态环境部门对本辖区范围内所有危险废物产生企业和经营
企业履行属地管理责任，对严控涉废企业每年开展督查不少于 3 次，对重点涉废
企业每年开展督查不少于 2 次，对一般涉废企业每年开展督查不少于 1 次。

对从事危险废物经营的环保信任企业，检查频次按照危险废物和医疗废物监
管最低日常检查要求执行。

各级生态环境部门在危险废物日常环境监管中，发现企业分级与分类管理的
情形发生变化的，要及时通报有关情况，实现信息共享。

3.4　典型种类危险废物分级分类管理

3.4.1　废酸

3.4.1.1　我国工业酸使用现状

工业酸包括硫酸、盐酸、硝酸、磷酸等，是重要的基础化工原料，广泛应用于冶金钢铁、石油化工、精细化工、肥料生产、印染纺织、油漆涂料、国防军工、电子电器等国民经济的各个领域。

据统计，2019 年我国硫酸产量为 9736 万吨，表观消费量达到 9572 万吨，广泛应用于钛白粉、磷复肥、化纤、有色金属冶炼、钢铁、轻工、纺织等行业，其中钛白粉及磷复肥消费硫酸量较大，占比 50%以上。

2019 年我国盐酸产量为 733.4 万吨，表观消费量达到 732.36 万吨，供需相对平衡。盐酸广泛应用于机械、医药、染料、食品、冶金、印染、皮革等行业。此外，还有少量盐酸应用于制取洁厕灵、除锈剂等日用品领域，是工业生产和日常生活所不可缺少的重要原料之一。

2019 年我国硝酸产量为 201.5 万吨，表观消费量达到 222.1 万吨。硝酸主要用于化学工业，其次用于冶金工业和医药工业，其中化学工业消费量约占硝酸总消费量的 69%；冶金工业消费量约占 14%；医药工业消费量约占 5.5%；其他方面消费量约占 11.5%。

2019 年我国磷酸产量为 380 万吨，表观消费量达到 172 万吨，产能过剩，需求有所回落。磷酸主要用于制药、食品、肥皂等工业领域，也用作制化学试剂，其中化肥生产行业消费量约占磷酸总消费量 60%。

3.4.1.2　我国废酸产生现状

经济活动中大量使用的工业酸形成了数量庞大的工业废酸，《国家危险废物名录》（2021 年版）中将其归为 HW34 类危险废物，其危险特性主要表现为腐蚀性（C）和毒性（T）。本书中废酸的定义不包括氢氟酸或以氢氟酸为主要成分的混酸（HW32）。

国民经济的各个领域在使用工业酸的同时，都会产生大量的废酸液（不同行业产生的废酸特性见表 3-8）。例如，钢制品行业在生产过程中采用盐酸、硫酸进行表面清洗，产生含铁离子、锌离子、锰离子的废酸液，平均每清洗 1 t 钢制品产生废酸液约 15～30 kg；不锈钢酸洗行业在生产过程中，一般采用三段式清洗，分别采用硫酸、氢氟酸硝酸混酸、硝酸对不锈钢制品表面进行清洗，产生大量含铁离子、镍离子、铬离子的废酸液，通常每清洗 1 t 不锈钢制品产生废酸液总量约 100～150 kg。

表 3-8　不同行业产生的废酸特性

行业分类		产废环节	废酸特性	备注
金属加工	钢管行业	酸洗、磷化	铬、钼、钒、磷酸根离子等	缓蚀剂会导致氨氮增加
	热镀锌行业	酸洗	锌离子等	
金属制品	不锈钢行业	酸洗	铁、镍、铬、氟离子等	污染物较多，成分复杂
	钢丝绳行业	酸洗	铅、锌、磷酸根离子等	
	铝型材行业	酸洗、水洗	铝、铬、镍、锡、磷酸盐、氟化物等	
	冷轧薄板行业	酸洗	铁、锌、铬、氯化物等	
电子行业	铝箔行业		铝、盐酸、硫酸根离子等	
化工行业	钛白废酸行业	硫酸法	$FeSO_4$、$TiOSO_4$等杂质	可能会含有氨氮、硫化物、氯化物等污染物质
	化工行业	干燥、精馏	较为纯净	
染料行业	染料行业	分散蓝、分散紫、分散红、分散橙	苯胺、硝基苯	
		蒽醌型染料	1,5-二氯蒽醌、1,2-二羟基蒽醌	
农药行业	农药行业	3,3'-二氯联苯胺盐酸盐的生产	3,3'-二氯联苯胺盐酸盐、邻氯苯胺	

石油炼制也是主要的废酸产生行业之一。硫酸主要作为催化剂，应用于生产高标号清洁汽油调和组分油（烷基化油）的硫酸烷基化装置，每生产 1 t 烷基化油会产生浓度 85%～90%（质量分数）的废硫酸 80～90 kg。2017 年中国石油炼制行业烷基化装置产能高达 1500 万吨，产生废硫酸约 127 万吨（折 100%硫酸）。化工行业尤其是钛白粉生产和氯碱行业也是废硫酸产生的重要行业，每生产 1 t 钛白粉产品会产生浓度 20%废硫酸 5 t、硫酸亚铁 3～4 t 和残渣 0.2～0.3 t。除此之外，每酸洗 1 t 钢材通常会产生废硫酸 100 kg。一条年产 45 万吨冷轧钢板的推拉酸洗机组，每年需要消耗盐酸约 2 万吨，产生约 2 万吨的废盐酸。除此之外，染料行业、石墨烯行业、有机化工行业、有色金属行业和铅蓄电池行业也是重要的废酸产生行业。

金属加工行业的废酸主要来源于钢管、热镀锌行业酸洗、磷化、冷轧等工序，酸洗是用盐酸或硫酸把钢管表面的氧化皮去除，酸洗废液中含有大量废酸、亚铁等金属离子及废酸渣等杂质。金属制品行业的废酸主要来源于不锈钢、钢丝绳及铝型材制备行业，其中不锈钢行业废酸主要来自于酸洗工序，采用硝酸、氢氟酸混合酸对半成品进行酸洗后产生的含铁、镍、铬、氟离子等污染物的废酸。钢丝绳行业利用盐酸溶液清洗钢制品表面上铁的氧化层，产生酸洗废水，废水中除含有较高浓度的氯化亚铁外，还含有铅、锌等重金属离子。铝型材制备行业产生的废酸主要来自表面处理碱蚀、酸洗、阳极氧化等工序。同样，电子行业的废酸也主要来源于酸洗工序，其含有大量的盐酸，少量 SO_4^{2-} 和 Al^{3+}。

化工行业的废酸主要来源于钛白废酸以及干燥废酸，钛白废酸组分复杂，除含 H_2SO_4 外，还含有大量的 $FeSO_4$、$TiOSO_4$ 等杂质。干燥废酸主要指在化工产品生产制造过程中起到干燥、精馏作用的废酸，这种废酸一般浓度较高，在吸收饱和后就不再使用，可能会含有氨氮、硫化物、氯化物等杂质。

根据行业调研统计，我国产生的废酸液中，无机废酸液约占 35%，有机废酸液约占 65%，残酸含量 40% 以上的废酸液占总量的 46% 左右，并呈现以下特点：

（1）来源广泛。除了钛白粉、石油化工和钢铁酸洗等主要行业外，还有数百种产品生产中有废酸液产生，且产生企业分布在全国各地。

（2）数量庞大。化工领域、钢铁企业、金属加工以及石油冶炼、矿产加工、电池生产、军工及核工业等领域每年产生各种浓度的废酸液近千万吨。同样，稀土、石英、石英砂、石墨烯以及一些新型材料产业废酸产量同样不容忽视。

（3）成分各异。不同来源的废酸液种类和浓度差别很大，且其中的杂质种类多样、含量差别也较大。

（4）利用水平不高。废酸，尤其是中、低浓度混酸和含重金属废酸，可直接利用量少，裂解制酸、水泥窑协同处置等技术仅适于大规模化应用，而真空浓缩器、扩散渗析膜等有效利用技术均属于高投资、高能耗项目，普及率低。

3.4.1.3　我国废酸利用处置现状

目前我国废酸利用处置技术主要有化学沉淀、资源化再生和综合利用三种。其中化学沉淀法包括中和沉淀法和硫化物沉淀法，资源化再生包括蒸发浓缩/高温焙烧法回收酸工艺、冷冻结晶法回收酸工艺以及膜浓缩回收酸工艺等，综合利用工艺主要包括制备净水剂、磷肥、铁产品及锡产品等。

1. 化学沉淀法

化学沉淀法是指调整废酸 pH 值，使污染物沉淀从而过滤去除的方法。其中中和沉淀法应用广泛，我国将近 40% 废酸通过简单的中和沉淀法处置。废酸中和沉淀法采用的常见药剂为碳酸钠、氢氧化钠、石灰石或石灰，该方法最大的优点是简单易行，且适用性较强，可处理多种体系的废酸。但对一些络合能力较强的金属离子，如镍离子、铜离子等，单纯的中和很难将这些金属离子全部去除，因而影响下一步的处理过程。此外，中和会产生大量的污泥或盐类，也加大了后续处理的难度。如使用石灰时，其中的钙离子会和废酸中的硫酸根、磷酸根等结合产生大量的污泥，造成后续处置难题。

硫化物沉淀法是通过向废酸中投加硫化钠，使废酸中的金属离子与硫离子反应生成金属硫化物沉淀，从而达到去除重金属离子的目的。但是，采用硫化物沉淀法处置废酸时，硫离子会与废酸中的氢离子结合生成散发恶臭味的硫化氢气体，需采用相应的尾气净化系统。

2. 资源化再生法

蒸发浓缩/高温焙烧法回收酸工艺的原理是在加热浓缩废酸的过程中，利用高浓度废酸在高温下的强氧化性使其中的有机物发生氧化、聚合等反应，转变为深色胶状物或悬浮物后过滤，从而达到去除杂质和浓缩稀酸的双重目的。按蒸发换热方式不同，可分为浸没燃烧浓缩、鼓式浓缩、真空浓缩、锅式浓缩等。此方法在国内外已非常成熟，应用较为广泛，一般用于小规模的废酸回收。高温浓缩法的缺点是废酸的强腐蚀性和酸雾对设备和操作人员的危害较大。

冷冻结晶法回收酸工艺的原理是利用结晶沉淀的方式将废酸中的有机或无机杂质去除。目前，南京轧钢厂采用浓缩—结晶—过滤工艺去除酸洗废硫酸中的硫酸亚铁，效果较好，处理后的废硫酸可返回钢材酸性工序循环利用；重庆某化工厂采用浓缩—结晶熟化—过滤工艺处理质量分数为 17%的钛白废酸，滤渣经打浆及洗涤后即为可回收的硫酸亚铁，滤液在 93.4 kPa 真空度下经浓缩结晶过滤可得到质量分数为 80%～85%的浓硫酸，二次过滤的滤渣可转至打浆工序回收硫酸亚铁。

膜浓缩法即利用膜的离子选择性将金属盐和废酸分离开，同时回收酸和金属盐。常用的膜分离方法有扩散渗析法、电渗析法、膜蒸馏法等。

3. 综合利用法

1）制备净水剂

利用废酸液制备净水剂，工艺简单且成熟，容易工业化应用。利用钢铁行业、铝型材等行业产生的废酸液中的盐酸、硫酸及铁盐、铝盐等物质可制备复合亚铁混凝剂、聚合氯化铁、聚合氯化铝铁、聚合硫酸铁等净水剂，添加高分子有机物可制备得到有机无机复合混凝剂等。如以含铝废盐酸和铝土为原料，采用热分解法使三氯化铝[$Al(H_2O)_6Cl_3$]发生热分解反应，通过控制反应时间可制得碱化度不同的聚合氯化铝产品$[Al(H_2O)_{6-m}(OH)_mCl_3]$；以含铁废盐酸和废铁渣为原料，通过氯气氧化的方法制备三氯化铁净水剂；江苏徐州某企业以含铁废硫酸为原料，采用氧化、热分解等一系列反应制备聚合硫酸铁产品$[Fe_2(OH)_n(SO_4)_{3-n/2}]$。

2）制备磷肥

普通过磷酸钙（普钙）等磷肥的生产过程中需使用硫酸浸取分解磷矿石，而部分化工行业利用硫酸进行氯气的干燥脱水工序，该工序的废硫酸普遍具有纯度高、杂质含量低等特点。为此，部分肥料企业将该工序产生的废硫酸（10%～30%，质量分数）用于浸取分解磷矿石以及尾气净化，以降低企业的经营成本，实现以废治废的思路。此外，还有部分肥料企业将废硫酸（10%～30%）与浓硫酸（98%）配成65%的硫酸用于生产普通过磷酸钙，以减少废硫酸的处置费用和成品硫酸的使用量。但表面处理产生的废硫酸中含有的金属污染物对磷肥的品质有较大影响，目前国内的磷肥企业一般使用再生硫酸或吸水废硫酸进行生产。

3）制备铁产品

利用废酸制备的铁系产品主要包括磁性氧化铁粉和铁系颜料。利用廉价的废酸液中大量的铁离子合成相关氧化铁粉，尤其是纳米级磁性粒子在磁记录材料和生物技术方面的应用非常广泛，具有广阔的前景。最具代表性的是采用化学共沉淀制备纳米级氧化铁。根据化学共沉淀法的反应原理，不同Fe^{2+}和Fe^{3+}含量比值和pH条件下会产生不同种类的氧化铁，如赤铁矿（α-Fe_2O_3）、针铁矿（α-FeOOH）、四方纤铁矿（β-FeOOH）等。

目前利用废酸制备氧化铁系颜料的技术已经比较成熟，并得到了广泛应用。以废硫酸为例，制备氧化铁的流程为：废硫酸调整—晶种制备—晶体长大—分离—产品（氧化铁和铵盐），可生产出铁系无机颜料和硫酸铵产品，产品市场竞争力强，具有较大的推广应用前景。制备铁系颜料使废酸中的残酸与铁离子均得到有效利用，生产的产品可进行工业利用，具有经济价值和环境价值，但也存在产品适用范围、用量有限及重金属污染等方面的问题。

4）制备锡产品

在电子行业发达的地区产生的大量退锡废液具有较高的经济价值。但国内目前的退锡废液回收工艺均较为简单，以中和、压滤、烘干3步为主。如以工业废碱中和退锡废液，随后进行压滤和烘干（焙烧）处理，制备氢氧化锡（氧化锡）产品。个别企业将滤饼与定量的氢氧化钠溶液进行进一步沸腾处理，随后通入二氧化碳，可制得经济价值更高的偏锡酸。但国内企业综合利用退锡废液时均缺乏有害离子去除工艺，经样品检测显示，这些锡产品中均含有约20%的杂质，主要为铜盐等污染物的氧化产物，其使用依然存在环境风险。

3.4.1.4 废酸管理现状

1. 废酸管理体系

《中华人民共和国环境保护法》、《中华人民共和国循环经济促进法》、《中华人民共和国固体废物污染环境防治法》（以下简称《固废法》）以及《国家危险废物名录》构成了我国废酸这类危险废物管理的顶层法规政策体系。

2021 年 5 月，国务院印发《强化危险废物监管和利用处置能力改革实施方案》（国办函〔2021〕47 号），提出到 2022 年底，危险废物监管体制机制进一步完善，建立安全监管与环境监管联动机制；危险废物非法转移倾倒案件高发态势得到有效遏制；基本补齐医疗废物、危险废物收集处理设施方面短板，县级以上城市建成区医疗废物无害化处置率达到 99% 以上。到 2025 年底，建立健全源头严防、过程严管、后果严惩的危险废物监管体系。目前，我国已形成了包括污染防治责任制度、标识制度、管理计划制度、申报登记制度、源头分类制度、转移联单制度、经营许可证制度、应急预案备案制度、人员业务培训制度以及贮存设施管理制度在内的一套完整的危险废物管理体系。这些普遍性规定都为加强废酸管理提供了坚实依据。

2. 废酸相关政策文件

2021 年版《名录》将废酸纳入危险废物管理体系，同时在危险废物豁免管理清单中，对仅具有腐蚀性危险特性的废酸综合利用进行了豁免。其豁免条件有两个：一是作为生产原料综合利用时，利用过程不按危险废物管理；二是作为工业污水处理厂污水处理中和剂利用，且满足以下条件：废酸中第一类污染物含量低于该污水处理厂排放标准，其他《危险废物鉴别标准　浸出毒性鉴别》（GB 5085.3）所列特征污染物含量低于 GB 5085.3 限值的 1/10 时，利用过程不按危险废物管理。

各地也在积极探索废酸利用处置行业管理办法。2011 年，黑龙江省质量技术监督局发布《洗铁废酸无害化和资源化处置技术规范》（DB23/T 1457—2011），但仅针对洗铁废酸，覆盖面较窄。2017 年，南通市发布《关于加强全市废酸规范化处置工作的通知》（通政办发〔2017〕168 号），要求落实产废企业主体责任，强化废酸处置能力建设，完善产废单位内部管理机制以及加强常态执法监管，同时要求开展废酸调查摸底工作。

2019 年，东营市生态环境局发布《关于进一步加强固体废物管理的通知》（东环发〔2019〕40 号），提出重点管控工业废酸。要求各县区、市属开发区要按照从严管理的原则，对辖区内企业产生的各种废酸严格管理，全面落实申报登记和管理台账制度，强化去向管控。除满足《固体废物鉴别标准　通则》5.2 条规定条件的废酸按照产品管理外，其他的全部按照固体废物管理，并按照危险废物鉴别结论分类严格管理。对生产过程中可以梯级利用的废酸要综合利用、充分利用，直至降级到无法达到工艺标准要求，作为固体废物管理；对成分相对简单、所含有害物质容易去除的废酸，企业应再生利用，做好废酸再生环节的污染防治；含有重金属、剧毒成分的废酸，要重点管控，确保安全贮存、规范处置；混合多种酸液的废混酸必须进行无害化处置。

2019 年，江苏省生态环境厅发布《江苏省废无机酸利用处置行业环境管理要求》（征求意见稿），主要包括选址及规模要求、主体工艺及利用处置要求、接收及化验要求、二次污染控制要求、再生产品环境管理要求、运营管理要求等方面，规范废无机酸利用处置行业的生产和经营，为实现废酸减量化、资源化与无害化目标提供坚实保障。

2020 年，由广东省循环经济和资源综合利用协会发布的团体标准《废酸综合利用技术规范》，包含两部分内容，分别为制备水处理剂和再生抛光液。其中，《废酸综合利用技术规范　第 1 部分：制备水处理剂》（T/GDACERCU 0016.1—2021），规定了废酸综合利用制备水处理剂的一般要求、原料控制、产品技术、环境保护、产品包装和标识，适用于《国家危险废物名录》（2021 年版）规定的 HW34（钢的精加工过程中产生的废酸性洗液 313-001-34）、HW17（金属表面酸洗、除锈、洗涤工艺产生的废腐蚀液 336-064-17）、HW22（线路板生产过程中产生的酸性废蚀铜液 398-004-22）、HW22（铜板蚀刻过程中产生的酸性废蚀刻液 398-051-22），不适用于其余类别废酸。此标准提出的水处理剂仅适用于工业给水、污水处理及污泥脱水前处理，不适用于饮用水处理。

《废酸综合利用技术规范　第 2 部分：再生抛光液》（T/GDACERCU 0016.2—2021），规定了废酸综合利用制备再生抛光液的一般要求、原料控制、产品技术、环境保护、产品包装和标识，适用于《国家危险废物名录》（2021 年版）规定的 HW17（铝金属表面酸洗、除锈、洗涤工艺产生的废腐蚀液 336-064-17），不适用于其余类别废酸。

目前废酸处置利用企业的再生酸产品可供参考的产品标准有《工业用合成盐酸》（GB 320—2006）、《工业硫酸》（GB/T 534—2014）和《工业硝酸　浓硝酸》（GB/T 337.1—2014）等。废酸处置利用企业制备的净水剂参考的产品标准有《水处理剂　氯化铁》（GB 4482—2006）、《水处理剂　聚氯化铝》（GB/T 22627—2014）和《水处理剂　聚合硫酸铁》（GB 14591—2016）等。

3. 我国废酸管理存在的主要问题

2021 年版《国家危险废物名录》对 HW34 废酸类没有明确给出酸浓度数据，导致在实际操作中难以区分废酸和废水，企业将废酸作为废水进行管理的现象时有发生。此外，我国尚未出台废酸资源化利用和处置相关的污染防治技术规范、资源化利用产品标准或管理指南，对废酸资源化利用和处置过程缺乏规范和引导。在废酸资源化利用和处置过程中，企业更多的是基于投资成本和运营成本选择废酸利用处置方式和渠道，对于利用处置过程的二次污染则重视程度严重不足。最后，我国尚未像医疗废物一样，针对废酸处理设施从建设到运营出台专门的政策，现有废酸利用处置技术都存在一定局限性，限制了废酸的利用处置。

4. 我国废酸管理标准体系建设

2016 年，最高人民法院、最高人民检察院发布了《关于办理环境污染刑事案件使用法律若干问题的解释》，依法惩治有关环境污染犯罪。同时新《环境保护法》的实施也大幅提升了废酸等危险废物非法经营的违法成本，"针对拒不停止的排污行为，当事人不仅需承担刑事责任，还将按日计价从重进行经济处罚，处罚金额上不封顶"。

2017 年 5 月，环境保护部发布《"十三五"全国危险废物规范化管理督查考核工作方案》（环办土壤函〔2017〕662 号），提出建立分级负责考核机制，以省（区、市）为主组织考核，国家对全国的规范化管理情况进行抽查。在落实主体责任的前提下，进一步加强了废酸等危险废物的监管力度。

2019 年 10 月，生态环境标准"废硫酸利用处置污染控制技术规范"正式立项，生态环境部已将废酸作为"十四五"期间危险废物污染防治的重点，将为废酸管理工作及资源化利用提供坚实的技术支撑。2023 年 12 月，《废硫酸利用处置污染控制技术规范》（HJ 1335—2023）正式发布，后续将逐步推动废盐酸等其他类别废酸相关标准、技术规范的制定发布。

3.4.1.5　典型废酸利用处置技术

1. 蒸发结晶法

蒸发结晶法主要用于含盐酸、硝酸等易挥发性酸的废酸液回收处理。蒸发结晶法的原理是根据盐酸、硝酸易于挥发的特性，通过加热使其蒸发产生酸性气体，并经冷凝形成回收酸。浓缩液则根据废酸液的种类采取不同方式进行处理。对于盐酸废液，可得副产品氯化亚铁、氯化铝和氯化铜。对于硝酸-氢氟酸废液，为了更好地去除废酸液中的镍、铬等重金属，在进行蒸发前加入浓硫酸以产生硫酸盐，浓缩液析出的含重金属硫酸盐泥经脱水后外运处置。该工艺技术的主要问题是设备的腐蚀和废酸液浓缩到一定程度后的结晶堵塞，工程应用中常采用负压浓缩工艺以降低物料沸点和减少酸性气体外泄，从而延长设备使用寿命并改善操作环境。结果表明：该工艺设备数量少、投资低、能耗少且操作简易，具有良好的经济效益和环境效益。

2. 膜分离法

采用膜分离技术可以对废酸进行分离再回收，即利用膜的离子选择性将金属盐和酸分离开，同时回收酸和金属盐。常用的膜分离方法有扩散渗析法、电渗析法、膜蒸馏法等，应用于金属制品废酸处理的膜分离法主要是扩散渗析法。扩散渗析法是利用阴离子交换膜的选择透过作用实现对废酸的酸盐分离。扩散渗析法的投入仅为焙烧法的 1/5 左右，且由于渗析过程不耗电，运行费用低，与膜蒸馏相结合，还可获得杂质含量更低的再生酸。但是，扩散渗析法目前并未得到广泛的工程应用，主要原因在于其处理能力不大，但扩散渗析所需设备却很庞大；回收酸的浓度受平衡浓度的限制，即回收酸的浓度不能高于原料盐酸废液的浓度；回收酸后的残液仍不能喷雾排放。

3. 高温裂解法

高温裂解法是目前处理废硫酸最成熟可靠且清洁彻底的方法。随着技术的进步和环保要求的严苛，高温裂解再生技术除了在现有行业中广泛应用外，还将推广到更多产生废硫酸的行业中，以最大限度地回收利用硫。山东某硫酸生产企业对烷基化废硫酸进行协同处置，在高温裂解炉内加入粉煤灰，同时从炉内上、中、下三个部位均匀喷入废酸，在 1200～1300℃高温下废酸裂解生成 SO_2、CO_2、H_2O 和灰渣。SO_2 气体输送到硫酸装置，同石膏裂解产生的 SO_2 一起制备硫酸，裂解产生的废渣送入水泥窑协同处置。但此工艺对于规模较小的废硫酸产生企业而言，运行成本高、操作风险大。

4. 喷雾焙烧法

喷雾焙烧法是利用焙烧炉的高温燃烧，将废盐酸中的氯化氢变成气态，并将亚铁盐在高温下转化为氧化铁和盐酸，是一种最彻底的盐酸废液处理方法。喷雾焙烧法的主体设备由焙烧炉、旋风除尘器、预浓缩器和吸收塔等组成。在处理过程中，盐酸废液的蒸发、游离酸的脱水、亚铁离子的氧化和水解、氧化铁和盐酸的收集和吸收被有机地结合在一个系统内一并完成，因此，喷雾焙烧法具有处理设备紧凑、处理能力强的优点，而且该法盐酸的再生回收率高，被回收的盐酸可返回使用，而回收的氧化铁既可作高品位的冶炼原料，亦可作磁性材料或颜料的生产原料，具有显著的经济效益和环境效益。废盐酸焙烧吸收回用工艺流程见图 3-3。

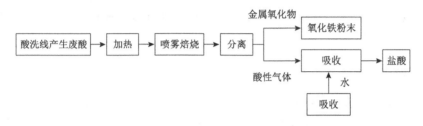

图 3-3 废盐酸焙烧吸收回用工艺流程

但该方法也存在一定缺陷，即投资大、处理费用高。在实际使用中存在问题：盐酸回收浓度仅为 16%～18%，不能满足冷轧、薄板、线材等企业的盐酸使用要求；尾气治理不过关，造成周边酸雨的产生；粉尘治理不达标，严重影响车间周边的环境；维护费用居高不下，尤其是进酸来源含硫、含氟、含锌、含铝的情况下，装置主体设备损坏程度严重、维护周期短。

5. 中和法

利用碱性物质与硫酸废液中和生成硫酸盐，是处理较低浓度硫酸废液最简单有效的方法之一，石灰石是应用最多的中和剂。中和法具有投资少、操作简单的优点，但硫酸废液中的有机物及金属离子等杂质残留在副产物中，易对环境造成二次污染，该方法应谨慎选用，须配合其他净化工艺使用。

以某公司为例，通过回收铜冶炼过程中产生的烟气生产硫酸（年产 140 万吨）。与烟气制酸系统相配套建有 2 套废酸污水处理系统，处理在水洗烟气过程中生成杂质含量较高的废酸。废酸中和处理有硫化、石膏以及中和三道工序。硫化工序：在来自烟气净化的废酸中添加硫化钠，利用硫化反应使溶液中的砷以及其他离子生成沉淀并脱除（去除率高于 99%）。石膏工序：酸性条件下，利用石灰石与硫酸、氟化氢等反应生成石膏与氟化钙，脱除废酸与氟化氢（去除率高于 99%）。中和工序：通过添加电石渣调整废酸 pH 值为碱性，并鼓入空气，使亚铁离子和砷离子被氧化。废水中铁离子含量较高，工艺处理时无需再补充铁盐，完全可满足铁砷共沉淀工艺要求。通过调整铁砷质量比，去除废酸中残留的砷。硫化工序产生的硫化铜和硫化砷沉淀委托有相应危险废物处置资格的企业进一步处置（处置费约 100～5000 元/吨），石膏工序产生的石膏出售给水泥厂，中和废水达标后排放，中和废渣委托有相应危险废物处置资格的企业进一步处置。

6. 制备净水剂

利用废酸液制备净水剂溶液，工艺简单且成熟，容易工业化应用，废酸液可以完全转化为净水剂溶液，是一种近零排放的资源化利用技术。铁系净水剂在中国市场容量大，钢铁及机械工业产生的大量废酸液是合成无机铁盐净水剂的廉价生产原料。聚铁类净水剂的主要指标是三价铁含量和盐基度，其本质主要是聚合铁形态 $Fe(b)$ 含量。聚合硫酸铁和聚合氯化铁是两种典型的铁系无机高分子絮凝剂，广泛应用于给水和污水处理。聚合硫酸铁的组成为 $[Fe_2(OH)_n(SO_4)_{3-n/2}]_m$，为红褐色黏性液体。聚合氯化铁的组成 $[Fe_2(OH)_nCl_{6-n}]_m$，为红褐色透明液体。它们分别是羟基部分取代 SO_4^{2-} 和 Cl^- 而形成的聚合物，可以分别从以硫酸和盐酸做酸洗用酸所得到的废酸液制得，其合成方法可以概述为：控制溶液中的酸度、$m(SO_4^{2-})/m(Cl^-)$ 和 Fe^{2+} 浓度，在一定温度下，用氧化剂将 Fe^{2+} 氧化成 Fe^{3+} 的同时使之聚合。反应的关键要素之一是调节三者的浓度及其比例关系，调节的方法依产品及其要求（如浓度、聚合度等）、所用氧化剂等条件而定。氧化剂可以用氧气、空气、氯气、硝酸、亚硝酸盐或过氧化氢等。反应温度一般不高于 90℃。因此，利用废酸液中的盐酸、硫酸及铁盐、铝盐等物质可制备复合亚铁净水剂、聚合氯化铁、聚合氯化铝铁、聚合硫酸铁等，添加高分子有机物可以制备得到有机无机复合净水剂等。典型工艺流程见图 3-4。

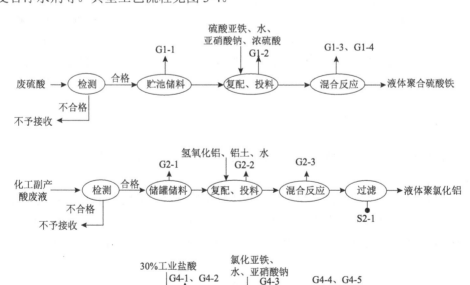

图 3-4 典型利用废酸制备净水剂工艺流程

3.4.1.6　废酸分级分类管理意义

《固废法》对危险废物分级分类管理提出了明确要求：国务院生态环境主管部门根据危险废物的危害特性和产生数量，科学评估其环境风险，实施分级分类管理，建立信息化监管体系，并通过信息化手段管理、共享危险废物转移数据和信息。

废酸作为一种液体，相比于其他固体废物，监管更加困难。废酸酸度不一，且含有多种有害杂质，导致目前大多数废酸综合利用技术针对面窄，难以推广应用。根据废酸酸度以及危害特性，进行分级分类管理，可细化废酸种类及对应的特征污染物，有针对性地研发推广废酸综合利用技术，有利于指导产废单位更加精细地利用处置废酸。此外，对废酸进行分类管理，可从源头上降低环境风险，实现废酸风险管控、科学管理的目标。

由于副产酸产品价格便宜，废酸利用处置费用较高，少数企业受利益驱动铤而走险，大量偷排废酸，甚至是"有组织"偷排，严重污染周边环境。2014 年宁夏某公司向腾格里沙漠非法偷排 200 多万吨污水（主要成分为浓缩的废硫酸），2015 年苏州市某公司采用故意渗漏的方式向京杭大运河偷排 1500 余吨废硫酸，2019 年浙江省嘉兴市某公司向平湖塘偷排 4 万吨废酸等，就是典型的企业偷排废酸环境污染事件。企业偷排废酸比一般的固体废物，甚至废气都要更加方便和隐蔽，同时废酸排入江河或大海之后将被水稀释，很快就会无影无踪，调查取证十分困难。

建立废酸分级分类管理体系，不仅有利于监管部门日常监管，也有助于执法部门科学认定法律责任，也便于企业加强废酸精细化管理，改善目前废酸底数不清、资源化方式粗犷、监管困难、执法取证难等问题。

3.4.1.7　废酸危险特性分级管理

废酸危险特性分级体系，主要是对废酸腐蚀性的大小进行量化评价，作为废酸分级管理的基础。

评价方法参考目前较为成熟的危险废物鉴别标准，对废酸的腐蚀性分别量化，并划分危险特性级别。根据《危险废物鉴别标准　腐蚀性鉴别》（GB 5085.1—2007），依据废酸 pH 值对其腐蚀性危险特性进行分级，分级标准如表 3-9 所示。

表 3-9　废酸腐蚀性分级标准

腐蚀性分级	分级标准	分级代码	备注
Ⅰ级	pH 值<0；或具有强氧化性	C1	参照安全生产管理的相关要求
Ⅱ级	0≤pH 值≤2.0	C2	

根据 GB 5085.1 测定的 pH<0，或者腐蚀速率≥6.35 mm/a 的废酸划分为腐蚀性 Ⅰ 级，其分级代码为 C1；根据 GB 5085.1 测定的 0≤pH≤2.0 的危险废物划分为腐蚀性 Ⅱ 级，其分级代码为 C2。

其中，废酸采样点及采样方法按照 HJ 298 的规定进行，pH 值测定按照 GB/T 15555.12 进行。

3.4.1.8　废酸分类管理体系

废酸的责任主体应根据废酸的危险特性分级情况，在贮存、运输、利用和处置环节对废酸按照甲类、乙类、丙类要求进行管理，标准见表 3-10。

表 3-10　废酸产生环节分类管理标准

监管类型分类	各级危险废物年产生量或实际贮存数量（t）
重点监管单位（甲类）	$q_1 \geq 1$ t 或危险废物经营许可持证单位
一般监管单位（乙类）	$\dfrac{q_1}{Q_1} + \dfrac{q_2}{Q_2} + \dfrac{q_3}{Q_3} \geq 1$（其中 q_1 应小于 1 t）
小微单位（丙类）	$\dfrac{q_1}{Q_1} + \dfrac{q_2}{Q_2} + \dfrac{q_3}{Q_3} < 1$

注：q_1、q_2、q_3 为产废单位 Ⅰ 级、Ⅱ 级、Ⅲ 级危险废物的年产生量或实际贮存量（t），Q_1、Q_2、Q_3 为 Ⅰ 级、Ⅱ 级、Ⅲ 级危险废物重点监管临界标准量（t），其中 $Q_1=1$ t、$Q_2=10$ t、$Q_3=100$ t。

1. 废酸产生环节分类管理

根据产废单位每年废酸产生量及贮存量，将废酸产生企业和经营企业划分为严控涉废企业、重点涉废企业和一般涉废企业三种类型。

2. 废酸贮存环节分类管理

废酸贮存环节应按照甲类要求进行管理，执行安全生产、剧毒物品管理、危险废物贮存污染防治等相关标准；C1 和 C2 类参照腐蚀性化学品进行贮存。

废酸贮存应有专用的废酸贮存罐，废酸储罐的建设、运行和关闭应满足 GB 18597 的技术要求。储酸罐所在仓库地面必须设计防漏防渗层以及应急池，防渗层应相当于渗透系数 1.0×10^{-7} cm/s 和厚度 1.5 m 的黏土层的防渗性能，应急池深度大于 1.5 m；储酸罐之间需留够充足空间，储酸罐顶部与液体表面之间保留 100 mm 以上的距离；储酸罐容器外部必须粘贴清晰明确的标识。

3. 废酸运输环节分类管理

废酸运输环节应按照甲类要求进行管理，需满足危险化学品相关运输管理规定，采用危险化学品专用车辆运输，并满足危险废物运输管理相关规定以及《危险废物转移管理办法》。其包装应参照危险货物、剧毒物质包装的相关要求，运输设备及资质要求应执行危险货物运输及资质管理的相关要求，应严格落实车载GPS等实时监控要求，并做好专人押运。

4. 废酸综合利用环节分类管理

C1类废酸综合利用时按照甲类要求进行管理，执行环境影响评价、经营许可证和排污许可证要求；涉及危险化学品的，申领危险化学品安全生产许可证；严格执行资源化产品有害杂质控制要求的国家或行业标准。

C2类废酸综合利用时按照乙类要求进行管理，执行环境影响评价、经营许可证和排污许可证要求，自行利用的可不申领经营许可证；严格执行资源化产品有害杂质控制要求的国家或行业标准，利用价值高、去向明确且不易出现非法倾倒的，可进行豁免。

1）净水剂

废酸制备净水剂是目前废酸综合利用最广的技术方法之一。然而目前净水剂产品标准中未对重金属和有机物等有害杂质浓度水平做相关规定，导致废酸制备净水剂中可能存在重金属和有机物等有害杂质含量过高，以至于后期使用过程中，有害物质反向释放进入水体，或沉积进入污泥中，造成二次污染。

对于废酸制备的各类型净水剂产品，需符合相应的净水剂产品标准，其中有害物质含量也应符合相应的控制标准，若其相应产品标准中已有某元素浓度限值标准，则该元素浓度以该产品标准为准；其余重金属元素和总有机碳（TOC）应不高于 GB 18918 所规定的相应最高允许排放浓度。此外，以废酸为原料所生产的净水剂仅限用于工业园区或工厂污水的净化处理，且需在外包装上明确标识其所用酸来源。废酸制备净水剂产品有害杂质含量限值见表 3-11。

表 3-11　废酸制备净水剂产品有害杂质含量限值

序号	控制项目	限值要求（%）		检测方法
		固体	液体	
1	砷	0.001	0.0005	GB 31060，GB/T 14591
2	铅	0.002	0.001	GB 31060，GB/T 14591
3	镉	0.0005	0.00025	GB 31060，GB/T 14591
4	汞	0.0001	0.00005	GB 31060，GB/T 14591

续表

序号	控制项目	限值要求（%）		检测方法
		固体	液体	
5	铬	0.005	0.0025	GB 31060，GB/T 14591
6	锌	0.01	0.005	GB/T 14591
7	镍	0.01	0.005	GB/T 14591
8	其他重金属	0.01	0.005	参照相关检测标准
9	氟离子	0.01	0.005	GB 5085
10	氰离子	0.0005	0.00025	GB 5085
11	其他有毒特征有机物	低于 GB 5085 限值	低于 GB 5085 限值的 1/2	GB 5085 及相关等同效力方法

2）磷肥

废酸制备磷肥存在污染因子限值标准缺失的问题，导致废酸生产磷肥在应用过程中可能会造成土壤的二次污染。另外，部分地区"一刀切"，禁止废酸应用于磷肥生产，导致低污染因子废酸资源化利用不足。为有效提升废酸利用率的同时，保证废酸生产磷肥产品质量，其所制备产品需符合相应的磷肥产品标准，适宜用于林用和市政绿化，谨慎用于农业耕地，且磷肥需在外包装上明确标识其所用酸来源。废酸制备磷肥有害杂质含量限值见表 3-12。

表 3-12　废酸制备磷肥有害杂质含量限值

序号	控制项目	限值要求（%）	检测方法
1	镉	0.001	GB 38400
2	汞	0.0005	GB 38400
3	砷	0.005	GB 38400
4	铅	0.02	GB 38400
5	铬	0.05	GB 38400
6	铊	0.00025	GB 38400
7	镍	0.06	GB 38400
8	钴	0.01	GB 38400
9	钒	0.0325	GB 38400
10	锑	0.0025	GB 38400
11	其他重金属（铜、锌除外）	0.01	参照相关检测标准
12	氟离子	0.01	GB 5085
13	氰离子	0.0005	GB 5085
14	其他有毒特征有机物	低于 GB 5085 限值	GB 5085 及相关等同效力方法

　　3）金属氧化物、金属盐类或石膏

　　若废酸制备的金属氧化物、金属盐类或石膏产品定向销售或内部使用，则其销售和使用过程可受豁免。所制备产品若面向市场，则需符合相应产品标准；无相关标准的，重金属元素和 TOC 需低于 GB 18918 所规定的相应最高允许排放浓度。废酸制备金属氧化物、金属盐类或石膏产品有害杂质含量限值见表 3-13。

表 3-13　废酸制备金属氧化物、金属盐类或石膏产品有害杂质含量限值

序号	控制项目	限值要求（%）	检测方法
1	砷	0.004	GB 30760
2	铅	0.01	GB 30760
3	镉	0.00015	GB 30760
4	铬	0.015	GB 30760
5	铜	0.01	GB 30760
6	镍	0.01	GB 30760
7	锌	0.05	GB 30760
8	锰	0.06	GB 30760
9	其他重金属	0.01	参照相关检测标准
10	氟离子	0.01	GB 5085
11	氰离子	0.0005	GB 5085
12	其他有毒特征有机物	低于 GB 5085 限值	GB 5085 及相关等同效力方法

　　4）废酸再生

　　对于废酸再生后仅供企业内部使用的，其再生过程管理受豁免；对于废酸再生产品定向销售的，其产品需相应产品标准或购买方的要求。对于废酸再生后产品流向开放市场的，其产品需符合以下要求：再生硫酸、盐酸、硝酸产品需符合相应的工业酸产品标准；对于废酸所制备的再生酸产品，若其所对应产品标准中已规定某元素浓度限值标准，则以该产品标准为准，其余重金属元素和 TOC 需低于 GB 18918 所规定的相应最高允许排放浓度。

　　5. 废酸处置环节分类管理

　　C1 类废酸处置时按照甲类要求进行管理，执行环境影响评价、经营许可证和排污许可证要求；危险废物经营单位应在制定的危险废物接收和拒绝标准中纳入

易燃、自反应、遇水反应等物理危险特性指标要求。

　　C2 类废酸处置时按照乙类要求进行管理，执行环境影响评价、经营许可证和排污许可证要求，自行处置的可不申领经营许可证。

　　废酸处置方式主要为中和。废酸中和产生的废液需经过进一步处理，其中重金属和有机物含量达到 GB 8978 标准后方可排放。中和产生的污泥需进一步进行鉴别，属于危险废物的，按照 GB 18597 进行贮存处理；属于一般固体废物的，则依照 GB 18599 规定进行贮存和处置。

3.4.2　农药废盐

3.4.2.1　引言

　　农药作为重要的农业生产资料，对农业发展和粮食供给做出了巨大的贡献。我国是世界上最大的农药生产国。同时，我国农药生产具有小批量、多品种的特点，且大部分是间歇操作，原料种类多、生产流程长、产品收率低，产生的废母液中含有较多的原料和中间体，如卤化物、硝基物、苯胺类、酚类以及无机盐等。

　　农药废盐是农药生产过程废母液的处理产物。农药废母液如果只是经过简单蒸发结晶，含有的多种有毒有害杂质大部分会转移到废盐之中，使得废盐成分复杂，利用处置难度很大，成为制约农药行业可持续发展的瓶颈。

3.4.2.2　我国农药生产现状

1. 农药产量

　　我国农药工业经过 60 多年的发展，目前已形成包括原药生产、制剂加工、科研创新开发和原料中间体配套在内的较为完整的农药工业体系。目前，我国能生产农药 500 多种、制剂 3000 多种、农药剂型几十种，农药产量已占世界的三分之一以上。2000～2019 年，我国农药产量见图 3-5。2000～2014 年，我国农药产量一路飙升，从 2000 年的 60.7 万吨增加至 2014 年的 374.4 万吨，15 年增长 6.17 倍；2015～2019 年产量有所下降，从 2015 年的 374 万吨下降至 2019 年的 211.81 万吨。我国年产量前十位的农药原药依次为草甘膦、莠去津、百草枯、乙草胺、毒死蜱、代森锰锌、2,4-滴、杀虫单、异丙甲草胺和百菌清，年产量大于 1 万吨的农药产品仅有 20 余种，大部分农药年产量很小。

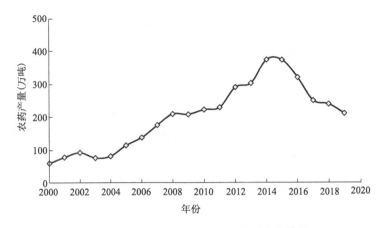

图 3-5 2000～2019 年我国农药产量变化趋势

2. 农药产品分类

农药的品种繁多，组成和结构比较复杂，性质和用途也各不相同，因而分类方法也多种多样。按用途可分为杀虫剂、杀菌剂、除草剂、植物生长调节剂和杀鼠剂；按生产环节可分为中间体、原药和制剂；按生产工艺可分为化学合成、生物农药；按化学组成可分为有机氯类、磺酰脲类、菊酯类、杂环类、氨基甲酸酯类、有机硫类、酰胺类、苯氧羧酸类、有机磷类和生物类等 10 类农药（表 3-14）。

表 3-14 农药类别及代表性农药产品

序号	农药类别	主要农药品种
1	酰胺类	乙草胺、甲草胺、丁草胺、异丙甲草胺
2	杂环类	莠去津、百草枯、多菌灵、吡虫啉、吡蚜酮、三环唑、丙环唑、嗪草酮
3	苯氧羧酸类	2,4-滴、麦草畏
4	磺酰脲类	苯磺隆、苄嘧磺隆和烟嘧磺隆
5	有机硫类	代森锰锌
6	菊酯类	菊酯类、三氟氯氰菊酯、氯氰菊酯
7	有机磷类	草甘膦、乙酰甲胺磷、三唑磷、毒死蜱、马拉硫磷、丙溴磷、辛硫磷、二嗪磷
8	有机氯类	百菌清、三氯杀螨醇
9	生物类	阿维菌素、井冈霉素
10	氨基甲酸酯类	克百威、灭多威、异丙威、仲丁威

2003～2019 年，我国农药生产结构发生了巨大变化，杀虫剂产量占比总体呈下降态势，从 2003 年的 55.4%下降至 2019 年的 18.4%，除草剂的比例从 2003 年

的 24.4% 上升至 2019 年的 43.9%，杀菌剂产量占比一直较低，从 2003 年的 9.3% 下降至 2019 年的 7.8%（图 3-6）。

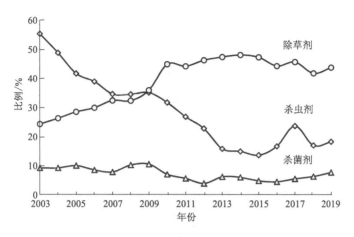

图 3-6　2003～2019 年我国农药生产结构

3. 地域分布

2019 年，我国农药产量位于前七位的省份依次为江苏、四川、浙江、山东、湖北、安徽和河南（图 3-7）。按照区域分布，59.4% 的农药生产集中在华东地区，这可能是因为华东地区涵盖的省份多，地域广，农药生产企业多，而且受栽培条件、气候、作物布局等因素影响，该区域病虫害经常发生，且发生范围广、程度重。另外，17.4% 和 11.8% 的农药生产分别集中在西南和华中地区。

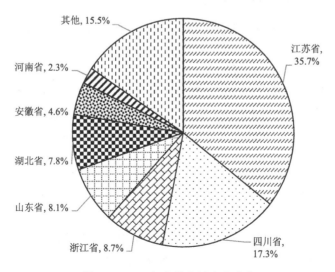

图 3-7　2019 年农药产量省份分布

3.4.2.3　农药废盐产生现状

1. 产生废盐的典型农药产品

废盐产生量前十位的农药产品是草甘膦、百草枯、莠灭净、百菌清、毒死蜱、烟嘧磺隆、嗪草酮、多菌灵、麦草畏和吡虫啉，伴随产生的废盐占农药废盐总产生量的比例分别为46.6%、6.8%、5.6%、3.7%、3.2%、1.8%、1.5%、1.3%、1.0%和0.9%，占农药行业废盐总产生量的总比例为72.2%（图3-8）。

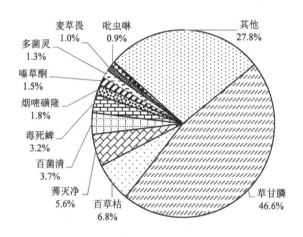

图 3-8　典型农药废盐产量占比情况

2. 典型农药产品产生的废盐种类

农药行业产生的废盐包括单一废盐、混盐和杂盐（含杂质）。江苏省工业园区产生的废盐中，混盐和杂盐占比约为80%，单一废盐仅占20%。废盐产生量前十位的农药产品生产过程中共产生 13 种单一废盐，具体包括氯化钠、焦磷酸钠、氯化铵、磷酸氢二钠、氯酸钙、磷酸钙、氯化钙、亚硫酸钠、硫酸铝、硫酸钠、硫酸钾、氯化钾和硫化钠，占农药废盐总产生量的比例分别为38.1%、13.2%、6.4%、5.6%、3.6%、1.5%、1.1%、0.8%、0.6%、0.6%、0.3%、0.3%和0.1%。

3. 废盐的污染特征

农药废盐主要来源于农药及中间体生产和固液分离、溶液浓缩结晶及废水处理等过程，年产生量约150万 t。由于农药产品众多，且农药废盐产生环节多样，使得废盐中杂质成分和含量差异明显。有研究表明甲霜灵废盐中含有氧基乙酰氯、丙氨酸甲酯、甲霜灵和甲醇等污染物，毒死蜱废盐中含有乙基氯化物、吡啶醇钠和毒死蜱等污染物。有研究者发现草甘膦废盐中含有草甘膦、增甘膦、氨甲基磷酸、羟甲基磷酸和甘氨酸等污染物，还含有较多的有机氮和有机磷。有研究表明吡蚜酮废氯化钠中含有氯化铵、醋酸铵、3-吡啶甲醛、水合肼、乙醇、二唑酮和三嗪酰胺等污染物。

废盐的主要污染特征为：①有机物浓度高，成分复杂。农药生产涉及多个有机化学反应，废母液和农药生产废水中不仅含有原辅料，还含有多种副产物、中间产物、无机盐类和多种有毒有害有机物。处理得到的农药废盐多为混盐或杂盐，占比高达 80%，分离难度大、利用处置成本高。②毒性高，难生物降解。农药生产需要用到多种无机或有机原辅料、溶剂和催化剂。常用原辅料有吡啶、有机氯、有机胺、苯酚类、硝基苯、嘧啶杂环类等，溶剂包括芳香烃（甲苯、二甲苯等）、醇类（甲醇、乙醇、正丁醇、戊醇等）、酯类、酮类（丙酮、丁酮、环己酮等）、醚类（乙醚、乙二醇二乙醚等）。不同生产工段会产生不同的有机物中间体和产品（原药或活性成分），同时农药生产过程还会用到大量易挥发、毒性大的物质，导致农药废盐毒性高，难以生物降解。以农药大宗产品草甘膦为例，吨产品会产生高含盐废母液约 5 t，其污染物成分复杂，包括草甘膦（约 0.7%~1.2%）、甘氨酸、双甘膦、增甘膦、三乙胺等 10 多种有机物，氯化钠含量 10%~16%，固形物 20%，有机磷约 2.2 万~2.3 万 mg/L、有机胺（以 N 计）1.2 万~1.4 万 mg/L。废母液和农药生产废水如果仅仅经过简单蒸发结晶，其中含有的有毒有害有机物大部分会转移到废盐当中，造成得到的农药废盐污染重、颜色深、气味重、难利用。③废盐中含有多种有毒有害物质，成分复杂、毒性大、积累性强、难降解，诸如卤代烃类、苯系物类等，被多国列为优先污染物。

4. 废盐的资源特征

盐是一种重要的化工原料，目前我国每年工业用盐的缺口达 200 多万吨。将农药废盐进行预处理去除其中的有机污染物后作为工业原料，不仅可以消除对环境的污染，还可以充分利用宝贵的盐资源，实现循环利用。然而，废盐综合利用带来的环境风险不明，并且缺乏相关的污染控制标准或技术规范，致使综合利用受阻，废盐已成为农药行业健康发展的主要瓶颈。

3.4.2.4　国外农药废盐处理技术现状

1. 国外处理技术

与我国农药企业生产原药为主不同，发达国家农药企业大多数是从国外购入原药，进行制剂混配加工，废盐产生量和废水中有毒有害物质含量相对较低。同时，由于农药行业研究开发的高投入和高风险，环境保护压力大，国外特别是发达国家的农药行业已经逐步走向高度集中和高度垄断。目前，发达国家针对农药废盐主要采取了如下措施：

（1）实行农药生产过程源头污染控制。一是直接对农药品种实行控制，例如高毒农药，在确定其危害性的基础上，综合考虑经济、防效、取代可行性等因素，对其采取限用、禁用至完全停产等措施；二是积极开发无废或少废的农药生产工艺，大幅度降低原材料消耗，实施清洁生产，从源头上减少废盐及其所含有毒有害物质的产生量；三是基于风险评估结果制定严格的环境质量标准及污染物排放标准，强制推行先进实用、经济可行的污染防治技术，有效控制农药生产过程环境风险。

（2）对废母液和农药生产废水进行无害化预处理。发达国家主要采用焚烧法、化学氧化法、活性炭吸附法、生化法对废母液和农药废水进行无害化预处理。例如，瑞士先正达公司采用"热氧化+焚烧"组合工艺对百草枯废母液和生产废水进行无害化预处理。目前，外资在国内投资企业也基本都会对废母液和农药生产废水进行无害化预处理，再进行废盐焚烧处置。

2. 国内处理技术

由于农药废盐中含有大量的有机污染物，通常需要进行处理去除其中有机污染物再作为工业原料利用，处理过程应严格监控，以防对环境造成污染。目前，我国去除农药废盐中有机污染物的主要技术有高温处理技术和深度处理技术两种。

1）高温处理技术

高温处理技术是指利用废盐中有机杂质在高温条件下分解挥发的特性，通过高温处理，使废盐中的有机杂质一方面挥发成气相产物，另一方面与空气中的氧气发生氧化反应最终生成二氧化碳和水，实现与固体废盐有效的分离，从而达到去除有机杂质的目的。高温处理技术非常适用于处理有机物杂质较多的废盐，处理农药废盐效果显著且普适性强，对废盐的减量化效果明显、有机物去除效果显著，被认为是废盐无害化处理最有效可行的方法。

当前国内外针对含有有毒有机物杂质的农药废盐的处理方式主要为高温热处理技术，根据环境中的氧含量差异可分为好氧燃烧和缺氧热解，均能够将废盐中有毒有害物质分解为无害物质。除了传统的基于焚烧炉和回转窑直接焚烧的方法，近年来出现了许多新的高温热处理技术，如基于高温热管的热处理技术、基于微波吸收介质的热处理技术、分级碳化分解的热处理技术、工业废盐的流化技术和高温熔融处理法。但是这些技术仍面临很多挑战，其中共性的问题都是对温度的控制以及改善提高热效率，由于无机盐熔点低，如果不能对温度进行精确控制，会造成盐在焚烧炉表面黏壁、结块、结垢以及其对设备的堵塞、腐蚀等问题，进而造成设备热效率下降、运行不稳定等难题。

（1）热分解炉。

将废盐从热分解炉顶部加入，物料由上向下运动，热风炉产生的高温烟气采用间接加热的方式为热分解炉提供热源，维持热分解炉内的温度为 300～600℃，使废盐中的有机物在热分解炉内的高温条件下不断分解成挥发性尾气，同时经高温烟气加热的新鲜空气由热分解炉底部引入炉内，由下向上流动带走废盐中有机物杂质分解产生的尾气，使尾气与固体盐及时有效地分离，并从热分解炉顶部带出。将热分解尾气引入热风炉高温煅烧，以消除尾气的二次污染，尾气在引入热风炉进行高温煅烧时需补充新鲜空气，保证燃烧充分，维持系统气量平衡。除去有机物后的盐从热解炉底部出料，经冷却器冷却后包装入库。高温烟气加热盐渣后，为充分利用烟气中的热量，将烟气引入余热锅炉进一步回收热能，回收热能后的烟气经水膜除尘器除尘，由烟囱达标排放。利用热分解炉对甲霜灵、毒死蜱、草甘膦等生产过程中的废盐进行无害化处理，处理后盐中氯化钠含量达 97.7%，COD 值（20%水溶液）由 11520 mg/L 降低至 83.5 mg/L，总有机物去除率超过 99%，处理后的盐可用作建材添加剂、氯碱工业原料等，实现废盐渣的资源化利用。工艺流程见图 3-9。

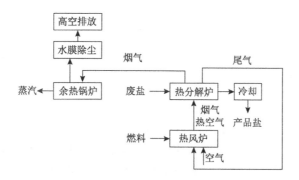

图 3-9 农药废盐热分解炉处理工艺流程图

（2）高温熔融技术。

将农药废盐经密闭式投料机连续投入熔融炉，熔融炉使用天然气作为燃料，空气通过换热室提温后作为天然气的助燃风，控制熔融炉内温度为 800～1200 ℃，此温度高于废盐的熔点，使废盐在炉内全部成为熔融态，避免了低温焚烧炉盐容易与耐火材料黏结的特性，同时有机物能够在此高温下完全分解，提高了废盐的纯度。有研究表明采用高温熔融焚烧炉使废盐在 850～900℃熔融，有机物得到有效去除。

氯化钠盐进入炉腔后逐渐受热升温至熔融状态，其中的有机物通过高温氧化作用得到去除；随着处理量的增加，炉内液位不断升高，当升至一定液位后，熔融态氯化钠由熔融炉出料口流出。液态氯化钠出料使用带槽沟的链板式输送机输送，输送带通过内部的循环水降温，熔融态氯化钠从出料口流出后，经链板式输送机输送、冷却，降温凝固成为固体块状精制氯化钠，在输送机末端送入车斗，通过斗车定期将精制氯化钠运往成品库暂存后外售。熔融炉产生的烟气主要污染物为 SO$_2$、NO$_x$、烟尘、HCl、二噁英类等，采用急冷+活性炭喷射吸附+布袋除尘+1 级碱洗处理。熔融炉燃烧产生的烟气从炉尾进入二燃室通过天然气助燃再次高温燃烧，二燃室内燃烧温度 1100 ℃以上，烟气在停留时间 2 s 以上，焚毁去除率≥99.99%，能够充分分解有机氯化物等有害物质，抑制二噁英类的生成。二燃室出来的高温烟气经蓄热室管束与助燃空气换热降至 600 ℃后进入急冷塔在回喷碱洗废水及补充水的作用下急速降温，控制烟气温度在 1 s 内降至 200 ℃以下。利用活性炭喷射器向急冷后的烟气中喷入活性炭，利用活性炭的多孔性及吸附能力吸附烟气中的二噁英类及其他碳氢化合物，然后经布袋除尘器去除，去除飞灰后的烟气最终经一级碱洗去除酸性气体后通过排气筒排放。工艺流程见图 3-10。

图 3-10   废盐高温熔融技术流程图

该技术温度高，避开了盐的软化温度区间，防止了盐在设备和管道内结圈、结块，有机物去除效果可达 99%以上，但其运行成本和设备投资相对较高。废盐的种类不同，熔点差异较大，应根据混合物料的熔化性能选择工艺条件参数。相比于低温热解碳化而言，高温熔融技术反应温度高，有机物分解彻底，且对废盐的形态和有机物含量要求不高，但由于温度高、能耗大、产生的烟气量大且盐颗粒夹带严重，会降低资源化率。

（3）回转窑焚烧技术。

采用回转窑+立式焚烧炉工艺处理农药废盐，产生的烟气在二燃室中进一步升温，二燃室焚烧后烟气温度达到 1100 ℃以上；高温烟气由余热锅炉进行能量回收，在保证处理效果的前提下充分回收能量；余热锅炉之后采用急冷措施从 500 ℃急冷至 200 ℃以下；急冷之后的烟气采用布袋除尘和湿法洗涤脱酸系统处理，最终实现无害化、减量化、资源化的处理目标。回转窑（900℃）+立式焚烧炉（1000℃）对吡虫啉、丁醚脲、苯并呋喃酮、氟虫腈生产过程中含氯化钠混合废水处理得到的粗盐（主要成分为 NaCl）进行高温焚烧，得到熔融态的盐，直接用水冷却后得到 NaCl。

（4）有机物热解碳化技术。

废盐有机物热解碳化是在低于无机盐熔点温度和控氧气氛条件下，对废盐中有机物进行分解碳化，使其中一部分有机物热解为挥发性气体，另一部分变为固态有机碳并形成灰分的工艺，其基本流程如图 3-11 所示，该过程的反应温度一般控制在 300～800℃。有研究者研究了毒死蜱废盐的热处理特性，以及咪鲜胺、烟嘧磺隆和草甘膦废盐的热处理过程动力学特性，分析了农药废盐中有机污染物受热反应机理，得到了热处理法处理农药废盐的条件为温度 350℃、停留时间 45 min、空气流量 40 mL/min，最终有机污染物的脱除率达到 80%以上。有研究者利用分级热解碳化技术对某农药生产企业的废氯化钠进行预处理，所得产物中 NaCl 含量为 98.9%，有机物含量为 0.003%，其他物质含量为 1.097%。有研究者自制了热解碳化技术中反应器为流动床的装置，对有机物含量为 8%的废氯化钠进行处理，表明经 450℃处理后的产物中 NaCl 含量为 99.88%，有机物含量低于 0.12%。

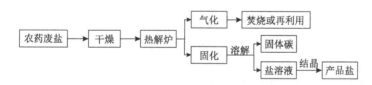

图 3-11　废盐有机物热解碳化流程图

根据有机物含量不同，热解碳化工艺可分为一步热解碳化和分级临界碳化技术。根据不同废盐的临界软化点和临界碳化点选择不同的碳化温度和碳化方法而开发的分级临界碳化法，试图解决高温碳化处理废盐工艺中存在的废盐软化、设备黏结、碳化不均、杂质去除不净等问题。杂盐通过干燥脱水，形成具有流动性较好的颗粒，在合适的温度条件下，与含有一定温度的热空气结合发生传热碳化，使杂盐中的有机物形成挥发分和有机碳，再对盐渣进行溶解、水洗、过滤、再结晶，形成盐产品。

将盐渣从热解炉顶部加入，物料由上至下运动，维持热分解炉内的温度为 300～600℃，使盐渣中的有机物在热分解炉内的高温条件下不断分解成挥发性尾气，引入热风炉进行高温煅烧，消除二次污染。该方法采用一步热解，工艺简单有效，所需热量较少，但有机物去除效率不高。长链有机物和芳环、稠环和杂环有机物常常发生聚合结焦反应，不能彻底分解，这导致废盐中类似焦油的有机聚合物含量上升，毒性不减。

分级碳化工艺，针对每种工业废盐所含有机物多样性及其理化特性不同等特点，设置若干级分解碳化炉，对工业废盐进行分级加热，使有机物在各自的分解碳化温度段完成分解碳化，产生的尾气引入焚烧炉进行焚烧。工艺流程图见图 3-12。利用该工艺处理某农药生产企业的副产工业废盐，所得产品为 NaCl 含量 98.9%、有机物含量 0.003%、其他物质为 1.1%。

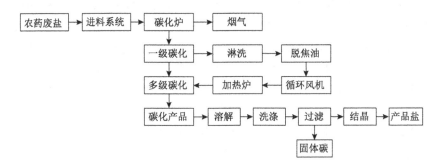

图 3-12   废盐分级碳化工艺流程图

（5）微波裂解技术。

采用微波裂解的手段，在 450～500℃和 N_2 气氛下裂解有机物，使有机物裂解成小分子气体。但是，NaCl 为弱微波吸收介质，微波处理很难对其实现高效升温，并且微波处理很容易发生加热不均匀而导致局部过热现象，当废盐中有二甲基亚砜（DMSO）、二甲基甲酰胺（DMF）和有机氰化物时，局部过热很容易造成爆炸事故的发生。针对该问题，将微波吸收介质颗粒（如 SiC、石墨、Fe_3O_4、CuO 和 NiO）和工业废盐颗粒混合，置于微波处理器中，空气气氛且在不断搅拌混合的条件下，利用微波能量对废盐中的污染物进行加热降解（400～750℃），所产生含有废物的气体经气体净化后排放。微波吸收介质颗粒的加入保证了废盐体系被短时间有效加热，污染物被充分热分解后的废盐用水淘洗，其中 NaCl 可溶解排出，而微波吸收介质颗粒则回收再用，该方法适合于小型处理系统。

2）深度处理技术

（1）有机物氧化技术。

有机物氧化法即把废盐溶解在水中，通过深度氧化技术降解有机污染物，再通过除杂、蒸发结晶等手段对废盐进行预处理，实现废盐的无害化。常用的有机物氧化技术包括高级氧化法、湿式催化氧化和水热氧化技术。有研究者通过纳滤膜和高铁酸化合物对草甘膦废盐进行氧化和洗盐，进而去除其中的有机污染物。有机物降解达标后，经过除杂、蒸发结晶等手段，可以有效回收废盐。由于废盐中的有机物大部分为难降解有机物，且成分复杂，常常需要配合多种技术进行处理。例如，对草甘膦生产过程中产生的废盐，通过纳滤膜+高铁酸化合物进行氧化，并通过洗盐的方法回收盐。超临界氧化和水热氧化技术也可实现有机物的去除，但适用性窄且成本较高，且大部分处于研究阶段。此技术的选择性较强，针对不同的有机物类型，需要不同的组合去除废盐中的有机污染物，故目前应用受限。

氧化法适用于有机物杂质少、易被氧化的废盐，不会产生二次污染且反应后不会引入新的杂质。有机物含量高、难氧化的废盐处理所需的氧化剂投加量较大，有时需要通过加热、加压来增加氧化剂的氧化性，并配合活性炭对氧化残余物进行处理。

在饱和盐水清洗的基础上，借助化学氧化剂的强氧化性，将有毒有害的有机污染物氧化，从而实现废盐的无害化，得到干净的副产品盐，目前主要使用的化学氧化剂有次氯酸钠、双氧水和臭氧等。高级氧化法的处理效果往往取决于有机污染物的性质，适用范围小，消耗的氧化剂量大，处理成本较高；此外，对于氧化剂的用量不好把握，容易造成氧化剂的过量浪费或有机物的去除不彻底等问题。

（2）盐洗法。

盐洗法通过一些有机溶剂或洗涤剂对废盐进行洗涤处理，中和和洗去废盐中的有机物和杂质，达到脱除废盐中的有机物的效果。此法比较适用于有机物成分单一、量值较低、含量固定的废盐，而对于有机物种类较多、量值较高、含量不固定的废盐，则很难适度和合理掌握洗涤剂的用量，难以完全去除废盐中的有机物；另外采用此方法处理废盐后的液体中，可能残留有毒有害的有机物或二次污染物，仍需对其进行无害化处理，处理工艺越发复杂；因此不适合在工业化生产中推广使用。

（3）重结晶法。

重结晶法是将含有一种或一种以上杂质盐的混盐溶解于水中，再通过改变温度或蒸发水分使其中一种组分达到饱和状态并结晶，从而实现盐分离提纯的方法。此方法可以纯化不纯净的废盐，易操作、成本低，但对其中的有机物去除困难，多用于废盐去毒去害后的精制与分离。

（4）萃取法。

利用有机萃取剂将废盐中的有机污染物萃取到萃取剂中，从而降低废盐中有机污染物的含量，萃取剂中有机物可以通过反萃取回收利用。这种方法能耗低、操作简单、投资少，往往对有机物浓度高，组成成分单一的废盐具有较好的效果，常用于回收其中高附加值的有机物产品，但对于有机物含量低的废盐，处理效果较差，且萃取剂的引入，有二次污染的风险。

（5）膜分离法。

膜法分盐是利用纳滤膜或离子交换膜将 Ca^{2+}、Mg^{2+}、SO_4^{2-} 等 2 价离子截留下来而允许 Na^+、Cl^- 等 1 价离子通过从而实现 1 价盐与高价盐分离的方法。膜法处理废盐需要与结晶技术相结合，膜分离可认为是结晶的预处理过程。

3.4.2.5　农药废盐利用和处置现状

1. 生产氯碱和纯碱

我国两碱行业用盐量最大，每年 NaCl 用量可达 4000 余万吨，是未来大宗废盐资源化利用的主要出路。

为了鼓励废盐的资源化利用，《产业结构调整指导目录》（2019 年版）将"工业副产盐资源化利用"列为鼓励类项目，指明"废盐综合利用的离子膜烧碱装置"为非限制类项目，以及"作为废盐综合利用的隔膜法烧碱生产装置"为非淘汰类项目。我国氯碱生产工艺有离子膜法和隔膜法两种，其中以离子膜法为主。盐水质量是离子膜电解槽能否正常生产的关键问题之一，其不仅影响离子膜的使用寿命，而且是能否在高电流密度下得到高电流效率的至关重要的因素；另外，盐水中有机物的存在将导致：①过滤膜的不黏性降低，增大膜的摩擦系数，滤饼将不容易完全脱离膜表面；②使过滤压力升高，膜的表面不易清理，从而难以实现完全的表面过滤，使得离子膜的过滤能力降低；③离子交换树脂的活性降低；④影响离子膜电解槽的电压、电流效率、阳极的活性区域。因此，进膜盐水中的 Ca^{2+}、Mg^{2+}、SO_4^{2-}、Ba^{2+}、Fe^{3+}、Ni^{2+}、Sr^{2+} 等离子以及有机物、总磷和总氮需要满足一定的限值要求，亦即农药废盐应进行处理后才能用于氯碱生产。

目前，用于离子膜烧碱的粗盐精制工艺主要包括溶盐、液碱除钙镁、氯化钡除硫酸根、碳酸钠除钙钡、盐酸除碳酸根等步骤得到一级精制盐水，一级精制盐水经离子交换树脂进一步精制后可直接用于离子膜电解工艺。有研究者将草甘膦废氯化钠进行煅烧、除磷、精制后用于离子膜氯碱工艺，具体处理过程为：①煅烧，煅烧温度为 700～800 ℃，煅烧时间 15 min；②除磷，加入质量分数为 1.0% 的 CaO 进行除磷；③盐水精制，将煅烧、除磷后的盐水加入质量分数为 1.4% 的氢氧化钠除去 Ca^{2+}、Mg^{2+}，再加入质量分数 0.5% 的无水碳酸钠进一步除盐水中的 Ca^{2+}，最后加入一定量的盐酸以除去多余的 CO_3^{2-}，得到满足氯碱用盐标准要求的一级精制盐水。

我国以盐为原料生产纯碱的生产工艺主要为索尔维制碱法和侯氏制碱法。有研究者将水合肼废氯化钠通过溶解、分离、洗涤、洗盐等处理后用于纯碱生产。

2. 作为融雪剂和水泥助磨剂

融雪剂用于溶解积雪，一般施用于道路和桥梁。农药废盐作为融雪剂时，其中有机污染物将随着融化的冰雪，污染土壤和地表水。因此，需先对废盐处理后再用作融雪剂。有研究者将两种废杂盐分别进行高温焙烧，再加入偏硅酸钠后造粒得到融雪剂。

在水泥粉磨过程中，通过添加盐石膏助磨剂，其主要成分为 $CaSO_4$，可以有效提升其凝结度和受力强度。盐石膏的不同投加配比对水泥密度、防渗透能力等性能也有一定的影响，盐石膏的添加量在 3.1%～3.9% 时，可缩短水泥的凝结时间，增强其受力能力。另外，利用盐石膏代替传统生产中的天然石膏，生产出的产品性能均能符合使用要求；但在使用过程中，所用添加剂的盐碱性对水泥性能将产生影响。农药废盐作为水泥助磨剂时，其中的有机污染物将残留在水泥中造成环境危害。因此，需对废盐处理后再用作水泥助磨剂。有研究者利用一步热解碳化技术对甲霜灵和毒死蜱废氯化钠进行预处理，所得产物中氯化钠含量达到 97.7%，总有机物去除率超过 99%，处理后的盐用作建材添加剂。

3. 作为肥料

农药生产过程中产生的废磷酸钙、废氯化铵和废硫酸铵等废盐，通常作为肥料被使用，其中残留的有机污染物部分被植物吸收、部分被土壤吸附，还有部分会随着渗透及地面径流等方式进入水体。因此，废盐作为肥料使用时主要环境风险在于对农作物、农田生态系统、土壤和地表水造成危害，需要处理至环境风险可接受程度才能作为肥料被使用。

4. 暂存于企业仓库

目前，企业普遍将农药废盐暂存于仓库，这种方式不仅致使企业"胀库"现象频现，而且对环境造成巨大威胁，可溶性盐和杂质流失，盐化周围土壤，危及周围植被，同时对周边水源和稻田造成污染，而直接向江河中倾倒则严重污染水源，直接威胁下游饮水安全。

5. 填埋

依据《危险废物填埋污染控制标准》（GB 18598—2019）中水溶性盐总量≥10% 或者有机质含量≥5% 的废物须进入刚性填埋场的要求，农药废盐进行填埋处置时应进入刚性填埋场，因此，废盐填埋存在以下几个弊端：①对于同等规模填埋，刚性填埋场投资比柔性填埋场大，占地面积也相对大；②我国填埋场大多数是柔性填埋场，刚性填埋场数量少，废盐填埋受限；③废盐填埋成本高达 4000

元/吨以上，企业难以承受；④废盐填埋可能导致堆体滑坡、导排层淤堵等安全事故；⑤废盐进入填埋场后，在降雨等外部水分侵蚀下，盐溶解导致污染物持续溶出，不仅容易造成填埋场堆体滑坡等安全问题，更易次生二次污染等重大环境问题；⑥其中的有机污染物可能随着渗滤液进入环境，造成环境污染；⑦不符合《固废法》和《"无废城市"建设试点工作方案》中减少固体废物填埋量的要求。

6. 排海

1）固体盐倾倒

1996 年，国际海事组织召集各缔约国在伦敦通过了《<关于防止倾倒废物及其他物质污染海洋的公约>的 1996 年议定书》（以下简称《议定书》）。《议定书》于 2006 年 3 月 24 日生效，我国于 1998 年 3 月 23 日签署了《议定书》。《伦敦公约》缔约国如成为《议定书》缔约国，则以《议定书》取代《伦敦公约》。

《议定书》规定禁止倾倒除附件一列举的废物以外的任何废物，禁止在海上焚烧废物或其他物质。倾倒附件一所列举的废物如疏浚物、污水污泥等须事先申请许可证。"附件一　可考虑倾倒的废物和其他物质"分别为（1）疏浚挖出物；（2）污水污泥；（3）鱼类废物或工业性鱼类加工过程产生的物质；（4）船舶、平台或者其他海上人工构筑物；（5）惰性、无机地质材料；（6）自然起源的有机物；（7）主要由铁、钢、混凝土和对其关注点是物理影响的类似无害物质构成的大块物体，并且限于这些情况：此类废物产生于除倾倒外无法使用其他实际可行的处置选择的地点，如与外界隔绝的小岛；（8）从二氧化碳捕获过程中流出的二氧化碳流，用于封存。

当（4）和（8）中所列的废物和其他物质，如已最大限度地去除了能产生漂浮碎片或以其他方式促成海洋环境污染的物质并且被倾倒的物质不对渔业或航行构成严重妨碍，则可被考虑倾倒。

值得注意的是，所含放射水平高于由国际原子能机构规定并由缔约当事国采用的最低（豁免）浓度的第（1）至（7）款所列物质不应视为适于倾倒。

（8）中提及的二氧化碳流同时满足下述三个条件时，才可考虑用于倾倒：①处置进入海底地质层；②它们绝大多数由二氧化碳组成，可能含有来自原材料和所用捕获与封存过程的附带相关物质；③不得为处置这些废物或其他物质而添加废物或其他物质。

由此可知，农药废盐不能以固体的形式向海洋倾倒。

2）含盐水排海

国外工业废盐的主要处置方式是排海。欧美、亚洲和拉丁美洲等沿海国家修建了大量海洋排污工程，工业废盐主要通过污水厂排入海洋。国外近百年的工程实践已证明，排海是一条解决沿海地区工业废盐处置难题的有效途径。高盐污水经处理后排海也在我国部分沿海城市得到了应用。

（1）美国。

美国在 1948 年制定了《联邦水污染防治法案》（Federal Water Pollution Control Act）。该法案在 1972 年进行了大规模修订，并在此后被称为《清洁水法》（Clear Water Act，CWA）。

《清洁水法》主体内容编入《美国法典》（United States Code，USCODE）第 33 卷 26 章，建立了向美国水域排放污染物的规则和地表水质量标准的基本结构。《清洁水法》赋予了美国环境保护署（EPA）制定法规和标准、指南和政策的权利。EPA "根据国家污染物减排许可证系统"（National Pollutant Discharge Elimination System，NPDES）（第 518 页，1342 条）制定了《水质量标准手册》（Water Quality Standards，WQS），并授权各州各郡县的地方环保局根据当地水环境、水资源、企业布局、经济情况等制定不同的地方性排放标准，在保持主体原则与《清洁水法》一致的情况下，允许执行地方排污标准。

《清洁水法》中还规定了海洋排放的相关要求（第 526 页，1343 条）。由行政主管部门制定评估海域功能退化的导则，评估污染物的排放、转化、富集对于人类健康或福祉以及众多海洋生物、海岸线、沙滩等各方面的影响，在满足条件的情况下，颁发许可证后，允许向海洋排放污染物。

（2）欧盟。

1991 年，欧共体制定了《城市废水处理指令》（91/271/EEC），涉及城市废水的收集、处理和排放以及某些工业部门废水的处理和排放，旨在保护环境免受废水排放的不利影响。该指令将水域分为低敏感区域和敏感区域，敏感区域需要执行更加严格的标准，其中第七条规定超过 10000 p.e（population equivalent，人口当量，可以折算为 BOD_5）的城市废水（生活废水、工业废水和/或雨水的混合废水）在排放进入近海前，需要经过适当的处理并达到排放标准。该指令的附表中规定了 BOD_5、COD、TP、TN 的最小去除率要求，对于其他指标，由成员国自行制定。

2000 年，欧盟制定了《水框架指令》（2000/60/EC），旨在建立一个保护内陆地表水、过渡水域、沿海水域和地下水的框架，确定保护水资源的总体原则。该指令在附件中规定了一系列技术规范和术语，指导成员国对地表水（河流、湖泊、海洋等）进行表征和影响评估、经济效益评估和环境质量标准的制定等，并给出了主要污染物清单。各成员国可根据该指令，按要求向海洋排放污染物，但对于优先危险物质，需要采取必要措施逐步减少和停止排放。

（3）日本。

1900 年，日本制定了《下水道法》（旧版），1959 年制定了《下水道法施行令》，也被称为《排污执法条例》，其中规定了氮、磷、pH、大肠杆菌数量、重金属、二噁英等多种污染物的排放标准。

日本各地下水道局依据该法制定了适用于本地的排放标准。例如东京都下水道局，将污染物分为"难处理物质"和"可处理物质"，将管理对象分为"安装水质污染防治法规定的特定设施者"和"未安装水质污染防治法规定的特定设施者"，分别制定了不同的排放标准，并针对硼、氟两种污染物，分别制定了海洋和内河排放标准。同时，日本是主要发达国家中，唯一将二噁英纳入污水排放指标的国家。

1970 年，日本颁布了《水质污染防止法》，旨在通过控制工厂或业务场所向公共水域排放废水及向地下渗透水，并推进生活污水治理措施等的实施，防止污染公共水域及地下水的水质。该法律以总量控制为总体原则，适用于废水和废液（第 2 条第 7 款），其中第 5 条规定向公共水域（包括海洋）排放废水时，需要向各级政府申报。1973 年，为了进一步保护重点海域，日本制定了《濑户内海环境保护特别措施法》，对于向濑户内海排放废水做了进一步限制。

（4）中国。

我国目前暂未全面推动开展农药废盐处理后安全排海的工作，但高盐污水经处理后排海早已在部分沿海城市得到应用，且我国工业园区污水厂排入海洋的污水，含盐量普遍在 1‰～5‰之间。根据入海排污口登记信息，我国沿海地区污水海洋处置工程的离岸排污口共有 89 个，离岸排污口数量最多的是浙江省，共有 24 个。大部分海洋排污口执行《城镇污水处理厂污染物排放标准》（GB 18918—2002），部分执行行业排放标准、《污水综合排放标准》和《污水海洋处置工程污染控制标准》。污水排海的实践为农药废盐排海提供了有利的基础条件。

为解决废盐处置难题，2020 年 10 月，推动长三角一体化发展领导小组办公室印发了《推进长江三角洲区域固体废物和危险废物联防联治实施方案》（以下简称《方案》），提出"强化区域间科研联合攻关，重点开展工业废盐处理后排海等技术标准规范的建立"，并鼓励地方积极开展试点工作。《方案》的印发，为长江三角洲地区工业废盐提供了一条新的出路。浙江省多个沿海城市根据文件精神，抓住"无废城市"创建的契机，率先将废盐排海试点写入本市"无废城市"规划中。

然而，废盐排海存在以下四个方面的难点：①缺少指导文件。建设废盐排海试点，在全国范围内没有先例可循，是探索性和开创性的工作。虽然《方案》中明确鼓励地方政府积极开展试点建设，但在缺乏上位指导文件的情况下，地方生态环境主管部门很难把握管理尺度和要求，给管理者带来了一定的风险，增加了试点工程的不确定性，减低了相关企业的积极性。②缺少污染控制标准。目前国内没有针对农药废盐排海的污染控制标准或相关技术规范，可供参考的仅有污水排放标准，且大多只针对常规污染物，无法涵盖农药废盐中的特征污染物。各地海洋环境也存在差异，借鉴其他国家和地区的标准或者采用统一的标准可能存在不适用的现象。③缺少成熟的无害化处置技术。农药废盐属于危险废物，对环境的危害风险很大，难以实现精细化管控。尽管我国对农药废盐无害化处置技术的研究较多，但废盐种类繁多，不同种类和来源的废盐需要采用不同的处理工艺，无法使用标准化设备，技术重现性较差。而且，大多数废盐具有较强的腐蚀性，可能影响设备使用寿命，高温反应还存在结焦、积料不稳定运行的情况。④缺少对海洋环境影响的了解。农药废盐的排放可能会对局部海域含盐量产生影响，进而对海洋生物产生影响。部分农药废盐中含有二噁英等持久性有机污染物，该类污染物的含量往往只有痕量级，但因其具有累积毒性，长期排放对海洋环境的影响目前暂不明确。

3.4.2.6　农药废盐利用和处置对策建议

1. 加强顶层设计，从源头降低废盐环境风险

农药废盐品质较差，其中含有多种有机污染物，存在着较大的环境风险，因此无论采用何种利用处置方式，都必须首先进行无害化处理，实现废盐的环境风险可控。农药废盐产生环境危害的源头在农药废母液，为此应首先采取技术措施对废母液进行"去毒"，通过改进农药生产工艺、提高农药产品收率等措施，大幅度削减废母液中的有毒有害物质含量，从源头降低废盐的环境风险，为后续利用处置打下基础。

2. 分类收集废盐，降低预处理难度

不同农药产品的废盐所含杂质的成分和含量都不同，预处理技术路线和参数也不一样。另外，不同成分的废盐综合利用方式不同。因此，建议在产生节点将不同成分的废盐进行分类收集，形成单盐，避免产生混盐，降低废盐预处理的难度，提高废盐综合利用水平。

3. 多技术联用，去除农药废盐中污染物

废盐的不同处理技术具有不同的优势。①高温熔融技术处理彻底，产品纯度优于其他工艺，但耗能高且可产生烟气夹带；②分级碳化工艺温度低，但产品需进行不断检测，以保证无害化处理，目前市场认可度较高，我国已有少量实际案例，尚无普遍推行的设备和工艺；③氧化法处理效率低、成本高。农药生产工艺多样，原材料复杂，直接导致不同农药产品生产过程产生的废盐组分、杂质成分、含量及污染特性复杂多样，单独使用一种处理技术难以满足资源化利用和排海的要求，建议根据废盐的特点选择多种技术组合的方式提高废盐中有机物的去除效

果。有机物低温碳化工艺成套设备的开发、多种组合式工艺的应用将是废盐有机物处理的主流方向。

废盐极易腐蚀设备、管道和阀门，引起跑冒滴漏和设备故障，检修率较高，绝大多数废盐处理工艺的生产连贯性不强、停产检修耗时长、设备利用率低，难以实现连续性生产和自动化控制。因此，建议针对目前农药废盐处理工艺存在的问题，开发工艺流程简单、防腐技术成熟、设备选型等级要求不高、易于推广、平稳高效连续运行和自动化控制的技术，在技术创新型农药废盐处理企业开展技术应用示范，加快推广应用稳定性强、二次污染少的技术，构建高效、清洁、低碳、循环的绿色发展体系。

4. 制定污染控制标准或技术规范，促进废盐综合利用

废盐用作氯碱、纯碱、融雪剂、水泥助磨剂、肥料等化工原料时，由于缺乏相关的污染控制标准或技术规范，是造成废盐综合利用过程二次污染的关键，也是引起大多数企业提取含有多种有毒有害物质混盐的主要原因，致使综合利用带来的环境风险不明，从而使得综合利用受阻。总体来看，目前农药废盐利用的污染控制标准或技术规范的发展显著落后于农药工业生产的发展。建议制定典型农药废盐利用处置污染控制标准或技术规范，明确给出废盐每一种综合利用方式所推荐的废盐预处理技术及技术参数、预处理所得到盐中的有毒有害物质限值及用法用量要求。使得农药废盐综合利用企业操作运行和政府审批监管部门对该类利用项目的审批有据可依，从而防控农药废盐综合利用全过程中的环境风险，促进农药废盐的有效综合利用。

制定农药废盐污染控制标准或技术规范建议开展以下四方面的研究工作：①污染特性研究。对我国农药行业废盐的种类、产生量、产生节点工艺过程、污染物种类情况开展调研，并开展相应的污染物检测工作，基本掌握农药废盐中污染物种类及其污染水平。②利用处置技术研究。调研我国主要种类农药废盐的利用处置技术现状，包括主要的利用方式和途径、有机物脱除等处理技术和脱除程度，以及利用方式和利用过程中的污染控制技术措施、废盐的分离纯化技术等处置情况及相关政策进行文献调研和现场调研。③利用处置过程污染控制评估。调研废盐利用过程中污染控制标准现状、污染控制技术措施，并选取典型废盐的典型利用工艺，开展利用污染物迁移转化规律对美国、欧盟、日本、新加坡等地的农药行业废盐利用方式和利用过程中的污染控制技术措施、处置情况进行文献调研。④废盐利用产品风险评估。选取典型废盐的典型利用方式，建立利用产品的暴露场景，研究利用产品在后期使用过程中污染物的释放迁移规律、暴露量，开展废盐利用产品风险评估，得到风险可接受情况下废盐中污染物的限值。

5. 开展含盐废水排海的环境风险评估，促使盐回归自然

含盐废水中的盐度和可能存在的有机物会对海洋自净能力产生冲击，引起海洋热污染以及增加水体中溶解氧的减少、富营养化和毒性的风险。建议从以下四个方面开展农药废盐水排海的研究工作：①排海口选址研究。现阶段，以利用既有入海排污口为主，通过含盐废水的形式对农药废盐进行排放。排放前，需分析农药废盐排放后对排口周边海域的潜在影响，根据背景盐度、海洋洋流、扩散条件等，研究排口位置设置对生态红线、渔场、盐场等敏感目标的生态影响，确定排口选址要求。②污染排放标准研究。总结江苏、浙江开展的含盐废水排海处置试点工作经验，进行典型农药废盐水处理后的生态毒性试验，开展农药废盐水排海的环境风险评估。此外，充分调研和借鉴欧美、亚洲和拉丁美洲等一些国家的废盐水排海的相关公约、法律法规、现状、预处理技术、污染控制标准，确定污染物控制限值、用法用量技术参数、环境监测要求等，以常规污染物和特征污染物相结合的方式，形成含盐废水处理后污染物质和有害物质排放源头风险控制指标体系，制定农药废盐水排海的污染控制技术规范，在不违反国际公约和海洋生态环境安全的前提下将农药废盐水进行排海处置。③精细化管理和无害化处置技术研究。以排海污染物控制目标为基础，研究不同工业废盐的污染特性，建立工业废盐分级分类管理体系，并通过开展多源工业废盐高温熔融精制资源化利用与杂盐去毒无害化关键技术研究，解决不同种类及污染特性的工业废盐高温反应器结焦、积料等不稳定运行问题。④海洋环境影响研究。通过对排海口周边海域的跟踪监测，以各地区典型海洋鱼种胚胎发育毒性和海洋生态系统多样性指数分析为研究方法，研究工业废盐排海后对海洋环境的影响及应对措施，建立环境影响的生物毒理学和生态学指标体系，解决对海洋生物和生态环境的影响不明确和应对措施不确定的难题。

6. 无法综合利用的废盐进行填埋处置

使用内膜袋有效密封包装废盐，对废盐填埋过程中有机物和氯离子的释放都有显著的保护作用，另外，良好包装的废盐填埋堆层在降雨侵蚀下不易发生凹陷，大幅度降低发生二次污染的可能。因此，应使用内膜袋对无法综合利用的农药废杂盐进行有效密封包装，遵循《危险废物填埋污染控制标准》（GB 18598—2019）的要求，进入刚性填埋场进行填埋处置，减轻环境污染风险。

7. 建立"点对点"定向利用模式和园区集中利用模式

根据《国家危险废物名录》中《危险废物豁免管理清单》的要求，在环境风险可控的前提下，省级生态环境部门制定农药废盐的利用方案，建立农药废盐"点对点"定向利用模式，即将一家农药企业产生的废盐作为另外一家单位环境治理或工业原料生产的替代原料进行使用，此时利用企业不需要持有危险废物综合许可证，减轻利用企业申领危险废物综合许可证的压力，进而推动废盐的利用率。

农药废盐处理和利用属于资金和技术密集型产业，投资大、技术含量高、建设运行难度大，难以做到每个企业建设一条生产线。建议以园区为单位，建设农药废盐资源化利用中心，对废盐进行统一的预处理和资源化利用，实现废盐利用的专业化和规模化。尤其在江苏、四川、浙江、山东和湖北等农药产量大且企业较为集中的省份，根据农药企业的数量和分布进行合理布点，对园区乃至周边区域的废盐进行统一规划、集中预处理和综合利用。同时，通过园区产业之间的生产耦合，使物料、能量、产品在园区内产业之间进行循环，从而实现园区的污染"零排放"，加快构建农药产业整体布局合理的资源循环利用体系。

3.4.3   废弃包装物

3.4.3.1   概述

废弃包装物主要指包装袋和包装容器。包装容器尤其是化工行业废包装桶，是主要的危险废弃包装物。化工企业大量采用危险化学品做原料，既是工业包装物的主要使用行业，也是工业废弃包装物的主要产出行业，产生的废弃包装物具有可资源化和环境危害的双重属性，废弃包装物回收利用是发展循环经济的重要举措。

化工企业如合成材料、农药、染料、涂料等生产者大量使用种类繁多的化学品为原料或辅料，如乙烯、丙烯、苯、甲苯、二甲苯、甲醇、乙醇、硫酸、盐酸、硝酸、纯碱、烧碱、电石、化工助剂等，原料的形态有固体、液体或气体。废弃包装物集中产生在有机化学原料、合成材料、农药、染料、涂料等行业。

化工行业是国民经济重要的基础产业，化工桶需求量大，废化工桶环境风险高。钢桶、塑料桶、油漆涂料桶等化工桶，广泛用于化工行业的原料、产品等的包装。由于化工桶内盛装的化学物质残液来源复杂，危害性高，不仅具有毒性，有的含有剧毒和易燃易爆特性。

化工桶的清洗再生产业发展迅速，由于缺乏废包装容器处置利用全过程的污染控制技术标准，环境安全风险高。废包装桶的清洗再生涉及倒残、清洗、喷漆、干燥、造粒等工段，产生废水、废气排放问题。但是目前的废化工桶清洗行业由于缺乏必要的规范管理，无序化处置，小规模非法清洗、作坊式个体户在行业中大量存在，污染防治设施简陋，甚至缺失，废水废气肆意排放，造成环境污染。

制订废包装桶清洗再生污染控制技术规范是促进废弃包装物清洗再生产业高质量发展的必然要求。钢桶和塑料桶是主要的化工原料、产品的包装物，广泛用于石油、化学、涂料/油漆等行业包装。由于其材料的特殊性，均具有良好的可再生性。目前全世界都把钢桶、塑料桶再生利用作为资源循环利用产业。按照欧美和日本发达国家的测算标准，每生产一个新钢桶的碳排放量是生产 8 个再生钢桶的碳排放量。欧美和日本生产的标准钢桶可以使用 5 次以上，其中欧洲钢桶回收率达 80.5%，北美钢桶回收率达 75%，日本所有新钢桶厂都有旧桶回收再生生产线，回收再利用率达 60%，而我国的回收利用率不到 20%。据统计，全国大约有297 家涉及废包装桶清洗再生的企业，实际处置量大约 1160 万个，回收利用率较低。塑料原料是以石油、煤炭为原料的化工产品，因此再生塑料的循环使用能够削减对石油、煤的消耗。据统计，每收回处置 1 t 废旧化工塑料桶，相当于节省 5 t 石油、减排 3.75 t 二氧化碳。此外，塑料桶、再生塑料还可大大减少废旧塑料对环境的污染。

目前废包装桶的清洗再生由于缺乏环境管理规范，导致企业在接收、运输、处置利用废包装桶过程中忽视残留液的危险特性带来的环境安全风险，在残留液倾倒收集、清洗废水处理、密闭操作、废气收集处理等方面存在诸多问题，导致清洗再生行业中小作坊式清洗企业长期存在，技术水平和集中度不高，再生利用率低，影响了废包装桶清洗再生产业的高质量发展。

国务院《关于加强环境保护重点工作的意见》提出了建立健全环境风险管理制度的要求，《国家环境保护标准"十三五"发展规划》提出要按照全过程管理与风险防范的原则，进一步完善固体废物收集、贮存、处理处置与资源再生利用全过程的污染控制标准体系。按照《名录》HW49 其他废物 900-041-49 "含有或沾染毒性、感染性危险废物的废弃包装物、容器、过滤吸附介质"属于危险废物。废化工桶盛装的化学品基本属于危险化学品，其残留液具有危险化品特性，废化工桶属于危险废物。

欧美国家已经建立了以环境与健康风险评估为基础的污染防治安全管理体系，对废物处置全过程和资源化产品应用过程进行了风险评估。根据污染物的污染途径和不同管理环节的环境风险程度，确定管理的关键环节、采取相应的管理措施，实现固体废物处置的分级管理。

废包装桶清洗再生的污染主要由桶内残留液和桶外沾染物引起，并涉及废包装桶运输、清洗废液、废气的排放控制。通过对废包装桶在不同途径和不同环境管理环节进行风险评估，并制定出废包装桶清洗再生污染控制规范，不仅可以控制环境污染，而且可以实现废弃包装物在不同环节的分级管理，降低管理成本，减轻企业负担，促进废包装桶清洗再生企业健康发展，这也是落实《固废法》危险废物分级管理要求的重要举措。

3.4.3.2 废包装容器处置利用现状

1. 废弃包装物基本情况

目前包装桶有 4 大类：金属包装桶，包括钢（铁）桶、铝桶、钢罐和钢箱等；塑料包装桶，包括塑料桶、塑料罐等；木质包装桶，包括胶合板桶、木琵琶桶和天然木箱 3 种；纸质包装桶，包括硬纸板桶、瓦楞板桶、钙塑板桶等。包装桶的材质主要以铁和塑料为主，化工行业常用包装物是包装桶。常见的各种化学包装桶规格材质可见表 3-15。桶可按容积的大小分为超大型、大型、中型、中小型和小型 5 种，其中 1000 L 及以上的为超大型桶，主要以塑料桶或聚乙烯材质为主；100 L 以上的为大型桶，其中 200 L 的圆柱形桶最为常见，也是我国化学包装桶主要的消费和运输品种，其形状、颜色各异；容积低于 25 L 的为中小型和小型桶，主要以塑料桶为主，铁皮桶主要用以盛装涂料、油漆等精细化工产品。

表 3-15　常见化学包装桶的规格材质与用途表

类型	规格	容积（L）	材质	用途
超大型桶	吨桶	≥1000	聚乙烯	可盛装化学原料、染料
大型桶	小口大蓝圆桶	200	原颗粒再生混合料	可盛装化学原料、染料
	大盖大蓝圆桶	150	原颗粒再生混合料	可盛装化学原料、染料
	广口铁皮桶	200	铁	可盛装化学原料、染料
	小口铁皮桶	200	铁	可盛装化学原料、染料
	小口中蓝圆桶	100	原颗粒再生混合料	可盛装化学原料、染料
中型桶	大盖中蓝圆桶	50	原颗粒再生混合料	盛装强酸碱等化工原料
	大盖中白圆桶	50	聚乙烯元颗粒	盛装食品及化工原料
中小型桶	化工蓝方桶	25	原颗粒再生混合料	盛装强酸碱等化工原料
	化工白方桶	25	聚乙烯元颗粒	盛装食品及化工原料
	化工白扁桶	25	聚乙烯元颗粒	盛装食品及化工原料
	大盖化工蓝圆桶	25	聚乙烯元颗粒	盛装强酸碱等化工原料
	化工蓝长方桶	25	原颗粒再生混合料	盛装强酸碱等化工原料
	标准磷酸桶	20	聚乙烯元颗粒	盛装强酸碱等化工原料
小型桶	标准机油桶	18	聚乙烯元颗粒	专用于盛装各种润滑油
	白扁桶	10	聚乙烯元颗粒	盛装食品及化工原料
	白扁桶	5	聚乙烯元颗粒	盛装食品及化工原料
	黄扁桶	5	聚乙烯元颗粒	可盛装化学原料、染料

续表

类型	规格	容积（L）	材质	用途
	机油桶	5	原颗粒再生混合料	专用于盛装汽车机油
小型桶	白扁桶	4	聚乙烯元颗粒	盛装食品及化工原料
	铁皮圆桶	10	铁	涂料、油漆、食品添加剂

其中，200～250 L 的包装桶以铁桶居多，占 67.49%；10～50 L 的包装桶以塑料桶居多，约占 62.58%，1000 L 吨桶均为塑料材质。200 L 及以上的包装桶具有清洗再生的价值，也是目前市场废包装桶清洗处理企业的主要处理对象。目前废包装桶的主要利用途径是再生包装桶和再生材料。主要的清洗技术是湿法清洗和干法清洗。

2. 制备再生桶技术

废包装桶清洗制备再生桶的方式主要有湿法和干法清洗两种，主要以 200 L 大型化工桶为主。

1）湿法清洗

湿法清洗是将包装桶的残余物倾倒干净，然后通过水、溶剂等清洗剂对废桶进行清洗，废水再生循环利用，桶烘干后进行外部清洗和补漆，经检验合格变成成品桶再利用。湿法清洗的关键点是清洗剂的选取、自动化清洗以及废水的循环再利用。主要工艺包括吸残，桶体全自动整边、整形，全自动内外清洗机清洗，全自动检漏机内外检查、组装，全自动喷砂设备外部抛光、喷粉作防锈处理，高温烘干，以及废水和废气收集处理。典型工艺流程如图 3-13 至图 3-17 所示。

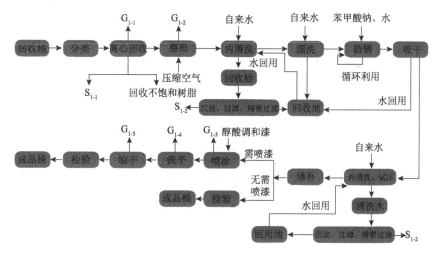

图 3-13　湿法清洗工艺技术 1

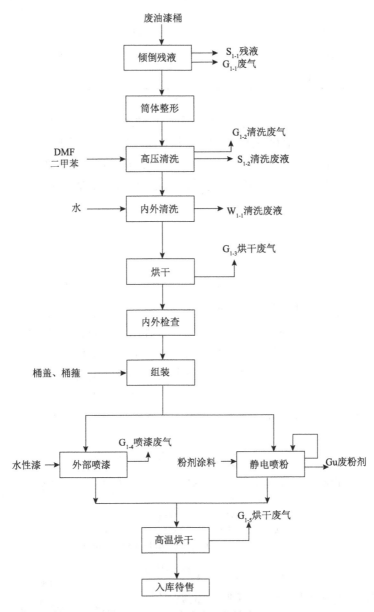

图 3-14 湿法清洗工艺技术 2

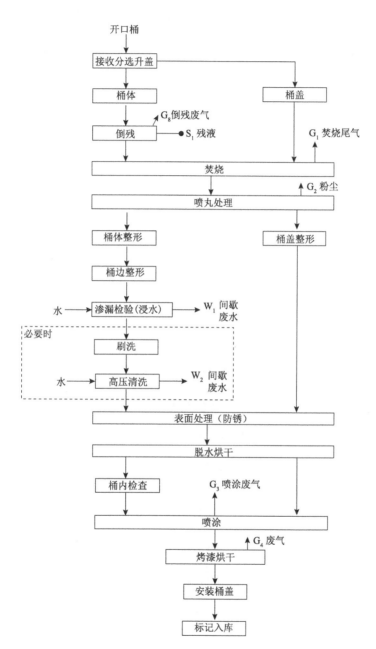

图 3-15 开口钢桶处理工艺

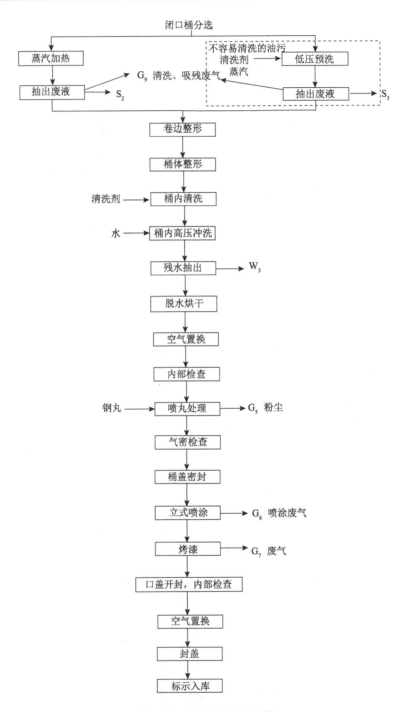

图 3-16 闭口钢桶处理工艺

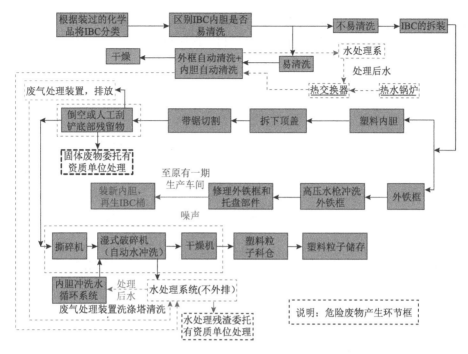

图 3-17   塑料吨桶（IBC）吨桶清洗再生工艺

2）干法清洗

干法清洗翻新技术主要通过加热方式将包装桶内残液挥发，主要由桶盖切除、密闭烘干、钢丝刷打磨、抛丸抛光四道工序组成，包括机械化倒料系统、密闭烘干系统、内部抛光加工系统、自动化整形系统、产品组合系统。根据加热方式不同，主要有热解、回转窑、等离子体等工艺。典型工艺如图 3-18 所示。

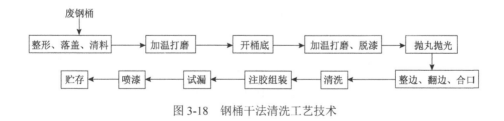

图 3-18   钢桶干法清洗工艺技术

3. 制备再生材料技术

制备再生材料的目的主要是作为原料替代利用。处理对象主要是小型包装桶、不具备再生桶制备条件的包装桶、残破桶等。首先对废包装桶进行倒残，再对废包装桶进行破碎等工艺处理，形成小片废料，作为生产原料再利用。铁质包装桶通过预处理进入炼钢炉处置或者小五金加工，塑料类包装桶制备成片状物进入造粒工艺作为原料使用。主要有炼钢炉处置利用铁质包装桶、热解焚烧处置和塑料包装桶清洗粉碎三种技术（图3-19至图3-21）。

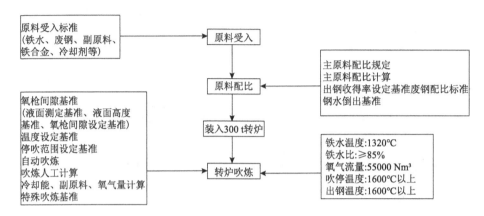

图 3-19　铁质包装桶转炉炼钢工艺

图 3-20　塑料包装桶清洗粉碎工艺

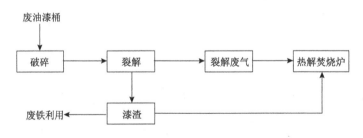

图 3-21　油漆涂料桶热解焚烧处置工艺

3.4.3.3　废包装桶环境管理

1. 废包装桶残留液性质及污染

废包装桶污染主要来源于桶内的残留液组分及残留量。残留液组分与盛装物有关，盛装具有腐蚀性、毒性、反应性、易燃性等特性化学品的废包装桶均为危险废物,如溶剂、树脂、涂料、油漆、助剂、酸碱等。物料的残留量与物料黏度及桶的容积直接相关,黏度越大物料的残留量越大,容积越小其相对残留量越大。对于 200 L 的包装桶,油漆、涂料、树脂等高黏度物料的残留量为 0.5%～1.5%,溶剂类的低黏度的物料残留量为 0.005%～0.5%;对于 25 L 以下的废包装桶,油漆、涂料、树脂等高黏度物料的残留量为 0.5%～2%,溶剂类的低黏度物料残留量为 0.5%～2%。

由于残留液性质、含量以及清洗利用方式的不同,废包装桶在运输、贮存、处置利用等环节呈现出不同的污染特点。运输环节的风险主要是残留液的性质和泄漏,处置利用环节主要是残留液倾倒、清洗再生过程产生的清洗废水,以及密闭条件好坏产生的废气和制备的再生材料中的残余物质的污染。

2. 废包装桶运输过程豁免管理

废包装桶运输过程的环境污染主要来自于桶内残留液。其污染与桶的厚度、残留液的量有关。主要的风险是残留液泄漏和气体挥发。运输方面的污染控制主要是防止残留液泄漏和挥发。

美国在这方面的经验值得参考。美国《资源保护与回收法》(RCRA)中对危险废物进行了分类,40CFR(联邦法规)264/265 对危险废弃包装物管理进行了描述,对空容器、残余物处置进行了说明。满足下列条件的可免除危险废物运输管理:

(1)使用可操作的工具如泵、抽气装置、浇筑等手段将容器内废弃物排除干净。

容器底部残渣不超过 2.5 cm。

对于小于 450 L 的容器,残余物质量小于总质量的 3%。

对于大于 450 L 的容器,残余物质量小于总质量的 0.3%。

对于装有危险废物的是压缩气体的,放空到大气压。

(2)对于装有严重危险废物的容器,具备以下条件可免除危险废物管理:

对于装有化学品和中间品的容器,用相容溶剂洗涤 3 次。

通过其他文献资料中介绍的或产生单位通过试验可将容器清洗干净的技术。

金属桶或者油桶的桶身厚度不小于 0.82 mm,顶盖厚度不小于 1.11 mm 才可以再生利用。这里最小厚度是指钢桶最薄点的实际厚度,而不是钢桶标注的公称厚度。对于不满足豁免条件的只含有有害物质残余物的空包装,应按其先前含有较多有害物质时的方式运输。

3. 国内废包装桶环境管理

废包装桶的处置利用过程主要涉及倒残、清洗、烘干、喷漆等工序,污染主要是清洗废水处理、密闭空间废气收集以及残渣的收集贮存。

1）废水处理

废水主要是湿法清洗工艺产生的。由于废弃桶内残留液化学物质繁多，清洗剂种类缺乏统一规范，废水成分比较复杂，主要由清洗废水、喷漆废水、设备清洗水、初期雨水等组成，经厂内污水处理站预处理达接管标准后接管进入污水处理厂统一处理。目前包装桶清洗设备的废水，缺乏分类清洗、分类收集及分类处理，废水处理设施不完善，清洗多从成本考虑，缺乏从源头减排和环境保护角度考虑的设计和工艺。常见的污水处理工艺见图 3-22。

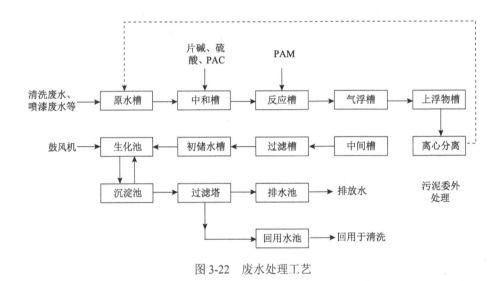

图 3-22　废水处理工艺

目前国家废水排放标准体系中没有废包装桶清洗污水排放标准。调研发现，清洗企业排入区域污水处理厂管网的生活污水执行污水综合排放标准三级标准，生产废水经厂内废水处理站处理达到污水处理厂尾水排放标准方可纳管。污水中 pH、COD、SS 执行《污水综合排放标准》（GB 8978－1996）表 4 中的三级标准，NH_3-N、TP、TN、LAS、氟化物、石油类执行《污水排入城市下水道水质标准》（CJ 343—2010）表 1 中的 B 等级。

2）废气处理

废包装桶废气主要来源于桶内残液倾倒、残液加热挥发、喷丸、喷漆等工序。废包装铁桶热解炉处置时产生的焚烧烟气净化处理，一般采用急冷+消石灰、活性炭喷吹＋布袋除尘的技术路线，处理后通过 25 m 高烟囱排入大气。工艺如图 3-23 所示。

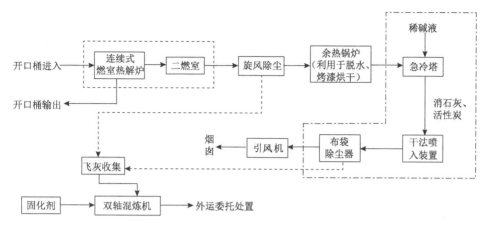

图 3-23 废包装铁桶热解炉处置烟气净化工艺

目前废包装桶清洗企业废气处置设施普遍简陋，刺味扑鼻。倒残、喷漆及烘干废气中主要为水汽及挥发的有机废气（以 VOCs 计），风量大、浓度低。有组织废气没有独立排放标准，执行《大气污染物综合排放标准》（GB 16297—1996）表 2 中的二级标准；厂界无组织废气排放执行《挥发性有机物无组织排放控制标准》（GB 37822—2019）；干法热解废气参照《危险废物焚烧污染控制标准》（GB 18484—2001）表 2 中标准；VOCs 排放按照非甲烷总烃计，执行地方工业废气排放标准，最低可达到 50 mg/Nm^3。规范的企业一般采用除漆雾水雾后再进入活性炭吸附浓缩后催化燃烧方法进行净化处理，可最大限度地去除有机污染物，有机废气去除率达到 95%以上。典型工艺如图 3-24 所示。

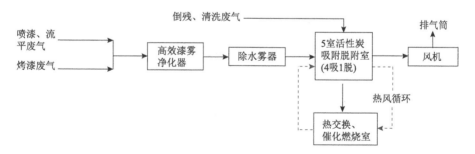

图 3-24 废包装桶处置利用 VOC 典型净化工艺

4. 国外废包装桶处置利用技术及污染控制

1）美国

美国将废包装桶主要分为废钢桶、废塑料桶和塑料吨桶（IBC），主要材质是金属和塑料。废包装桶在内部预冲洗、热水清洗、漂洗，以及外部清洗等环节，都会产生废水排放。包装桶清洗工业（ICDC）设施的其他废水来源包括泄漏测试、空气洗涤废水、油漆房水幕废水、雨水径流。美国环境保护署认为，一部分 ICDC 设施废水通过集中处理实现零排放，另一部分设施废水通过土地或蒸发法方式处理，还有一些 ICDC 设施通过回收或再利用 100%的废水实现零排放。典型的包装桶清洗、焚烧工艺、IBC 清洗工艺如图 3-25 至图 3-27 所示。

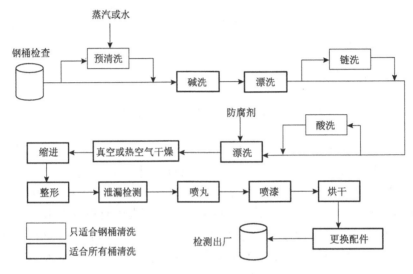

图 3-25　美国典型包装桶清洗工艺

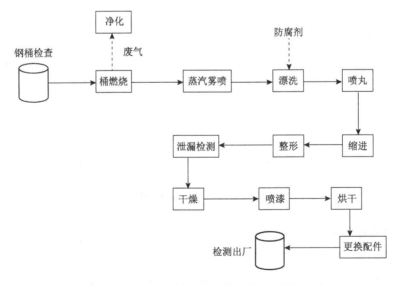

图 3-26　美国包装桶燃烧处置工艺流程

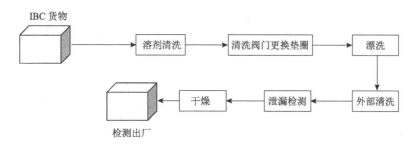

图 3-27 美国 IBC 清洗工艺

ICDC 废水的主要污染物来源包括残留物质以及用过的化学清洗剂。美国环境保护署对废水中的 10 种物质进行了跟踪研究，发现废水中包括挥发性有机物、半挥发性的有机物、金属、杀虫剂/除草剂、二噁英/呋喃；己烷萃取物、经硅胶处理的己烷萃取物（SGT-HEM）、生化需氧量（BOD_5）、总悬浮固体颗粒（TSS）、氯、总有机碳（TOC）、化学需氧量（COD）、氨氮、硝酸盐和亚硝酸盐氮、总磷和总氰化物等。未经处理的废水污染物负荷主要（80%～99%）是由传统污染物如化学需氧量、固体、油脂和生化需氧量造成的。金属约占废水污染物负荷的 1%～20%，挥发性和半挥发性有机物约占污染物负荷的 0.2%～3%。在 2000 年和 1980 年代中期，ICDC 设施常用的污水处理技术包括调节 pH、重力沉降等，油/水分离、化学沉淀，然后是澄清或空气浮选，以及污泥脱水。废包装桶清洗水处理和再循环工艺如图 3-28 所示。

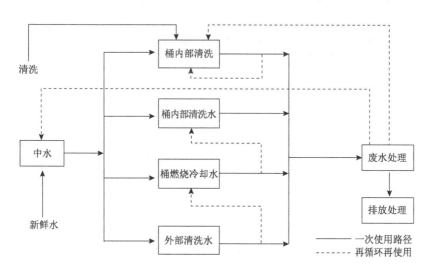

图 3-28 美国废包装桶清洗工业水循环

2）日本

日本废弃包装物法律法规主要是《废物处理和公共清洁法》，其下还有《容器和包装物的分类收集与循环法》。1995年日本颁布了《容器包装物再生利用法》，并于2006年修订该法。日本环境省及相关部门则发布了相应条例和细则，如《容器包装物再生利用法在市町村和都道府分类收集的推广计划》《有关容器包装废弃物分类收集条例》《关于特定容器制造商强制性回收特定产品的条例》等。

外观完好无机械损伤的闭口钢桶翻新处理工艺如下：投入完好的预备内部清洗的旧钢桶→自动开盖设备拧下大、小桶口盖→桶内进行酸洗→不合格再酸洗直到合格→喷丸处理钢桶外部旧涂层→钢桶气密性检验→外部涂装→烘干→抛丸→涂装。钢桶表面平滑，外观质量良好。

外观变形的闭口钢桶的再生处理工艺：机械矫正桶底顶卷边变形（卧式桶底顶整形装置）→机械矫正桶身变形（卧式桶身整形装置）→吸出桶内残留的液体→桶内部自动喷射清洗→烘干桶内水分（热风干燥炉）→桶内部检验→空气置换（防止结露）→成品检验（目视、气密等）→入库保管。

不锈钢桶再生处理工艺：投入不锈钢桶→自动卸大、小桶口盖→桶内通入蒸汽加热剥离标签→清洗不锈钢桶外部油污→自动输送至桶内部喷射清洗→用热风干燥炉烘干桶内水分→用干燥空气置换桶内空气→浸入水槽进行气密性检验→成品检验。

采用废气催化燃烧炉及废水处理设备等对排放的污染物进行处理。日本环保局制定了《通过削减成本和工作环境的改善来控制工业清洗的VOC排放自愿措施手册目录》，通过改善清洗过程、引入代替清洗剂、回收利用、采用密闭清洗系统等几个方面对清洗剂VOC的排放进行系统性的控制，见表3-16。

表3-16　日本减少工业清洗作业过程中VOC排放量的主要措施

措施的类型		具体方法	VOC排放控制效果
清洗工艺改进	操作改进	程序启动/停止	—
		减少清洗设备周围的气流	约60%～90%
		Dwell法检验	大约15%～80%
		减少被清洗物品中流出的液体	约80%
	设备改进	局部排放方式的改变	70%～85%
		安装盖子/覆盖	80%
		适当的冷凝效果	0～30%
		确保自由板比率	20%
引入替代清洗剂	水型、半水型、烃类、卤素（氟、溴）等清洗剂	100%（不包括替代物的排放）	
引入回收再利用装置	活性炭吸附法 低温冷凝法	60%～80%	
封闭/密闭设备	减压蒸汽清洁系统 密闭清洁设备	70%～80%	

3）欧盟

欧盟最佳可行性技术指南要求，桶装液体应在倒空后进行清洗和破碎，破碎后再对碎片进行清洗，残液进行规范处置。包装桶在交付和清空后，车辆/构筑和容器/集装箱可以现场清洁（例如，根据与运输公司的协议）或非现场清洁，也可以在容器处置后，如果附着的残留物没有危害，容器可以被再次用来运输类似的废物。

清洗方式包括手动雾化设备清扫、高压冲洗或者刷扫等。清洗过程一般由计算机通过传感器控制，由水厂提供两台 132 kW 高压泵，最大清洗能力为每小时 10 个集装箱，清洗废水处理后进行循环利用。通过切割、处置和洗涤站释放出的挥发性有机化合物，由连接到通风装置的抽油烟机收集到焚化炉处理。

欧盟的危险废弃包装物法令没有单独的说明，其体系是在最佳可行性技术的基础上进行排放控制。在《工业排放指令》（Industrial Emissions Directive）2010/75/EU 最佳可行性技术中对危险废弃包装物的清洗利用技术进行了说明。桶清洗、罐车清洗、设施清洗以及工艺（废弃物运输过程、干燥等）废水的许可控制指标如表 3-17 所示。

表 3-17　欧盟包装桶清洗废水设施许可控制值

物理化学参数	允许极限值[①]
pH	5.5～9.5
最大温度	30～45℃
TSS	30～60
COD	50～300
碳氢化合物	2～10
BOD_5	30～40
凯氏 N	n.a.～40
总磷酸盐 1～10	1～10
TN	10～50
游离氰	0.1
Cd	0.05～0.2
Cr（Ⅵ）	0.01～0.1
总 Cr	0.02～0.5
Cu	0.03～0.5
Fe	10～15
Hg	0.05～0.15
Ni	0.05～0.5
Pb	0.05～0.5

续表

物理化学参数	允许极限值①
Sn	0.01~2
Zn	0.3~2
总金属离子*	10~15

* Sb + Co + V + Tl + Pb + Cu + Cr + Ni + Zn + Mn + Sn + Cd + Hg + Se + Te。

① 除 pH 和最大温度外，其余单位为 mg/L。

固体废物热氧化制备燃料过程中非甲烷总烃限值是 10~50 mg/Nm³，液体废物热氧化再生、活性炭再生制备燃料过程中非甲烷总烃限值是 10~110 mg/Nm³，危险废物处理厂的 VOC 不超过 50 mg/Nm³。

5. 我国废包装容器处置利用环境污染控制

我国的固体废物再生利用法规包括《清洁生产促进法》、《环境保护法》、《固废法》、《节约能源法》和《可再生能源法》等。环境污染控制标准主要以行业为主，固体废物再生利用的环境管理体系仍处于完善阶段，还未出台废包装容器污染控制方面的法规。只有几个涉及包装桶的相关规范，如《包装与环境　第3部分：重复使用》（GB/T 16716.3—2018）、《包装容器　钢桶　第1部分：通用技术要求》（GB/T 325.1—2018）、《废钢铁》（GB 4223—2004）、《废塑料再生利用技术规范》（GB/T 37821—2019）、《废塑料综合利用行业规范条件》均没有涉及危险废弃包装物。《废钢铁》对废钢利用的条件作出了要求。这些标准规范只是规定了包装桶本身的产品性质方面的内容，对于废包装桶在收集、贮存、处置利用过程产生的污染及环境管理并没有明确的规定。

3.4.3.4　典型废包装容器分级分类管理

废包装容器环境管理涉及收集、贮存、运输、再生利用处置环节。典型废包装容器包括废化工包装桶、废油漆涂料桶、废酸桶、废溶剂包装桶等。主要特指《国家危险废物名录》HW49 "其他废物" 中所列的含有或沾染毒性危险废物的废包装容器。

1. 废弃包装物分级标准

废弃包装物分级分类的主要原则是根据沾染或含有毒性危险废物的危险特性及数量及桶的外观条件进行分类，分为一级、二级、三级。三级为高风险，二级为常规风险，一级为低风险。高风险危险废物纳入重点监管，中风险危险废物纳入常规管理，低风险危险废物在某些环节可豁免或简化管理。

三级废弃包装物指废包装容器含有或沾染的危险废物具有非常强烈的毒性化学物质污染特征。指废包装容器含有或沾染含有 GB 5086.6 剧毒物质名录、《剧毒化学品目录》中的物质的废包装容器。

二级废弃包装物指废包装容器含有或沾染除了《剧毒化学品目录》、GB 5086.6 剧毒物质名录中物质外的危险废物。容器底部残渣超过 1 cm。对于小于 200 L 的容器，残余物质量大于等于总质量的 0.1%；对于大于 200 L 的容器，残余物质量大于等于总质量的 0.3%，其具有较强的毒性污染特征。

一级废弃包装物指废包装容器含有或沾染除了《剧毒化学品目录》、GB 5086.6 剧毒物质名录中物质外的危险废物。容器底部残渣不超过 1 cm。对于小于 200 L 的容器，残余物质量小于总质量的 0.1%。对于大于 200 L 的容器，残余物质量小于总质量的 0.3%。其污染特征较弱，在某些环节进行豁免。

2. 豁免管理环节及条件

1）收集环节环境管理

外观良好，无破损、泄漏的一级、二级废包装容器收集环节实行豁免管理。

外观良好，无破损、泄漏的三级废包装容器收集环节按照危险化学品相关管理要求进行管理。

2）转移（运输环节）

外观良好，无破损、泄漏的一级、二级废包装容器未经修复、清洗，直接返回原化工原料生产厂家用于盛装与原有残余物一致的化工原料的，运输环节实行豁免管理。

外观良好，无破损、泄漏的三级废包装容器运输环节实行豁免管理。运输车辆具备"三防"措施，废弃包装物运输禁止与其他物品混运。车辆应配备应急处理设备；配备防暴晒、雨淋、高温以及猛烈撞击的措施。具有防泄漏、遗撒等措施。车辆应配备应急处理设备设施及防桶互相碰撞措施。

3）贮存环节

废弃包装物应单独分类收集；禁止将废包装容器内残液混合收集。废弃包装物应根据容器材质、残余液性质等分类分区、密闭贮存。贮存场所应具备防扬尘、防雨、防渗（漏）等措施，不得露天堆存。

4）利用处置环境管理

三级废包装容器直接从产生企业运往填埋、焚烧处置企业进行处置。采用填埋处置前应进行倒残和压块预处理。残液进行单独收集处理，残液不得进入填埋场填埋。采用焚烧处置的根据废包装容器材质、残液性质、体积及焚烧炉炉型，选择合适的倒残、压块路线进行焚烧，并满足危险废物焚烧处置企业相关技术要求。废包装容器配备单独、专用残余液收集、贮存设施，不得将残余液混收、混存。废包装容器干法再生工艺采用自动化程度高的工艺。其中倒残、烘干、喷涂等产生挥发性气体的工序环节应密闭操作，不能满足密闭操作的应具有局部废气收集装置和设施。产生废气集中收集至 VOC 净化设施后达标排放。

废包装容器通过溶剂、水等清洗剂采用湿法再生工艺的应具有废水收集、循环利用系统，应具有清洗剂加料、进水、搅拌混合等设施运行参数的自动化系统。清洗剂选择应满足 GB 38508 要求。

废包装容器生产再生材料工艺倒残、清洗、压锭、压延、破碎等环节配备相应的污染防治设施。

再生容器及再生材料通过目视检验或采用光照目测、表面擦拭的方法检查：在白光照射条件下，对容器的清洁性质量目视检查，采用带有干燥、洁净纱布的检验棒，伸入容器内，在容器内壁及底部位进行揩擦，检查纱布应无可视化学残留物或其他残渣，无水分。

在再生容器内离容器进料口 5～15 cm 处，参照 HJ 1012 标准，监测非甲烷总烃值不得大于 10 mg/m^3。再生材料无明显水分，无明显气味。其铁质再生材料满足 GB 4223；塑料、橡胶再生材料满足相应的再生材料行业相关标准或环境影响评价或相关协同处置利用标准。

废包装容器清洗企业厂区无组织排放满足 GB 37822 规定的排放浓度限值。废气集中排放满足 GB 16297 规定的排放浓度限值。

废包装容器清洗采用热解、回转窑等装置过程排放的大气污染物应满足 GB 18484 规定的排放浓度限值。在倒残、烘干、喷涂等挥发性有机气体的排放非甲烷总烃满足 70 mg/m^3。废包装容器采用焚烧处置排放的大气污染控制满足 GB 18484 标准。废包装容器采用填埋处置排放的污染物控制满足 GB 18598 标准。废包装容器处置利用企业噪声满足 GB12348 标准。废包装容器清洗再生企业收集的残余液、污泥等按照危险废物进行贮存，满足 GB 18597 标准。

第4章

危险废物利用处置污染控制

4.1 危险废物利用处置污染控制技术

危险废物的利用处置技术主要包括物理与化学处理法、生物处理技术、热处理技术、水泥窑协同处置技术及安全填埋技术。

4.1.1 物理处理技术

物理法目的是减小危险废物的体积以及毒性和迁移性，形成浓缩残渣。物理处理法是通过各种物理途径，如压实、破碎、分选、脱水、吸附、萃取、固液分离等，使危险废物浓缩、相变或形态结构发生改变，从而使危险废物便于贮存、运输或进一步处置。危险废物中的有害组分复杂多变，干扰因素很多，物理处理方法的选择需要从实际出发，往往是多种处理方法的组合。物理处理法可以大大降低危险废物的体积，特别适用于处理含水率较大的污泥、工业废渣以及其他体积较大的危险废物。

4.1.2 化学处理技术

化学法的目的是将有害物质经过化学反应变成无害物质，或利于进一步进行深度处理的物质。化学法通过向危险废物中加入化学品或通过施加光电等反应条件最大限度降低其危害性，主要包括化学中和法、沉淀法、氧化还原法等，主要适用于处理酸、碱、重金属废液、氰化物废液、氰化物、乳化油等。化学法是目前较为流行的危险废物的处理技术，但这种技术存在一定缺陷，成本高并且对技术要求高，因此推行起来有一定的困难。通用的化学处理技术特点如表4-1所示。

表 4-1 化学处理技术特点

技术名称	适用范围	优点	缺点
中和法	酸性、碱性废物处理	为后续氧化还原或生物处理提供合适的条件,缓冲腐蚀和结垢	属于预处理技术,构筑物需考虑防腐蚀

续表

技术名称	适用范围	优点	缺点
沉淀法	去除溶解性的有毒物质	效率较高、设备简单	消耗额外的化学试剂调节 pH，产生的沉渣难处理
氧化法	去除 CN、S、Fe 等无机物质，降低 COD 及致病微生物	使有毒有害物质降低毒性，处理效率高	所需试剂费用高，有可能带来二次污染
还原法	去除 Cr、Hg	更大限度去除 Cr、Hg 等重金属污染物	操作要求高，参数控制严格

4.1.3 生物处理技术

生物技术目的是利用微生物，对危险废物进行分解转化或浓缩富集，从而降低其危险特性或变得易于处理。微生物在危险废物的降解和转化过程中发挥着重大作用，例如微生物处理重金属，主要是通过氧化还原作用生产金属络合物，去除或降低重金属的毒性；部分微生物可以将二价汞转化为金属汞或者转化为一甲基汞和二甲基汞，金属汞挥发后可进行收集，从而达到对含二价汞危险废物的治理；大肠埃希氏菌和黑曲霉素等微生物在含二价镉化合物中生长时，体内能浓缩大量的镉。

常用的生物处理技术有堆肥技术、氧化塘技术、气化池技术、活性污泥技术等。生物处理在经济上一般比较便宜，最终产物少，应用更普遍，但处理过程所需时间长，处理效率不够稳定。

4.1.4 热处理技术

热处理技术是在一定温度和压力下改变废物的物理、化学和生物特性以及物质组成，从而实现危险废物无害化、减量化和资源化的一种技术。主要分为焚烧技术、湿式氧化、超临界水氧化技术和高温熔融技术等。以焚烧技术为例，焚烧技术主要适用于处理热值较高和毒性较大的危险废物，如废溶剂、废油类、塑料、橡胶、皮革、医院废物、制药废物、含酚废物等。焚烧技术的优点是迅速而高效地降低可燃物的体积，缺点是大型焚烧设备技术要求高、成本高，而且在焚烧中会产生大量气体和残渣，处理不当很可能形成二次污染。实际上，由于多种操作条件的影响会造成部分危险废物的不完全燃烧，有害物质或焚烧过程新产生的有害物质随烟气排出，因此需要对焚烧技术产生的排气和残渣进行监测和控制，其中重金属污染物在焚烧过程中可能转化为盐类或其他化合物随炉渣或烟气排出，重金属污染物的监测必须考虑到。气态物质的排放，按照国家危险废物焚烧大气排放标准执行，如表 4-2 所示。

表 4-2 危险废物焚烧设施烟气污染排放浓度限值

序号	污染物项目	限值（mg/m³）	取值时间
1	颗粒物	30	1 小时均值
		20	24 小时均值或日均值
2	一氧化碳（CO）	100	1 小时均值
		80	24 小时均值或日均值
3	氮氧化物（NO$_x$）	300	1 小时均值
		250	24 小时均值或日均值
4	二氧化硫（SO$_2$）	100	1 小时均值
		80	24 小时均值或日均值
5	氟化氢（HF）	4.0	1 小时均值
		2.0	24 小时均值或日均值
6	氯化氢（HCl）	60	1 小时均值
		50	24 小时均值或日均值
7	汞及其化合物（以 Hg 计）	0.05	
8	铊及其化合物（以 Tl 计）	0.05	测定均值
9	镉及其化合物（以 Cd 计）	0.05	测定均值
10	铅及其化合物（以 Pb 计）	0.5	测定均值
11	砷及其化合物（以 As 计）	0.5	测定均值
12	铬及其化合物（以 Cr 计）	0.5	测定均值
13	锡、锑、铜、锰、镍、钴及其化合物（以 Sn+Sb+Cu+Mn+Ni+Co 计）	2.0	测定均值
14	二噁英类（ng TEQ/Nm³）	0.5	测定均值

注：引自 GB 18484—2020。

4.1.5 水泥窑协同处置技术

水泥窑协同处置危险废物技术是指将满足入窑要求的危险废物投入水泥窑，在进行水泥熟料生产的同时实现对危险废物的无害化处置。欧美各国、日本等已经有近 50 年利用水泥窑协同处置危险废物的经验。水泥窑协同处置具有温度高、燃烧状态稳定、焚烧停留时间长、有效防止大气污染、能固化重金属元素等特点，能实现危险废物的减量化、无害化处置。水泥窑协同处置危险废物对设备的适应性与安全性的要求均很高，并且对处理过程中可能出现的危险情况及物料的复杂性均应充分考虑。

　　我国已经建立了《水泥窑协同处置固体废物污染控制标准》（GB 30485—2013），从设施、技术、入窑处置废物特性、污染物排放限值及水泥产品污染物控制等方面对水泥窑协同处置危险废物提出具体的要求。表 4-3 列出了水泥窑协同处置固体废物最高允许排放浓度。

表 4-3　水泥窑协同处置固体废物污染控制标准 ［单位：mg/m³（二噁英除外）］

序号	污染物	最高允许排放浓度限值
1	氯化氢（HCl）	10
2	氟化氢（HF）	1
3	汞及其化合物（以 Hg 计）	0.05
4	铊、镉、铅、砷及其化合物（以 Tl+Cd+Pb+As 计）	1.0
5	铍、铬、锡、锑、铜、钴、锰、镍、钒及其化合物（以 Be+Cr+Sn+Sb+Cu+Co+Mn+Ni+V 计）	0.5
6	二噁英类	0.1 ngTEQ/m³

注：引自 GB 30485—2013。

4.1.6　安全填埋技术

　　安全填埋技术是根据废物的不同性质，利用相应的固化剂对其进行固化、稳定化处理后以土地填埋方式进行处置的一种无害化处理方法。填埋法工艺比较简单，适用于处理多种类型的固体废物，被广泛用于国内外固体废物的处理。缺点是占用土地面积过大、可能产生有害渗滤液而造成二次污染问题。现代危险废物安全填埋场多为全封闭填埋场，设置有效的覆盖层以减少有害气体的逸出和地表水渗透，设置可靠的底部防渗层，加强渗滤液的收集，减少污染物在底层的转移。

　　我国《危险废物填埋污染控制标准》（GB 18598—2019）中规定了危险废物填埋场场址选择要求、设计、施工与质量保证，同时也规定了危险废物入场要求、填埋场运行管理要求及污染物排放控制要求等。表 4-4 列出了危险废物允许填埋的控制限值，表 4-5 列出了危险废物填埋场废水污染物排放限值。

表 4-4　危险废物允许填埋的控制限值

序号	项目	稳定化控制限值（mg/L）
1	烷基汞	不得检出
2	汞（以总汞计）	0.12
3	铅（以总铅计）	1.2

续表

序号	项目	稳定化控制限值（mg/L）
4	镉（以总镉计）	0.6
5	总铬	15
6	六价铬	6
7	铜（以总铜计）	120
8	锌（以总锌计）	120
9	铍（以总铍计）	0.2
10	钡（以总钡计）	85
11	镍（以总镍计）	2
12	砷（以总砷计）	1.2
13	无机氟化物（不包括氟化钙）	120
14	氰化物（以 CN⁻计）	6

注：引自 GB 18598—2019。

表 4-5　危险废物填埋场废水污染物排放限值（单位：mg/L，pH 除外）

序号	污染物项目	直接排放	间接排放	污染物排放监控位置
1	pH	6~9	6~9	
2	生化需氧量（BOD_5）	4	50	
3	化学需氧量（COD_{Cr}）	20	200	
4	总有机碳（TOC）	8	30	
5	悬浮物（SS）	10	100	
6	氨氮	1	30	
7	总氮	1	50	危险废物填埋场废水
8	总铜	0.5	0.5	总排口
9	总锌	1	1	
10	总钡	1	1	
11	氰化物（以 CN⁻计）	0.2	0.2	
12	总磷（TP，以 P 计）	0.3	3	
13	氟化物（以 F⁻计）	1	1	
14	总汞	0.01		
15	烷基汞	不得检出		
16	总砷	0.05		渗滤液调节池废水排放口
17	总镉	0.01		
18	总铬	0.1		

续表

序号	污染物项目	直接排放	间接排放	污染物排放监控位置
19	六价铬		0.05	
20	总铅		0.05	
21	总铍		0.002	渗滤液调节池废水排放口
22	总镍		0.05	
23	总银		0.5	
24	苯并[a]芘		0.00003	

注：①引自 GB 18598—2019；②工业园区和危险废物集中处置设施内的危险废物填埋场向污水处理系统排放废水时执行间接排放限值。

4.2 危险废物利用处置污染控制技术评价体系

4.2.1 污染控制技术评估现状

4.2.1.1 评估方法

国内外现代技术综合评估方法主要有层次分析法、灰色综合评价法、模糊综合评价法、德尔菲法、数据包络分析法、标杆分析法等。

1. 层次分析法

层次分析法（analytic hierarchy process，AHP）的基本原理是排序的原理，即最终将各方法（或措施）排出优劣次序，作为决策的依据。其基本思路是把复杂问题分成若干有序层次，建立起一个描述系统功能或特征的内部独立的层次结构，即模型树，根据对某一客观事物的判断把专家意见和分析者的客观判断结果直接而有效地结合起来，将每一层次元素两两比较的重要性进行定量描述。而后，利用数学方法确定每一层次中各元素的相对重要性次序的权重通过对各层次的分析，进而导出对整个问题的分析，即总排序权重。将人们的思维过程和主观判断数字化，不仅简化了系统分析与计算工作，而且有助于决策者保持其思维过程和决策原则的一致性，对于那些难以全部量化处理的复杂的公共管理问题，能得到比较满意的决策结果。在能源政策分析、产业结构研究、科技成果评价、发展战略规划、人才考核评价、发展目标分析以及安全科学和环境科学领域等的许多方面得到广泛应用。王海林等利用层次分析法构建模型对包装印刷行业挥发性有机物进行控制技术评估与筛选，表明活性炭纤维吸附为最佳控制技术，与实际较为相符，说明了 AHP 运用的可行性。张洁等从生态环境、经济效益以及技术三个方面建立火力发电脱硝方案综合评价指标体系，运用层次分析法和模糊三角数相结合的方法构建脱硝项目方案选择综合评价模型，对低氮燃烧（LNB）技术、选择性催化还原（SCR）技术、选择性非催化还原技术（SNCR）以及混合型脱硝（SNCR/SCR）技术进行分析，结果表明 SCR＞LNB＞SNCR/SCR＞SNCR，以此为西柏坡电厂 300 MW 装机容量机组选择最佳的脱硝方案为 SCR，运行至今状态良好。层次分析法为研究这类复杂的系统问题提供了一种全新的、更加简便实用的决策方法。

2. 灰色综合评价法

灰色综合评价法是一种基于专家评判的综合性评价方法。它以灰色关联分析理论为指导，根据颜色的深浅来显示信息的范围。其过程是：①建立灰色综合评估模型；②对各种评价因素进行权重确定；③进行综合评估。

灰色综合评价法近年来在风险评估、环境评价等领域广泛应用。章焱等采用多层次灰色综合评估方法，构建浮式生产储油装置（FPSO）外输作业溢油风险评价指标体系。王晓钰将灰色理论引入土壤环境重金属的污染评价中，使用灰色综合评价法对土壤重金属的污染进行评价，结果表明灰色综合评价法减少了在土壤污染综合评价中的主观人为因素，而且在实例研究中发现其可提高预算资金的有效使用率，是一种可行的评价方法。灰色关联度综合评价法的优点是信息利用中的失真小，信息利用充分；几何意义直观，应用方便；适用范围广。局限性是计算关联度时对样本采用平权处理，客观性差；同时，在参照序列的构造上有一定程度的主观成分，这给评价结论的客观性也带来一定的影响；并且该方法也只能用于两个以上评价对象的排序评价，评价结论同样具有"相对性"。其也经常与模糊综合评价结合起来使用，在实践中得到了比较广泛的应用。王启军采用 AHP 进行权重配，并利用灰色关联度综合分析法对火电厂常见烟气脱硫（FGD）技术进行评价，得到的最佳技术排序结果为：烟气循环脱硫＞石灰石-石膏法＞炉内喷钙尾部增湿法＞旋转喷雾法＞简易湿法，结果与模糊综合分析法分析的结果相符。史梦洁等利用模糊综合评价法量化定性指标，采用灰色关联度综合评价法对石灰石-石膏湿法脱硫系统综合能效进行评估，并对华北地区某燃煤电厂 2×330 MW 超临界锅炉机组进行分析，提出整改措施。

3. 模糊综合评价法

模糊综合评价法（FCE）利用模糊数学的理论和方法，对复杂的评估对象进行综合评价，从而得到定量的评估结果的方法。它具有结果清晰、系统性强的特点，能较好地解决模糊的、难以量化的问题，适合各种非确定性问题的解决。目前，FCE 是应用最广、效果最佳和发展较快的模糊数学方法之一，广泛应用于医学、建筑业、环境质量监督、水利等各个领域中。例如，李小文等以 Java 和模糊数学为基础并使用后台框架设计了医生综合评价系统。该医生评价系统评价指标多、评价结构严谨，可以科学公正地了解医生的综合表现。李延刚通过构建建筑工程项目施工进度评价体系，利用模糊综合评价法确定项目的优缺点，为加强进度控制提供依据。杨庆林运用模糊综合评价理论对江西柳林河总干渠下槐段施工过程中的质量进行评价，从理论研究和工程实践上证明了模糊综合评价理论对于水利工程的适用性。

4. 德尔菲法

德尔菲法（Delphi method）是由 O. Helmer 和 N. Dalkey 在 20 世纪 40 年代创立。德尔菲法的主要前提是假设群体意见比个人意见更有效和可靠。德尔菲法本质上是一种反馈匿名函询法，其大致流程是：在对所要预测的问题征得专家的意见之后，进行整理、归纳、统计，再匿名反馈给各专家，经过多次的集中与反馈，直至意见统一。

德尔菲法不仅可以用于预测领域，而且可以广泛应用于各种评价指标体系的建立和具体指标的确定过程。徐春霞等把德尔菲法和不确定统计相结合，得到了一种估计不确定分布的新方法——不确定德尔菲法，对该方法的估计误差进行了改进，得到了一种预测 GDP 的新方法，并利用该方法预测邯郸市的 GDP。何宇等采用德尔菲法建立精神卫生服务可及性评价指标体系，结果表明采用德尔菲法构建的精神卫生服务可及性评价指标体系具有较好的信效度、一定的科学性和应用价值。

5. 数据包络分析法

数据包络分析法（DEA）是 1978 年由美国著名运筹学家 A. Charnes 和 W. W. Cooper 提出的。它是一种定量分析方法，采用线性规划方法，根据多个输入指标和输出指标，评估同一单元的相对有效性。此方法及其模型广泛应用于不同行业和部门，而且在处理多指标投入和产出方面，有着自己的优势。

近年来，DEA 理论主要要在三大应用领域发挥着极大的优势，包括生产函数与技术进步研究、经济系统绩效评价和系统的预测与预警研究。胡求光等选取我国沿海 11 个省市 2010~2014 年的数据，运用数据包络分析法对我国海洋生态效率进行测度并分析，为今后我国海洋经济的可持续发展提供了一定的实证经验支持。张琳等构建了数据包络分析模型，应用该模型对影响高校图书馆学科服务团队建设绩效评价的各种因素进行实证分析。赵智繁等通过数据包络分析法，细化了企业财务危机的分类，筛选出了重要的预测变量，最后构建了企业财务危机预测模型，并对分类的企业财务危机有效性和预测的准确率进行了验证。

6. 标杆分析法

标杆分析法（benchmarking），简称标杆法，多用于企业运行管理，就是将本企业各项活动与从事该项活动最佳者进行比较，从而提出行动方法，以弥补自身的不足。是将本企业经营的各方面状况和环节与竞争对手或行业内外一流的企业进行对照分析的过程，是一种评价自身企业和研究其他组织的手段，是将外部企业的持久业绩作为自身企业的内部发展目标并将外界的最佳做法移植到本企业的经营环节中去的一种方法。实施标杆分析法的公司必须不断对竞争对手或一流企业的产品、服务、经营业绩等进行评价来发现自己的优势和不足。

该方法可以推广到任何行业的生产经营管控过程中，在进行分析时分为以下步骤进行：

（1）确定要进行标杆分析的具体项目，确定要在哪些领域哪些方面进行标杆分析。

（2）收集分析数据。包括本企业的情况和标杆的情况。分析数据必须建立在充分了解公司当前状况以及标杆（或标杆企业）状况的基础之上，数据应当主要是针对企业的经营过程和活动，而不仅仅是针对经营结果。

（3）实施方案并跟踪结果。

7. 其他方法

其他常用的技术评估方法还有成本效益分析法、专家打分法、灰色关联分析法和 DHGF 法等。

1）成本效益分析法

成本效益分析是通过比较项目的全部成本和效益来评估项目价值的一种方法。成本效益分析作为一种经济决策方法，将成本费用分析法运用于政府部门的计划决策之中，以寻求在投资决策上如何以最小的成本获得最大的收益。常用于评估需要量化社会效益的公共事业项目的价值。非公共行业的管理者也可采用这种方法对某一大型项目的无形收益（soft benefits）进行分析。在该方法中，某一项目或决策的所有成本和收益都将被一一列出，并进行量化。周斌根据华东地区城市污水处理厂的运行成本进行了测算并展开了综合分析，评价出单位成本效益较高的处理技术设施。

2）专家打分法

专家打分法是指通过匿名方式征询有关专家的意见，对专家意见进行统计、处理、分析和归纳，客观地综合多数专家经验与主观判断，对大量难以采用技术方法进行定量分析的因素做出合理估算，经过多轮意见征询、反馈和调整后，对债权价值和价值可实现程度进行分析的方法。专家打分法适用于存在诸多不确定因素、采用其他方法难以进行定量分析的债权。

3）灰色关联分析法

对于两个系统之间的因素，其随时间或不同对象而变化的关联性大小的量度，称为关联度。在系统发展过程中，若两个因素变化的趋势具有一致性，即同步变化程度较高，可谓二者关联程度较高；反之，则较低。因此，灰色关联分析方法是根据因素之间发展趋势的相似或相异程度，亦即"灰色关联度"，作为衡量因素间关联程度的一种方法。

4）DHGF 法

DHGF 集成法是将改进的 Delphi 法、层次分析法、灰色关联法、模糊评判法的成功之处集合而成，将实践经验和科学理论相结合的从定性到定量的综合评价方法，其理论基础是钱学森教授提出的从定性到定量的综合集成方法和顾基发教授提出的物理-事理-人理方法。

4.2.1.2　评估流程

经济合作与发展组织（OECD）科学技术政策委员会于 1974 年提出了技术评估的一般程序，共分为九个步骤：

（1）明确问题；

（2）弄清技术评估的实施范围及前提条件等；

（3）列举相关技术的替代方案；

（4）明确影响要素（影响的可能性，影响的种类、对象）；

（5）影响评估（影响的重要程度）；

（6）明确决策者（团体或个人）；

（7）明确利害关系者；

（8）替代方案的选择（选择可能的较优方案）；

（9）替代方案的综合评估和结论。

美国国家工程科学研究院进行技术评估时采用以下基本过程：

（1）详细认识评估的对象；

（2）明确评估范围，收集资料；

（3）为解决评估对象技术产生的问题，提出替代方案；

（4）明确承受该技术影响的对象及问题，并加以集中和归类整理；

（5）明确影响的程度及范围；

（6）评估影响；

（7）对提出的替代方案进行对比分析。

综上所述，根据技术评估的工作内容、原则和标准，技术评估的一般过程可以归纳为以下几个方面：

（1）明确评估目的。进一步明确用户关心的问题，明确评估报告最终要解决的问题，在此基础上限定评估范围，以免泛泛而论，不着边际。

（2）掌握技术概要。一是掌握技术开发的目的，明确所评估的技术的作用和开发方式。二是掌握技术内容概要，包括技术的性质；产品结构、工作原理；制造过程的输入输出情况；技术的支持系统和设施；技术的开发方法、费用、人员及试验方法等。三是掌握对比技术，即与评估技术作用相同、工作原理类似的现有技术，以此作为重要的对比对象。

（3）了解问题和社会环境。描述技术存在的各种问题及产生的原因、可能产生的后果和对社会环境的影响。

（4）分析潜在影响。首先是寻找影响，不仅要寻找"好影响"（或直接效果），更要发现"坏影响"（或负影响）；不仅关心直接影响，还要审视二次三次等高次影响。其次是进行影响的分析和整理，包括单个影响的分析和影响的相关性分析。

（5）查明非容忍影响。在影响分析的基础上，进一步评估各种影响，并找出是否存在非容忍影响。非容忍影响是存在致命后果的负影响，会带来巨大危害，如导致死亡事故、造成人体残废等。

（6）制定改良方案。若存在非容忍影响，则必须采取对策予以解决，一般有五种解决途径：①改良该项技术，即局部改变技术内容，使之不产生非容忍影响。②补救技术的开发，为了消除危害而开发另一技术进行补救。③限制使用，通过法律或产业内部协商严格规定技术的使用范围。④教育使用者，即通过指出正确的使用方法避免危害产生。这种措施只限于存在较微弊病的场合。⑤中断开发或停止使用。只有当以上四种对策均不见效时才采取这种方式。

（7）综合评估，即考虑该项技术可能带来的一切影响，包括正影响和负影响，权衡利弊，全面分析评估，确定最终的技术方案。

技术评估的一般流程如图 4-1 所示。

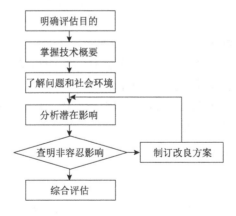

图 4-1　技术评估流程图

4.2.1.3   评估现状

评估指标的遴选可以参考国家相关部委的法律、法规等的指导性文件。例如，2009 年环境保护部科技标准司发布了《国家先进污染防治示范技术名录》和《国家鼓励发展的环境保护技术目录》，其中建立了用于先进技术评估筛选的指标体系，包括技术先进性、技术有效性、减排效果、污染物行业比重/处理难度、技术成熟度、前期工作基础、经济可行性、资源能源节约性、市场需求、技术依托单位综合实力十项评估指标。而环境保护部发布的《污染防治最佳可行技术评价导则（试行）》中，确定的最佳技术指标包括资源消耗和能源消耗、污染物排放、经济成本三项一级评价指标；二级指标有设备或设施单位处理能力的主原料消耗、辅料消耗、新鲜水消耗、占地面积、电耗、煤耗、气耗、综合能耗，水污染、大气污染、固体废弃物，投资成本、运行维护成本、收益避免费用等。

而评估指标遴选的方法主要有综合法、分析法、交叉法、指标属性分组法。

1. 综合法

综合法就是按照一定的标准进行聚类，将现有的评价指标体系群体系化的一种构造指标体系的方法。

2. 分析法

根据度量目标及度量对象的特性，将综合评估指标体系划分为多个组成部分或多个子系统。再对各子系统进行细分，得到子子系统。直到最后一级的子系统可以通过具体的统计指标来表示。分析法是构建综合评价指标体系最基本、最常用的方法。

该方法具体步骤如下：

第一步，对所要评价对象的内涵和外延作适当的阐述，剖析所研究系统的因子构成，确定评价的总体目标和各级子目标。

第二步，重复进行对各级子目标层的细化工作，直到确保每级子目标都可以通过一个或几个明确的指标来表示为止。

第三步，得出指标体系的层次结构，设置每个层次的指标。

3. 交叉法

交叉法是通过二维或更多维的相互交叉从而派生出一系列的统计指标，最终形成综合指标体系。当采用交叉法确定指标时，人们常常通过二维交叉（即通过矩阵的形式进行两两对比）得到统计指标。

4. 指标属性分组法

由于统计指标各自都具有不同的属性,按照指标的不同属性将指标进行分类,从而建立综合指标体系,这就是指标属性分组法。指标属性一般分为"动态"和"静态",每种属性中的指标还可根据"绝对数"、"相对数"和"平均数"等角度进行分类。例如在工业园区末端水处理技术评估时,根据统计指标的属性不同,可以分为环境特性指标、经济特性指标和技术特性指标等。

4.2.2　污染控制技术评估体系

4.2.2.1　技术评估的建立原则

（1）污染控制技术筛选方法及指标评价体系应贯彻污染综合防治的理念,坚持预防为主、防治结合的原则。

（2）污染控制技术筛选方法及指标评价体系应当遵循客观、科学、公正、独立的原则,采取技术、经济和环境效益相结合,定性与定量相结合,评价人员与评价专家相结合,工艺技术人员与行业管理人员相结合的方式进行。

（3）在技术筛选方法及指标体系的制定过程中应尽量避免受人为因素和主观因素的影响。

（4）在技术筛选方法及指标体系工作启动之前,应制定明确的技术筛选方法及指标体系编制工作程序,并严格按照工作程序开展制定工作。

（5）技术筛选方法及指标体系应体现技术的动态发展,随着污染控制技术的不断更新,纳入合理的筛选方法及评价指标,促进污染控制技术筛选的创新发展、持续改进与推广应用。

4.2.2.2　评估指标确立的依据

危险废物利用处置污染控制技术评估指标的确定,遵循指标易选取、独立、排他性、定性评价与定量评价相结合等基本原则。在危险废物产生现状、环境风险等调研分析的基础上,广泛搜集资料信息,包括产生行业、产生种类、产生规模、利用处置工艺流程、技术装备、能耗物耗、二次产污排污、控制措施、运行管理等,通过对技术特点、经济效益、环境效果、资源综合利用能力等的全面分析和在专家评价的基础上,形成危险废物利用处置污染控制最佳可行技术（BAT）评估筛选体系。

4.2.2.3 评估指标体系的建立

1. 评估指标体系建立的方法

本评估指标体系综合采用调查研究及专家咨询法和目标分解法。

调查研究及专家咨询法是指通过调查研究，在广泛收集有关指标的基础上，利用比较归纳法进行归类，并根据评估目标设计出评估指标体系，再以问卷的形式把所设计的评估指标体系，寄给有关专家征求意见的方法。

目标分解法是通过对研究主体的目标或任务具体分析来建构评估指标体系。对研究对象进行分解，一般是从总目标出发，按照研究内容的构成进行逐次分解，直到分解出来的指标达到可测的要求。

其中指标体系整体框架的搭建采用目标分解法，具体指标的选取综合采用目标分解法和专家咨询法。评估指标体系分三级指标，一级指标包括生产过程评价指标体系和末端治理评价指标体系，各指标下分若干二级指标，其中部分二级指标根据情况进一步细化为三级评估指标。

2. 评估体系的构成

危险废物利用处置污染控制技术评估指标体系主要包含目标层、准则层和指标层3个层次，如图4-2所示。其中，目标层为一级评价指标，反映了危险废物利用处置污染控制技术水平。准则层为二级评价指标，一般为具有普适性和概括性的指标。指标层中的各项指标在二级评价指标之下，是具有危险废物利用处置特点的、具体的、可操作的、可验证的若干指标。

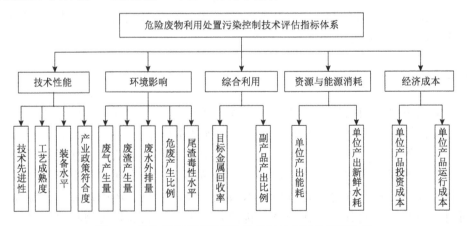

图 4-2 危险废物利用处置污染控制技术评估指标体系

4.2.2.4　评估模型的建立

层次分析法对解决评价、排序、指标综合和许多其他问题非常有效，但在评价实施过程中要求对各评价对象的因素集和各项技术进行打分，很难避免评价结果有一定的主观臆断性。而易于使用的模糊综合评价方法，对模糊、难以量化、非确定性问题的解决非常有效，其系统性强，结果明确。

在充分了解各种技术评估方法的基础上，选择适用于多个指标（同一种技术包括可靠性、稳定性、经济性等指标）和多个对象（对同一污染物有多种处理技术）的评估方法，即多变量综合评估方法。

层次分析-模糊综合评价法(AHP-FCE)是一种依据模糊集理论、最大隶属度原则，结合加权平均法，对系统的各种因素进行综合评价的方法，是一种对多因素影响的事物综合评价的有效途径，由韩利等提出。目前模糊综合评判的研究关键是科学、客观地将多标问题整合成单指标形式，以利于在一维空间进行综合评价，其根本问题就成了如何在评价过程中给这些指标科学、合理地确定权重。

综上所述，将层次分析法（AHP）和模糊综合评价法（FCE）结合起来，对危险废物利用处置污染控制技术进行综合量化评估。

1. 评估指标权重的确定

通过层次分析法确定各级评价指标的权重值。

1）建立评价因素集

依据建立的评价指标体系设定模糊评价因素集。假设某评价因素集（即指标体系）为二级指标体系。则对于一级指标，即主准则因素集，有

$$B = \{b_1, b_2, \cdots, b_m\} \tag{4-1}$$

对于二级指标，即次准则因素集，对其中的 b_i（$i=1,2,\cdots,m$）可再细划分为

$$B_i = \{b_{i1}, b_{i2}, \cdots, b_{im}\} \tag{4-2}$$

若对于三级及以上指标体系，对上一级中的二级指标 b_{ij} ($i=1,2,\cdots,m$；$j=1,2,\cdots,n$)可再进行细化分为 $B_{ij}= \{b_{ij1}, b_{ij2}, \cdots, b_{ijm}\}$

本行业的评价指标体系仅两级。

2）构造判断矩阵

建立层次分析模型之后，就可以在各层次元素中进行两两比较，构造出判断矩阵。通过专家咨询分别考查 B 层因素和 C 层因素的相对重要性，得出 A-B、B-C 重要性判断矩阵。

$$B = (b_{ij})_{n \times n} = \begin{pmatrix} b_{11} & \cdots & b_{1n} \\ \vdots & \ddots & \vdots \\ b_{n1} & \cdots & b_{nn} \end{pmatrix} \qquad (4\text{-}3)$$

式中，b_{ij}——因素 i 比因素 j 相对上一层次某属性相比较的重要性；

$\quad\quad n$——矩阵的阶数。

3）层次排序及一致性检验

评定判断矩阵只是确定指标权重值的第一步，在此基础上还需进行层次排序。层次排序分单排序和总排序。通过单排序可根据判断矩阵计算针对某一准则下层各元素的相对权重，并进行一致性检验；通过总排序即可获得指标对目标层的权重。

求解判断矩阵步骤如下：

计算判断矩阵每一行元素的乘积 M_i：

$$M_i = \prod_{j=1}^{n} b_{ij} \qquad (4\text{-}4)$$

计算 M_i 的 n 次方根 W_i：

$$\overline{W_i} = \sqrt[n]{M_i} \qquad (4\text{-}5)$$

对向量 $W = [W_1, W_2, ..., W_n]^{\mathrm{T}}$ 正规化，即

$$\overline{W_i} = \frac{\overline{W_i}}{\sum_{j-1}^{n} \overline{W_j}} \qquad (4\text{-}6)$$

则 $W = [W_1, W_2, ..., W_n]^{\mathrm{T}}$，即为所求的特征向量，也就是同层次相应因素对于上一层次某因素相对重要性的排序权值。

计算判断矩阵的最大特征根 $\lambda_{\max}$

$$\lambda_{\max} = \sum_{i=1}^{n} \frac{(BW)_i}{nW_i} \qquad (4\text{-}7)$$

计算判断矩阵一致性检验系数 CI：

$$CI = \left(\frac{\lambda_{\max} - n}{n - 1} \right) \qquad (4\text{-}8)$$

计算判断矩阵一致性检验系数 CR，判断其一致性：

$$CR = \left(\frac{CI}{RI} \right) \qquad (4\text{-}9)$$

其中，RI 为平均随机一致性指标，是足够多个随机抽样产生的判断矩阵计算的平均随机一致性指标。当 CR＜0.1 时，认为判断矩阵的一致性是可以接受的；CR＞0.1 时，认为判断矩阵不符合一致性要求，需要对该判断矩阵进行重新修正。

4）指标权重结果

邀请来自各危险废物产生行业、利用处置等行业的专家对指标选取的合理性和评价标准进行评估，并计算出相应指标的权重。然后将专家们给出权重值进行加权加和，求平均，确定各项指标的最终权重。本模型的判断矩阵标度采用 1～9 标度法，判定指标间两两比较时的相对重要性和优劣值度，并填写合适的重要程度赋值。表 4-6 列出了 1～9 标度的含义。

表 4-6　判断矩阵标度及含义

标度	含义
1	表示因素 b_i 与 b_j 比较，具有同等重要性
3	表示因素 b_i 与 b_j 比较，具有稍微重要性
5	表示因素 b_i 与 b_j 比较，具有明显重要性
7	表示因素 b_i 与 b_j 比较，具有强烈重要性
9	表示因素 b_i 与 b_j 比较，具有极端重要性
2，4，6，8	分别表示相邻判断 1，3，5，7，9 的中值
倒数	若 i 元素与 j 元素重要性之比为 b_{ij}，则元素 j 与元素 i 的重要性之比为 $b_{ji}=1/b_{ij}$，$b_{ii}=1$

通过专家评定表得到矩阵，并求算最大特征根及其特征向量，最后经一致性检验，得出各个指标的权向量。若该矩阵满足一致性检验，则直接计算判断矩阵对应的权向量；若不满足一致性检验，则征求专家意见，对打分结果适当进行调整，直至满足一致性检验后计算该矩阵的权向量。

邀请专家打分采取的是调查问卷方式，某位专家的评定表见表 4-7。

表 4-7　危险废物利用处置污染控制技术评估某专家评定表

比较对象（二选一，较重要的请打√）		重要程度（选填数字 1～9）
一级指标	技术性能　　　　经济成本	
	技术性能　　　　环境影响	
	技术性能　　　　资源能源消耗	
	技术性能　　　　综合利用	
	经济成本　　　　环境影响	
	经济成本　　　　资源能源消耗	
	经济成本　　　　综合利用	
	环境影响　　　　资源能源消耗	
	环境影响　　　　综合利用	
	资源与能源消耗　综合利用	

续表

比较对象（二选一，较重要的请打√）		重要程度 （选填数字1～9）
二级 技术性能指标	技术先进性 工艺成熟度	
	技术先进性 产业政策符合度	
	技术先进性 装备水平	
	工艺成熟度 产业政策符合度	
	工艺成熟度 装备水平	
	产业政策符合度 装备水平	
二级 经济成本指标	单位产出投资成本 单位产出运营成本	
二级 环境影响指标	废水外排量 废气排放强度	
	废水外排量 固废排放强度	
	废水外排量 危险废物产生比	
	废水外排量 尾渣毒性水平	
	废气排放强度 固废排放强度	
	废气排放强度 危险废物产生比	
	废气排放强度 尾渣毒性水平	
	固废排放强度 危险废物产生比	
	固废排放强度 尾渣毒性水平	
	危险废物产生比 尾渣毒性水平	
二级 资源能源消耗指标	吨危险废物处理能耗 吨危险废物处理水耗	
二级 综合利用指标	金属回收率 副产品产出比	

按照专家对评估指标的相对重要性的赋值，计算权重（表 4-8）。

（1）建立正确的判断矩阵 A，再利用该矩阵进行一级指标对目标层的权重计算。根据表 4-7 的数据可得到判断矩阵 A，计算矩阵的最大特征根，并进行一致性检验。

（2）一致性检验满足<0.1，得到各级指标权重结果。

（3）层次总排序：指标层各评估指标相对于目标层的综合权重 W=一级指标权重×二级指标权重。

（4）对各专家的有效指标权重赋分进行统计分析，将各评价指标的权重取平均值，得到各评价指标的最终权重。

表 4-8 各级评估指标的综合权重

一级指标	权重值	二级指标	权重值
技术性能指标		技术先进性	
		工艺成熟度	
		产业政策符合度	
		装备水平	
经济成本指标		单位产品投资成本	
		单位产品运营成本	
环境影响指标		废水外排量	
		废气排放强度	
		固废排放强度	
		危险废物产生比	
		尾渣毒性水平	
资源与能源消耗指标		吨危险废物处理能耗	
		吨危险废物处理水耗	
综合利用指标		目标金属回收率	
		副产品产出比	

2. 模糊综合评价

利用模糊综合评价法可以有效地处理人们在评价过程中本身所带有的主观性，以及客观所遇到的模糊性现象。具体步骤如下所述。

1）采用专家打分法获得指标隶属度

邀请行业相关专家根据指标评价等级标准，对危险废物利用处置污染控制技术清单中所列技术进行打分，采用百分比统计法统计专家意见，最终得到指标的评语集。

例如：10 位专家，对 C_1 指标进行"很好、较好、一般"三个等级的打分评判，10 位专家中 5 位认为很好，3 位认为较好，2 位认为一般，那么 C_1 指标所对应的隶属度为 0.5、0.3、0.2，汇总得到 C_1 的模糊隶属矩阵为[0.5,0.3,0.2]，且 C_1 在三个评价等级中"很好"等级的程度最高。

2）一级模糊综合评价

构造准则层 B_i 所包含的最底层的模糊隶属矩阵和权重矩阵，根据公式：

$$B_i = W_i R_i \qquad (4\text{-}10)$$

式中，W_i——指标层 C 相对于其所属准则层 B_i 的权重矩阵；

R_i——指标层 C 的模糊隶属矩阵；

B_i——准则层 B 中第 i 项指标的模糊评价矩阵。

3）二级模糊综合评价

通过一级模糊综合运算求出准则层 B 中各项指标所对应的不同评价等级的隶属度，公式如下：

$$A=WR \qquad\qquad (4-11)$$

式中，W——准则层 B 中的各项指标相对于目标层 A 的权重矩阵；

R——准则层 B 中各项指标的一级综合评价结果所组成的模糊评价矩阵；

A——最终的综合判断结果。

3. 综合评估得分

采用层次分析-模糊综合评价模型，最后的评价结果会得到该技术的隶属等级，但是对属于同一个等级的技术，无法准确判断两个之间的优越性。因此，提出综合得分来进一步对多个技术进行比较，从而更好地判断选用哪个污染控制技术。

在层次分析-模糊综合评价的基础上，对三个指标评价等级"很好、较好、一般"，分别赋予"5 分、3 分、1 分"的分值，将污染控制技术最后的模糊综合评估结果所属的隶属度分别乘以等级分值 F_n，即得到该污染控制技术的综合评估得分。计算式如下：

$$D_i=\sum_{j=1}^{n}A_{ij}\cdot F_n \qquad\qquad (4-12)$$

式中，D_i——污染控制技术 i 的综合评估得分；

A_{ij}——污染控制技术 i 的指标 j 的模糊评价结果；

F_n——评价等级分值，$n=1,2,3$。

用上述方法进行计算，可以得到所有污染控制技术的最终得分，进而可以对一特定工序所有的污染控制技术按照分数高低进行排序，筛选出该工序的最佳污染控制技术。

4.3　典型种类危险废物利用处置污染控制技术评价

4.3.1　钨渣

通过调研发现，目前运行的钨渣利用处置技术包括火法、湿法、填埋及水泥窑协同处置，钨渣利用处置技术相对单一。借鉴《工业固体废物综合利用技术评价导则》要求，钨渣利用处置污染控制技术评估方式采用专家辅助评价权重打分的评价方法。邀请相关钨冶炼行业专家、环保专家以及企业管理专家组成评价小组，对指标选取的合理性和评价标准进行评估。评价小组根据一级指标重要程度确定指标权重，0＜一级指标权重＜100，各一级指标分值之和等于 100；二级指标参考一级指标权重赋值，三级指标多为定性指标，专家根据经验进行量化赋分。将评价小组的赋分加权加和后求平均值，以确定各项指标的最终权重，用以判定指标间相对重要性和优劣程度。

根据定量计算的思路和方法，建立三级评价指标体系。一级指标包括生产技术指标、环境指标、综合利用指标、资源与能源消耗指标、经济指标。二级指标为技术水平、技术政策符合度，"三废"排放量、固废特征指标，产品特性、综合利用率，资源消耗、能源消耗，技术投资回报。三级指标为产能利用率、工艺设备先进水平、运行成本、预处理工序；工艺设备环保政策符合度、工艺设备产业政策符合度；废气排放量、废渣排放量、废水排放量，尾渣毒性及危害水平，产品特性、废渣综合利用率、有价元素回收率、协同处置其他危险废物；单位产品新鲜水耗量、单位产品电耗；单位产品化石燃料消耗量；产品单位投资、利润率。从表 4-9 中可以看出，综合利用指标所占的权重最大，是最主要的影响因素；其次是环境指标，技术、资源和经济指标所占权重依次递减。二级指标中，综合利用率所占权重最高，其次是"三废"排放量，再次是技术水平，说明在钨渣利用处置过程中，综合利用率是最重要的指标，"三废"排放和工艺技术是利用处置过程中着重考虑的因素。结合现场调研和调查表调研，建立钨渣利用处置污染控制技术清单和利用处置污染控制技术评价标准，见表 4-10、表 4-11。

表 4-9　钨渣利用处置污染控制技术评估某专家评定表

一级指标	权重分值	二级指标	权重分值	三级指标	权重分值
生产技术指标	15	技术水平	11	产能利用率	3
				工艺设备先进水平	3
				运行成本	2
				预处理工序	3
		技术政策符合度	4	工艺设备环保政策符合度	2
				工艺设备产业政策符合度	2
环境指标	27	"三废"排放量	20	废气排放量	5
				废渣排放量	10
				废水排放量	5
		固废特征指标	7	尾渣毒性及危害水平	7
综合利用指标	45	产品特性	10	产品特性	10
		综合利用率	35	废渣综合利用率	15
				有价元素回收率	15
				协同处置其他危险废物	5

续表

一级指标	权重分值	二级指标	权重分值	三级指标	权重分值
资源与能源消耗指标	8	资源消耗	5	单位产品新鲜水耗量	2
				单位产品电耗	3
		能源消耗	3	单位产品化石燃料消耗量	3
经济指标	5	技术投资回报	5	产品单位投资	2
				利润率	3

表 4-10   钨渣利用处置污染控制技术清单

序号	利用处置技术
1	湿法冶炼技术-钨渣盐酸体系无害化利用技术
2	火法冶炼技术-钨渣协同处置含锡废料
3	水泥窑协同处置
4	填埋

表 4-11   钨渣利用处置技术综合评价标准

一级指标	二级指标	评价基准值		
指标	指标	很好	较好	一般
生产技术指标	技术水平	技术评价或鉴定结论国际先进及以上	技术评价或鉴定结论国内领先	技术评价或鉴定结论国内先进
	技术政策符合度	BAT、国家鼓励技术	经企业实际工程应用，运行效果良好	经企业实际工程应用，存在技术、设备等因素影响运行效果
环境指标	废水排放强度（"三废"排放量）	废水排放强度低，严于管理要求	废水排放强度较低，基本满足管理要求	废水排放强度较高，难以满足管理要求
	废气排放强度（"三废"排放量）	废气排放强度低，严于管理要求	废水排放强度较低，基本满足管理要求	废水排放强度较高，难以满足管理要求
	固废排放强度（"三废"排放量）	固废排放强度低，严于管理要求	固废排放强度较低，基本满足管理要求	固废排放强度较高，难以满足管理要求
	固废特征指标	尾渣为一类一般工业固废	尾渣毒性较低，属于二类一般工业固废	尾渣属于危险废物
综合利用指标	产品特性	副产品产出较高	产出一定副产品	无副产品产出
	综合利用率	>95%	>90%	>85%
资源与能源消耗指标	资源消耗	水耗低，满足一级清洁生产水平	水耗较低，满足清洁生产要求	水耗较高，较难满足清洁生产要求
	能源消耗	能耗低，满足一级清洁生产水平	能耗较低，满足清洁生产要求	能耗较高，较难满足清洁生产要求

续表

一级指标	二级指标	评价基准值		
经济指标	技术投资回报	投资成本低，绝大多数企业可以承受	投资成本适中，一般企业可以承受	投资成本低，企业较难承受

根据以上评价标准，邀请行业相关专家对钨渣利用处置污染控制技术清单中所列技术进行打分，采用百分比统计法统计专家意见，结合各评价指标的权重，得到各技术的最终评估得分，见表 4-12。

表 4-12　钨渣利用处置技术评估得分

评估对象	好	较好	一般
湿法冶炼技术-钨渣盐酸体系无害化利用技术	√		
火法冶炼技术-钨渣协同处置含锡废料技术			√
水泥窑协同处置技术		√	
填埋		√	

对评价计算结果进行分析，并开展专家评议，取得对评价结果认同。湿法冶炼技术-钨渣盐酸体系无害化利用技术在工艺设备水平、废渣（二次渣）排放量、尾渣毒性及危害水平、综合利用率等方面表现较好，属于国内最好的钨渣利用技术。水泥窑协同处置技术在综合利用率、资源与能源消耗、运行成本等指标上得分相对较低，综合评价属于国内相对较好技术。火法冶炼技术-钨渣协同处置含锡废料技术在环境指标、资源与能源消耗等指标上表现较差，综合评价属于国内一般技术。填埋技术综合评价后，可作为钨渣处理处置兜底技术。

4.3.2　电解铝炭渣

电解铝炭渣废物的组成形态、处理技术与贵金属废催化剂废物有较大区别。当前电解铝炭渣的利用处置方式比较单一，利用方式仅有火法和湿法，处置方式则主要为填埋，因此，电解铝炭渣利用处置污染控制技术评估方式使用权重打分法。邀请相关行业专家、环保专家以及企业资深专家对指标选取的合理性和评价标准进行评估，并计算出相应指标的权重。然后将专家们的权重值进行加权加和，求平均值，确定各项指标的最终权重，判定指标间相对重要性和优劣程度，并填写合适的重要程度赋值，见表 4-13。

表 4-13　电解铝炭渣利用处置污染控制技术评估某专家评定表

一级指标	权重分值	二级指标	权重分值	三级指标	权重分值
生产技术指标	15	技术水平	11	产能利用率	3
				工艺设备先进水平	3
				运行成本	2
				预处理工序	3
		技术政策符合度	4	工艺设备环保政策符合度	2
				工艺设备产业政策符合度	2
环境指标	27	"三废"排放量	20	废气排放量	5
				废渣排放量	10
				废水排放量	5
		固废特征指标	7	尾渣毒性及危害水平	7
综合利用指标	45	产品特性	10	产品特性	10
		综合利用率	35	废渣综合利用率	15
				有价元素回收率	15
				协同处置其他危险废物	5
资源与能源消耗指标	8	资源消耗	5	单位产品新鲜水耗量	2
				单位产品电耗	3
		能源消耗	3	单位产品化石燃料消耗量	3
经济指标	5	技术投资回报	5	产品单位投资	2
				利润率	3

　　根据定量化计算方法思路，建立三级评价指标体系。一级指标包括生产技术指标、环境指标、综合利用指标、资源与能源消耗指标、经济指标。二级指标为技术水平、技术政策符合度，"三废"排放量、固废特征指标，产品特性、综合利用率，资源消耗、能源消耗，技术投资回报。三级指标为产能利用率、工艺设备先进水平、运行成本、预处理工序；工艺设备环保政策符合度、工艺设备产业政策符合度；废气排放量、废渣排放量、废水排放量，尾渣毒性及危害水平；产品特性，废渣综合利用率、有价元素回收率、协同处置其他危险废物；单位产品新鲜水耗量、单位产品电耗；单位产品化石燃料消耗量；产品单位投资、利润率。从表 4-13 中可以看出，综合利用指标所占的权重最大，是最主要的影响因素，其次是环境指标，技术、资源和经济指标所占权重依次递减。二级指标中，综合利用率所占权重最高，其次是"三废"排放量，然后是技术水平。说明在电解铝炭

渣利用处置过程中，综合利用率是最重要的指标，"三废"排放和工艺技术都是利用处置过程中着重考虑的因素。结合现场调研和调查表调研，建立电解铝炭渣利用处置污染控制技术清单和利用处置污染控制技术评价标准。电解铝炭渣利用处置污染控制技术清单见表 4-14，利用处置污染控制技术评价标准见表 4-15。

表 4-14　电解铝炭渣利用处置污染控制技术清单

序号	利用处置技术
1	湿法浮选回收电解质技术
2	焚烧炉/焙烧炉-火法回收电解质技术
3	真空冶炼技术

表 4-15　电解铝炭渣利用处置污染控制技术评价标准

一级指标	二级指标	评价基准值		
指标	指标	很好	较好	一般
生产技术指标	技术水平	技术评价或鉴定结论国际先进及以上	技术评价或鉴定结论国内领先	技术评价或鉴定结论国内先进
	技术政策符合度	BAT、国家鼓励技术	经企业实际工程应用，运行效果良好	经企业实际工程应用，存在技术、设备等因素影响运行效果
环境指标	废水排放强度（"三废"排放量）	废水排放强度低，严于管理要求	废水排放强度较低，基本满足管理要求	废水排放强度较高，难以满足管理要求
	废气排放强度（"三废"排放量）	废气排放强度低，严于管理要求	废水排放强度较低，基本满足管理要求	废水排放强度较高，难以满足管理要求
	固废排放强度（"三废"排放量）	固废排放强度低，严于管理要求	固废排放强度较低，基本满足管理要求	固废排放强度较高，难以满足管理要求
	固废特征指标	尾渣为一类一般工业固废	尾渣毒性较低，属于二类一般工业固废	尾渣属于危险废物
综合利用指标	产品特性	副产品产出较高	产出一定副产品	无副产品产出
	综合利用率	＞95%	＞90%	＞85%
资源与能源消耗指标	资源消耗	水耗低，满足一级清洁生产水平	水耗较低，满足清洁生产要求	水耗较高，较难满足清洁生产要求
	能源消耗	能耗低，满足一级清洁生产水平	能耗较低，满足清洁生产要求	能耗较高，较难满足清洁生产要求
经济指标	技术投资回报	投资成本低，绝大多数企业可以承受	投资成本适中，一般企业可以承受	投资成本低，企业较难承受

根据以上评价标准，邀请行业相关专家根据上述指标评价等级标准，对电解铝炭渣利用处置污染控制技术清单中所列技术进行打分，采用百分比统计法统计

专家意见,结合各评价指标的权重,得到各技术的最终评估得分,结果见表 4-16。

表 4-16　电解铝炭渣利用处置污染控制技术评估得分

评估对象	好	较好	一般
湿法浮选回收电解质技术	√		
焚烧炉/焙烧炉-火法回收电解质技术		√	
真空冶炼技术			√

由评估结果得知,湿法浮选回收电解质技术是相对较好的利用技术,尤其是技术先进性、装备水平、废气排放强度、固废排放强度、危险废物产生比、尾渣毒性水平和回收率等指标表现较好。真空冶炼技术在吨废处理能耗和"三废"排放量等指标上表现较差,因此得分相比湿法浮选工艺和火法工艺较低。

4.3.3　锌冶炼浸出渣

锌冶炼浸出渣利用处置污染控制技术评估指标体系共分为两级指标。其中目标层为锌冶炼浸出渣利用处置污染控制技术评价指标体系;准则层为 5 个一级指标,分别为环境指标、综合利用指标、经济指标、资源与能源消耗指标、生产工艺与设备指标;指标层为 15 个二级指标,分别为废气产生强度、残渣毒性及危害水平、Zn 回收率、Pb 回收率、In 回收率、Ag 回收率、Cu 回收率、设备投资、运行维护成本、单位产品综合能耗、单位产品新鲜水耗、原料适应性、脱硫方式、设备寿命、设备占地面积,见图 4-3。

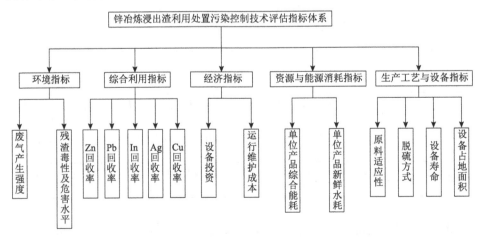

图 4-3　锌冶炼浸出渣利用处置污染控制技术评估指标体系

　　根据前述评估方法，邀请相关行业专家、环保专家以及企业资深专家对指标选取的合理性和评价标准进行评估，并计算出相应指标的权重。然后将专家们的权重值进行加权加和，求平均值，确定各项指标的最终权重。本模型的判断矩阵标度采用 1～9 标度法，判定指标间相对重要性和优劣程度，并填写合适的重要程度赋值。各级指标的最终权重见表 4-17。

表 4-17　各级评估指标的综合权重

一级指标	权重值	二级指标	最终权重值
环境指标	0.255	废气产生强度	0.106
		残渣毒性及危害水平	0.149
综合利用指标	0.234	Zn 回收率	0.056
		Pb 回收率	0.056
		In 回收率	0.040
		Ag 回收率	0.040
		Cu 回收率	0.040
经济指标	0.213	设备投资	0.118
		运行维护成本	0.095
资源与能源消耗指标	0.170	单位产品综合能耗	0.106
		单位产品新鲜水耗	0.064
生产工艺与设备指标	0.128	原料适用性	0.028
		脱硫方式	0.043
		设备寿命	0.036
		设备占地面积	0.021

　　从表 4-17 中可以看出，环境指标所占的权重最大，是最主要的影响因素，其次是综合利用指标、经济指标、资源与能源消耗指标、生产工艺与设备指标依次递减。二级指标中，残渣毒性及危害水平所占权重最高，其次是设备投资，然后是废气产生强度和单位产品综合能耗。说明在锌冶炼浸出渣的利用处置污染控制过程中，残渣毒性及危害水平是最重要的指标，设备投资、废气产生强度和单位产品综合能耗都是利用处置污染控制过程中着重考虑的因素。结合现场调研和调

查表调研，建立锌冶炼浸出渣利用处置污染控制技术清单，见表 4-18。

表 4-18   锌冶炼浸出渣利用处置污染控制技术清单

序号	利用处置技术
1	富氧侧吹法（CSC 法）
2	银浮选+富氧回转窑法
3	富氧回转窑法
4	卡尔多炉法
5	选冶联合法（焙烧-浮选法等）
6	奥斯麦特炉法
7	烟化炉法
8	旋涡炉熔炼法
9	传统回转窑法

锌冶炼浸出渣利用处置污染控制技术评价所采用的方法为加权平均综合指数法，其评估步骤为：

（1）依据一定的指标选取原则，以锌冶炼浸出渣利用处置技术的适用性评价为导向，围绕利用处置污染控制技术的影响因素，建立一套适宜可行的评价指标体系，并将筛选和提取出的评价指标分别进行标准化和量化处理。

（2）根据各指标的相对重要性确定各自的权重。

（3）建立综合评估模型，采用加权求和的方法来实现锌冶炼浸出渣利用处置污染控制技术适用性的定量化评价。综合评估模型如下：

$$R = \sum_{i=1}^{n} W_i P_i \qquad (4\text{-}13)$$

式中，R——加权平均综合指数；

W_i——权重；

P_i——各评价指标得分值。

在评价指标数据的标准化方面：

（1）对于 Zn 回收率、Pb 回收率、In 回收率、Ag 回收率、Cu 回收率这五个正向定量评价指标，其标准化量化公式为

$$X_i = \frac{S_i - S_{min}}{S_{max} - S_{min}} \times 100 \qquad (4\text{-}14)$$

式中，X_i——该指标第 i 等级的评分值；

S_i——该指标在第 i 等级的实际值；

S_{min}——该指标在所有等级中的实际最小值；

S_{max}——该指标在所有等级中的实际最大值。

（2）对于废气产生强度、单位产品综合能耗、单位产品新鲜水耗这三个负向定量指标来说，其标准化量化公式为

$$X_i = \frac{S_{max} - S_i}{S_{max} - S_{min}} \times 100 \qquad (4-15)$$

而对于定性指标，根据其各自的差异性分级，直接赋予相应的标准化分值。

根据加权平均综合指数模型，采用加权求和的方法来实现锌冶炼浸出渣利用处置技术适用性的定量化评价。将每一种利用处置技术的各评价指标的标准化值与各自权重相乘，得到加权平均综合指数。锌冶炼浸出渣各种利用处置技术的加权平均综合指数见表 4-19。锌冶炼浸出渣处理技术适用性指标分级情况见表 4-20。

表 4-19　锌冶炼浸出渣利用处置技术加权平均综合指数

利用处置技术	加权平均综合指数	排序
富氧侧吹法（CSC 法）	72.0	
银浮选+富氧回转窑法	68.5	优先推荐
富氧回转窑法	65.0	
卡尔多炉法	58.1	
选冶联合法（焙烧-浮选法等）	57.5	推荐
奥斯麦特炉法	52.8	
烟化炉法	47.6	
旋涡炉熔炼法	44.6	可行
传统回转窑法	41.7	

由评估结果得知，富氧侧吹法（CSC 法）、银浮选+富氧回转窑法、富氧回转窑法是优先推荐的利用处置技术；卡尔多炉法、选冶联合法（焙烧-浮选法等）、奥斯麦特炉法属于推荐的利用处置技术，其综合得分比优先推荐的技术略低；烟化炉法、旋涡炉熔炼法、传统回转窑法等在废气排放强度、金属回收率、综合能耗、运行维护成本、脱硫方式等指标的表现一般，因而得分较低，属于可行的利用处置技术。

表 4-20　锌冶炼浸出渣处理技术适用性评价各指标分级情况

处理技术	废气产生强度 (m³/t·渣)	残渣毒性及危害水平	Zn回收率 (%)	Pb回收率 (%)	In回收率 (%)	Ag回收率 (%)	Cu回收率 (%)	设备投资	运行维护成本	综合能耗 标煤/t·渣	单位产品新鲜水耗 (kg 标煤/t·产品)	原料适用性	脱硫方式	设备寿命	设备占地面积
传统回转窑法	3000~3500	Ⅱ类固废，危害水平中等	85~92	80~85	85~90	10~20	0	较高	高	539	0	好	碱液、石灰石、离子液或氧化锌尾液吸收等	较短	较大
富氧回转窑法	1500~2000	Ⅱ类固废，危害水平中等	92~94	92~93	85~90	30~40	0	较高	较高	262	0	好	碱液、石灰石、离子液或氧化锌尾液吸收等	一般	较大
银浮选+富氧回转窑法	1500~2000	Ⅱ类固废，危害水平中等	92~94	92~93	85~90	90~95	0	较高	较高	240	0	好	碱液、石灰石、离子液或氧化锌尾液吸收等	一般	较大
奥斯麦特炉法	1500~2000	Ⅱ类固废，危害水平中等	80~85	92~95	65~70	85~90	40	高	较高	421	8.12	好	碱液、石灰石、离子液或氧化锌尾液吸收等	喷枪寿命短	较小
卡尔多炉法	1500~2000	Ⅱ类固废，危害水平中等	90~92	90~92	60~70	40~50	30	高	较高	278	8	一般	两转两吸制酸	较长	一般
烟化炉法	3000~3200	Ⅱ类固废，危害水平中等	85~90	85~95	80~90	30~40	10	一般	较高	450	5	对处理含Ge高的渣料有利	氧化锌法+氨酸法脱硫	短	较小
富氧侧吹法 (CSC法)	1500~2000	Ⅱ类固废，危害水平中等	85~90	70~80	80~90	80~90	65	一般	较低	375	4.45	好	两转两吸制酸	长	较小
旋涡炉熔炼法	3000~3200	Ⅱ类固废，危害水平中等	75~80	85~90	50~60	70~75	20	较高	高	400	6	较差	碱液、石灰石、离子液或氧化锌尾液吸收等	较长	较小
选冶联合法 (焙烧-浮选法等)	2500~3000	Ⅱ类固废，危害水平中等	50~60	70~80	0	75~80	68	较低	较低	380	1.2	较好	通过硫化焙烧使金属转化为渣中有价金属硫化物，通过硫化矿等浮选法回收	较长	较大

4.3.4　贵金属废催化剂

根据以上评估方法，邀请相关行业专家、环保专家以及企业资深专家对指标选取的合理性和评价标准进行评估，并计算出相应指标的权重。然后将专家们的权重值进行加权加和，求平均值，确定各项指标的最终权重。本模型的判断矩阵标度采用 1～9 标度法，判定指标间两两比较时的相对重要性和优劣程度，并填写合适的重要程度赋值，见表 4-21、表 4-22。

表 4-21　含贵金属废催化剂利用处置污染控制技术评估某专家评定表

比较对象（二选一，较重要的请打√）		重要程度 （选填数字 1～9）
一级指标	技术性能　　　　　　经济成本	
	技术性能　　　　　　环境影响	
	技术性能　　　　　　资源能源消耗	
	技术性能　　　　　　综合利用	
	经济成本　　　　　　环境影响	
	经济成本　　　　　　资源能源消耗	
	经济成本　　　　　　综合利用	
	环境影响　　　　　　资源能源消耗	
	环境影响　　　　　　综合利用	
	资源能源消耗　　　　综合利用	
二级 技术性能指标	技术先进性　　　　　工艺成熟度	
	技术先进性　　　　　产业政策符合度	
	技术先进性　　　　　装备水平	
	工艺成熟度　　　　　产业政策符合度	
	工艺成熟度　　　　　装备水平	
	产业政策符合度　　　装备水平	
二级 经济成本指标	单位产品投资成本　　单位产品运营成本	
二级 环境影响指标	废水排放强度　　　　废气排放强度	
	废水排放强度　　　　固废排放强度	
	废水排放强度　　　　危险废物产生比	
	废水排放强度　　　　尾渣毒性水平	
	废气排放强度　　　　固废排放强度	
	废气排放强度　　　　危险废物产生比	
	废气排放强度　　　　尾渣毒性水平	
	固废排放强度（废渣产生量）　危险废物产生比	
	固废排放强度　　　　尾渣毒性水平	
	危险废物产生比　　　尾渣毒性水平	

续表

比较对象（二选一，较重要的请打√）			重要程度 （选填数字 1～9）
二级 资源与能源消耗指标	吨废催化剂处理能耗	吨废催化剂处理水耗	
二级 综合利用指标	贵金属回收率	副产品产出比	

表 4-22   含贵金属废催化剂利用处置污染控制技术评价指标体系调查表

含贵金属废催化剂利用处置污染控制技术评价指标体系调查表

尊敬的专家：

您好！此问卷旨在XXXXXX，请根据您的经验，按重要程度对所列指标进行评分，本项调查的结果将作为确定评价指标权重的主要依据，请各位专家针对各指标间的重要性采取9度法打分，感谢您的支持！

评分说明：

1：i 比 j 同样重要

3：i 比 j 稍微重要

5：i 比 j 比较重要

7：i 比 j 非常重要

9：i 比 j 绝对重要

1/3：i 比 j 稍微不重要

1/5：i 比 j 比较不重要

1/7：i 比 j 非常不重要

1/9：i 比 j 绝对不重要

2，4，6，8，1/2，1/4，1/6，1/8：表示重要程度介于 1～3，2～5，……之间

专家名　　　XXXX　　　　　　工作单位　　XXXX

含贵金属废催化剂利用处置污染控制技术评价指标体系

	1 同样 重要	3 稍微 重要	5 比较 重要	7 非常 重要	9 绝对 重要	1/3 稍微不 重要	1/5 比较不 重要	1/7 非常不 重要	1/9 绝对不 重要	其他
技术性能：经济 成本	☐	☐	☐	☐	☐	☐	☐	☐	☐	
技术性能：环境 影响	☐	☐	☐	☐	☐	☐	☐	☐	☐	

技术性能：资源与能源消耗	□	□	□	□	□	□	□	□	□
技术性能：综合利用	□	□	□	□	□	□	□	□	□
经济成本：环境影响	□	□	□	□	□	□	□	□	□
经济成本：资源与能源消耗	□	□	□	□	□	□	□	□	□
经济成本：综合利用	□	□	□	□	□	□	□	□	□
环境影响：资源与能源消耗	□	□	□	□	□	□	□	□	□
环境影响：综合利用	□	□	□	□	□	□	□	□	□
资源与能源消耗：综合利用	□	□	□	□	□	□	□	□	□

含贵金属废催化剂利用处置污染控制技术评价指标体系——技术性能

	1 同样重要	3 稍微重要	5 比较重要	7 非常重要	9 绝对重要	1/3 稍微不重要	1/5 比较不重要	1/7 非常不重要	1/9 绝对不重要	其他
技术先进性：工艺成熟度	□	□	□	□	□	□	□	□	□	
技术先进性：产业政策符合度	□	□	□	□	□	□	□	□	□	
技术先进性：装备水平	□	□	□	□	□	□	□	□	□	
工艺成熟度：产业政策符合度	□	□	□	□	□	□	□	□	□	
工艺成熟度：装备水平	□	□	□	□	□	□	□	□	□	
产业政策符合度：装备水平	□	□	□	□	□	□	□	□	□	

含贵金属废催化剂利用处置污染控制技术评价指标体系——经济成本

	1 同样重要	3 稍微重要	5 比较重要	7 非常重要	9 绝对重要	1/3 稍微不重要	1/5 比较不重要	1/7 非常不重要	1/9 绝对不重要	其他
单位产品投资成本：单位产品运营成本	□	□	□	□	□	□	□	□	□	

含贵金属废催化剂利用处置污染控制技术评价指标体系——环境影响

	1 同样重要	3 稍微重要	5 比较重要	7 非常重要	9 绝对重要	1/3 稍微不重要	1/5 比较不重要	1/7 非常不重要	1/9 绝对不重要	其他
废水排放强度：废气排放强度	□	□	□	□	□	□	□	□	□	

	1 同样 重要	3 稍微 重要	5 比较 重要	7 非常 重要	9 绝对 重要	1/3 稍微不 重要	1/5 比较不 重要	1/7 非常不 重要	1/9 绝对不 重要	其他
废水排放强度：固 废排放强度	☐	☐	☐	☐	☐	☐	☐	☐		
废水排放强度：危 废产生比	☐	☐	☐	☐	☐	☐	☐	☐		
废水排放强度：尾 渣毒性水平	☐	☐	☐	☐	☐	☐	☐	☐		
废气排放强度：固 废排放强度	☐	☐	☐	☐	☐	☐	☐	☐		
废气排放强度：危 废产生比	☐	☐	☐	☐	☐	☐	☐	☐		
废气排放强度：尾 渣毒性水平	☐	☐	☐	☐	☐	☐	☐	☐		
固废排放强度：危 废产生比	☐	☐	☐	☐	☐	☐	☐	☐		
固废排放强度：尾 渣毒性水平	☐	☐	☐	☐	☐	☐	☐	☐		
危废产生比：尾渣 毒性水平	☐	☐	☐	☐	☐	☐	☐	☐		

含贵金属废催化剂利用处置污染控制技术评价指标体系——资源与能源消耗

	1 同样 重要	3 稍微 重要	5 比较 重要	7 非常 重要	9 绝对 重要	1/3 稍微不 重要	1/5 比较不 重要	1/7 非常不 重要	1/9 绝对不 重要	其他
吨废催化剂处理 能耗：吨废催化剂 处理水耗	☐	☐	☐	☐	☐	☐	☐	☐	☐	

含贵金属废催化剂利用处置污染控制技术评价指标体系——综合利用

	1 同样 重要	3 稍微 重要	5 比较 重要	7 非常 重要	9 绝对 重要	1/3 稍微不 重要	1/5 比较不 重要	1/7 非常不 重要	1/9 绝对不 重要	其他
贵金属回收率：副 产品产出比	☐	☐	☐	☐	☐	☐	☐	☐	☐	

目前，将已收集得到 6 位相关专家的权重打分表，输入软件进行统计分析，得到各级评估指标的综合权重，如表 4-23 所示。

表 4-23　各级评估指标的综合权重

一级指标	权重值	二级指标	权重值
技术性能指标	0.187	技术先进性	0.0474
		工艺成熟度	0.0492
		产业政策符合度	0.0638
		装备水平	0.0266

续表

一级指标	权重值	二级指标	权重值
经济成本指标	0.1872	单位产品投资成本	0.085
		单位产品运营成本	0.1022
环境影响指标	0.202	废水排放强度	0.0306
		废气排放强度	0.027
		固废排放强度	0.0441
		危险废物产生比	0.0503
		尾渣毒性水平	0.05
资源与能源消耗指标	0.2456	吨废催化剂处理能耗	0.1893
		吨废催化剂处理水耗	0.0563
综合利用指标	0.1782	贵金属回收率	0.1334
		副产品产出比	0.0448

从表 4-23 中可以看出，资源与能源消耗指标所占的权重最大，是最主要的影响因素，其次是环境影响指标，经济成本、技术性能和综合利用指标所占权重差异不显著。二级指标中，吨废催化剂处理能耗所占权重最高，其次是贵金属回收率，然后是单位产品运营成本。说明在含贵金属废催化剂利用处置过程中，能耗是最重要的指标，贵金属回收率和单位产品运营成本都是利用处置过程中着重考虑的因素。

结合现场调研和调查表调研，根据模糊综合评价方法，建立含贵金属废催化剂利用处置污染控制技术清单和利用处置污染控制技术评价标准，见表 4-24、表 4-25。

表 4-24　含贵金属废催化剂利用处置污染控制技术清单

序号	利用处置技术
1	等离子炉-湿法冶炼回收贵金属技术
2	焚烧炉/焙烧炉-湿法冶炼回收贵金属技术
3	电弧炉/干法熔炼炉-湿法冶炼回收贵金属技术
4	全湿法冶炼回收贵金属技术

表 4-25   含贵金属废催化剂利用处置污染控制技术评价标准

一级指标	二级指标	评价基准值		
指标	指标	很好 5	较好 3	一般 1
技术性能	技术先进性	技术评价或鉴定结论国际先进及以上	技术评价或鉴定结论国内领先	技术评价或鉴定结论国内先进
	工艺成熟度	5家以上成功工程案例	1家以上成功工程案例	中试或扩大性应用阶段
	产业政策符合度	BAT、国家鼓励技术	经企业实际工程应用，运行效果良好	经企业实际工程应用，存在技术、设备等因素影响运行效果
	装备水平	国产化程度高、可持续稳定运行、能耗低	国产化程度较高、可稳定运行、能耗一般	国产化程度低、很难稳定运行、能耗较高
经济成本	单位产品投资成本	投资成本低，绝大多数企业可以承受	投资成本适中，一般企业可以承受	投资成本低，企业较难承受
	单位产品运营成本	运行成本低，绝大多数企业均可以负担	运行成本较适中，一般企业可以负担	运行成本较高，中小型企业难以负担
环境影响	废水排放强度	废水排放强度低，严于管理要求	废水排放强度较低，基本满足管理要求	废水排放强度较高，难以满足管理要求
	废气排放强度	废气排放强度低，严于管理要求	废水排放强度较低，基本满足管理要求	废水排放强度较高，难以满足管理要求
	固废排放强度	固废排放强度低，严于管理要求	固废排放强度较低，基本满足管理要求	固废排放强度较高，难以满足管理要求
	危险废物产生比	不再产生危险废物	危险废物产生比低，产物相对稳定	危险废物产生比高，产物不稳定
	尾渣毒性水平	尾渣为一类一般工业固废	尾渣毒性较低，属于二类一般工业固废	尾渣属于危险废物
资源与能源消耗	吨废催化剂处理能耗	能耗低，满足一级清洁生产水平	能耗较低，满足清洁生产要求	能耗较高，较难满足清洁生产要求
	吨废催化剂处理水耗	水耗低，满足一级清洁生产水平	水耗较低，满足清洁生产要求	水耗较高，较难满足清洁生产要求
综合利用	贵金属回收率	>99%	>98%	>95%
	副产品产出比	副产品产出较高	产出一定副产品，但	无副产品产出

　　根据以上评价标准，邀请行业相关专家根据上述指标评价等级标准，对含贵金属废催化剂利用处置污染控制技术清单中所列技术进行打分，采用百分比统计法统计专家意见，输入软件中，结合各评价指标的权重，得到各技术的最终评估得分，见表 4-26。

表 4-26　含贵金属废催化剂利用处置污染控制技术评估得分

评估对象	好	较好	一般	评分
等离子炉-湿法	0.3343	0.4885	0.1772	3.3143
焚烧炉/焙烧炉-酸溶/碱溶	0.1612	0.4134	0.4253	2.4717
电弧炉/干法熔炼炉-酸溶/碱溶	0.3157	0.5833	0.101	3.4292
全湿法	0.1914	0.4216	0.387	2.6088

由评估结果得知，电弧炉/干法熔炼炉-酸溶/碱溶技术是相对较好的利用处置技术，尤其是技术先进性、装备水平、废气排放强度、固废排放强度、危险废物产生比、尾渣毒性水平和贵金属回收率等指标表现较好，技术缺点主要在单位产品投资成本和吨废催化剂处理能耗两个指标上。等离子炉-湿法工艺技术在工艺成熟度、吨废催化剂处理能耗和副产品产出比等指标上表现较差，因此得分相比电弧炉工艺较低。

4.3.5　电镀污泥

当前电镀污泥利用处置主流技术工艺分为火法、湿法两种。其中火法工艺包括冶炼和等离子体熔融两种技术，考虑到利用处置技术工艺类别较少，该类废物采用现场实测结合专家打分权重计算的方法构建电镀污泥利用处置污染控制技术评价体系。

现场实测主要采用某年度企业台账登记信息查证与现场生产工艺关键节点在线监测或取样测试分析相结合的方式确认企业生产现状水平。

专家打分权重计算主要采用邀请相关行业专家、环保专家以及企业资深专家对指标选取的合理性和评价标准进行评估，并计算出相应指标的权重。然后将专家们的权重值进行加权加和平均，确定各项指标的最终权重。

本评价体系编制课题组在重庆、广东、江苏按照火法（冶炼、等离子体、湿法）选择 6 家企业开展实测，由于只采用等离子体开展电镀污泥利用处置单位较少，大多数企业采用协同处置的方式，按照处置量进行换算。表 4-27 为在重庆市某采用湿法工艺生产的电镀污泥利用处置企业开展的实测分析数据。

表 4-27　电镀污泥利用处置企业现场数据采集表（湿法工艺）

序号	信息名称	单位	数据
1	全年电镀污泥处理量	t/a	9337.00
2	全年用电量	kW·h	428959.52

续表

序号	信息名称	单位	数据
3	全年用水量	t	18719.00
4	原辅材料投入量	t	2092.00
5	使用碱液成分	—	NaOH
6	全年碱液使用量	t	31.42
7	全年有价金属回收量	t	200.00
8	全年废水排放量	t	无
9	废水处理方式	—	循环不外排
10	废气排放量	kg/h	2.48×10^{-3}
11	全年生产时间（注明每天工作小时数）	d	300（每天 8 小时）
12	全年污泥产生数量	t/a	4000
13	残渣处置去向	填埋、利用	利用（石膏）
14	产品类别	金属类别	有色金属
15	产品单价	元/吨	镍 12 万元/吨 铜 5 万元/吨 锌 1.8 万元/吨
16	生产成本	元/吨	600
17	污染治理设置类型（设备类型）	—	酸雾喷淋及烟气净化
18	污染治理设置投资价格	万元	400
19	能否协同处置其他固废	能/否	否

本评价体系采用三级指标结构。一级指标包括生产技术指标、环境指标、综合利用指标、经济指标；二级指标包括技术水平、技术政策符合度、污染排放水平、环境风险特性、综合利用水平、技术投资回报；三级指标包括单位处置量能耗水平、单位处置量水耗水平、原辅材料投入、技术工艺水平、工艺设备环保政策符合度、工艺设备产业政策符合度、废气排放强度、废水排放强度、固废产生强度、潜在环境风险点、残渣产生强度、残渣毒性及危害水平、资源化产品价值、电镀污泥综合利用率、有价元素回收率、协同处置其他危险废物、技术运行成本、资源化产品单位投资。结合现场调研和调查表调研，建立电镀污泥利用处置污染控制技术评价基础标准，为专家评分提供基础参考依据，如表 4-28 所示。

表 4-28　电镀污泥利用处置污染控制技术评价基础标准

一级指标	二级指标	评价基准值		
指标	指标	很好	较好	一般
生产技术指标	技术水平	技术评价或鉴定结论国际先进及以上	技术评价或鉴定结论国内领先	技术评价或鉴定结论国内先进
	技术政策符合度	BAT、国家鼓励技术	规模化应用，运行效果良好	规模化应用，可满足商业运行，存在少量需要改进环节
环境指标	污染排放水平（"三废"排放量）	"三废"排放强度低，严于管理要求	"三废"排放强度较低，基本满足管理要求	"三废"排放强度较高，难以满足管理要求
	环境风险特性	潜在环境风险点数量较少，环境风险防控水平高	潜在环境风险点数量较多，环境风险防控水平基本满足国家和地方要求	潜在环境风险点数量多，环境风险防控水平难以满足国家和地方要求
综合利用指标	综合利用水平	有价金属回收率、经济价值高，处置残渣资源化利用程度高，可协同处置其他固废	有价金属回收率、经济价值较高，处置残渣资源化利用程度较高，不可协同处置其他固废	有价金属回收率、经济价值较低，处置残渣无利用价值，不可协同处置其他固废
经济指标	技术投资回报	投资成本低，绝大多数企业可以承受	投资成本适中，一般企业可以承受	投资成本低，企业较难承受

本评价体系共邀请 6 位分别来自行业、科研院所、企业专家进行打分评估，表 4-29 为某行业专家的评分表。

表 4-29　某行业专家评分表

一级指标	权重分值	二级指标	权重分值	三级指标	权重分值	火法	湿法	等离子体
生产技术指标	25	技术水平	19	单位处置量能耗水平	5	3	4	2
				单位处置量水耗水平	5	5	1	5
				原辅材料投入	4	5	2	5
				技术工艺水平	5	4	3	5
		技术政策符合度	6	工艺设备环保政策符合度	3	3	1	3
				工艺设备产业政策符合度	3	2	2	1
环境指标	38	污染排放水平	24	废气排放强度	8	4	6	4
				废水排放强度	8	8	5	8
				固废产生强度	8	6	6	5
		环境风险特性	14	潜在环境风险点	5	4	3	4
				残渣产生强度	4	3	2	1
				残渣毒性及危害水平	5	2	2	3

续表

一级指标	权重分值	二级指标	权重分值	三级指标	权重分值	火法	湿法	等离子体
综合利用指标	25	综合利用	25	资源化产品价值	8	5	5	3
				电镀污泥综合利用率	6	4	4	2
				有价元素回收率	6	4	5	0
				协同处置其他危险废物	5	3	3	5
经济指标	12	技术投资回报	12	技术运行成本	7	4	5	3
				资源化产品单位投资	5	3	4	2
		总分			100	72	63	61

本评价体系将各位专家提出的权重分值及打分采用加权平均方法计算，依照计算结果将评估等级分为好、较好、一般三级，评估结果如表 4-30 所示。

表 4-30　电镀污泥利用处置污染控制技术评价结果

评估对象	好（≥70）	较好（60～70）	一般（≤60）
火法冶炼	√		
湿法回收		√	
火法等离子体			√

由评估结果得知，火法冶炼是电镀污泥利用处置相对较好的技术，在原辅料投入、废水排放强度、残渣产生强度等方面具有较大优势；湿法回收在原辅料投入、环保政策符合度、生产技术水平等方面与火法冶炼还有明显差距，但在运行成本及单位产品投资方面具备显著优势；火法等离子体技术由于在资源利用方面与前两种方法具有较大差别，综合评估表现较差。

4.3.6　废铅蓄电池

依据相关法律法规、产业政策和技术标准的规定，并结合文献分析和专家访谈，最终确定了影响废铅蓄电池处理污染控制的指标体系框架；而后采用 1～9 标度法，邀请相关行业协会专家、企业代表以及环保部门专家判定两两比较指标的相对重要性，见表 4-31。

表 4-31　废铅蓄电池利用处置污染控制技术评估专家评定表

比较对象（二选一，较重要的请打√）		重要程度（选填数字 1~9）
一级指标	□技术水平　　　　　□经济性	
	□技术水平　　　　　□资源能源消耗	
	□技术水平　　　　　□资源综合利用	
	□技术水平　　　　　□环境影响	
	□技术水平　　　　　□环境管理	
	□经济性　　　　　　□资源能源消耗	
	□经济性　　　　　　□资源综合利用	
	□经济性　　　　　　□环境影响	
	□经济性　　　　　　□环境管理	
	□资源与能源消耗　　□资源综合利用	
	□资源与能源消耗　　□环境影响	
	□资源与能源消耗　　□环境管理	
	□资源综合利用　　　□环境影响	
	□资源综合利用　　　□环境管理	
	□环境影响　　　　　□环境管理	
二级技术水平指标	□产业政策符合度　　□熔炼方式和设备	
	□产业政策符合度　　□自动化水平	
	□产业政策符合度　　□技术可靠性	
	□产业政策符合度　　□处置场地情况	
	□熔炼方式和设备　　□自动化水平	
	□熔炼方式和设备　　□技术可靠性	
	□熔炼方式和设备　　□处置场地情况	
	□自动化水平　　　　□技术可靠性	
	□自动化水平　　　　□处置场地情况	
	□技术可靠性　　　　□处置场地情况	
二级指标资源与能源消耗	□单位产品综合能耗　□单位产品辅料消耗	
	□单位产品综合能耗　□单位产品新鲜水耗	
	□单位产品辅料消耗　□单位产品新鲜水耗	
二级指标资源综合利用	□铅总回收率　　　　□总硫利用率	
	□铅总回收率　　　　□废酸处理利用率	
	□铅总回收率　　　　□废渣处理利用率	
	□铅总回收率　　　　□废塑料回收率	

比较对象（二选一，较重要的请打√）		重要程度（选填数字1～9）
二级指标资源综合利用	□铅总回收率　□废水循环利用率	
	□总硫利用率　□废酸处理利用率	
	□总硫利用率　□废渣处理利用率	
	□总硫利用率　□废塑料回收率	
	□总硫利用率　□废水循环利用率	
	□废酸处理利用率　□废渣处理利用率	
	□废酸处理利用率　□废塑料回收率	
	□废酸处理利用率　□废水循环利用率	
	□废渣处理利用率　□废塑料回收率	
	□废渣处理利用率　□废水循环利用率	
	□废塑料回收率　□废水循环利用率	
二级指标环境影响	□单位产品铅尘排放　□单位产品 NO_x 排放	
	□单位产品铅尘排放　□单位产品 SO_2 排放	
	□单位产品铅尘排放　□单位产品废渣产生量	
	□单位产品铅尘排放　□废渣含铅量	
	□单位产品 NO_x 排放　□单位产品 SO_2 排放	
	□单位产品 NO_x 排放　□单位产品废渣产生量	
	□单位产品 NO_x 排放　□废渣含铅量	
	□单位产品 SO_2 排放　□单位产品废渣产生量	
	□单位产品 SO_2 排放　□废渣含铅量	
	□单位产品废渣产生量　□废渣含铅量	
二级指标经济性	□投资利润率　□运行成本	
二级指标环境管理	□环境法规符合度　□生产过程环境管理	
	□环境法规符合度　□环境应急管理	
	□生产过程环境管理　□环境应急管理	

　　根据来自环保部门、行业协会、科研院所和行业相关专家的判断，采用属性层次分析法处理得出一级指标层和二级指标层两两相对重要性的判断矩阵。一级指标判断矩阵如式（4-16）所示：

$$\begin{bmatrix} 0 & 0.67 & 0.75 & 0.83 & 0.88 & 0.83 \\ 0.33 & 0 & 0.75 & 0.67 & 0.86 & 0.75 \\ 0.25 & 0.25 & 0 & 0.67 & 0.80 & 0.80 \\ 0.17 & 0.33 & 0.33 & 0 & 0.67 & 0.67 \\ 0.12 & 0.14 & 0.20 & 0.33 & 0 & 0.67 \\ 0.17 & 0.25 & 0.20 & 0.33 & 0.33 & 0 \end{bmatrix} \tag{4-16}$$

二级技术水平指标的矩阵如式（4-17）所示：

$$\begin{bmatrix} 0 & 0.67 & 0.80 & 0.80 & 0.75 \\ 0.33 & 0 & 0.80 & 0.80 & 0.80 \\ 0.20 & 0.20 & 0 & 0.50 & 0.67 \\ 0.20 & 0.20 & 0.50 & 0 & 0.67 \\ 0.25 & 0.20 & 0.33 & 0.33 & 0 \end{bmatrix} \tag{4-17}$$

二级资源与能源消耗指标的矩阵如式（4-18）所示：

$$\begin{bmatrix} 0 & 0.75 & 0.80 \\ 0.25 & 0 & 0.67 \\ 0.20 & 0.33 & 0 \end{bmatrix} \tag{4-18}$$

二级资源综合利用类指标的矩阵如式（4-19）所示：

$$\begin{bmatrix} 0 & 0.80 & 0.75 & 0.75 & 0.80 & 0.80 \\ 0.20 & 0 & 0.67 & 0.67 & 0.75 & 0.67 \\ 0.25 & 0.33 & 0 & 0.67 & 0.75 & 0.67 \\ 0.25 & 0.33 & 0.33 & 0 & 0.75 & 0.67 \\ 0.20 & 0.25 & 0.25 & 0.25 & 0 & 0.67 \\ 0.20 & 0.33 & 0.33 & 0.33 & 0.33 & 0 \end{bmatrix} \tag{4-19}$$

二级环境影响指标的矩阵如式（4-20）所示：

$$\begin{bmatrix} 0 & 0.67 & 0.80 & 0.83 & 0.80 \\ 0.33 & 0 & 0.67 & 0.67 & 0.67 \\ 0.20 & 0.33 & 0 & 0.67 & 0.67 \\ 0.17 & 0.33 & 0.33 & 0 & 0.67 \\ 0.20 & 0.33 & 0.33 & 0.33 & 0 \end{bmatrix} \tag{4-20}$$

二级经济性指标的矩阵如式（4-21）所示：

$$\begin{bmatrix} 0 & 0.67 \\ 0.33 & 0 \end{bmatrix} \tag{4-21}$$

二级环境管理指标矩阵如式（4-22）所示：

$$\begin{bmatrix} 0 & 0.67 & 0.67 \\ 0.33 & 0 & 0.67 \\ 0.33 & 0.33 & 0 \end{bmatrix} \tag{4-22}$$

根据上述转换后的判断矩阵中一级指标层和二级指标层的相对权重，经运算得到评价指标体系中各个指标层的权重，结果如表 4-32 所示。

表 4-32　各级评估指标的综合权重表

总目标层	一级指标	一级权重	二级指标	二级权重	最终权重
废铅蓄电池利用处置污染控制评价	环境影响	0.264	单位产品铅尘排放	0.310	0.082
			废渣含铅量	0.233	0.061
			单位产品 SO_2 排放	0.187	0.049
			单位产品废渣产生量	0.150	0.040
			单位产品 NO_x 排放	0.120	0.032
	资源综合利用	0.224	铅总回收率	0.260	0.058
			总硫利用率	0.197	0.044
			废酸处理利用率	0.178	0.040
			废渣处理利用率	0.156	0.035
			废塑料回收率	0.108	0.024
			废水循环利用率	0.102	0.023
	技术水平	0.184	产业政策符合度	0.302	0.056
			熔炼设备和方式	0.273	0.050
			技术可靠性	0.157	0.029
			自动化水平	0.157	0.029
			处置场地情况	0.112	0.020
	资源与能源消耗	0.145	单位产品综合能耗	0.517	0.075
			单位产品新鲜水耗	0.306	0.044
			单位产品辅料消耗	0.178	0.026
	经济性	0.098	投资利润率	0.667	0.065
			投资成本	0.333	0.033
	环境管理	0.085	环保法规符合度	0.447	0.038
			生产过程环境管理	0.333	0.028
			环境应急管理	0.221	0.019

从表 4-32 中可以看出，环境影响指标所占的权重最大，是最主要的影响因素，

其次是资源综合利用、技术水平和资源与能源消耗，经济性和环境管理所占权重差异不显著。环境影响和资源综合利用具有极为重要的意义，主要是因为污染物排放量和资源利用情况决定了一项技术是否为给定污染物的最佳污染控制技术。二级指标中，单位产品铅尘排放所占权重最高，其次是单位产品综合能耗，然后是投资利润率。说明在废铅蓄电池利用处置过程中，铅尘的控制是最重要的指标，单位产品综合能耗和投资利润率是利用处置过程需要重点考虑的因素。

结合现场调研、调查表调研和已有政策法规，根据属性综合评价方法，建立废铅蓄电池利用处置污染控制技术清单（表 4-33）和利用处置污染控制技术评价标准（表 4-34）。

表 4-33　废铅蓄电池利用处置污染控制技术清单

序号	利用处置技术
1	预脱硫-多室熔炼技术
2	预脱硫-回转窑熔炼技术
3	预脱硫-鼓风炉熔炼技术
4	再生铅-铅精矿混合熔炼技术
5	直接熔炼-烟气制酸技术

表 4-34　废铅蓄电池利用处置污染控制技术评价标准

一级指标	二级指标	评价基准值				
指标	指标	I 级	II 级	III 级	IV 级	V 级
环境影响	单位产品铅尘排放（g/t）	≤4	≤8	≤12	≤16	>16
	废渣含铅量（%）			≤2		
	单位产品 SO_2 排放（g/t）	≤300	≤600	≤900	≤1200	>1200
	单位产品废渣产生量（kg/t）	≤30	≤60	≤90	≤120	>120
	单位产品 NO_x 排放（g/t）	≤400	≤800	≤1200	≤1600	>1600
资源综合利用	铅总回收率（%）	≥99.6	≥99.2	≥98.8	≥98.4	<98.4
	总硫利用率（%）	≥99.0	≥98.0	≥97.0	≥96.0	<96.0
	废酸处理利用率（%）	≥98.0	≥96.0	≥94.0	≥92.0	<92.0
	废渣处理利用率（%）	100	—	—	—	0
	废塑料回收率（%）	≥99.0	≥98.0	≥97.0	≥96.0	<96.0
	废水循环利用率（%）	≥98.0	≥96.0	≥94.0	≥92.0	<92.0

续表

一级指标	二级指标	评价基准值				
技术水平	产业政策符合度	国家鼓励技术	—	—	—	国家淘汰技术
	熔炼设备和方式	经行业鉴定为先进工艺	—	经行业鉴定为一般工艺	—	经行业鉴定为落后工艺
	技术可靠性	在规定的时间内和规定条件（如使用环境和维修条件等）下能有效地实现规定功能的能力，一般包括可靠度、失效率和寿命指标				
	自动化水平	运用的工艺设备的全自动化情况，如在破碎分选工序、还原熔炼工序、火法精炼工序、电解精炼工序提升自动化水平，包括计算机控制进料和冶炼过程，具有各种温度、压力、废气流量、重金属等在线监测装置等				
	处置场地情况	考虑处置场地是否为封闭式、微负压、防渗漏、防溢流液体设计；具备酸雾收集处理能力；有排气系统等				
资源与能源消耗	单位产品综合能耗（kgce/t）	≤106	106～112	112～118	118～124	>124
	单位产品新鲜水耗（m³/t）	≤0.5				
	单位产品辅料消耗（t/t）	碳酸钠/碳酸铵/氢氧化钠、铁屑、硝酸钠、焦粉的消耗≤0.3				
经济水平	投资利润率	投资利润高，绝大多数企业愿意参与	—	投资利润较适中，一般企业可以接受	—	投资利润低，企业较难接受
	投资成本	投资成本低，绝大多数企业可以承受	—	运行成本较适中，一般企业可以负担	—	投资成本高，企业较难承受
环境管理	环保法规符合度	符合现行环境保护相关法律法规要求				
	生产过程环境管理	建立 ISO14000 环境管理体系、开展清洁生产、将环境保护纳入生产调度管理、充分发挥职工环境保护积极性等				
	环境应急管理	制定意外事故的防范措施和应急预案，并向所在地生态环境主管部门和其他负有固体废物污染环境防治监督管理职责的部门备案等				

　　根据以上评价标准，采用属性数学综合评价法对典型技术进行评估，得出各技术的评估得分，见表 4-35。

表 4-35　废铅蓄电池利用处置污染控制技术评估得分

典型技术	综合属性测度	排名
预脱硫-多室熔炼技术	{0.6478,0.1076,0.1111,0.0858,0.0482}	2
预脱硫-回转窑熔炼技术	{0.3218,0.2157,0.2340,0.1183,0.1107}	4
预脱硫-鼓风炉熔炼技术	{0.2840,0.0120,0.1706,0.0768,0.4566}	5
再生铅-铅精矿混合熔炼技术	{0.6272,0.1787,0.1150,0.0360,0.0440}	1
直接熔炼-烟气制酸技术	{0.6140,0.1580,0.0830,0.0077,0.1379}	3

由评估结果得知，再生铅-铅精矿混合熔炼技术、预脱硫-多室熔炼技术、直接熔炼-烟气制酸技术是相对较好的利用处置技术，尤其是环境影响、资源综合利用、技术水平、环境管理等指标表现较好，技术缺点主要在投资利润率和运行成本两个指标上，由于企业投入大量资本用于环境处理，因此在这两个指标的表现上略差。

4.3.7　废线路板

邀请相关领域行业专家、环保专家依据 1～9 标度重要性对选取指标体系进行打分。表 4-36 为调查问卷。通过指标两两相比的相对重要性和优劣性，计算指标权重，最后对专家们的评判结果加权求和取平均，确定各指标的最终权重，见表 4-37。

表 4-36　废线路板利用处置污染控制技术评价指标体系调查问卷

废线路板利用处置污染控制技术评价指标体系调查问卷

尊敬的专家：

您好！为了构建合理的废线路板利用处置污染控制技术评价指标体系，特邀您帮忙完成这份问卷。请根据您的经验，按重要程度对所列指标进行计分。该结果将作为确定评价指标权重的重要依据。衷心感谢您的支持！

专家名：　　　　　　　　　　　　　单位：

打分规则：

以表格中左侧整列的项目为分子，顶部横行的项目为分母，进行两两比较。下拉箭头选择对应重要性。

相对重要程度	定义	解释	相对重要程度	定义	解释
1	同等重要	两个指标同等重要	1	同等重要	两个指标同等重要
3	略微重要	稍感重要	1/3	略微不重要	稍感不重要
5	相当重要	确认重要	1/5	相当不重要	确认不重要
7	明显重要	确证重要	1/7	明显不重要	确证不重要
9	绝对重要	重要无疑	1/9	绝对不重要	不重要无疑
2,4,6,8	两相邻判断中间值	两个相邻判断值难以确定时取折中	1/2,1/4,1/6,1/8	两相邻判断中间值	两个相邻判断值难以确定时取折中

准则层

	技术性能	环境影响	资源能源	经济效益	社会健康
技术性能	—				
环境影响		—			
资源与能源			—		
经济效益				—	
社会健康					—

（1）技术性能

	技术成熟度	技术可靠度	装备先进性	政策符合度		
技术成熟度	—	—	—	—		
技术可靠度		—	—	—		
装备先进性			—	—		
政策符合度				—		

（2）环境影响

	酸化效应	富营养化	温室效应	光化学污染	臭氧层破坏	浸出毒性
酸化效应	—	—	—	—	—	—
富营养化		—	—	—	—	—
温室效应			—	—	—	—
光化学污染				—	—	—
臭氧层破坏					—	—
浸出毒性						—

（3）资源与能源

	综合能耗	综合水耗	原辅料消耗	资源回收率	能源回收率	
综合能耗	—	—	—	—	—	
综合水耗		—	—	—	—	
原辅料消耗			—	—	—	
资源回收率				—	—	
能源回收率					—	

（4）经济效益

	投资建设	运行成本	经济收益		
投资建设	—	—	—		
运行成本		—	—		
经济收益			—		

（5）社会健康

	可持续发展	社会责任	人体健康	致癌风险	非致癌风险	
可持续发展	—	—	—	—	—	

社会责任		—	—	—	—
人体健康			—	—	—
致癌风险				—	—
非致癌风险					—

您是否有其他建议：

最后由衷地感谢您能在百忙之中填写问卷，并提出相关建议，谢谢！

表 4-37　废线路板利用处置污染控制技术评价指标体系指标权重

准则层	权重值	指标层	权重值
技术性能	0.090	技术成熟度	0.017
		技术可靠度	0.016
		装备先进性	0.010
		政策符合度	0.047
环境影响	0.321	酸化效应	0.039
		富营养化	0.029
		温室效应	0.064
		光化学污染	0.043
		臭氧层破坏	0.072
		浸出毒性	0.075
资源与能源	0.090	综合能耗	0.016
		综合水耗	0.024
		原辅料消耗	0.002
		资源回收率	0.019
		能源回收量	0.029
经济效益	0.112	投资建设	0.034
		运行成本	0.035
		经济收益	0.043
社会健康	0.386	可持续发展	0.051
		社会责任	0.043
		人体健康	0.097
		致癌风险	0.088
		非致癌风险	0.106

从表 4-37 中可以看出，社会健康和环境影响指标所占的权重最大，是最主要的影响因素，其次是经济效益、资源与能源和技术性能指标，指标所占权重差异不显著。子指标中，非致癌风险、致癌风险、人体健康所占权重最高，其次是各类环境影响指标，技术性能占比较低。说明在废线路板处置过程中环境健康是主要关注因素，其次是能源经济。

结合现场调研和调查问卷调研，选取 4 种典型废线路板利用处置污染控制技术为评价对象（表 4-38），其中评价标准见表 4-39。

表 4-38 废线路板利用处置污染控制技术清单

序号	利用处置技术
1	机械物理技术
2	熔池熔炼技术
3	协同冶炼技术
4	低温热解技术

表 4-39 废线路板利用处置污染控制技术评价标准

准则层	指标层	评价基准值		
指标	指标	很好	较好	一般
		5	3	1
技术性能	技术成熟度	国际先进及以上	国内领先	国内先进
	技术可靠度	5 家以上工程案例	1 家以上工程案例	中试或扩大阶段
	装备先进性	最佳可行性	工程应用且运行效果良好	工程应用但运行效果受影响
	政策符合度	政策鼓励发展	符合政策要求	政策未提及
环境影响	酸化效应	酸化污染潜势极小	酸化潜势适中	酸化潜势显著
	富营养化	富营养化潜势极小	富营养化潜势适中	富营养化潜势显著
	温室效应	全球变暖潜势极小	全球变暖潜势适中	全球变暖潜势显著
	光化学污染	光化学污染程度小	光化学污染适中	光化学污染严重
	臭氧层破坏	臭氧层破坏程度小	臭氧层破坏适中	臭氧层破坏严重
	浸出毒性	产生一般固废	产生毒性较低的固废	产生危险废物
资源与能源	综合能耗	能耗低，满足一级清洁生产水平	能耗较低，满足清洁生产要求	能耗较高，较难满足清洁生产要求
	综合水耗	水耗低，满足一级清洁生产水平	水耗较低，满足清洁生产要求	水耗较高，较难满足清洁生产要求
	原辅料消耗	原辅料消耗量合理	原辅料消耗量适中	原辅料消耗量极高
	资源回收率	>99%	>98%	>95%
	能源回收量	产生回收多种能源	产生回收部分能源	无能源产生回收

续表

准则层	指标层	评价基准值		
经济 成本	投资建设	投资成本低，大部分企业可以承受	投资成本适中，一般企业可以承受	投资成本高，企业较难承受
	运行成本	运行成本低，大多数企业可以负担	运行成本较适中，一般企业可以负担	运行成本较高，中小型企业难以负担
	经济收益	主副产品丰富且收益显著	有副产品收益明显	无副产品存在收益
社会 健康	可持续发展	积极贡献	一般贡献	无贡献
	社会责任	积极承担社会责任	承担供应链社会责任	不承担社会责任
	人体健康	HTP 影响指标小	HTP 影响指标适中	HTP 影响指标高
	致癌风险	不存在致癌风险	致癌风险较低	致癌风险显著
	非致癌风险	不存在非致癌风险	非致癌风险较低	非致癌风险显著

根据以上评价标准，邀请行业相关专家根据上述指标评价等级标准，对废线路板利用处置污染控制技术清单中所列技术进行打分，结合权重，得到各技术的最终评估得分，见表 4-40。

表 4-40 废线路板利用处置污染控制技术评价结果

评估对象	好	较好	一般	评分
机械物理技术			√	3.393
熔池熔炼技术		√		3.837
协同冶炼技术		√		3.645
低温热解技术	√			4.106

由评估结果得知，低温热解技术处置废线路板的综合评价结果最好，在环境影响和社会健康指标上表现良好，资源能源回收率高；熔池熔炼和协同冶炼技术在环境影响指标上低于低温热解技术，成本投资和收益较高；机械物理技术的资源与能源回收率不高，环境影响和社会健康指标表现欠佳。

4.4 危险废物高温熔融处理污染控制技术评价

根据以上评估方法，邀请相关行业专家、环保专家以及企业资深专家对指标选取的合理性和评价标准进行评估，并计算出相应指标的权重。然后将专家们的权重值进行加权加和，求平均，确定各项指标的最终权重。

根据收集的 6 位相关专家的权重打分表，得到各级评估指标的综合权重，见表 4-41。

表 4-41　各级评估指标的综合权重

一级指标	权重值	二级指标	权重值
技术性能指标	0.187	技术先进性	0.0474
		工艺成熟度	0.0492
		产业政策符合度	0.0638
		装备水平	0.0266
经济成本指标	0.1872	单位原料投资成本	0.085
		单位原料运营成本	0.1022
环境影响指标	0.202	废水排放强度	0.0306
		废气排放强度	0.027
		固废排放强度	0.0441
		危险废物产生比	0.0503
		尾渣毒性水平	0.05
资源与能源消耗指标	0.2456	吨原料处理能耗	0.1893
		吨原料处理水耗	0.0563
综合利用指标	0.1782	有价金属回收率	0.1334
		副产品产出比	0.0448

从表 4-41 中可以看出，对高温熔融处理技术路线来说，资源与能源消耗指标所占的权重最大，是最主要的影响因素，其次是环境影响指标，经济成本、技术性能和综合利用指标所占权重差异不显著。二级指标中，吨原料处理能耗所占权重最高，其次是有价金属回收率，然后是单位原料运营成本。说明在危险废物高温熔融处理过程中，能耗是最重要的指标，有价金属回收率和单位原料运营成本都是利用处置过程中着重考虑的因素。

结合现场调研和调查表调研，根据模糊综合评价方法，建立危险废物高温熔融处理污染控制技术清单和利用处置污染控制技术评价标准，见表 4-42、表 4-43。

表 4-42　危险废物高温熔融处理污染控制技术清单

序号	利用处置技术
1	水煤浆气化熔融技术
2	冶金炉窑高温熔融技术

续表

序号	利用处置技术
3	等离子气化熔融技术
4	等离子熔融技术
5	回转窑高温熔融技术

表 4-43　危险废物高温熔融处理污染控制技术评价标准

一级指标	二级指标	评价基准值		
指标	指标	很好 5	较好 3	一般 1
技术性能	技术先进性	技术评价或鉴定结论国际先进及以上	技术评价或鉴定结论国内领先	技术评价或鉴定结论国内先进
	工艺成熟度	5 家以上成功工程案例	1 家以上成功工程案例	中试或扩大性应用阶段
	产业政策符合度	BAT、国家鼓励技术	经企业实际工程应用，运行效果良好	经企业实际工程应用，存在技术、设备等因素影响运行效果
	装备水平	国产化程度高、可持续稳定运行、能耗低	国产化程度较高、可稳定运行、能耗一般	国产化程度低、很难稳定运行、能耗较高
经济成本	单位原料投资成本	投资成本低，绝大多数企业可以承受	投资成本适中，一般企业可以承受	投资成本低，企业较难承受
	单位原料运营成本	运行成本低，绝大多数企业均可以负担	运行成本较适中，一般企业可以负担	运行成本较高，中小型企业难以负担
环境影响	废水排放强度	废水排放强度低，严于管理要求	废水排放强度较低，基本满足管理要求	废水排放强度较高，难以满足管理要求
	废气排放强度	废气排放强度低，严于管理要求	废水排放强度较低，基本满足管理要求	废水排放强度较高，难以满足管理要求
	固废排放强度	固废排放强度低，严于管理要求	固废排放强度较低，基本满足管理要求	固废排放强度较高，难以满足管理要求
	危险废物产生比	不再产生危险废物	危险废物产生比低，产物相对稳定	危险废物产生比高，产物不稳定
	尾渣毒性水平	尾渣为一类一般工业固废	尾渣毒性较低，属于二类一般工业固废	尾渣属于危险废物
资源与能源消耗	吨原料处理能耗	能耗低，满足一级清洁生产水平	能耗较低，满足清洁生产要求	能耗较高，较难满足清洁生产要求
	吨原料处理水耗	水耗低，满足一级清洁生产水平	水耗较低，满足清洁生产要求	水耗较高，较难满足清洁生产要求
综合利用	有价金属回收率	>99%	>98%	>95%
	副产品产出比	副产品产出较高	产出一定副产品	无副产品产出

根据以上评价标准，邀请行业相关专家根据上述指标评价等级标准，对危险废物高温熔融处理污染控制技术清单中所列技术进行打分，采用百分比统计法统计专家意见，结合各评价指标的权重，得到各技术的最终评估得分，如表 4-44 所示。

表 4-44　危险废物高温熔融处理污染控制技术评价得分情况

评估对象	好	较好	一般
水煤浆气化熔融技术	√		
冶金炉窑高温熔融技术		√	
等离子气化熔融技术		√	
等离子熔融技术			√
回转窑高温熔融技术			√

由评估结果得知，水煤浆气化熔融技术是最好的利用处置技术，尤其是技术先进性、装备水平、固废排放强度、危险废物产生比、尾渣毒性水平和回收率等指标表现较好，缺点是产业依存度较高，需依托大型化工企业。冶金炉窑高温熔融技术为较好技术，尤其是有价金属回收率指标表现较好。等离子气化熔融技术比等离子熔融技术表现好，在于前者能多回收合成气。回转窑高温熔融技术虽然综合能耗相对较低，但是产出的玻璃体产物毒性水平相对要高，综合利用指标较差。危险废物高温熔融处理工艺的选择与处理的原料密切相关，且与当地产业布局密切相关，所以最适工艺的选择需要根据上述因素综合评估。

第 5 章

危险废物全过程可追溯管控

信息化技术能够实现物品的智能化识别、定位、跟踪、监控和管理，将其应用于危险废物管理，能极大地降低数据采集成本，并使危险废物产生、收集、贮存、转移、利用处置全过程实现实时化、定量化与精细化。

国家高度重视危险废物信息化管控。2012 年建成全国固体废物管理信息系统并试运行，2017 年正式在全国推广应用，初步实现危险废物收集、转移、处置等全过程监控和信息化追溯；2018 年生态环境部进一步要求推动生态环境大数据建设。2020 年新修订的《固废法》在第十六条和第七十五条明确规定"国务院生态环境主管部门应当会同国务院有关部门建立全国危险废物等固体废物污染环境防治信息平台，推进固体废物收集、转移、处置等全过程监控和信息化追溯"，"国务院生态环境主管部门根据危险废物的危害特性和产生数量，科学评估其环境风险，实施分级分类管理，建立信息化监管体系，并通过信息化手段管理、共享危险废物转移数据和信息"。

5.1 危险废物全过程可追溯管控要求

5.1.1 危险废物产生企业

危险废物产生企业可以利用专用终端、手机软件（App）、手持掌上电脑（PDA）、射频识别（RFID）读写器等设备为危险废物及其包装绑定"身份证"，为危险废物在产生、贮存、转运和利用处置全过程信息化可追溯奠定基础（见图 5-1）。

5.1.1.1 危险废物产生信息录入

涉及危险废物产生源的信息繁多，包括危险废物产生环节、种类、基本属性、产生企业行业信息及产品情况等，这些信息都需要进行管理。传统的手工台账管理模式已不适应现行的管理要求，需要利用信息化技术手段，对危险废物产生环节的基础信息进行采集，并以数据库形式储存和管理，让危险废物监管部门及时

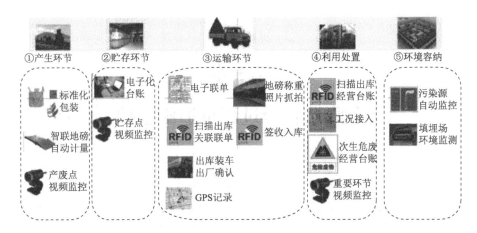

图 5-1　危险废物信息化可追溯管控示意图

掌握企业危险废物产生情况，从而将危险废物从源头纳入有效管控范围。同时，将现有危险废物监管机制有序融入业务系统中，企业申报和监管部门审核工作都基于信息平台完成，实现危险废物业务管理电子化、网络化，可以减少企业办理业务的人力和交通成本，提高办事效率。

在实际操作过程中，可以通过集成电子磅秤、标签打印机、RFID 读写器、扫码枪等设备构建危险废物智能称重系统，结合标准化、规范化的包装，实现危险废物在称重阶段的数据实时上传，并在系统中自动生成电子台账，同时现场打印危险废物二维码标签和绑定 RFID 电子标签（见图 5-2）。在重点企业的产废点还可以安装摄像头，实现产废过程的可视化记录。

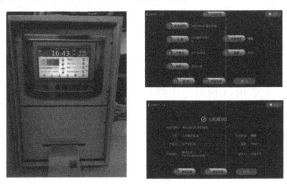

图 5-2　危险废物产生环节信息录入系统示意图

5.1.1.2　危险废物贮存管理

产生企业贮存环节的信息化管控主要是通过识别电子标签实现危险废物出入

库管理。根据现行法规要求，危险废物产生企业应加强对危险废物贮存的管理，建立企业自身的危险废物管理制度。但是，绝大部分企业仍然采用手工台账记录，这已不便于企业自身管理和生态环境、应急管理、交通运输等政府部门监管，不符合时代发展的需求。

在实际操作过程中，可以对分类包装的危险废物，利用 RFID 读写器、门式天线、地感线圈以及警报灯，实现危险废物出入库门即被自动识别并自动生成电子台账的功能，在系统中补充完善危险废物品名、种类、数量、质量、危险废物特性等信息。危险废物贮存信息可以与政府部门管理平台进行数据交互，方便政府监管人员通过移动手持设备在现场调取监管系统中相关备案信息，进行现场情况核实检查。对重点危险废物贮存区域，可以安装摄像头进行视频监控，实现企业危险废物库存数据的可视化。

5.1.2　危险废物运输企业

5.1.2.1　转运过程信息化管理要求

危险废物转运过程信息化管控主要是采集危险废物转出、转入件数和重量、实际转移路线等数据信息。主要涵盖以下几个方面：

（1）跨省转移审批。按照现行危险废物转移管理要求，危险废物跨省转移时，移出单位须根据管理计划，向转出地和转入地生态环境主管部门办理危险废物转移申请手续，获得批准后才能运行转移联单。

（2）运行电子联单和电子运单。运用信息化技术实现危险废物转移联单及危险货物电子运单的电子化，转移联单和运单的二维码识别，方便通过移动手持设备认证和识别，可以利用第三方认证及电子签章技术实现不同地区生态环境、交通运输、公安等政府主管部门的业务办理网络化，以减少企业办事成本、提高办事效率。

（3）转运过程监管。转移过程信息化管控的关键点是对转移前后危险废物的种类、数量、重量、编码等信息进行核对，并结合转移联单、运单及转移管理要求，对转移路线、车辆、合同等信息进行审核。

5.1.2.2　系统信息录入

运输企业收运人员在现场通过智能终端扫描危险废物电子标签、输入收集危险废物的相关信息，经联网打印出该批次废物的危险废物转移电子联单及危险货物电子运单，分别交给产废企业和随车备查。处置单位在接收到危险废物后，须在规定的时间内登录系统将实际的拉运数量（过磅数量）录入系统中进行确认，也可通过智能地磅系统提交拉运数量。对于产废企业提供过磅数量和危险废物信息与入场过磅数量和入场核对危险废物信息出现较大偏差时，系统将进行预警和锁机，锁机后的后续相关操作将不能进行，对过磅数量和危险废物信息进行重新核对，确认无异常情况及偏差在正常范围内后，通过授权解锁后才能进行后续操作。生态环境、交通运输、公安等主管部门工作人员可查询转移信息。对于中小产废企业，管理系统还可以提供预约服务，通过该流程，处置单位可以降低危险废物的运输成本，同时解决中小企业危险废物产废量少、而运输成本高的现状。

5.1.2.3　运输过程管理

在运输过程中，通过 RFID 技术及全球定位系统（GPS）技术可以及时跟踪收运车辆信息，信息包括承运单位、危险废物种类、数量、转移路线、所处位置、行车速度、应急预案、接收单位、箱门开关地点、开关时间、开箱门授权号等，有关信息可共享交换至生态环境、交通运输、公安、应急管理等部门，实现政府监管方的实时监控指挥。在危险废物运输过程中，可以动态显示危险废物运输路线、所处位置、行车速度、司机工作状态等信息。对于未按规定运输路线、超速等行为进行预警，并将预警信息通过系统，及时发送给运输司机，便于立即纠正不当操作。当运输车辆在运输途中发生事故时，可通过运输管理信息化平台，及时通报应急管理、交通运输、生态环境等主管部门，并可在第一时间按照应急预案采取应急处置措施。通过运输过程信息化管理，可大大降低危险废物在运输过程中的风险，同时系统还设置同车危险废物不相容报警，能极大地降低不相容危险废物的同车运输所造成的安全和环境风险。

5.1.3　危险废物利用处置企业

5.1.3.1　利用处置环节信息化管理要求

危险废物利用处置环节的信息化管控主要涉及进入利用处置单位后的入库贮存和按照不同要求进行利用处置，例如综合利用、焚烧、物化、填埋等。可以通过智能仓储系统实现危险废物的自动出库并生成电子台账，通过接入危险废物利用处置设备的工况数据以及危险废物利用处置车间的摄像头，实现企业危险废物利用处置环节的可视化，并将危险废物利用处置记录上报到系统中，便于政府主管部门核查，实现危险废物全过程可追溯管控。同时，持证单位也可以通过分析危险废物来源、类型及数量信息合理调整利用处置工艺和效能。

在填埋危险废物时，通过企业的填埋电子台账，以及填埋场的环境监测数据，实现填埋场内已填埋空间的数据可视化，通过污染源监控数据的接入实现企业污染源数据的可视化。

5.1.3.2　快速检验与分拣

不同的行业、同一行业的不同企业产生的危险废物种类、危险特性、化学成分等不尽相同，若不同种类、性质的危险废物混杂一起，将增加利用处置企业检测、分类和利用处置的难度，使得利用处置周期较长，整体效率不高。通过运用信息化技术具备的高速、广泛识别优势，可以实现危险废物的快速检测与分类，提高企业运转效率。通过在危险废物或包装桶上附着 RFID 标签，记录危险废物的种类、主要化学成分、危险特性、来源、产废企业信息等危险废物的基本信息，通过系统对危险废物的自动识别，获取各类危险废物的基本信息，提高识别速度，减少人工或机械识别造成识别错误；通过智能识别，自动选择利用处置方式。系统通过对产废企业产生的不同危险废物的类别、主要化学成分、废物特性、形态、包装方式、利用处置方式等信息进行记录，当产废企业的危险废物进入利用处置企业时，通过 RFID 标签和系统自动分析该类危险废物过往批次或类别的主要化学成分、处理方式等信息，提高危险废物的利用处置效率，改变以经验判断处理方式为主的管理模式。

5.1.3.3　出入库管理

危险废物出入库管理作为利用处置企业全过程管理的重要环节，通过设立由基础信息管理、入库管理、库存管理、出库管理、统计分析等分模块组成的系统对危险废物出入库等进行管理，可以避免企业对危险废物出入库不能实时管理和利用处置记录管理不够完善，甚至存在出入库和利用处置记录信息缺失、丢失等问题。各分模块记录信息和主要功能如下：

基础信息管理：暂存库档案、暂存库分区档案、危险废物类别、废物属性、危险废物档案、产废单位分类、产废单位档案、运输单位信息、车间分类、车间档案、地区档案、部门档案、员工档案、其他档案、档案导入导出。

入库管理：订单信息、入库信息（转移联单编号、重量、包装规格、包装物数量、手工单号、成分、价格、接收员、入库日期、备注信息等）录入及修改；对检验结果不满足暂存库收贮条件的废物进行退货；订单信息打印、条形码生成。业务人员业务量查询，实时了解业务人员业绩情况。

库存管理：库存信息的查询，包括分别按产废单位、联单批次、不同类别和不同时间段的库存量统计。实现按基础信息和入库信息分别进行筛选。

出库管理：通过 RFID 设备读取危险废物的 RFID 标签后，库存信息相应改变，并进行数据存储统计；打印出库信息，包括仓库、车间、联单号、出库日期、仓管员、转接员。

在具体操作过程，可通过 RFID 设备读取危险废物的 RFID 标签，系统根据危险废物的性质及状态分配不同的库区，并实时写入出库信息，信息自动传输给系统，系统自动整理归档，完成危险废物的出库等工作。实时了解各处理车间的利用处置量，实现生产人员自动考核。系统设置同暂存库危险废物不相容报警，并将报警信息通过系统发送给暂存库管理人员，管理人员第一时间进行转移，降低不相容危险废物的同库所造成的安全和环境风险。危险废物经过过磅和入场检测后，进行过磅信息和检测信息录入，系统通过自动识别，将该危险废物的检测报告、过磅重量与电子转移联单中的信息进行对比；对比结果出现重大偏差时，可能存在废物运输过程中非法倾倒，系统将把有关信息自动发送给相关主管部门和利用处置企业管理人员。利用处置企业对于经该产废单位转移的危险废物进一步加强检测，降低由于产废企业申报危险废物信息错误给利用处置企业带来的风险。系统还将对于暂存库中暂存期限即将到期的危险废物进行提前预警，降低企业超期贮存风险。

5.1.3.4　利用处置设施运行管理

危险废物利用处置单位进行危险废物处理时，通过 RFID 设备读取危险废物的 RFID 标签，并实时写入处理方式及处理结果，信息自动传输给系统，系统自动整理归档，同时将处理方式及处理结果以信息的形式发送给当班管理人员和操作人员。

1）以焚烧系统运行管理为例

系统通过对存放在不同暂存分区中可焚烧类危险废物，按照热值、化学成分等进行自动精确配伍，由系统管理人员将配伍信息发送给当班管理人员和操作人员，用于指导生产运行。操作人员在出库时，按照电子出库单进行操作，通过 RFID 设备读取危险废物的 RFID 标签了解即将进入焚烧系统焚烧的危险废物的热值和主要成分，避免操作人员在出库时拉错危险废物，提高焚烧运营工况稳定性和利于尾气处理系统的达标控制。

2）以填埋场运营管理为例

通过系统的建立，可以实时详细记录和查询入填埋场的危险废物名称、类别、填埋数量、填埋位置（分区）、填埋时间、记录已填埋库容、剩余填埋库容、操作人等信息。系统中将自动识别填埋于相同分区中的危险废物，对相同分区中危险废物不相容情况设置了预警，降低填错分区概率。同时可利用统计分析数据，针对填埋的剩余库容和剩余填埋年限，优化企业的处置类别，进而延长填埋的使用年限。

5.2 危险废物全过程可追溯管控模式

信息化技术可以帮助生态环境部门进行区域危险废物管理决策分析和统计分析，评估区域内的危险废物产生、贮存、利用处置情况以及相应的行业布局等。

1. 决策分析

基于地理信息系统（GIS），通过经纬度坐标，可以有效地在 GIS 地图上展现危险废物的空间地区分布。基于 GIS 对空间分析的特性，将危险废物产生量、利用处置量及行业特性等信息结合污染源档案数据和环保业务数据、环境数据、经济等数据进行分析，能对危险废物的产生、贮存和利用处置布局进行合理评估，对环境应急、危险废物总量控制、行业布局进行决策。结合大数据分析的理念，通过引入不同领域的指标数据进行挖掘分析，从而对危险废物、环境、经济三者之间的关系进行多方位、多角度的诠释，为危险废物的管理决策提供支撑和依据。

区域危险废物可追溯管控系统分为 4 层，主要包括门户层、应用层、数据层、支撑层（图 5-3）。门户层为统一的危险废物处置企业内部监管平台，同时可作为产废企业、运输单位服务平台，为环保监管部门提供统一监管入口；应用层为运输管理、出入库管理、快速检验分拣、电子联单管理、信息预警及处理、处理设

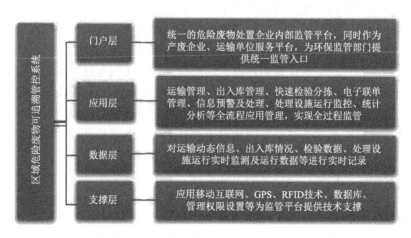

图 5-3 区域危险废物可追溯管控信息化平台示意图

施运行监控、统计分析等全流程应用管理，实现全过程监管；数据层对运输动态信息、出入库情况、检验数据、处理设施运行实时监测及运行数据等进行实时记录；支撑层应用移动互联网、**GPS**、**RFID** 技术、数据库、管理权限设置等，为危险废物信息化管控平台提供技术支撑。

2. 统计分析

区域危险废物可追溯管控系统能够对危险废物申报转移量和实际转移量统计的报表进行分类统计，主要包含产废企业、产生区域、废物类别、处置方式、行业类别、转移时间、危险废物平均收费金额、每个产废企业的收费价格、不同利用处置方式的成本、主要产废企业、配伍分析等统计分析。统计数据将通过记录明细、汇总、图表等多种表现形式进行汇总分析，实现实时分析数据，提高分析统计效率，促使管理人员掌握危险废物的处理情况；同时更便于管理者调整处置企业的经营方向、维护客户群、明确业务开展的重点区域、清晰地体现盈利点和收入增长点等。

5.3 危险废物全过程可追溯管控技术平台

2020 年修订的《固废法》突出特征之一是对固体废物信息化管理工作提出了多项明确要求。《固废法》第十六条提出"国务院生态环境主管部门应当会同国务院有关部门建立全国危险废物等固体废物污染环境防治信息平台，推进固体废物收集、转移、处置等全过程监控和信息化追溯"，这是落实党中央提出的推进国家治理体系和治理能力现代化的必然之举。生态环境部部长黄润秋在天津调研时指出，危险废物环境监管事关生态环境安全和人民群众身体健康，要切实强化危险废物全过程环境监管，着力加强信息化监管能力建设。在此背景下，亟需全面加强全国危险废物管理信息化体系建设，切实强化危险废物全过程环境监管，建立产废有记录、贮存可查询、流向可追溯、责任可追究的新一代危险废物管理信息化平台。

因此，在危险废物全过程智能化可追溯技术研究的理论基础上，通过对浙江省化学原料药基地临海园区和江苏扬子江国际化学工业园区进行实地调研，收集危险废物从产生、贮存、运输至利用处置的基本信息，了解区域现有危险废物信息化系统建设现状，挖掘危险废物管理需求；并基于需求调研结果，开展全过程智能化可追溯管控技术平台上相关物联网技术的模拟验证，最后基于上述调研和探究成果，开发研究危险废物全过程智能化可追溯管控技术平台及智能预警分析系统。

5.3.1　调研分析

　　危险废物全过程智能化追溯管控技术平台建设涉及危险废物的产生、贮存、转移、利用处置等各个环节。通过调研发现，在产生与贮存环节，大部分企业还是使用手工台账的方式来记录危险废物在各个节点的操作记录，再根据手工台账将相关数据录入到危险废物监管平台中，数据普遍存在滞后性，真实性也无法得到保障；在危险废物的贮存环节，企业的超期贮存、超量贮存、偷埋倾倒情况也会经常发生；在危险废物转移环节，企业和监管部门无法准确地把握危险废物动向；在危险废物利用处置环节，对于利用处置设备，企业和监管部门也希望能够实时看到设备的运行情况并在设备运行异常时能够及时收到通知。因此，在危险废物全过程管理的各个环节集成智能化监控技术、射频技术、数据深度挖掘分析技术和异常情况预警技术，研究信息智能化识别和采集模式，开发危险废物全过程智能化可追溯技术框架，并基于数据分析模型和算法，建立危险废物全过程监管动态数据库，构建危险废物全过程智能化可追溯管控技术平台，能够实现危险废物管理信息化，提高企业和全社会节约资源、保护环境的意识；促进资源节约、提高危险废物综合利用率、提高资源产出率；推动循环型社会的可持续发展；改进环境管理模式；完善监管手段，改变监督管理的滞后现象；提升政府为社会提供公共服务的能力，从而减少环境污染，节约资源。

5.3.2　平台需求分析

　　通过文献和实地调研的方式，收集汇总浙江省化学原料药基地临海园区和江苏扬子江国际化学工业园区内危险废物从产生、运输至处置的基本信息，包括产废单位物流通道、经营设施、危险废物仓库、监控视频、设备工况数据、企业信息化等信息，以及浙江省化学原料药基地临海园区、江苏扬子江国际化学工业园区和相关地区政府管理部门关于危险废物的信息化系统现状，挖掘危险废物的管理需求，重点梳理危险废物管理的业务流程，为建设危险废物全过程智能化可追溯管控技术平台奠定基础。

5.3.2.1　职能管理需求

　　近年来，随着全国涉废企业数量的不断增加，产废量和产废种类的不断变化，各地区危险废物管理部门希望能及时、准确掌握本省、市、区、县内危险废物的动态信息，实现对危险废物产生、转移、处置信息的全面采集和全程跟踪，采用智能化的大数据采集与分析手段，自动发现各类弄虚作假现象，协助管理部门加大对危险废物产生、交换、转移、利用、处置全过程的监管力度，从而防止和减少违法事件。

5.3.2.2　业务开展需求

《固废法》和《强化危险废物监管和利用处置能力改革实施方案》（国办函〔2021〕47 号）等相关文件均提出，建立危险废物污染防治的信息平台，鼓励在重点单位的重点环节和关键节点推行应用视频监控、电子标签等集成智能监控手段，推进固体废物收集、转移、处置等全过程监控和信息化追溯，实现对危险废物全过程跟踪管理。根据相关文件要求，建立危险废物全过程智能化追溯管控技术平台，结合地理信息系统，实现对危险废物产生、处置行为的实时数据的动态监控预警和统计分析，为危险废物管理"从摇篮到坟墓"的全程可溯源化提供技术保障，促使危险废物管理由传统人工管理方式向现代化智能管理方式进行转变。

5.3.2.3　技术应用需求

逐步建立健全危险废物智能监控体系，对所有危险废物经营单位（含收集单位），以及符合豁免管理规定的危险废物利用处置单位、危险废物重点产废单位、自行利用处置危险废物单位安装智能监控设备。

按照分级管理、精细化监管的思路建立智能监控数据采集标准，建设危险废物智能监控数据采集平台，实现对以上安装智能监控设备数据采集，实现数据实时报送、视频实时调用传输，丰富危险废物监管数据，为危险废物精细化、可视化监管奠定基础。

5.3.2.4　数据服务需求

早期的危险废物管理系统报表基本上是简单的数据汇总，而更深层次的数据挖掘尚未开始，难以全面有效地转化为管理人员所需要的具有全过程追溯分析和智能决策功能的数据。平台基于企业的申报数据、转移数据、视频抓拍、接收入库、利用处置台账等数据进行联机分析，实时识别转移、贮存、处置等活动中存在的薄弱环节并进行自动报警，是危险废物信息化监管的重要方向。

5.3.2.5　功能性需求

为了有效支撑危险废物全过程智能化可追溯管控技术平台建设，建立从数据采集、数据梳理入库、数据管理、数据校验等涵盖全面的数据中心技术架构体系，建立危险废物智能采集及存储系统，为平台建设奠定了良好的基础。利用统一的数据传输机制，将各级危险废物管理数据准确、有效地传输和集中，建设涵盖全域的危险废物管理数据库，并与上一级系统联网，实现资源共享，为危险废物管理提供数据基础。

5.3.3　平台相关物联网技术模拟验证

5.3.3.1　危险废物产生环境模拟验证

通过调研相关电子衡器设备厂家,结合产废企业危险废物产生时的实际场景,考虑到数据实时性、操作易用性、系统稳定性、设备耐用性等方面，通过集成电子磅秤、标签打印机、RFID 读写器、扫码枪，实现了危险废物在称重阶段的数据实时上传的功能，并在系统中自动生成电子台账，同时现场能够打印危险废物二维码标签和绑定 RFID 电子标签。危险废物产生环境模拟验证示意图见图 5-4。

图 5-4　危险废物产生环境模拟验证示意图

5.3.3.2　危险废物贮存仓库环境模拟验证

利用 RFID 读写器、门式天线、地感线圈以及警报灯，搭建了企业危险废物仓库的环境，实现了绑定 RFID 的包装出入仓库门能够被自动识别并自动生成电子台账的功能。平台建设中通过大量的测试来验证 RFID 电子标签在出入库过程中的识别率，通过使用不同的包装不同的绑定方式来验证容易出现的识别盲点，根据大量的测试数据积累以验证标准包装及标准绑定方法对识别率的影响。危险废物贮存仓库环境模拟验证示意图见图 5-5。

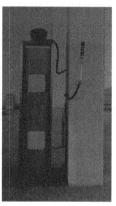

图 5-5　危险废物贮存仓库环境模拟验证示意图

5.3.3.3　危险废物贮存运输环境模拟验证

通过安装车牌识别摄像头和控制道闸，识别实验车牌号与软件系统交互，分别给予成功和失败两种信号来控制道闸的自动开启，结合语音播报设备、报警指示灯以及称重传感器获取软件，实现对危险废物出厂和签收过程中车辆智能称重的业务模拟。

5.3.4　平台设计与实现

5.3.4.1　危险废物智能称重子系统

针对传统的粘贴标签不便、信息记录不清、重量不准等弊端，研发危险废物智能称重终端设备，规范危险废物包装标识，一体化实现自动称重、拍照、标签打印和数据上传等功能，从源头实现每个危险废物包装的全程可溯。危险废物智能称重子系统示意图见图 5-6。

现场操作人员将打包好的危险废物放置称重磅体上，在智能称重终端操作界面选择称重危险废物类别、危险废物包装、产废点、操作人、入库仓库等信息，点击保存将称重结果连同相关危险废物数据上传至后台系统，成功后现场打印机自动打印二维码标签，同时可通过 RFID 读写器绑定电子标签，此时该危险废物包装在系统中就有了唯一"身份证"。

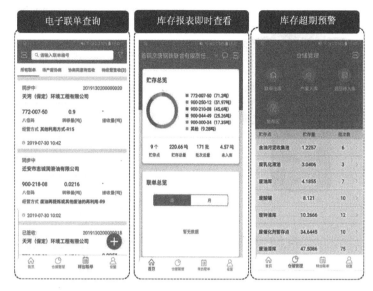

图 5-6　危险废物智能称重子系统示意图

　　重点产废企业可以配置危险废物规范化管理终端设备，现场终端与本平台联网，每袋危险废物称重后实时上报到平台，实现"产生即申报"。对于产废量较小的企业，可以提供便携式标签打印设备（平板+便携式打印机），要求对每一袋、每一桶包装粘贴电子标签。企业和政府管理人员可利用手机端进行现场检查、扫描盘点。在运输、利用处置等后续环节，同样采用扫码方式，对货物进行签收确认，做到权责清晰。

1. 硬件设备说明

危险废物智能称重的硬件设备见图 5-7。

固定式危废智能监管终端

智能仪表+秤体+神彩软件

- 终端规格：490mm*432mm*300mm
- 适用企业：年产废量10吨以上
- 支持网络：有线、WIFI、4G
- 秤体：1.2m*1.5m，最大称重3吨
- 工作温度：-20~60℃
- 防护等级：IP5
- 基本功能：智能称重、打印标签、电子台账记录、库存查询、自主申报

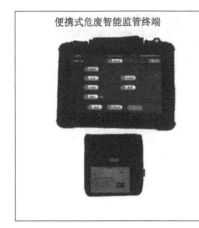

图 5-7　危险废物智能称重硬件设备示意图

2. 软件操作流程

1）登录注册

系统安装后打开的第一个页面是设备注册界面（图 5-8），每台设备的标识都是唯一且不变的。可通过切换服务地址，更改"正式"和"测试"的使用环境。信息确认之后，点击"进入系统"即可。如果提示"系统中无该地磅信息"，请在危险废物规范化平台里的"设备管理"功能中新增设备并绑定企业，然后再次点击"进入系统"按钮即可。

图 5-8　登录注册示意图

2）系统首页

在终端桌面上点击小地磅图标按钮，进入用户首页。首页主要包括打包、入库、批量入库、出库、称重入库、包装管理、标签打印和设置功能，不同版本的终端设备显示的按钮会有一定差异。

平板款的首页如图 5-9 所示。

图 5-9　平板款首页示意图

机箱款的首页如图 5-10 所示。

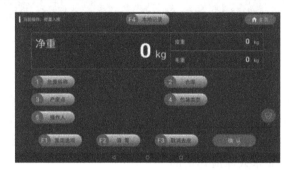

图 5-10　机箱款首页示意图

3）设置

设置功能中主要包括用户标识和设备标识设置、服务地址设置、菜单设置和在线升级。除在线升级功能无需管理员密码之外，其他功能使用之前都必须先输入管理员密码。在使用小地磅系统的其他功能之前必须先设置用户标识和设备标识。使用菜单设置功能可以设置系统首页显示的功能菜单。设置界面示意图见图 5-11。

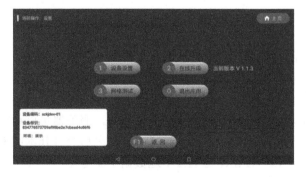

图 5-11　设置界面示意图

4）设备设置

每款机型都有默认的设备参数配置，可以按实际需求修改。点击对应的按钮即可以设置相应的项目，设置完成之后点击确认按钮即可（图 5-12）。

图 5-12　设备设置示意图

5）称重入库

点击系统首页的入库功能按钮打开如图 5-13 所示的页面，点击对应的按钮选择或输入正确的项目之后，点击确认按钮，系统会弹出信息确认对话框，用户对信息确认无误之后点击对话框上的确认按钮，即可将表单信息上传至服务器。数据上传成功之后会显示入库成功页面。

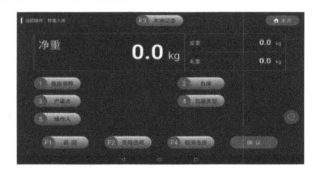

图 5-13　称重入库示意图

6）离线入库

当进行入库操作的时候，如果遇到网络异常的情况，系统会弹出是否进入离线入库模式的操作提示框（图 5-14）。点击"确定"按钮之后，系统会将包装信息暂时存储在本地，当系统监测到网络恢复正常，服务器可以正常访问时，会弹出是否上传本地离线数据的提示框，选择"是"之后会打开本地未上传数据的列表页面，点击"上传"按钮即可上传本地数据至服务器。离线模式下也可进行标签打印和 RFID 绑定的操作。

图 5-14　离线入库示意图

7）常用选项

在进行入库操作时，系统提供了常用选项功能（图 5-15），通过该功能用户可以快速选择包装信息、包装方式、仓库等，大大提升了工作效率。

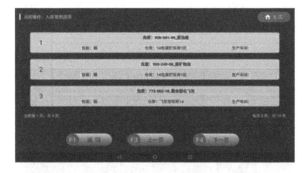

图 5-15　常用选项示意图

8）包装查询

通过该功能可以进行包装信息查询的操作（包装查询示意图见图 5-16），同时也可以进行标签的补打印和 RFID 补绑定操作。

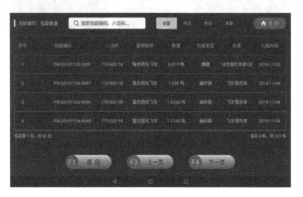

图 5-16　包装查询示意图

9）标签打印和 RFID 绑定

在进行打包和入库操作成功之后，可以进行标签打印和 RFID 绑定的操作（图 5-17）。进行打印操作时，用户点击"打印"按钮，系统将自动调用打印机进行标签打印。当进行 RFID 绑定操作时，用户需先点击 RFID 绑定按钮，然后将 RFID 标签靠近设备上的读写区域，数据成功写入之后，系统将显示出相应的提示信息。

图 5-17　标签打印和 RFID 绑定示意图

10）标签预制

点击"标签预制"按钮，打开如图 5-18 所示页面。选择需要的内容，除产废点选填外，其他都是必填项。信息选择完成后，点击"确认"按钮即可打印预制的标签。标签预置成功后可通过 App 扫码标签上的二维码进行入库操作。

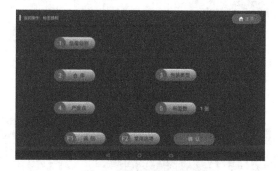

图 5-18　标签预制示意图

11）标签补打

点击"标签补打"按钮，打开如图 5-19 所示页面。对于标签上的二维码还能

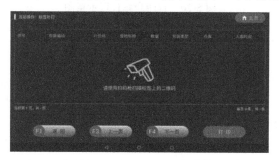

图 5-19　标签补打示意图

看清的可使用扫码枪扫描二维码，可扫描多个二维码，扫描成功后，点击"打印"按钮，即可批量打印需要补打的标签。

5.3.4.2 智能仓储管理子系统

在危险废物仓库门口安装 RFID 识别天线、读写器和地感线圈，叉车装载绑有电子标签的危险废物包装通过该门时，利用地感线圈信号判断车辆进出方向，触发识别天线和读写器工作，读取包装绑定的电子标签信息，则信息将通过网络上传至后台服务，后台服务通过对电子标签的数据识别与数据库中包装信息匹配，实现该危险废物自动出入库。智能仓库管理示意图见图 5-20。

图 5-20 智能仓库管理示意图

5.3.4.3 车辆智能称重子系统

危险废物运输车辆入厂时，摄像头识别车牌，后台服务从业务数据库查找匹配该车牌是否有待转移联单，若无则不开启控制道闸并给予红灯警示，若有则开启控制道闸并给予绿灯提示。

车辆上磅后，称重系统自动采集车辆称重数据并上传至服务器，保存本次称重记录。车辆下磅后，称重系统将称重过程中抓拍图片、称重开始结束时间上传至服务器并与本次称重记录进行绑定。

危险废物运输车辆出厂时，重复执行上述控制流程，后台自动计算本次完整称重的危险废物净重数据，并自动保存至联单签收数量中。车辆智能称重示意图见图 5-21。

图 5-21　车辆智能称重示意图

5.3.4.4 危险废物全过程监管业务系统

危险废物智能终端设备打印的二维码标签作为危险废物包装的唯一身份将起到串联产生、运输、利用、处置的各个环节,结合运输 GPS 轨迹、视频监控、无人值守称重物联设备采集和接入,将对区域内危险废物全生命周期进行跟踪管理。危险废物全过程监管业务系统示意图见图 5-22。

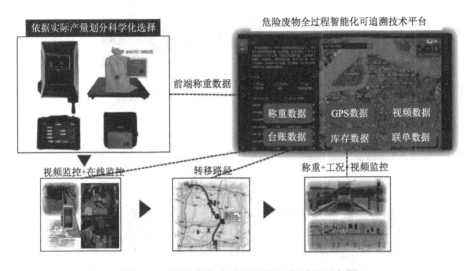

图 5-22 危险废物全过程监管业务系统示意图

1. 贮存管理

汇总当年截至目前区域内总贮存量,并与上一年同期数据进行同比分析;

将近三年历史数据进行综合汇总,生成区域内近三年贮存量同比统计折线图;

依照目前的贮存数据,以柱状图形式统计区域内前五位贮存量最大的危险废物大类;

依照截至目前产废企业在相应平台库存上报数据,自动生成贮存的危险废物特性占比情况环状图;

按照贮存量递减顺序生成区域内企业贮存统计列表,并支持与地图联动定位企业位置。

2. 转移管理

根据危险废物联单数据,统计区域内整体转移量,包括内转移量、区域外转移量等;

统计区域内近三年以来的危险废物转移情况,形成对比折线图;

根据区域内主要利用处置方式，自动生成各项利用处置方式占比环状图；

可实时更新区域内的转移联单动态，列明每笔联单的产废企业、接收企业、危险废物名称和转移量数据，点开联单条目可查看联单详细信息（包括运输车辆转移路径）。

3. 利用处置

汇总区域内核准规模、利用量、处置量信息，系统自动计算利用处置进度；

按照区域内各利用处置企业名称，形成年核准量、接收量、利用处置量统计报表。

4. 工况分析

主要针对焚烧单位，通过实时数据对接，制作工况图，全景展示危险废物焚烧过程及各类参数记录。工况分析示意图见图 5-23。

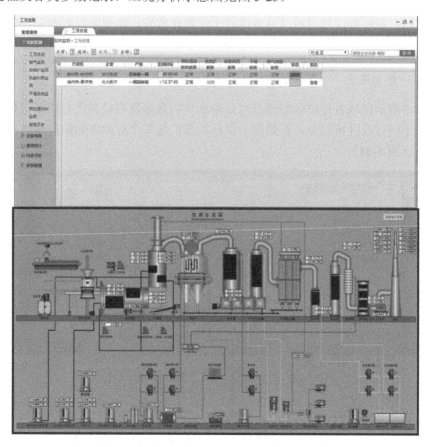

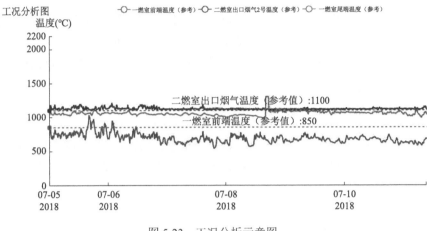

图 5-23　工况分析示意图

5. 液位分析

可通过液位变送器等前端设备进行实时量化监管，实现实时查询和预警分析功能。

6. 一张图展示

集中展示区域各行政区划通过对危险废物信息等现有数据进行深度挖掘，支持按照不同行政区域划分，在地图上以柱状图汇总每个行政区划的产废情况和贮存情况（图 5-24）。

图 5-24　产废情况和贮存情况一张图示意图

可根据危险废物特性（毒性、腐蚀性、感染性、易燃性、反应性等）进行筛选，地图上生成不同危险废物特性热力分布（图 5-25）和产生企业列表（图 5-26）。

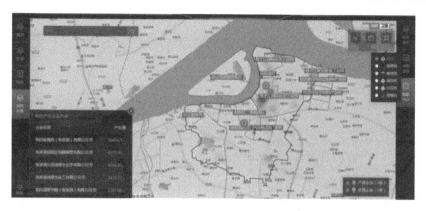

图 5-25　危险废物特性热力分布示意图

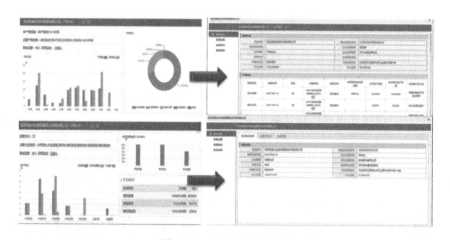

图 5-26　企业列表示意图

　　地图搜索具体企业，定位到企业所在位置，点击查看该企业卡片信息和一企一档信息。

5.3.4.5　车辆实时监控子系统

　　产废企业和经营企业配套手机端 App，产废企业通过 App 查看每个库房的库存信息、台账信息，并支持扫描包装二维码标签实现出库和发起联单操作，利用处置单位确认后，运输单位核对和运输该笔联单，获取车辆完整运输轨迹，可查看到联单完整信息和转移路径 GPS 轨迹。车辆实时监控子系统示意图见图 5-27。

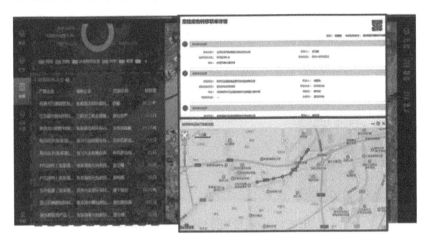

图 5-27　车辆实时监控子系统示意图

5.3.4.6　设备数据实时监控子系统

平台将统计企业使用危险废物智能称重系统接入情况，按照昨日、今日、本周、本月的时间维度统计区域内转移联单数量、转移量、园区内转移量和园区外转移量，结合地磅智能终端物联感知信息，自动统计入库量和出库量，可动态查询每家企业的当日出入库动态，点击每条出入库动态，可查看每个包装的详细二维码标签和每个包装的产生到出入库追踪信息。设备数据实时监控子系统示意图见图 5-28。

图 5-28　设备数据实时监控子系统示意图

5.3.4.7　视频监控子系统

结合产废和经营企业在称重区、贮存区、装卸区、出入口的视频监控，可实时查看现场称重、出入库、装卸和运输现场情况，做到全程可视化，实现贮存与视频联动。视频监控子系统中产废环节示意图见图 5-29。

图 5-29　视频监控子系统示意图（产废环节）

贮存环节还可查看该库存实时详细信息，包括主要贮存危险废物类别、贮存量、每个包装二维码标签信息和追踪信息，并可查看该贮存设施的台账信息。视频监控子系统中贮存环节示意图见图 5-30。

图 5-30　视频监控子系统示意图（贮存环节）

5.3.4.8　数据分析预警系统开发

1. 数据中心

可定制化各类统计报表，根据区域的不同要求，设置不同统计维度的报表样式，包括企业经营统计汇总、产生量较大的危险废物类别汇总、产生量较大的行业汇总、危险废物产生情况报表、利用处置能力分析报表，管理人员可根据数据中心提供的各类统计数据获悉园区内某行业或某个危险废物大类的产废或贮存信息等。数据中心示意图见图 5-31。

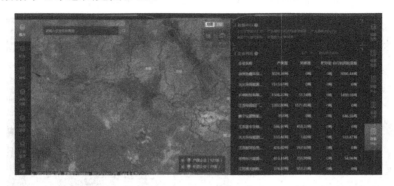

图 5-31　数据中心示意图

2. 预警中心

根据区域要求设置不同的预警规则：

（1）转移预警：联单预警、转移过程预警、移出端预警、移入端预警；

（2）阈值预警：经营许可能力满负荷预警、管理计划与产生量重大变化预警；

（3）贮存预警：超期贮存、超量贮存等。

贮存预警示意图见图 5-32。

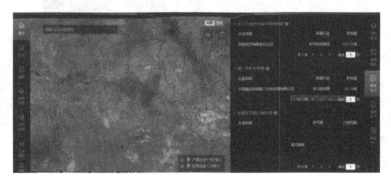

图 5-32　贮存预警示意图

自动汇总预警信息进行推送，可根据管理需要，也可按照行业类别、危险废物类别等设置预警信息。

5.4　展　　望

随着危险废物精细化管理要求的提高，构建一套稳定、可靠、安全和可扩展的危险废物流向追溯网络体系，实现危险废物从产生、贮存、运输到利用处置的全过程实时动态监管，已经成为危险废物污染防治工作的重要技术手段和应用方向。基于信息化技术手段的危险废物全过程可追溯管控系统的优势在于，能够综合考虑、监控、分析管理危险废物从产生、收集、贮存、运输、利用处置全过程的各种环境风险，提取企业的相关行为和操作，结合视频监控等手段确保获取信息可靠，从而显著提高危险废物污染防治工作的效率。

第6章
危险废物风险评估与可追溯管控技术应用示范

6.1 重庆市废铅蓄电池环境风险评估技术应用示范

6.1.1 基本情况

重庆市是传统农业与高污染并重的老工业城市,是电子行业和汽摩产业的聚集地之一,每年有大量的废铅蓄电池产生。为严厉打击铅蓄电池企业环境违法行为,切实保障人民群众身体健康,2019 年 4 月,重庆市生态环境局联合交通局印发了《重庆市铅蓄电池生产企业集中收集和跨区域转运制度试点工作方案》,截至目前,重庆已有 10 个危险废物集中收集转运设施建成并投入运行。

1. 废铅蓄电池回收试点情况

重庆市生态环境局印发了《重庆市废铅蓄电池污染防治行动方案》和《重庆市废铅蓄电池集中收集转运试点工作方案》,组织符合条件的企业积极申报试点,并组织专家对 12 家铅蓄电池生产企业、8 家废铅蓄电池综合利用申报试点企业进行筛选(按照申报单位区域,分别是市内 6 家,市外 14 家。其中市外有贵州 3 家,安徽、四川各 2 家,河南、河北、湖北、江苏、上海、天津、浙江各 1 家),最后确定 18 家铅蓄电池跨区域转运试点单位,详见表 6-1。

表 6-1 重庆市废铅蓄电池试点申请企业情况表

序号	单位名称	所在地	经营模式	备注
1	重庆创祥电源有限公司	重庆市	销售	试点单位
2	重庆德能再生资源股份有限公司	重庆市	回收、利用	试点单位
3	重庆博雅电源科技有限公司	重庆市	销售	试点单位
4	重庆吉鑫再生资源有限公司	重庆市	回收、利用	试点单位
5	重庆神驰电池有限责任公司	重庆市	销售	试点单位
6	重庆万里新能源股份有限公司	重庆市	销售	试点单位

续表

序号	单位名称	所在地	经营模式	备注
7	浙江天能资源循环科技有限公司	浙江省	销售	试点单位
8	天津杰士电池有限公司	天津市	销售	试点单位
9	四川力扬工业有限公司	四川省	销售	试点单位
10	四川美凌蓄电池有限公司	四川省	销售	试点单位
11	上海江森自控国际蓄电池有限公司	上海市	销售	试点单位
12	江苏新春兴再生资源有限责任公司	江苏省	回收、利用	试点单位
13	骆驼集团股份有限公司	湖北省	回收、利用	试点单位
14	河南豫光金铅股份有限公司	河南省	回收、利用	
15	风帆有限责任公司	河北省	销售	试点单位
16	贵州火麒麟能源科技有限公司	贵州省	回收、利用	试点单位
17	贵州三和金属制造有限公司	贵州省	回收、利用	试点单位
18	贵州鑫凯达金属电源有限责任公司	贵州省	回收、利用	试点单位
19	快点科技集团股份有限公司	安徽省	销售	试点单位
20	安徽力普拉斯电源技术有限公司	安徽省	销售	试点单位

截至目前，重庆市已对重庆神驰电池、重庆万里电池、浙江天能集团、安徽力普拉斯、重庆德能再生资源、湖北骆驼集团股份等 6 个试点单位的共计 10 个集中转运点核发了危险废物经营许可证，核准收集、贮存规模合计 17.2 万 t/a。

2. 废铅蓄电池收集利用情况

截至目前，废铅蓄电池回收企业有 17 家，其中危险废物综合收集单位 11 家，废铅蓄电池集中转运试点企业 6 个（共建设有 10 个中转站）。根据危险废物经营单位年度报表数据显示：2018 年全市收集废铅蓄电池 408 t，2019 年废铅蓄电池回收企业合计收集 480 t。重庆的废铅蓄电池集中转运试点企业集中在 2019 年底逐步建成，2020 年由于市场交易受阻，致使废铅蓄电池回收网络体系未能有效运行，2021 年以后废铅蓄电池收集效果逐渐显现。

重庆现有 2 家废铅蓄电池综合利用处置企业，分别是重庆德能再生资源股份有限公司和重庆吉鑫再生资源有限公司。重庆德能再生资源股份有限公司年综合利用规模为 8.4 万 t/a，2014 年回收利用 1426.31 t，2015 年回收利用 1073.40 t，2016 年全年停产整治回收利用 0 t，2017 年回收利用 12586.58 t，2018 年回收利用 13689.86 t，2019 年回收利用 14141.62 t（图 6-1），从生产至今，合计回收利用 42917.77 t。

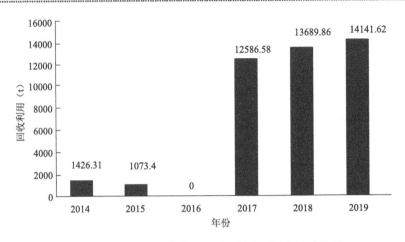

图 6-1　重庆德能再生资源股份有限公司近年回收情况

重庆吉鑫再生资源有限公司于 2019 年 10 月取得危险废物经营许可证，年综合利用规模为 12.97 万 t/a，2019 年回收利用 8.20 t。

6.1.2　技术示范目标

结合重庆废铅蓄电池污染防治试点工作经验，开展废铅蓄电池环境风险评估技术应用示范，分析评价评估结果，在应用验证基础上提出进一步修正和完善危险废物环境风险评估技术的建议，提高评估结果的准确性；开发了危险废物环境风险评估技术，结合分析确定的重庆市辖区废铅蓄电池主要暴露途径，对重庆市辖区内的废铅蓄电池环境风险进行系统评估；强化环境风险较大的环节环境管理，对于环境风险较小的环节开展有条件豁免管理，并在应用验证基础上提出进一步修正和完善危险废物环境风险评估技术的建议。

6.1.3　技术示范内容

技术示范路线图见图 6-2。

一是重庆市废铅蓄电池产生、贮存、收集转移和利用处置情况调查，对各环节环境风险情况进行分析评估。

二是制定示范企业条件，明确示范企业环境管理要求，将废铅蓄电池风险防控理念和要求落实到企业管理实际中。

三是运用危险废物环境风险评估技术方法，结合重庆市废铅蓄电池环境管理基本信息，开展风险评估，确定暴露途径、风险程度等。

四是将风险评估结果反馈应用于重庆市废铅蓄电池示范企业，进一步改进管理，提升风险防控水平。

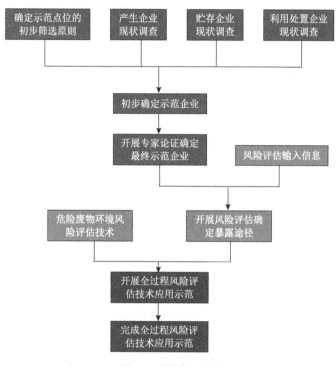

图6-2　技术路线图

6.1.3.1　示范企业选定

重庆神驰电池有限责任公司位于重庆市江津区德感工业园，是一家专业从事各型铅酸蓄电池研发与制造的企业，同时开展废铅蓄电池收集业务。该公司严格遵循国家和重庆市要求，规范生产铅蓄电池，其主要铅蓄电池产品类型包括摩托车、电动车、汽车用的普通型、高性能、免维护、密闭型等四大种类一百多个品种的各型蓄电池，生产产品类型较全，具有代表性。同时，该公司还经重庆市生态环境局允许开展了废铅蓄电池收集转运业务，在现有铅蓄电池收集试点企业中收集量最大，可作为废铅蓄电池运输、收集的代表企业。

重庆德能再生资源股份有限公司位于双桥经济开发区邮亭经济产业园，地处成渝双城经济圈腹地，是川渝地区首家持有《危险废物经营许可证》和《排污许可证》的废铅蓄电池专业处置企业，具备年处理10万吨废铅蓄电池的生产能力。该公司致力于打造完整的铅酸循环产业链，目前与巨江、万里等蓄电池工厂以及川渝地区数十家合法电池收集站点建立了战略合作伙伴关系，同时与数千家正规产废单位签署了危险废物处置协议。该公司再生铅生产工艺采用业内主流的"湿法机械化分选—铅膏脱硫预处理—短窑熔炼"技术，同时还拥有德国林德公司全氧燃烧系统、德国斯派克公司的高级直读光谱仪等辅助设施和检测设备。2020年底投入的预脱硫项目，能对铅膏进行特殊处理得到熔点低、硫含量低的铅膏，还能根据市场需求及企业需要选用不同的脱硫剂，经济成本上有更强的抗风险能力。

对上述示范企业进行废铅蓄电池全过程环境风险评估，包括生态环境风险评估及经环境暴露引发的人体健康风险评估。废铅蓄电池全过程环境风险评估就是针对废铅蓄电池贮存、运输、利用、处置等环节，评估其进入或者可能进入环境后，含有的有毒有害化学物质可能对生态环境和人体健康造成危害效应的程度和概率大小。

废铅蓄电池全过程环境风险评估的内容和程序包括危害识别、剂量反应评估、暴露评估、风险表征和不确定性分析五部分。

6.1.3.2　危害识别

铅蓄电池指电极主要由铅制成，电解液是硫酸溶液的一种蓄电池，一般由正极板、负极板、隔板、电解液、电池槽和接线端子等部分组成。从功能上看，铅蓄电池主要分为启动型、动力用和工业用铅蓄电池三类。启动型铅蓄电池指用于启动活塞发动机的汽车用铅蓄电池和摩托车用铅蓄电池等；动力用铅蓄电池指电动自行车和其他电动车用铅蓄电池、牵引铅蓄电池和电动工具用铅蓄电池等；工业用铅蓄电池指铁路客车用铅蓄电池、航标用铅蓄电池、储能用铅蓄电池及备用电源用铅蓄电池等其他用途的各种铅蓄电池等。从应用上，铅蓄电池主要分为车辆用、工业用铅蓄电池两类，其中车辆用铅蓄电池主要用于电动自行车、摩托车、汽车三类主要的交通工具。

铅蓄电池产品历史悠久，技术成熟，在功率特性、高低温性能、组合一致性、回收再利用性和价格等方面具有优势，长期以来广泛应用于汽车、船舶、航空、电力、通信、银行、军工等各个领域，已成为推动国民经济和社会可持续发展必不可少的基础性产业。同时，铅蓄电池也是化学电池中市场份额最大、使用范围最广的电池产品，在内燃机启动、大规模储能等应用领域尚无成熟替代产品。预计在今后一个时期内，铅蓄电池尚不能被其他电池产品所取代，铅蓄电池行业在国民经济中仍将发挥不可或缺的重要作用。

对重庆德能再生资源股份有限公司（以下简称德能公司）2017～2018年废铅蓄电池回收情况进行的调查结果（表6-2）显示，来自电动自行车的废铅蓄电池数量最大，占回收总量的一半左右；来自摩托车的废铅蓄电池数量最小，占总回收量的 5%左右；剩余的约 45%为汽车用铅酸蓄电池，其中免维护废电瓶的数量相差较大。

表 6-2　德能公司 2017～2018 年回收情况表

类别	2017 年		2018 年	
	重量(t)	占比(%)	重量(t)	占比(%)
电动自行车废电瓶	6738	53.5	6344	46.3
摩托车废电瓶	423	3.4	883	6.4
免维护废电瓶	362	2.9	2348	17.2
汽车启动型废电瓶	5063	40.2	4116	30.1
合计	12587	100	13690	100

尽管在外形上，各种铅酸蓄电池的差别很大，但在电池结构上差异不大，主要包括外壳、板栅、电解液、铅膏等（表 6-3）。

表 6-3　废铅蓄电池各组分含量

组分名	占比(%)	物相组成	占比(%)
外壳隔板	13.53		
板栅	27.25 其中铅：94.27	铅	92～95
		氧化铅	微量
		硫酸铅	微量
铅膏	38.83 其中铅：77.68	氧化铅	10～15
		二氧化铅	15～20
		硫酸铅	25～30
废电解液	20.39	硫酸	

数据来源：重庆吉鑫再生资源有限公司环评报告。

1）外壳

目前，国内铅酸蓄电池使用的外壳普遍为塑料材质，多为 ABS（acrylonitrile-butadiene-styrene，丙烯腈-丁二烯-苯乙烯）树脂（常见于电动自行车用铅酸蓄电池）、PP（聚丙烯）树脂（常见于汽车用铅酸蓄电池）、PVC（聚氯乙烯）树脂等。

外壳通常情况下环境风险较小，在评估中可暂不考虑。

2）板栅

板栅的基体材质为合金，通常为铅锑合金或铅钙合金，少量场合可能会用到铅锡合金，其中金属铅通常占比在 92%～95%之间。此外，板栅中通常还会掺入一定量的 Cd、As 等金属、类金属物质以改善其性能。加 Cd 的目的是提高板栅的强度，延长蓄电池的循环寿命；加 As 的目的是提高板栅的硬化速度、机械强度和耐腐蚀性，延长蓄电池的使用寿命，最高可使蓄电池的使用寿命增加 25%～30%。2012 年 5 月，工业和信息化部、环境保护部联合发布《铅蓄电池行业准入条件》（工业和信息化部公告，2012 年第 18 号），规定不再批准新建、改扩建镉含量高于 0.002%（电池质量百分比，下同）或砷含量高于 0.1%的铅蓄电池及其含铅零部件生产项目，同时要求现有镉含量高于 0.002%或砷含量高于 0.1%的铅蓄电池及其含铅零部件生产能力应于 2013 年 12 月 31 日前予以淘汰。

有研究者调查了铅蓄电池中镉、砷的含量，结果显示，所检样品的 As 含量全部符合要求，但有个别样品 Cd 含量不符合要求。检测 Cd 含量的 301 个样品中，297 个样品中 Cd 含量低于 0.002%，4 个电动助力车用密封铅蓄电池（生产时间为 2014～2017 年）Cd 含量超过分别为 0.144%、0.170%、0.176%、0.158%，超出了限值。4 个超标的样品中，Cd 主要存在于正极板栅，含量在 1.20%～1.45%之间，在电池中 Cd 总量的占比均超过 90%。

板栅中的重金属元素初始状态为合金，主要以金属的形式存在，但随着铅蓄电池的使用，会有微量转化为氧化物、硫酸盐。此外，由于氧化锡、氧化砷有一定的酸碱两性性质，在较强的酸性环境中，还有可能存在锡酸、砷酸，由于锡酸和砷酸均属于弱酸，因此锡酸盐、砷酸盐存在的可能性很小。

在废铅蓄电池的板栅中，可能存在金属、氧化物、硫酸盐、砷酸等化学物质，具体包括：铅、氧化铅、二氧化铅、硫酸铅；锑、氧化锑（五氧化二锑）、硫酸锑；钙、氧化钙、硫酸钙；锡、氧化锡、硫酸锡、锡酸；镉、氧化镉、硫酸镉；砷、氧化砷、砷酸等。

从板栅合金的组成来看，废板栅中绝大多数为含铅物质，而金属铅在含铅物质中占绝大多数。

3）铅膏

铅膏是由铅粉、水、硫酸和添加剂混合搅拌并发生物理、化学变化而制成的可塑性膏状混合物，含有金属铅、氧化铅、二氧化铅、氢氧化铅、硫酸铅、碱式硫酸铅（$n\text{PbO·PbSO}_4$，$n=1～4$）、水和添加剂等，在铅蓄电池生产过程中涂填在板栅上。

铅蓄电池使用过程中，随着充电、放电的操作，电荷在电解液（稀硫酸）中于正负极之间来回移动，铅元素在金属单质、铅离子之间相互转化，这些转化过程主要发生在铅膏中的铅元素上。

铅膏中的添加剂主要有黏结剂（增加活性物质和极板强度）、导电剂（改善活性物质二氧化铅的导电性）、变晶剂（调节活性物质二氧化铅的含量）、成核剂（改善硫酸铅的结晶效果）、膨胀剂（抑制活性物质的收缩）、抗腐蚀剂（正极板）、抗氧化剂（负极板）。

具体来说，正极板的铅膏中通常加入的添加剂有短纤维、铅丹（四氧化三铅）、石墨、硫酸亚锡、磷酸等；负极板的铅膏中通常加入的添加剂有短纤维、炭黑、木质素磺酸钠、硫酸钡、硬脂酸钡、腐殖酸等。

4）电解液

铅蓄电池的电解液为浓度在 20% 左右的稀硫酸，不同类型铅蓄电池中电解液的数量也有显著区别，总体上占蓄电池质量的 10%～20% 之间，其中目前应用最为广泛的免维护铅蓄电池中，电解液数量相对较少。

使用过程中铅以 Pb^{2+} 的形态在电解液中移动，因此废电解液中不可避免地会有铅残留，此外，板栅、铅膏中含有的其他物质也会进入到电解液中。

6.1.3.3　贮存环节

1. 贮存示范企业基本情况

重庆神驰电池有限责任公司是重庆市首批废铅蓄电池集中收集转运试点企业之一。在重庆市九龙坡区、渝北区、南岸区等 12 个区县逐步布局废铅蓄电池收集网点 218 个（表 6-4），在江津区、巴南区、南岸区等 10 个区县已建和拟建废铅蓄电池集中转运点 10 个（表 6-5），主要负责收集汽车 4S 店、销售店、维修点以及使用铅蓄电池的企业事业单位产生的废铅蓄电池。

表 6-4　废铅蓄电池收集网点分布表

序号	区县	收集网点数量（个）
1	九龙坡区	30
2	渝北区	30
3	南岸区	30
4	江津区	16
5	涪陵区	16
6	合川区	16
7	万州区	18
8	永川区	12
9	黔江区	12
10	潼南区	12
11	长寿区	16
12	城口县	10
合计		218

表 6-5   废铅蓄电池集中转运点分布表

序号	区县	集中转运点（个）	地址	计划面积（m²）	计划贮存量（t）	备注
1	江津区	1	江津德感工业园东江路 123 号	550	3000	已建
2	巴南区	1	巴南区花溪工业园区建设大道 1 号	600	10000	在建
3	南岸区	1	茶园经济开发区美景工业园 3 幢 1 号	550	6000	在建
4	涪陵区	1	龙桥工业园	600	2000	在建
5	沙坪坝区	1	金凤工业园区	600	11000	待建
6	渝北区	1	空港工业园	550	8000	待建
7	万州区	1	万州区申明坝华江机械厂	550	3000	待建
8	合川区	1	合川工业园	500	2500	待建
9	永川区	1	永川区卫星湖街道办事处双凤路	550	2500	待建
10	开州区	1	开州区谢家沟	500	2000	待建
	合计	10		5500	50000	

  选取已建的江津区废铅蓄电池集中转运点作为贮存环节环境风险评估示范点。该点位于江津区德感工业园东江路 123 号，依托重庆神驰电池有限责任公司的危险废物暂存库建立，建筑面积 518 m²，废铅蓄电池年最大收集、贮存、转运量约为 27000 t（如图 6-3～图 6-8 所示）。自 2019 年 12 月底公司获批重庆市废铅蓄电池收集转运试点以来，江津区废铅蓄电池集中转运点已累计回收 9000 t 废铅蓄电池，主要以汽车启动型铅蓄电池、牵引型铅蓄电池为主，占收集的 45%，其他诸如应急电池、小型阀控密封铅蓄电池约占 55%。该转运点只进行废铅蓄电池的收集、贮存和转移，不进行废铅蓄电池的拆解和后续加工，收集的废铅蓄电池交由贵州省火麒麟能源科技有限公司进行回收处置。

图 6-3   废铅蓄电池暂存车间

图 6-4   第Ⅱ类废铅蓄电池贮存间

図 6-5　废酸收集沟槽与应急事故池　　　　　図 6-6　酸雾净化塔

図 6-7　第 I 类废铅蓄电池贮存区　　　　　図 6-8　第 II 类废铅蓄电池贮存箱

2. 废铅蓄电池贮存工艺流程

重庆神驰电池有限责任公司废铅蓄电池集中转运点严格按照《电池废料贮运规范》（GB/T 26493—2011）、《废铅蓄电池处理污染控制技术规范》（HJ 519—2020）以及《废电池污染防治技术政策》（环境保护部公告 2016 年第 82 号）、《重庆市铅蓄电池生产企业集中收集和跨区域转运制度试点工作方案》（渝环〔2019〕75 号）规定开展贮存工作，贮存工艺流程简述如下。

1）卸车

从各收集网点收集的废旧铅蓄电池入厂，贮存车间设有通道和作业区，经计量、分类登记后，采用电动叉车进行卸载运至贮存区，装卸时，在下方设置 3 mm 厚钢制托盘（1.5 m×4.0 m×0.2 m），收集事故情况下废铅蓄电池破损撒漏的电解液。

2）包装、暂存堆放

入厂废铅蓄电池按照"第 I 类废铅蓄电池""第 II 类废铅蓄电池"分类别包装、贮存。未破损的密闭式免维护废铅蓄电池为"第 I 类废铅蓄电池"，采用塑料薄膜包装后，放置于货架，从底层开始依次向上有序堆放，存放高度不超过 1.2 m（如

图 6-7 所示）。开口式废铅蓄电池和破损的密闭式免维护废铅蓄电池为"第Ⅱ类废铅蓄电池"，放置于耐酸、防腐铅蓄电池回收专用牢固密闭塑料吨箱或者专用收集筐（带酸液收集功能），堆存于设立酸雾净化塔的第Ⅱ类废铅蓄电池贮存间（如图 6-8 所示）。废铅蓄电池贮存车间对地面进行防渗、防腐、防漏（"三防"）处理，库房四周设有废酸收集沟槽，收集装卸过程事故情况下泄漏的废电解液，库房内设置 1 座 1 m³ 的应急事故池，容纳企业泄漏的电解液。

3）装车外运

贮存车间内废铅蓄电池最大贮存量为 3 t，由叉车装车，装车后废铅蓄电池经运至贵州省火麒麟能源科技有限公司进行处置利用。

3. 环境风险物质识别

若某种物质具有有毒、有害等特性，在泄漏条件下可能对环境和人群造成伤害、污染，即可定义为环境风险物质。贮存环节主要排放的废弃物为废气和废电解液（如图 6-9 所示）。废气中主要的有毒有害物质是硫酸雾和铅尘。废电解液中含有多种有毒有害物质，主要是硫酸和各类重金属及其化合物（如铅、铬、镍、铜、砷、镉、锑、汞及其化合物）等。

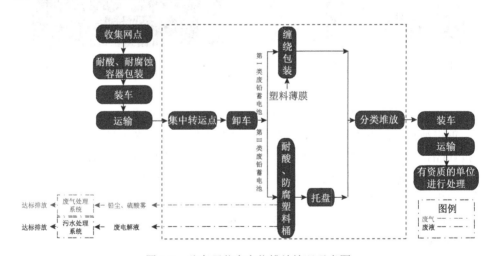

图 6-9　贮存环节废弃物排放情况示意图

4. 风险点分析

废铅蓄电池贮存过程中存在如下环境风险源：①贮存车间排风系统故障，导致硫酸雾和铅尘积攒于车间或四周逸散外排；②废铅蓄电池收集桶、筐发生破损，废电解液泄漏于贮存车间；③废酸收集池和事故应急池防渗层发生破损，导致渗滤液污染土壤和地下水。

废电解液中含有大量的硫酸和铅、铬、镍等重金属,均为对环境有毒有害的物质,其泄漏至外环境一方面导致地表水水质偏酸性,可能对水体中的部分生物和鱼类生存环境构成威胁,导致其死亡或者灭绝,泄漏于周边土壤使土壤偏酸性,泄漏区植被根系可能因此而坏死,并可能污染当地地下水。另一方面,铅、铬、镍等重金属为有毒物质,可在动植物体内积累,并且通过食物链转移,对人体健康造成威胁。

(1)贮存车间排风系统故障,则可能导致大量的铅尘和硫酸雾积攒于车间内,由于排风故障,车间内空气环境不佳,工作人员进入时可能导致硫酸雾中毒,造成呼吸道损伤和黏膜损伤,长时间还可能导致大量的铅尘进入工作人员体内积累,最终导致工作人员铅中毒,严重者可能死亡。废气处理系统故障,则可能导致铅尘和硫酸雾排放至大气环境中,通过大气流通、沉降等方式扩散到四周,影响厂区周边环境和居民。

(2)第Ⅱ类废铅蓄电池贮存于车间内的专用收集桶或筐中,压码放置的废铅蓄电池中的少量电池可能受挤压或破损口倒置发生电解液泄漏,同时收集桶或筐也因暴力搬运等原因发生破损,可能会导致废电解液泄漏于贮存车间。但由于贮存车间地面做了"三防"处理,同时车间四周设有废电解液收集池和事故应急池,可有效收集泄漏的废电解液,防止其泄漏至土壤、地下水。

(3)废酸收集池和事故应急池防渗层发生破损,废电解液将通过破损部位泄漏至地下环境,一方面对土壤产生污染,另一方面随着长时间泄漏,可能对周边地下水产生污染,导致地下水被铅、铬、镍等重金属污染。贮存车间所在区域地下水流向由西向东排泄至长江,根据地勘报告,厂区岩层厚度 $M_b \geqslant 1.0$ m,渗透系数 $\leqslant 10^{-7}$ cm/s,且岩层分布连续、稳定,地下水与地表水联系弱。且该地下水不作为生活供水水源或补给径流,对周边居民饮用水无直接影响。

综上所述,贮存环节最大的风险源来自于贮存车间废气排放和处理系统故障引起的大气环境风险。

5. 周边环境风险受体情况

重庆神驰电池有限责任公司(江津区废铅蓄电池集中转运点)位于江津区德感工业园区东江路 123 号,废铅蓄电池贮存车间北面为鑫豪企业,东面紧邻孟朝机械及在建的重齿风电;南面为公司二期用地,西面隔园区道路紧邻纳川机械。

废铅蓄电池贮存车间周边 800 m 范围内均规划工业用地,无常住居民点。废铅蓄电池贮存车间周边的环境敏感点主要为厂区西北面的工矿企业已建的生活区(东方红小区),以及园区的拆迁安置区(杨林社区)。评价范围内无风景名胜区、自然保护区、饮用水源保护区、重点文物保护单位等敏感区域。废铅蓄电池贮存车间周边主要环境风险受体（敏感点）见表 6-6。主要环境风险受体与废铅蓄电池贮存车间位置关系详见图 6-10。

表 6-6　企业周边主要环境风险受体（敏感点）一览表

序号	环境要素	敏感点名称	位置	距离贮存车间（m）	环境特性	备注
1	大气环境	东方红社区	NW	850～1200	人均集中区，现状人口约 5000 人	属于园区规划范围内
2		德感街道	NE	1650～3300	人群集中区，现状人口约 30000 人	园区范围外
3		杨林社区	SE	900～2000	人群集中区，现状人口约 4000 人	属于园区规划范围内
4		医药用地	SSE	800	西南制药二厂	属于园区规划范围内
5		花朝村	W	980～1450	散户居民点	园区规划预留发展用地范围内，优先开发

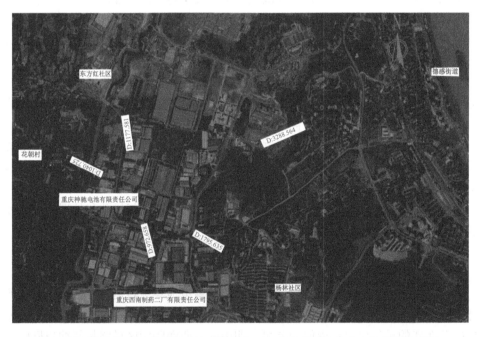

图 6-10　周边主要环境风险受体（敏感点）与废铅蓄电池贮存车间位置关系图

6. 暴露浓度估算

环境风险表征比率 RCR：RCR≤1，风险可控；>1，风险不可控。

健康风险表征比率 RCR：RCR≤1，风险可控；>1，风险不可控。

6.1.3.4　运输环节

废铅蓄电池全部采用公路运输，运输路线主要包括收集网点—集中转运点路线和集中转运点—利用单位路线。收集网点—集中转运点路线由重庆神驰电池有限责任公司负责，分析可知，其在重庆市内布置的废铅蓄电池收集网点多而分散，每个收集网点一定时期内收集到的废铅蓄电池数量不一，收集时间不一。因此，城市圈各收集网点至集中转运点不具备固定线路的条件，没有固定收运路线。但转运路线确定的总体原则为转运车辆运输途中不得经过医院、学校和居民区等人口密集区。

废铅蓄电池运输过程中若严格遵守《危险货物道路运输规则》（JT/T 617）、《危险废物收集　贮存　运输技术规范》（HJ 2025—2012）、《道路危险货物运输管理规定》（交通部令 2019 年第 42 号）和《汽车运输、装卸危险物作业规程》（JT 618—2004）等相关要求的规定，选择安全的包装材料进行分类包装，在正常装卸和运输的情况下，是不会产生环境风险的。

可能存在的风险是发生事故，导致废铅蓄电池倾洒、破碎，发生电解液泄漏。在正常操作运输情况下，发生交通事故概率较低，但在暴雨、阴雨天、大雾及冬季下雪路面结冰等恶劣天气下，交通事故发生概率会随之上升。交通事故因发生地所处的环境敏感程度不同，危险程度也不一样。废铅蓄电池散落到土壤、水体中的环境影响大于散落在路面的影响。当泄漏地点是道路周边土地时，按照《中华人民共和国环境保护法》、《中华人民共和国突发事件应对法》、《国家突发环境事件应急预案》和《突发环境事件应急管理办法》等规定，及时采取突发环境事件风险防控措施，包括有效防止泄漏的电解液扩散至外环境的收集、导流、拦截、降污等措施，一般情况下风险可控。当泄漏地点是河流时，废铅蓄电池落入或电解液泄漏至水环境中，对水中生物可能产生危害，具有环境风险。

6.1.3.5　利用环节

1. 废铅蓄电池再生工艺流程

重庆德能再生资源股份有限公司年处理 10 万吨废铅蓄电池，采用株洲鼎端废铅蓄电池处理新工艺技术，整只回收废旧铅蓄电池，主要分为废铅蓄电池预处理、粗铅熔炼、铅精炼和合金化等生产工段。废铅蓄电池经过破碎、分选得到含铅原料，分选出的铅栅、铅钉等直接进入合金熔炼炉配制铅合金，分选得到的粗细铅泥经脱硫转化后再进行熔炼。熔炼工段的产品为粗铅，在精炼工序去除杂质、添加合金元素后炼成精铅和合金铅，通过浇铸机浇铸成为铅锭作为产品出售。总体工艺流程以及车间现场情况如图 6-11、图 6-12 所示。

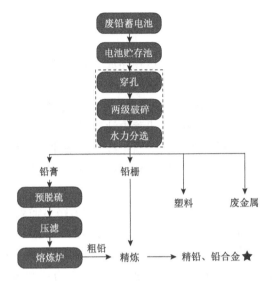

图 6-11　总体工艺流程图

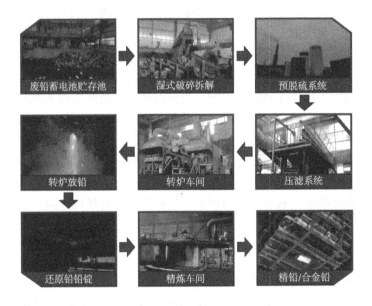

图 6-12　车间现场图

2. 预处理工艺

废铅蓄电池的预处理系统包括电池贮存、打孔、破碎分离和预脱硫系统等。

1) 上料工序

废铅蓄电池转运到车间后，用穿孔机在带壳的废铅蓄电池上穿孔，将废电解液排出后，收集至废酸收集池。放酸后的废电池转运到原料贮存池，通过升降式抓举机将废电池送入进料斗中，然后由其下方的传送带送入破碎系统（图6-13）。

图 6-13　上料现场图

2）破碎工序

破碎系统由两级破碎器和磁力分离器组成，破碎器为刀式破碎锤。经进料系统的废电池首先进入刀式破碎锤，进行一级破碎，破碎过程为全密闭操作，其中不断有水流注入，可以起到清洗塑料部件、防尘降尘和保持破碎机内恒定温度的作用。

经一级破碎后的电池碎片将通过振动斜道进入二级破碎系统，在其上方装有磁力分离器，可将混入电池中的废铁片等金属分离出来，10万吨废弃铅蓄电池中含铁量约为200 t，可作为资源外售。经除铁后的电池碎片进入二级破碎系统继续破碎。二级破碎系统仍为湿式破碎，电池碎片尺寸可降至30 mm以下。废电池残留的废酸液流入破碎分离系统底下的废水收集处理池，经加碱中和处理后回用，不外排。破碎过程产生的酸雾及粉尘通过负压抽入净化设备中除尘，废水流入处理池处理后回用。

3）分离工序

分离系统由振动过滤器和二级水力分离器组成。经二级破碎的电池碎片首先通过振动过滤器将粗细铅泥与大块的塑料和铅栅分离。振动过滤器的主要组成部分为振动筛，筛孔径为1 mm。电池碎片进入后，在其上方喷水，铅泥粒径小于1 mm的在水的冲洗作用下，冲入筛子下方容器，与粒径大于1 mm的铅栅和塑料分离。

剩余的铅栅和塑料进入水力分离单元，分离铅栅、PP（聚丙烯）和重塑料。进入水力分离器的固体混合物碎片，通过水流控制泵对以上三种物质进行第一次分离，PP（聚丙烯）最轻，漂浮在顶部，通过螺旋传送装置分离出来，同时沉在下部的铅栅也将通过钢盘刮板式传送器被持续卸出，剩余的重塑料和水的混合物从分离器中溢出，并在旋转筛中进行脱水，脱出的水将在分离器中循环利用，多余的水抽送到微孔筛循环利用，脱水的重塑料被送到二级水力分离器，进行再次分离，以确保铅含量降至最低。之后，重塑料通过另外一个旋转筛脱水后，收集贮存，沉淀在底部的铅栅通过钢盘刮板式传送器卸出，脱出的水在分离器和微孔筛中循环利用。废铅蓄电池经破碎后，通过分离器将塑料、铁块、铅栅分离出来，塑料和铁块经清洗后出售，铅栅经清洗后直接进入精炼炉中熔炼，除去杂质形成精铅出售。电池破碎分选处理工艺流程见图 6-14。

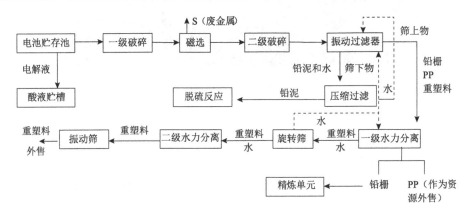

图 6-14 电池破碎分选处理工艺流程图

其中，含硫清洗水和废电池中本身残留的废酸汇集到下部处理池中，通过向废水中加入氢氧化钙溶液、PAC 和 PAM 药剂反应充分后，进入沉淀池沉降，去除硫化物沉淀。清水进入清水池中，回用于破碎分选工序，不排放。

4）预脱硫工序

由于铅泥中存在一定量的硫酸铅，要完全还原出硫酸铅中的铅，温度需要在 1000℃以上，这不仅要消耗大量的能源，而且还有大量的铅被蒸发进入烟气，从而造成铅的损失和铅污染；其次硫酸铅中的硫在还原过程中最终以二氧化硫的形式进入炉气，进一步造成环境污染，因此熔炼前须对铅泥进行预脱硫，预脱硫的主要目的是要分解还原出 $PbSO_4$ 中的铅。对铅膏采用加 $Ca(OH)_2$ 进行酸碱中和预脱硫，反应式如下：

$$PbSO_4 + Ca(OH)_2 + H_2O \longrightarrow PbO + CaSO_4 \cdot 2H_2O$$

由于生成的 $CaSO_4 \cdot 2H_2O$ 是微溶物质，转化反应后将与生成的 PbO 一起入熔炼炉，熔炼时仅发生脱除结晶水成为 $CaSO_4$，或部分还原成 CaS 一道造渣，从而可消除或减轻 SO_2 危害。

5）预处理工艺产污环节分析

（1）废水产生环节。

破碎分选过程产生的洗选废水（W1），主要污染物为固体悬浮物（SS），该系统循环水量为 30 m^3/h，每天补充清水为 2 m^3，经沉淀处理后回用于电池破碎、分离系统，循环使用，不排放。

铅泥预脱硫过程压滤产生的铅泥预脱硫废水（W2），循环水量为 900 m^3/d，循环利用，不排放。

电池破碎系统除尘废水（W3），循环量为 20 m^3/h，废水中主要含铅、悬浮物等，经加碱中和、絮凝沉淀处理后循环使用，不排放。

（2）废气产生环节。

电池打孔过程中产生废气 G1，主要污染物为硫酸雾，设置集气罩收集，通过抽风管道并入破碎废气处理系统。

在电池破碎分选过程中，将产生废气 G2，主要污染物为粉尘、铅尘和硫酸雾，在密闭罩内通过喇叭口集气罩收集，通过抽风管道，进入废气净化系统处理，25 m 排气筒排放。

电池打孔、破碎分选系统废气量为 20000 m^3/h，主要污染物及其含量为：粉尘，500 mg/m^3；铅尘，12 mg/m^3；硫酸雾，20 mg/m^3；经湿式高效除尘后粉尘排放浓度为 20 mg/m^3，铅尘排放浓度为 0.20 mg/m^3，硫酸雾排放浓度为 1 mg/m^3。

（3）固体废物产生环节。

废铅蓄电池车、储存、上料过程中，会造成蓄电池破碎，废电池废酸外泄，破碎、打孔放出的废电解液和电池贮存池排放的废电解液（S1），产生量为 19700 t/a，主要成分为 H_2SO_4，属于危险废物 HW34，酸液收集池暂存，送有资质单位进行处置。

破碎后分离工序产生的塑料（S2，包括轻质塑料、重塑料和塑料隔板等）和铁块等废金属（S3），主要为铁块，产生量为 0.67 t/d（200 t/a），均进行资源化利用。

双碱法脱硫废水经过一段时间循环后，产生部分石膏泥渣（S4），年产生量为 1728 t/a，含铅量为 0.14%，送至有危险废物处置资质的单位进行集中处置。

预处理工艺各环节及产物如图 6-15 所示。

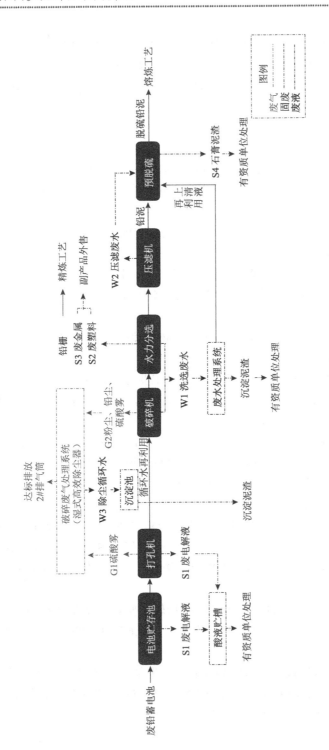

图 6-15　预处理工艺产物环节分析图

3. 铅熔炼工艺

示范企业铅熔炼工艺采用株洲鼎端装备有限公司研制生产的全氧侧吹还原熔炼转炉，采用德国进口的氧气燃烧系统，设计的燃烧系统可以使转炉内铅泥铅膏等原料的温度在 1350℃以上熔化，高于硫酸铅的分解温度，使铅泥铅膏等原料中的硫酸铅全部能够熔化，所以株洲鼎端转炉的铅渣很少，渣中含铅量可以控制在 2%左右。正是由于工作温度高，废气中的有机物和一氧化碳几乎全部燃烧反应。

1）铅熔炼工艺流程

铅熔炼工艺单元由上料系统、转炉熔炼系统及烟气净化系统三部分组成。生产工艺流程及产污环节见图 6-16。

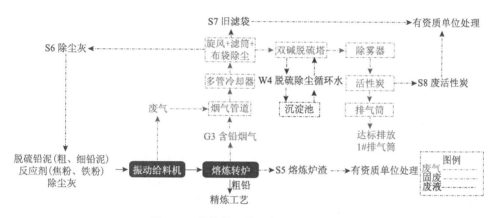

图 6-16　铅熔炼工艺及产污环节分析图

2）上料系统

本单元配有专门的配料系统、加料系统。物料通过输送系统装入配料仓中，配料仓带计重系统，配料仓沿底部向上使用刮板输送带，将物料送入振动给料机，振动给料机再将物料送入转炉，输送带、配料仓全密闭，振动给料机的运动范围全部在熔炼炉集气罩控制范围内。配好的物料在配料间装入振动式板式上料斗中，上料的另一侧由转炉侧面通向转炉内部。物料通过上料斗中的钢带传输至转炉，上料斗具有一定的倾角，同时连续振动，使物料在重力和振动作用下落入转炉内部。在此过程中上料斗全部封闭，同时转炉内部保持负压状态，避免粉尘污染。

3）转炉熔炼系统

转炉熔炼系统是生产粗铅的过程，进入转炉的物料主要为粗细铅泥、除尘灰和反应剂等。株洲鼎端装备有限公司生产工艺铅栅不进入转炉熔炼，而是经清洗后直接进入精炼炉中熔炼。粗铅泥主要成分为金属铅，细铅泥主要成分为氧化铅和碳酸铅。转炉在熔炼过程中不停地转动，以保证物料受热及熔化均匀。加入的反应剂主要有焦炭、铁粉（屑）等。其中，焦粉作为还原剂，铁用于脱出反应物中硫，最终以硫化铁的形式排出。该熔炼过程的热源燃料为天然气和纯氧，以减少 NO_x 的产生。熔炼完成后的铅液，通过转炉中间的小孔浇铸在精炼锅内，送入精炼系统。转炉在放炉渣时，炉内温度可升至 1350℃，在此温度下，转炉的炉渣可全部融化，融化后的炉渣经小孔排出后完成整个熔炼过程。

4）烟气净化系统

熔炼炉采用了密闭形式的设备，烟气系统设有机械排风装置，使炉内形成负压，防止烟气外溢。加料口、出渣口、出铅口等部位产生的烟气采用集气罩收集后进入熔炼炉（精炼炉）主烟气通道，一并汇入熔炼烟气净化系统，经过多管水冷却器和扰流式旋风除尘降温后，将烟气温度降至150℃内，送入 ABPPC36 型耐高温布袋除尘器进行除尘，再进入滤筒除尘，最后进入双碱法脱硫塔，向上流动穿过喷淋层，在此烟气中的 SO_2 等污染物被脱硫液吸收。经过喷淋洗涤后的饱和烟气，经除雾器除去水雾，通过活性炭吸附后经引风机进入烟囱排空。

5）铅熔炼污染物产生环节

熔炼过程污染物产生的主要环节有：

脱硫塔废水（W4），循环量为 50 m^3/h，废水中主要含有硫酸盐、铅、悬浮物等，投加 $Ca(OH)_2$、絮凝剂，废水经沉淀后循环使用，不排放。

熔炼产生的含铅烟气（G3），转炉废气量为 24000 m^3/h，主要污染物及其浓度为：烟尘，4500 mg/m^3；铅尘，50 mg/m^3；SO_2，585 mg/m^3；NO_2，100 mg/m^3；熔炼烟气通过抽风经多管水冷系统+旋风除尘降温+高温布袋除尘器+滤筒除尘+双碱法脱硫+活性炭吸附后由 50 m 高烟囱排放。经净化后，烟尘，35 mg/m^3；铅尘，0.5 mg/m^3；SO_2，20 mg/m^3；NO_2，100 mg/m^3。由于废电池塑料壳经过机械破碎分选后全部分选出来，同时采用人工方式将混杂在铅栅中的微量塑料分选出来，从而保证了塑料物质不会进入熔炼炉内，缺乏产生二噁英的条件，因此废气中不会产生二噁英类污染物。

熔炼炉产生炉渣（S5），产生量为 9824 t/a，主要成分为 Pb（1.78%）、FeO（28.5%）、SiO_2（33.92%）、CaO（7.42%）、Fe（7.72%）、S（0.6%）等，属于危险废物，由具有相应资质的单位进行处置。

烟气除尘灰（S6），主要包括布袋除尘灰和双碱法脱硫除尘灰，产生量为 1275 t/a，铅含量较高，属于危险废物 HW31，全部回用于熔炼炉熔炼。布袋除尘器换下的旧滤袋（S7）产生量约为 10 t/a，属于危险废物 HW31，送至有危险废物处置资质的单位进行集中处置。烟气处理系统中的废活性炭（S8）产生量约为 1 t/a，属于危险废物，送至有危险废物处置资质的单位进行集中处置。

4. 精炼工艺

精炼工艺单元包括精炼系统、浇铸系统和烟气净化系统等。生产工艺流程及产污环节见图6-17。

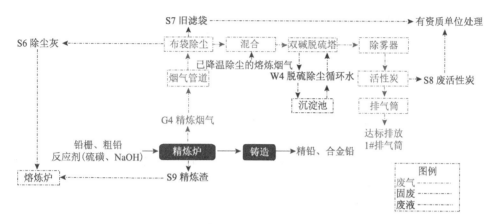

图 6-17　精炼工艺及产污环节分析图

1）精炼工艺系统

（1）精炼系统。

精炼系统是将粗铅（粗铅液、铅栅）中的杂质去除生产精铅的过程。粗铅中的主要杂质为铜、锑、锡，经该工艺去除后，铅的纯度可提至 99.994%。铜杂质的去除采用加硫磺和木屑的方法，反应方程式为：$Cu + S \rightarrow CuS$，可将铜含量降至 0.005% 以下；杂质锑、锡的去除采用氧化法。其中杂质锑的去除主要采用搅拌法，使得易于氧化的金属锡与空气中的氧气反应生成氧化锡废渣，漂浮在铅液上方；金属锑的去除是在铅液中加入 $NaNO_3$ 和 NaOH 的混合试剂，同时向铅液中鼓入氧气，使得较金属铅易于氧化的锑金属生成锑酸钠等碱性渣而漂浮在铅液上方，该过程的反应温度在 420～450℃ 之间。氧气在精炼过程中直接喷入铅液中，此举为加速氧化还原反应。精炼过程中氧气不与天然气发生燃烧反应。

该精炼系统由五套精炼炉组成，其中两个分别可装铅液 100 t，另外 3 个分别可装铅液 20 t，各精炼锅之间的铅液输送可由铅泵直接抽送。

铅栅和来自熔炼炉的粗铅液，经上料小车运至精炼炉附近，由铅泵将粗铅液抽入精炼锅中进行精炼。精炼炉配有搅拌和刮渣装置，在精炼过程中搅拌机连续搅拌，使得精炼反应完全。刮渣装置可将精炼反应中漂浮在铅液表面的浮渣刮走，刮出的浮渣送回熔炼炉内继续熔炼。浮渣的成分表见表 6-7。

表 6-7 精炼炉炉渣主要成分表

物质	Pb	Sb	Sn	Na	Cu	其他
含量（%）	81.34	5.89	1.03	1.48	0.11	8.74

（2）浇铸系统。

浇铸系统是将精炼后的铅液浇铸成铅锭的过程。精炼后的铅液由铅泵抽至精炼锅进行浇铸。精炼锅底部与浇铸机相连，铅液通过精炼锅底部小孔浇铸至浇铸机的模型中。各个模型固定于钢带传输机上，在传输机下方配有间接循环冷却水系统，可将浇铸的铅液迅速冷却，冷却水进水水温为 22℃，出水水温为 55℃。冷却后的铅锭进入系统配置的全自动称重和捆扎系统后进入库房。

（3）合金化过程。

分选后的板栅、铅头可以直接进入精炼炉熔炼，铸成铅合金；根据产品的规格，还可以采用精铅在熔铅锅中加入钙、硒等合金，调整合金元素钙、硒、锑、锡等成分，铸造成各种规格铅合金。该项目生产合金铅主要为钙铅合金，用于铅蓄电池制造。

（4）烟气净化系统。

精炼炉为封闭形设备，在炉盖孔上设有机械排风装置，防止烟气溢散。由排风机抽出的废气单独由一台布袋除尘器进行除尘，然后与已降温除尘的熔炼废气汇合后，进入双碱法脱硫系统后由同一排气筒达标排放。

2）污染物产生环节

精炼过程产生污染的环节主要为来自精炼炉和浇铸机的精炼烟气（G4），主要污染物为烟尘、铅尘、SO_2，经烟气净化系统后经由 50 m 排气筒排放。项目设有 5 台精炼炉，每台精炼炉废气处理量为 2400 m^3/h，主要污染物及其浓度为：烟尘 160 mg/m^3、铅尘 40mg/m^3、SO_2 300 mg/m^3、NO_2 50 mg/m^3；经净化后烟尘排放浓度为 35 mg/m^3，铅尘排放浓度为 0.4 mg/m^3，SO_2 排放浓度为 20 mg/m^3，NO_2 排放浓度为 50 mg/m^3。

烟气除尘灰（S6）主要包括布袋除尘灰和双碱法脱硫除尘灰，产生量为 1275 t/a，铅含量较高，属于危险废物 HW31，全部回用于熔炼炉熔炼。

精炼过程将产生精炼渣（S9），含铅量高，属于危险废物，全部送熔炼炉熔炼，不排放。

5. 利用过程风险分析

1）环境风险物质识别

废铅蓄电池预处理过程涉及的环境风险物质主要有粉尘、铅尘、硫酸雾、废电解液；铅熔炼、精炼过程涉及的环境风险物质主要有烟尘、铅尘、氢氧化钠等。另外，该工艺使用天然气作为燃料，氧气作为助燃物质，存在引发火灾、爆炸等事故的风险。

废铅蓄电池的回收利用技术主要包括拆解、分选、冶炼等环节。在拆解环节，主要包括人工拆解、半机械拆解、全自动拆解三种方式；分选包括风力分选、湿法分选两种方式；冶炼包括火法冶炼、湿法冶炼两种方式。示范企业采用的利用方式为"全自动拆解（或半机械拆解）+湿法分选+火法冶炼"。

拆解过程主要是对废铅蓄电池进行机械破碎，破碎时一般直接对废铅蓄电池整体进行，无需预拆解。废铅蓄电池中残留的一部分电解液在破碎过程中从底部渗出，进入废水处理工序。废电解液中和过程中，多数企业采用石灰进行中和，主要产物为硫酸钙（石膏），但由于电解液中存在大量的铅以及镉等杂质，在石膏中可能会有氢氧化铅、氢氧化镉存在。

破碎完成后，固态物质进入研磨机，研磨至分选工艺所需的颗粒大小。

研磨完成后进入分选机，目前通用的湿法分选中，分选剂为水，主要作用是将颗粒物中的废塑料与其他物质分开。废塑料单独收集后进行利用处置，其他物质进入冶炼工序。

冶炼工序使用的炉型有回转炉、富氧炉等，也有个别小型企业使用冲天炉。部分冶炼工艺需要先进行预脱硫，预脱硫过程中，主要用碳酸钠与硫酸铅进行反应，生产硫酸钠和碳酸铅，因此可能存在碳酸钠、硫酸铅、碳酸铅、硫酸钠等物质。冶炼后的产品在行业内通常称之为"还原铅"，铅的含量在95%左右。

"还原铅"是废铅蓄电池回收利用企业的初级产品，一般根据下游企业的需求，再进一步精炼，以生产铅锑合金、铅钙合金、铅锡合金或含铅量超过99%的"精铅"。

值得注意的是，废铅蓄电池回收利用企业的冶炼工艺普遍仅以回收铅为目的而设计，其他重金属，如镉、砷、锡、钡等，在冶炼过程存在较大的无意排放隐患。

综上，在废铅蓄电池回收利用过程中，主要组成部分及污染物的去向如表 6-8 所示。

表 6-8　废铅蓄电池利用过程中主要污染物去向

物料	主要组分	去向
外壳隔板	塑料	破碎分选后单独利用处置
板栅	铅及其化合物	大部分进入产品，少部分排放或进入飞灰中
	镉及其化合物	冶炼过程中排放或进入产品中
	砷及其化合物	冶炼过程中排放或进入产品中
	锡及其化合物	冶炼过程中排放或进入产品中

续表

物料	主要组分	去向
	铅及其化合物	冶炼成产品
铅膏	锡及其化合物	冶炼过程中排放或进入产品中
	钡及其化合物	冶炼过程中排放或进入产品中
废电解液	稀硫酸	破碎时单独收集处理，残余部分进入分选剂中

2）风险点分析

废铅蓄电池利用过程存在如下环境风险源：①烟尘净化装置故障，废气对现场工作人员以及周边环境造成影响；②废电解液泄漏，污染土壤及地下水；③天然气发生泄漏。生产过程事故类型分析如下所述。

（1）铅等重金属在高温熔炼过程中进入烟气的部分，经工程设置的布袋除尘器和脱硫塔处理后排放，正常生产时对环境的影响较小，在系统发生事故时可能产生铅污染事故。

烟尘净化装置故障包括布袋除尘器损坏、脱硫塔发生故障、除尘净化系统风机故障停机等。布袋除尘器损坏，如布袋破损，部分烟气形成短路，使除尘器出口烟气污染物浓度增加，进入脱硫塔的污染物浓度增加，虽经脱硫塔处理，但系统的净化效率降低，污染物排放量增加。除尘器布袋破损事件的发生概率相对较高。脱硫塔发生故障使烟气净化效率降低，在喷嘴堵塞、水质不好等情况下脱硫塔除尘和净化效率会降低，但对整个除尘净化系统效率的影响较布袋除尘器损坏时要小。除尘净化系统风机故障停机，在无除尘净化系统的条件下仍然进行生产，此时熔炼炉烟气将全部从炉门溢出，在生产厂房中扩散后由屋顶气楼排出，形成无组织排放。但在实际生产中风机及其驱动电机故障率极低。

考虑熔炼炉布袋除尘完全失效时，污染气体将对周围大气环境造成影响。根据大气环境影响评价中非正常工况下的预测结果，在邮亭镇及周家大院处均超标，超标倍数分别为 1.12 倍和 1.08 倍。由此可见，熔炼系统除尘装置出现故障时非正常排放的铅尘将会对周边环境空气产生较大的影响，使评价点环境空气中铅浓度增加，造成铅尘经沉降进入土壤及地下水的量增加，长期积累将对土壤及地下水造成影响，因此，要求建设单位必须加强环保设备的管理和维护，定期更新易损耗部件，将净化系统故障率降为最低，减少对环境的不良影响。

（2）废电解液泄漏。废硫酸储槽发生泄漏后，会造成废硫酸溢出污染环境，同时对皮肤、黏膜等组织有强烈的刺激和腐蚀作用。对眼睛可引起结膜炎、水肿、角膜混浊，以致失明；引起呼吸道刺激症状，重者发生呼吸困难和肺水肿；高浓度引起喉痉挛或声门水肿而死亡。因此，在硫酸泄漏情形下，必须采取有效措施杜绝或妥善处置事故。

（3）天然气管道、阀门等泄漏事故。天然气管道系统和设备在外力作用下产生机械操作事故而发生天然气泄漏；管道阀门设备长期运行、密封件老化后损伤而产生的天然气泄漏。本项目燃料为天然气，由燃气公司通过管道输送至厂内天然气计量站，然后管道输送到熔炼炉。

管道事故主要有三类：轻微泄漏（缺陷小于或等于 2 cm）、管道穿孔（缺陷直径大于 2 cm 且小于或等于管道直径）和管道断裂（缺陷直径大于管道直径）。

在常温下天然气为气体，且毒性较低，泄漏后对水环境和土壤环境等的影响不大，对环境空气质量的影响是短暂的，且随空气的扩散而逐渐消散。空气中天然气的爆炸极限含量为 5%～15%，换算成质量浓度，天然气的浓度在 37.7～113.1 g/m³ 之间，在风速为 2 m/s 不变的情况下，仅当泄漏量达到 75400 g/s 时，才能达到爆炸下限。

由于天然气物料泄漏会引发火灾、爆炸事故，其影响主要表现为热辐射及燃烧废气对周围环境的影响。火灾对周围大气环境的影响主要表现为散发出热辐射。如果热辐射非常高，可能引起其他易燃物质起火。此外，热辐射也会使有机物燃烧。由燃烧产生的废气大气污染比较小，从以往对事故的监测来看，对周围大气环境尚未形成较大的污染。根据类比调查，一般燃烧 80 m 范围，火灾的热辐射较大，在此范围内有机物会燃烧；150 m 范围内，木质结构将会燃烧；150 m 范围外，一般木质结构不会燃烧；200 m 以外，为较安全范围。此类事故最大的危害是附近人员的安全问题，在一定程度上造成人员伤亡和巨大的财产损失。

（4）氧气站液氧储存风险。本项目氧气实际年消耗量为 777.2 万 m³，由有供氧资质的单位提供的独立钢瓶罐装氧气，厂内设置氧气站专门用于堆存液氧贮罐（50 m³，2 个）。氧气可以助燃，在碳氢化合物和激发能源存在的情况下，就具备了燃爆的可能性。液氧储存可能会发生的危险事故有：气瓶搬运过程中存在物体打击的危险，厂内运输车辆来往频繁，如违章作业可造成人员车辆伤害；在常压下，当氧的浓度超过 40% 时，会发生氧中毒，出现胸骨后不适感、轻咳，进而胸闷、胸骨后烧灼感和呼吸困难、咳嗽加剧，严重时可发生肺水肿、窒息等；泄漏的液氧在气化过程中会吸收周围大量的热能，如果液氧接触到人和动物，就会造成严重的冻伤；使用不合格气瓶或氧气瓶压力过高，遇到高热或氢氧混装、氧气钢瓶内有油脂存在时均可导致爆炸。液氧应高压低温贮存，遇可燃物或高温有爆炸危险。据有关资料，液氧储罐 30 m 爆炸时，影响范围在源点 25 m 以内，一旦发生爆炸，源点 12.5 m 将有严重的伤害；泄漏的液氧与易燃物接触，如乙炔及碳氧化合物接触会引起燃烧、爆炸。氧气具有强烈的助燃特性，氧与可燃气体（乙炔、氢、甲烷等）以一定比例混合时，会形成爆鸣气体，一旦达到燃点就会发生威力巨大的化学爆炸。

3）周边环境受体情况

重庆德能再生资源股份有限公司位于大足（邮亭）工业园区再生资源产业园

内。通过现场踏勘，示范企业周边 1 km 范围村民点均已完成搬迁，企业周边环境关系及环境敏感点位置情况见表 6-9，主要环境风险受体与废铅蓄电池综合利用示范企业位置关系详见图 6-18。

表 6-9　企业周边主要环境风险受体（敏感点）一览表

序号	环境要素	敏感点名称	位置	距离厂界（m）	环境特性	备注
1		红岭水库	NW	约800	地表水	已填埋
2		苦水河	NW	约580	地表水	已填埋
3	大气环境	巨腾国际控股有限公司	E	约1300	员工倒班房	属于园区规划范围内
4		邮亭镇	N	约1500	人群集中区，现状人口约32000人	属于园区规划范围外
5		邮亭中学	S	约2500	学校，在校师生约2000人	属于园区规划范围外

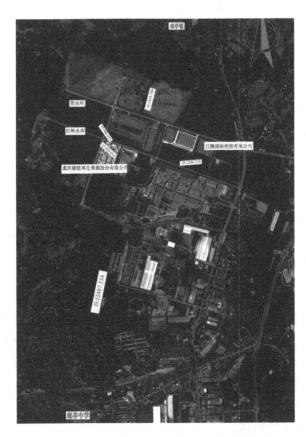

图 6-18　周边主要环境风险受体与示范企业位置关系图

6.1.4 技术示范成果

基于开发的危险废物全过程环境风险评估技术，以重庆市废铅蓄电池贮存、运输、利用企业为研究对象，构建废铅蓄电池全过程风险评估方法，通过现场调研、现场监测和模型模拟等方法，结合暴露评估模型和健康风险评估模型，量化废铅蓄电池贮存、运输、利用环节有毒有害物质暴露浓度与人体健康风险。评估结果进一步验证了开发的危险废物全过程环境风险评估技术，并提出了废铅蓄电池全过程环境风险防控管理建议。

6.2 江苏扬子江国际化学工业园危险废物全过程可追溯管控技术应用示范

随着经济社会的发展，城市化进程和工业化进程不断加深，环境污染问题愈发严重。特别是固体废物和危险废物，因涉及行业广泛、产生量较多、监管难度大、利用率低、处置成本高等原因，导致非法转移处置、随意填埋倾倒等违法行为屡禁不止。其中，危险废物由于具有毒性、腐蚀性、易燃性、反应性、感染性等危险特性，其污染防治已成为固体废物管理工作的重中之重。

近年来，国家越来越重视危险废物的规范化管理。2020 年修订的《固废法》，要求建立危险废物信息化监管体系，并通过信息化手段管理、共享危险废物转移数据和信息。由于危险废物产生的种类复杂、数量众多，加上社会源废物的产生量难以测算，以及行业产生的危险废物没有产污系数参照，很难准确统计危险废物产生的数量，因此急需建立危险废物产生源综合管理信息数据库，进一步完善信息采集来源和管理机制。由此可见，建立、健全危险废物产生、贮存、运输、处置等全过程监控和信息化追溯平台是非常有必要的。危险废物全过程监控和信息化追溯平台的建立，不仅便于管理部门全面掌握区域内各类危险废物产生及流向情况，加强其对危险废物的监管能力；也能简化产废企业申报流程，便于提升产废企业对本企业危险废物的管控能力。

6.2.1 基本情况

江苏扬子江国际化学工业园于 2001 年 5 月经江苏省政府批准设立，2010 年 11 月，被批准为国家生态工业示范园区，2020 年被认定为省级 14 家化工园区之一，2021 年 11 月确定为绿色化工园区创建单位。园区规划面积 18.85 km², 2021 年实现规上工业总产值 640.5 亿元、利税总额 95.5 亿元，产值约占全省化工行业的 5%。

江苏扬子江化工园入区企业规划范围内已建、在建和拟建的企业共计 113 家，其中，生产型企业 105 家、科研型企业 2 家、基础设施企业 6 家。105 家生产企业中，化工企业占 89 家，另外 16 家企业中包括机械企业 8 家、轻工 3 家、仓储 1 家、物流企业 4 家。2021 年，园区内共产生危险废物 10 万吨，其中约 26%的危险废物自行利用处置。省内江苏康博工业固体废弃物处置有限公司和市内张家港市华瑞危险废物处理中心有限公司为主要的经营单位，利用处置量约 36%，其他 24%左右的危险废物由 40 多家省内经营单位分散处置，利用处置量几十吨至几百吨不等。

6.2.2　技术示范目标

通过对扬子江国际化学工业园中部分产废企业使用危险废物全过程可追溯管控平台前后的变化进行对比分析，并重点研究危险废物全过程可追溯管控平台的优势及可进一步优化的方案，利用危险废物全过程监管平台运用大数据手段进行数据的收集、分析，使得监管部门对危险废物的管理更加智能化、规范化，并最终实现危险废物管理由"被动式管理"逐步向"主动预防式管理"转变。

6.2.3　技术示范内容

6.2.3.1　管控平台建设方案

2018 年底，扬子江国际化学工业园开始尝试建立危险废物全过程可追溯管控平台，主要技术路线见图 6-19。园区企业绝大多数是危险废物产生单位，产废企业安装危险废物全过程可追溯管控平台分为硬件和软件两个部分。具体安装过程为：

在危险废物贮存仓库内，安装带有打印设备的小型磅秤、RFID 读写器或二维码扫码枪，其中，带有打印设备的小型磅秤的价格较高，比较适合产废量大的企业使用；对于小微产废企业，可选择使用可以移动的扫码枪；

在危险废物贮存仓库门口，安装 RFID 天线和地感线圈；

在危险废物运输车辆上，安装 GPS 装置；

另外，在危险废物产生节点、危险废物仓库、危险废物预处理区、危险废物处置车间等地安装摄像头或对接已有摄像头（可仅针对危险废物处置量大的企业）；

最后通过后台软件系统提供数据接受服务，使危险废物信息、包装、产废点、重量等重要信息上传至云端，便于规范企业内部管理，以此完成对产生企业危险废物全过程可追溯管控技术的应用示范。

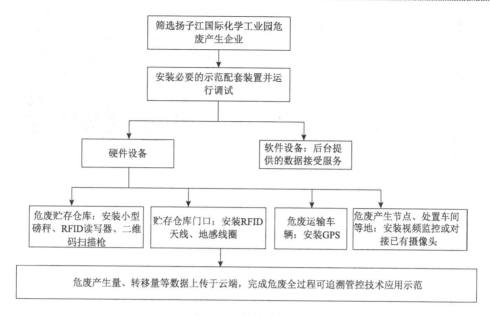

图 6-19　技术路线图

6.2.3.2　管控平台建设成效

据统计，目前扬子江国际化学工业园 105 家企业中有 101 家已陆续完成危险废物全过程可追溯管控平台的搭建工作，部分企业已正常运营超过 1 年，均运营正常。

在正常运行过程中，安装带有打印设备的小型磅秤的产废企业，其工作人员在称量危险废物重量时，无需手动输入数据，小型磅秤上的显示器可直接显示危险废物的重量，随后工作人员仅需将废物重量、名称等数据录入到管控平台软件系统中，系统即可自动生成一张信息齐全的危险废物标签，标签上可详细显示危险废物的主要成分、危险类别、废物代码、危险情况、安全措施以及产废企业的详细信息，标签上还会附有二维码，利用手机 App 扫描二维码，手机上也能立即生成该产废企业和产生的危险废物的详细信息。对于仅安装二维码扫码枪的产废企业，其工作人员需先人工称量危险废物的重量，在管控平台软件系统中手动录入危险废物重量数据，其余操作步骤均和安装带有打印设备的小型磅秤的产废企业一致。

园区管委会也可通过管控平台对已安装设备的产废企业的产废情况进行实时监控，监控形式见图 6-20。通过管控平台，监管人员可了解每家企业的具体信息，如地理位置，危险废物种类，危险废物产生、贮存、利用、转移的数量等，便于监管人员对于园区危险废物的监管。

图 6-20　扬子江国际化学工业园危险废物监管平台

2021 年 10 月 25 日，中国环境报以"织密污防'一张网'　打造城市'样板间'"为标题，对江苏扬子江国际化学工业园危险废物全过程智能化可追溯技术应用示范的经验与成效进行了全面报道（图 6-21）。

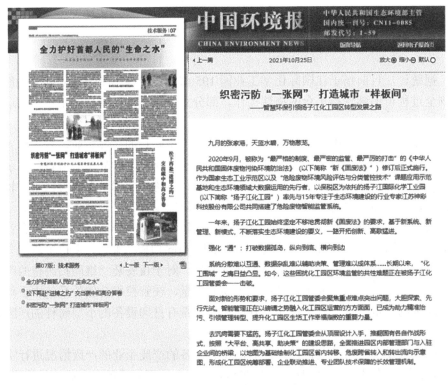

图 6-21　中国环境报的报道

6.2.4　技术示范成果

扬子江国际化学工业园建设危险废物全过程可追溯管控平台产废企业将近100家，选取其中已运行一年以上的 8 家产废企业进行分析研究。

6.2.4.1　产废企业使用管控平台前后危险废物产生总量的对比分析

将 8 家产废企业使用管控平台后危险废物产生总量和未使用该管控平台时的危险废物产生总量进行对比研究，见图 6-22。根据对比图可知，8 家产废企业使用管控平台前后的危险废物产生总量变化不大，说明使用管控平台进行统计的数据，其可信度高。

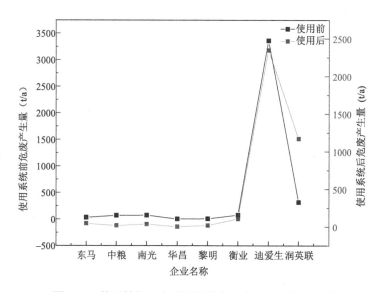

图 6-22　使用管控平台前后危险废物产生总量的对比图

6.2.4.2　不同危险废物种类使用管控平台前后产生情况的对比分析

根据危险废物全过程可追溯管控平台提供的数据可知，101 家已安装管控平台的产废企业共计产生 19 大类危险废物，具体产生废物情况见图 6-23，可知，"HW49　其他废物"的产生量最大，占危险废物产生总量的 76.42%。其次是"HW09　油/水、烃/水混合物或乳化液"、"HW13　有机树脂类废物"和"HW06　废有机溶剂与含有机溶剂废物"，三者产生量占危险废物产生总量的16.48%。

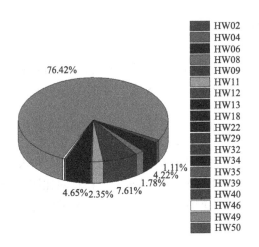

图 6-23　危险废物种类占比图

　　将 8 家产废企业使用管控平台前后的危险废物种类进行对比分析可知，8 家产废企业使用管控平台前后危险废物的种类并未发生改变，根据图 6-24 可知，8 家产废企业产生的危险废物种类共计 8 大类，分别为"HW02　医药废物"、"HW06　废有机溶剂与含有机溶剂废物"、"HW08　废矿物油与含矿物油废物"、"HW12　染料、涂料废物"、"HW13　有机树脂类废物"、"HW29　含汞废物"、"HW46　含

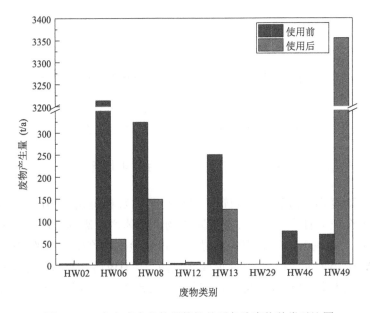

图 6-24　8 家产废企业使用管控前后危险废物种类对比图

镍废物"和"HW49　其他废物"。且使用管控平台前后 8 类危险废物种类的产生总量变化不大,但是同种危险废物的产生量有一定的变化,其中 HW06、HW08和 HW13 的产生量减少,而 HW49 的产生量增多,其可能原因是:使用管控平台前,未能对危险废物类别进行精准识别,使用管控平台后,人为因素减少,管控平台能更精准地对危险废物类别进行识别。由此可说明,使用危险废物全过程可追溯管控平台可更加精准地识别危险废物类别,更易于企业和监管部门摸清危险废物产生底数,便于企业和监管部门对危险废物的规范化管理。

6.2.4.3　使用管控平台后危险废物产生的数据分析

通过对 8 家产废企业使用管控平台前后的危险废物产生量、危险废物种类的对比分析可发现,使用管控平台能有效解决园区危险废物管理存在的问题,有利于园区对危险废物的规范化管理。为能进一步优化危险废物全过程可追溯管控平台,本书从 8 家产废企业中选取 1 家企业,对其使用管控平台后产生的数据进行研究,并重点分析其危险废物月产生数据。

1. 使用管控平台后危险废物产生量数据分析

表 6-10 显示了 8 家产废企业中某树脂有限公司近一年的危险废物产生数据,由此可知,管控平台可将危险废物种类细化到危险废物代码程度,从而解决了危险废物编码的变更导致统计过程重复或遗漏的问题。然而,从表中数据也可发现一些问题,废物代码"261-039-13　生化污泥",在 2016 版《国家危险废物名录》中就已删除,且经过大量鉴别案例分析也已证明生化污泥属于一般固废。

表 6-10　使用管控平台系统后产生的危险废物数据

企业名称	日期	危险废物代码	危险废物名称	废物产生量（t）
某树脂有限公司	2019-11	261-039-13	生化污泥	1.508
		265-103-13	实验室废物	0.57
		265-103-13	过滤残渣	0.626
		265-104-13	废水污泥	3.009
	2019-12	265-103-13	老化树脂	3.595
		265-103-13	过滤残渣	0.767
		265-104-13	废水污泥	0.257
		900-041-49	废包装桶	0.225
		900-041-49	废活性炭	6.787
		900-255-12	过滤残渣	1.142

续表

企业名称	日期	危险废物代码	危险废物名称	废物产生量（t）
某树脂有限公司	2020-01	265-103-13	老化树脂	3.677
		900-041-49	废包装桶	0.681
		900-255-12	过滤残渣	0.251
	2020-03	265-102-13	高浓度含盐废水	2.135
		265-103-13	老化树脂	11.274
		265-103-13	过滤残渣	2.221
		900-255-12	过滤残渣	0.851
	2020-04	265-103-13	老化树脂	8.221
		900-041-49	废包装桶	0.185
		900-255-12	过滤残渣	0.661
		900-403-06	罐底残液	6.641
		900-403-06	过滤残渣	0.944
	2020-05	265-102-13	含盐废水	3.357
		265-103-13	老化树脂	2.375
		265-103-13	过滤残渣	0.139
		265-104-13	废水污泥	2.053
	2020-06	265-103-13	老化树脂	11.886
		265-104-13	废水污泥	2.136
		900-041-49	废活性炭	0.826
	2020-07	265-103-13	老化树脂	5.218
		900-041-49	废包装桶	1.656
		900-041-49	废活性炭	1.091
	2020-08	265-103-13	老化树脂	4.252
		265-104-13	废水污泥	1.162
		900-403-06	罐底残液	2.25
	2020-09	265-103-13	老化树脂	3.527
		900-041-49	废活性炭	7.59

2. 使用管控平台后危险废物月产生数据分析

图 6-25（a）为该树脂有限公司所有危险废物每月的产生量，（b）为 HW13 类废物的每月产生量，（c）和（d）分别为 HW13 类废物中不同名称废物的每月产生量。通过图 6-25（c）的数据可知，该公司每月危险废物的产生量有所不同，

3月和6月老化树脂的产生量达全年最高。由于该公司产生的主要危险废物种类为HW13类，而HW13类中主要产生的危险废物名称为老化树脂，因此，可推测出HW13类废物和总体的废物在3月和6月的产生量较高。通过图6-25（a）、（b）和（c）的对比分析可知，老化树脂产生量的月变化趋势与HW13类产生量的月变化趋势和总体废物产生量的月变化趋势基本一致，由此可确定上述的推测是正确的。通过对图6-25的数据分析，说明管控平台产生的数据有一定的关联性。

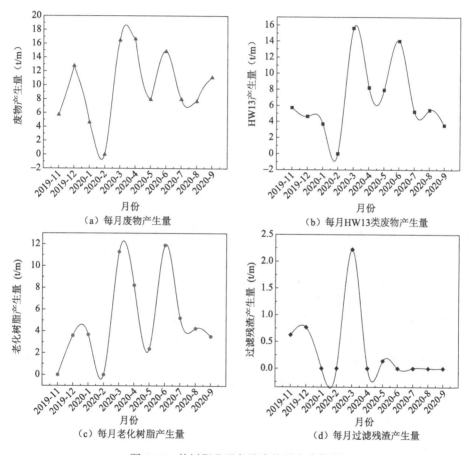

（a）每月废物产生量　　　　　　　　　（b）每月HW13类废物产生量

（c）每月老化树脂产生量　　　　　　　　（d）每月过滤残渣产生量

图6-25　某树脂公司危险废物月产生数据

3. 对管控平台进一步优化措施

一是根据《国家危险废物名录》等管理规范的变化情况，及时对管控平台相关内容进行动态调整。随着《固废法》的修订，以及2021年版《国家危险废物名录》发布及其之后对名录进行动态调整，列入名录的废物种类、代码均有可能变更、增减的情况，需要根据国家相关政策法规对管控平台上的废物代码实施动态调整，并增加新旧代码转换及取消废物类别查询功能，以便于统计和管理。建议在管控平台上对《危险废物豁免管理清单》中的危险废物进行重点标识，以便园区管委会的工作人员更加科学规范地对危险废物进行监管。

二是挖掘管控平台的智慧监管功能。管控平台可以记录每家企业每月甚至每天的危险废物产生数据，且每家企业的危险废物产生数据有一定的关联性，因此，建议基于管控平台研发相关算法，从而可对每家企业每年的危险废物产生量分布情况进行统计分析，以便园区管委会在遇到异常情况时也可立即找出原因。

6.3　浙江省化学原料药基地临海园区危险废物全过程可追溯管控技术应用示范

6.3.1　基本情况

浙江省化学原料药基地临海园区（以下简称"临海医化园区"）位于浙江省台州市，规划面积为 16.5 km^2，建成区面积 7.5 km^2，入驻企业 106 家，其中医化企业 49 家（医药企业 31 家、化工企业 18 家）。临海医化园区是国家首批循环化改造示范园区、浙江省唯一的现代医药制造模式转型示范园区、省级生物医药高技术产业基地、浙江省可持续发展创新示范区、省级绿色安全制造信息化示范区。

2017 年临海医化园区共有危险废物产生企业 56 家，涵盖 17 类危险废物，其中 HW02 医疗废物、HW11 精（蒸）馏残渣、HW06 废有机溶剂与含有机溶剂废物、HW17 表面处理废物、HW49 其他废物及 HW37 有机磷化合物废物占需处置危险废物总量（当年生产量+上年度剩余贮存量）的 99.2%，HW02 医疗废物占比达 70.50%。危险废物转运，市内 66.81%，省内 32.96%，跨省 0.13%。危险废物利用处理处置，自行 5.68%、委托 75.75%、转累计贮存 18.57%，危险废物利用处理处置涉及 33 家经营企业，市内 5 家、省内 24 家、省外 4 家，园区近 65%的危险废物流向位于园区内的德长环保和联创环保,其中德长环保为焚烧和填埋处置，联创环保为综合利用。

6.3.2　技术示范目标

浙江省 2013 年出台的《关于进一步加强危险废物和污泥处置监管工作的意见》（浙政办发〔2013〕152 号）和 2016 年出台的《浙江省危险废物处置监管三年行动计划（2016—2018 年）》（浙政办发〔2016〕13 号）中明确提出了对危险废

物和污泥的监管要求：建立、健全覆盖产生、贮存、转运、处置各个过程的监管体系。

《浙江省工业固体废物专项整治行动方案》明确要求加强统计数据的研判和应用，"鼓励有条件的化工及其他重点产废园区建立危险废物智能化管控平台，实现园区内危险废物全程监管"。

浙江省"无废城市"建设工作方案要求全面构建管理手段信息化，从"生产源头、转移过程、处置末端"等三个环节重点突破，搭建便捷高效的可监控、可预警、可追溯、可共享、可评估的浙江省固体废物信息管理系统，所有固体废物产生和利用处置单位全部纳入系统管理，实现固体废物管理台账、转移联单电子化。

随着浙江省固废管理危险废物监管体系的逐步完善和存量动态化清零管理要求的逐步落实，固体废物管理的全过程跟踪监管需求进一步扩大。

台州市生态环境局、临海生态环境分局会同临海医化园区管委会结合浙江省危险废物管理制度和园区危险废物管理要求对危险废物全过程智能化可追溯管控平台提出了需求和建议：

平台模块化设计，清晰管理职责。危险废物全过程管控涉及安全监管、生态环境、交通、公安等多个管理部门，各部门都有特定的管理职责和管控需求，只有用模块化的设计构架，以数据贯穿管控全过程，明确系统的管理流程、业务流程和责任流程，才能够在保证数据安全和数据隐私的基础上，实现数据共享、危险废物全过程可追溯，也能够适应未来监管制度的调整。

强化数据应用，提升监管水平。生态环境机构人员配备不足，以临海市为例，生态环境管理人员不足 10 人，要同时负责污水、废气、垃圾、固体废物、危险废物监管等方面的环境监管任务，主要依靠企业月报表和常规企业台账核查实现危险废物监管。危险废物全过程管控平台不应该仅仅是数据汇总和展示的系统，还需要实现根据产废企业的环评报告数据核实危险废物管理计划是否超计划、危险废物临期储存预警、危险废物仓库超量储存预警等功能，才能使平台满足可监控、可预警的管理需求，提升危险废物监管水平。

联单系统自动化，危险废物转运统筹化。联单手工填写中，由于危险废物代码、重量等操作录入失误会导致联单作废，而危险废物信息自动填报电子联单将大大降低人为错误，也使管理更加标准化、智能化。例如，园区危险废物分散源标准化的汇总转运制度尚未完善，产生量不足 10 t 企业的危险废物难以及时转运处置，生态环境局和园区管委会应可以通过系统平台生成特定报表，统筹协调转运和处置单位，降低危险废物储存中的风险，同时也提升转运和处置效率。

代码分类系统化，危险废物管理长期化。目前，企业在危险废物代码管理上存在一定的困难，如废活性炭、废溶剂归类问题，采用小代码归类管理、分行业分种类管理将使管控更加便捷、危险废物管理评估更加系统化。此外，危险废物数据汇总主要依靠企业申报，在长期管理中，由于危险废物编码的变更，会导致统计过程重复、遗漏及不易类比等问题。系统化的代码管理和分类将使在时间尺度上的危险废物管理评估更加精准。

通过与临海医化园区主要危险废物产生单位、综合利用和处理处置单位的座谈、交流、实地考察，总结企业对全过程可追溯管理技术平台系统的迫切需求和应用建议如下所述。

1）产废企业

某些危险废物由于其特性导致入库和出库重量不一致，如污泥类在储存期间出现减重、废盐类在储存期间出现增重，平台需考虑此类情况，避免企业的法律风险；

危险废物转运在产废端出厂和利用处置端入厂的称重通常存在细微的不一致，平台需要在合理范围内融合差异；

危险废物分为固态和液态，固态危险废物入库和出库方式明确以称重方式计量记录，溯源路径清晰，而同类液态危险废物可能来自不同生产线，入库数据需要统筹考虑；

如企业危险废物仓库位于防爆区，则系统硬件需要满足防爆要求；

考虑到产废企业端操作人员的技术水平，在加强操作培训的同时更应该把易操作、容错性强作为系统设计的原则。

2）经营单位

基于危险废物合同管理，需要及时了解与自己签订合同企业危险废物的贮存状态，既可以优先处置临近贮存有效期的危险废物，也可以实现配伍动态化，并提高经营单位危险废物仓库利用率，降低危险废物二次贮存的风险；

经营单位在危险废物入厂时需进行检验，满足合同界定特性和热值的危险废物才能接收，无法满足的需做退回处理，尽管退回情况罕见，但平台也应充分考虑具体的管理操作流程；

依照浙江省危险废物管理制度，应急处置不纳入管理计划，但平台设计需要考虑应急管理的功能。

6.3.3　技术示范内容

遵循国家危险管理相关法规条例以及信息平台建设的相关技术规范，以大数据技术为支撑，采用云平台的模式，结合临海医化园区危险废物政策需求、管控需求和应用需求，通过危险废物管控网关集成监控设备，并通过开放数据接口的方式构建了园区危险废物全过程智能化可追溯管控技术示范平台。

平台按照面向服务的体系结构设计和 B/S 架构，使用 Eclipse 作为开发平台，采用 Java 语言作为主要开发语言，利用应用服务器集群技术（ECS）构建跨应用平台的互联互通，实现电脑端和手机的数据同步，使用网络隔离技术对接省生态环境厅危险废物管理计划数据、危险废物电子联单数据、危险废物转运 GPS 数据等业务系统，实现跨平台无缝、安全的数据交换。

6.3.4　技术示范成果

园区危险废物全过程智能化可追溯平台 2020 年底上线，通过一年的试运行，台州生态环境局、园区管委会及示范企业均肯定了平台对危险废物管控的提升作用及危险废物信息化、标准化对管理效率提升的作用。

1）主体责任明确强化，危险废物源头把关

危险废物申报登记、转移联单、经营许可、管理计划、废物产生、贮存、利用、处置台账等标准化业务流程保障了生产者责任延伸制度的落实。

2）"一物一码"实现危险废物全过程监管

危险废物标签包含唯一身份信息二维码，可通过手机查看危险废物的全过程生命周期数据。"一物一码"伴随危险废物产生、贮存、转运、处置全过程，准确跟踪危险废物动向，助力监管部门对重点危险废物监控及异常危险废物的溯源管理。

3）对接省平台共享示范区危险废物数据

系统完成与省危险废物管理平台的对接，实现数据打通，避免数据重复录入而形成数据孤岛，并提升了企业管理效率。

4）临期库存管理提升监管效率

平台的库存临期预警、超期报警功能使管理人员实时掌握危险废物种类、数量等情况，及时收到危险废物临期、超期贮存提示，降低核查台账工作任务量，提升监管部门管理效率，电子盘库功能提升了企业的仓库管理水平。

危险废物全过程智能化可追溯平台统计分析模块如图 6-26 所示。

5）代码标签协助危险废物分类系统化

平台规范化操作从源头上解决了代码分类系统化的问题，预设信息包括危险废物的主要成分、化学名称、危险废物八位码、危险情况、安全措施、危险类别、危险废物的产生单位、单位地址、单位电话、单位联系人、产生日期、产生数量等信息，在避免人为错误的同时便于监管部门对分行业分种类的危险废物进行管理。

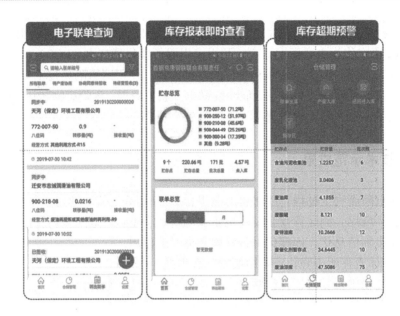

图 6-26　危险废物全过程智能化可追溯平台统计分析模块

6）标准化终端奠定危险废物全流程管理基础

通过智能称重、标签打印、电子台账及个性化预设参数，实现危险废物信息标准化一键录入，避免了手工填写误差，提升了企业危险废物管理效率。标准化信息录入奠定了统计分析、危险废物信息跟踪、多部门共享的数据基础。

危险废物全过程智能化可追溯平台智能终端示意图如图 6-27 所示。

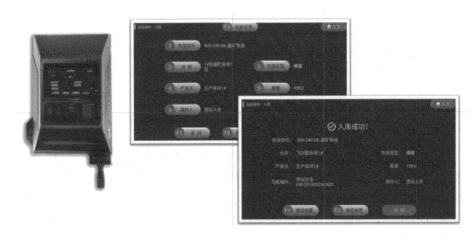

图 6-27　危险废物全过程智能化可追溯平台智能终端示意图

7）全过程监管保障危险废物企业利益

危险废物的二维码可协助产废企业及利用处置企业对性质特殊的危险废物（如污泥类、废盐类）进行追踪，避免危险废物储存期间出现减/增重给企业带来的法律风险，危险废物转运至利用处置端后对于重量差异有了可追溯的信息，也为后续监管部门解决危险废物因贮存产生的重量误差奠定了管理基础。

危险废物"一物一码"全过程监管如图 6-28 所示。

图 6-28　危险废物"一物一码"全过程监管

8）电子台账提升危险废物管理效率

平台根据示范园区实际监管要求及企业需求定制化台账报表，展示危险废物出入库日期、数量等基本信息，系统根据危险废物俗称、危险废物八位代码两个维度分别形成库存统计报表。监管部门通过系统设计的库存报表即时查看功能可以随时了解产废单位危险废物贮存情况（包括贮存点、危险废物类别、危险废物数量、批次总量等信息）。

鉴于示范企业使用效果反馈良好，浙江头门港经济开发区管理委员会于 2021年 2 月发布《关于浙江头门港经济开发区建设危险废物全过程智能化管控平台的通知》，全面开展危险废物全过程智能化管理工作，要求于 2021 年完成临海医化园区所有危险废物（不含医疗废物）产废单位、自行利用处置危险废物单位、所有危险废物（不含医疗废物）经营单位（含危险废物收集单位）共 54 家重点管控单位的设备安装和系统布设，并投入运行。至 2021 年 10 月底，已完成半数以上企业的设备安装及第一轮企业培训，浙江头门港经济开发区危险废物全过程智能化可追溯监管平台已正式上线运行（图 6-29）。

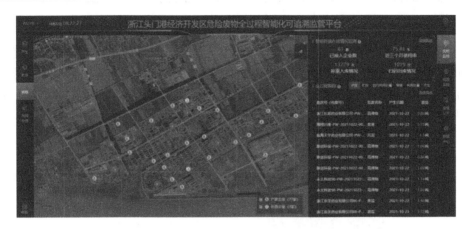

图 6-29　头门港经济开发区危险废物全过程智能化可追溯监管平台上线运行

第 7 章

典型危险废物利用处置技术规范解读

7.1 废铅蓄电池处理污染控制技术规范

当前全球铅消费总量中约 85%用于生产铅蓄电池，在发展中国家这个比例更高。工业和信息化部统计数据显示，2019 年我国铅蓄电池产量为 20248.6 万千伏安时，2021 年我国铅蓄电池产量将达 22134 万千伏安时。铅蓄电池平均使用寿命约 2 年，随着机动车辆、备用电源和储能等领域对铅蓄电池市场需求的稳步扩大，铅蓄电池报废量也将逐年增长。据中国电池工业协会测算，我国每年废铅蓄电池产生量近 500 万吨，回收利用的市场空间非常广阔，但带来的环境问题也不容忽视。回收市场不规范、循环体系不完善，导致 60%以上的电池没有进入正规渠道，而是落到了非法回收商和小作坊手中；企业受利益驱动，倒酸事件频发；回收技术有待进一步升级，提升资源化利用率；监测方式单一，方法陈旧，在现场监测中管理不到位等，不仅导致市场乱象丛生、原材料资源化利用率低下，也造成了日益加重的环境污染。

2009 年 12 月，我国正式发布《废铅酸蓄电池处理污染控制技术规范》（HJ 519—2009），并于 2010 年 3 月开始实施。这是我国废铅蓄电池收集处理行业环境管控的重要依据，在废铅蓄电池污染防治及"十二五""十三五"重金属污染物减排工作中发挥了重要作用。之后我国陆续发布了《再生铜、铝、铅、锌工业污染物排放标准》（GB 31574—2015）、《再生铅行业清洁生产评价指标体系》（国家发展和改革委员会、环境保护部、工业和信息化部公告 2015 年第 36 号）、《再生铅行业规范条件》（工业和信息化部 2016 年第 60 号）、《排污许可证申请与核发技术规范 有色金属工业——再生金属》（HJ 863.4—2018），对废铅蓄电池收集、再生利用提出了更高的环保要求。同时，我国陆续发布一批新的废铅蓄电池管理文件，特别是《废铅蓄电池污染防治行动方案》和《铅蓄电池生产企业集中收集和跨区域转运制度试点工作方案》，对废铅蓄电池收集网点和集中转运点建设、零散社会源废铅蓄电池运输、简化跨省转移审批手续、加强收集处理全过程信息化管控等提出新的要求。

原有标准已经不能适应当前废铅蓄电池收集、贮存、运输、利用和处置全过程污染防治的新要求。为适应新时期对于废铅蓄电池收集处理的环境管理需求，加强对铅尘、SO_2、二噁英等重点污染物的排放控制，规范废铅蓄电池收集处理流程，2020 年 3 月 26 日由生态环境部组织修订的《废铅蓄电池处理污染控制技术规范》（HJ 519—2020）（以下简称《标准》）正式发布实施。作为国内专门针对废铅蓄电池处理污染控制的综合性标准，涉及的领域十分广泛，对废铅蓄电池收集网点和集中转运点建设、废铅蓄电池收集、运输过程和再生铅企业处理过程环境管理等提出一系列新的要求。为便于相关单位对《标准》条款的理解和应用，本书将从行业概况和污染物排放现状、标准框架结构、主要内容解析、环境效益和达标成本预测、实施建议等方面进行解读。

7.1.1　行业概况与污染物排放现状

7.1.1.1　行业概况

国内废铅蓄电池收集模式主要有三种，包括生产者通过企业自有销售渠道逆向回收、再生铅企业自建或与专业收集企业合作回收和第三方社会化回收。相关收集主体众多，主要涉及铅蓄电池制造商、再生铅企业、汽车维修和 4S 店、电动自行车销售维修店、专业回收平台、个体游动回收散户、大中型回收商贩等。由于回收网络尚不健全，加之相关利益驱动，导致废铅蓄电池流向无序、正规回收率不到 30%。非法回收处置环节污染形势十分严峻，是各省市环保工作的重中之重，因此《标准》修订过程中需要关注收集、运输、贮存过程的污染控制问题。

2016 年以来，伴随废铅蓄电池收集处理过程的环保严查，对再生铅产业结构进行了深度调整，企业数量从 300 多家淘汰到 60 余家，其中规模企业 30 多家。这些企业主要分为三类：第一类是仅从事再生铅生产的企业，由于《再生铅行业规范条件》中要求"预处理-熔炼项目再生铅规模应在 6 万吨/年以上，应采用自动化破碎分选工艺和装备处置废铅蓄电池"，因此该类企业拥有相对较为先进电池预处理生产线，贡献了约 70% 的再生铅产能，是废铅蓄电池处理的主力军；第二类是大型铅蓄电池制造企业控股或自建的再生铅企业，作为新建企业，同样具有相对较高的技术水平，且拥有自己的废电池回收网络，贡献了约 8% 的再生铅产能；第三类是大型原生铅企业自建的再生铅-原生铅混合熔炼生产线，贡献了约 9% 的再生铅产能。《标准》修订过程需要充分考虑现有企业的典型处理工艺和排污环节。

7.1.1.2　处理工艺与排污环节

目前，国内废铅蓄电池的处理以火法熔炼为主，主要包括预脱硫-还原熔炼、再生铅-铅精矿混合熔炼和直接熔炼还原铅-烟气回收三种典型工艺,湿法冶炼(预脱硫-电解沉积和固相电解还原铅)工艺仍处于研究阶段。

1. 预脱硫-还原熔炼技术

该技术采用自动破碎分选设备将整只电池拆解为废电解质、废铅栅、废铅膏、废塑料和废隔板等几部分。废电解质直接送入酸处理池处理;废铅栅通过低温熔炼做成铅合金或粗铅;废隔板直接送有资质企业处理。废铅膏的主要成分为 $PbSO_4$、PbO、PbO_2 和 Pb,其中含量高的 $PbSO_4$ 的熔点最高(1170℃),是 SO_2 及铅尘污染的主要来源。该技术对废铅膏进行预脱硫处理,将 $PbSO_4$ 转化为易还原的 $PbCO_3$ 或 PbO,再进行低温还原熔炼产出再生铅和水淬渣。

整个处理过程污染物的排放如图 7-1 所示,废气主要来源于熔炼炉烟气、精炼锅烟气、铸板机烟气(主要污染物为含铅烟尘、SO_2);废液主要来源于废电池贮存渗滤液、废电解质、破碎分选废水、塑料清洗废水、铅膏预脱硫废水、脱硫除尘循环水;固体废物主要有熔炼炉炉渣、精炼炉炉渣、除尘设备收集的烟尘、废酸中和泥渣、分选出的隔板纸和硫酸钠副产品。

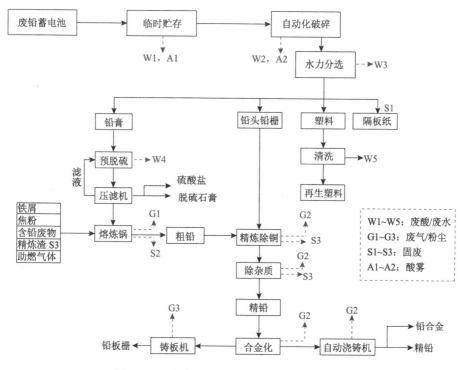

图 7-1 预脱硫-还原熔炼工艺主要产排污环节

2. 再生铅-铅精矿混合熔炼技术

该技术的前端破碎分选过程、废板栅和废塑料处理过程均与预脱硫-还原熔炼技术相同。不同的是将铅膏与硫化铅精矿及辅料混合配料后进行熔炼和还原，产出的粗铅经电解精炼得到电解铅，产生的高温烟气经降温除尘后，送双转双吸制酸系统实现最终硫的回收。该技术必须依托原生铅冶炼系统，并不适合单独的再生铅企业。

整个处理过程污染物的排放如图 7-2 所示，废气排污节点主要有备料粉尘，氧气底吹炉烟气，鼓风炉烟气，制酸尾气，熔铅锅、浇铸锅烟气，电解槽溢出酸雾；废液主要来源于废电池贮存渗滤液、废电解质、破碎分选废水、塑料清洗废水、制酸系统废水；固体废物主要有鼓风炉产生的水淬渣、冰铜渣，污酸废水处理污泥，除尘设备收集的烟尘，分选出的隔板纸，电解精炼系统产生的铜浮渣、氧化渣、阳极泥、冶炼渣等。

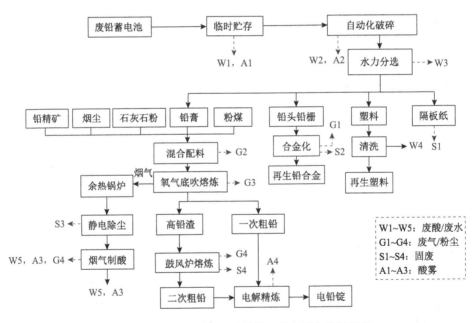

图 7-2　再生铅-铅精矿混合熔炼工艺主要产排污环节

3. 直接熔炼还原铅-烟气回收技术

该技术的前端破碎分选过程、废板栅和废塑料的处理过程均与再生铅-铅精矿混合熔炼技术相同，后端将铅膏、铅渣、铅泥、浮渣、炉渣、烟尘、铁粉、焦炭等进行混合配料（进炉料中铅含量≥80%），然后送至富氧熔炼炉在高温和弱还原性气氛下产出一次粗铅和高铅渣。粗铅直接铸锭后送火法精炼或电解精炼；高铅渣在 1200℃下进行还原熔炼，产出还原粗铅和水淬渣；产出的高温烟气经余热锅炉回收余热，沉降室除尘降温、电除尘后送离子液脱硫与两转两吸制酸系统，硫回收率可达 98%。

　　整个处理过程污染物的排放如图 7-3 所示，因该工艺是在再生铅-铅精矿混合熔炼基础上发展而来的，其产生的废气、废液、固体废物均与再生铅-铅精矿混合熔炼工艺一致，但由于整个流程没有铅精矿的引入，废气的组成成分和废渣种类略为简单。

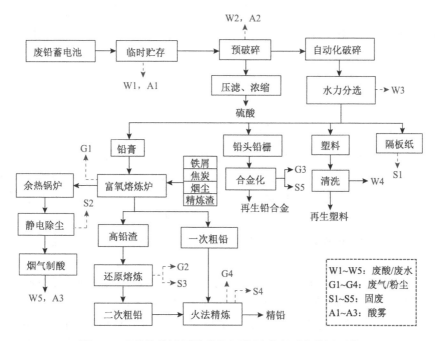

图 7-3　直接熔炼还原铅-烟气回收过程主要产排污环节

7.1.2　标准主要内容

7.1.2.1　标准框架结构

　　《废铅蓄电池处理污染控制技术规范》（以下简称《标准》）框架结构包括：前言、适用范围、规范性引用文件、术语和定义、废铅蓄电池的收集、运输和贮存要求、再生铅企业建设及清洁生产要求、再生铅企业污染控制要求、再生铅企业运行环境管理要求、环境应急预案、附录 A（资料性附录）再生铅企业火法冶金工艺主要污染物排放监测要求、附录 B（资料性附录）再生铅企业湿法冶金工艺主要污染物排放监测要求、附录 C（资料性附录）再生铅企业环境监测要求等章节。

7.1.2.2 标准适用范围

本标准规定了废铅蓄电池收集、贮存、运输、利用和处置过程的污染控制要求。本标准适用于废铅蓄电池收集、贮存、运输、利用和处置过程的污染控制，并可用于指导再生铅企业建厂选址、工程建设与建成后的污染控制管理工作。

废铅蓄电池指在生产、生活和其他活动中产生的丧失原有利用价值或者虽未丧失利用价值但被抛弃或者放弃的铅蓄电池，不包括在保质期内返厂故障检测、维修翻新的铅蓄电池。

7.1.2.3 主要内容解读

1. 分级分类管控收集、运输和贮存环节

（1）为建立规范有序的跨区域废铅蓄电池收集处理体系，提高正规渠道回收率，《标准》明确了废铅蓄电池的回收主体。《标准》要求铅蓄电池生产企业应采取自主回收、联合回收或委托回收模式，通过企业自有销售渠道或再生铅企业、专业收集企业在消费末端建立的网络收集废铅蓄电池，可采用"销一收一"等方式提高收集率；再生铅企业可通过自建，或者与专业收集企业合作建设网络收集废铅蓄电池。

（2）针对环境风险相对较小的完整的废铅蓄电池，提出有条件豁免危险废物的环境管理要求。《标准》明确了废铅蓄电池运输企业应执行国家有关危险货物运输管理的规定，具有对危险废物包装发生破裂、泄漏或其他事故进行处理的能力。运输废铅蓄电池应采用符合要求的专用运输工具。公路运输车辆应按 GB 13392 的规定悬挂相应标志；铁路运输和水路运输时，应在集装箱外按 GB 190 的规定悬挂相应标志。满足国家交通运输、环境保护相关规定条件的废铅蓄电池，豁免运输企业资质、专业车辆和从业人员资格等道路危险货物运输管理要求。

（3）废铅蓄电池主要来源于个人消费者，呈现出产生源分散和产生量不稳定的特点，导致废铅蓄电池从分散到集中、从少量到大量的收集过程中，不同环节的环境风险程度差别较大。根据收集过程的特殊性及环境风险，本次修订对不同类型废铅蓄电池贮存设施实施分级管理：对于收集网点，规定应划分出面积不少于 3 m² 的专门存放区域，有防止废铅蓄电池破损和电解质泄漏的措施、硬化地面及有耐腐蚀包装容器，应将废铅蓄电池存放于耐腐蚀、具有防渗漏措施的托盘或

容器中，应在显著位置张贴废铅蓄电池收集提示性信息和警示标志；对于集中转运点，规定面积不少于 $30 m^2$、有地面硬化和必要的防渗措施，应设有截流槽、导流沟、临时应急池和废液收集系统，应配备通信设备、计量设备、照明设施、视频监控设施，应设立警示标志且只允许收集废铅蓄电池的专门人员进入，应有排风换气系统保证良好通风，应配备耐腐蚀、不易破损变形的专用容器用于单独分区存放开口式废铅蓄电池和破损的密闭式免维护废铅蓄电池；对于再生铅企业废铅蓄电池贮存库房，规定应严格按照《危险废物贮存污染控制标准》（GB 18597）进行建设。

2. 加强信息化管理建设

数据来源多头、数据报表多、数据专业性强、地方技术管理低等问题使各地环境管理部门面临着工作量大和任务繁重的难题。2019 年 1 月，由生态环境部和交通运输部联合发布的《铅蓄电池生产企业集中收集和跨区域转运制度试点工作方案》中明确提出强化废铅蓄电池收集转运信息化监督管理的要求。本次《标准》修订过程也充分考虑到在相应环节加强信息化建设，旨在打通横向数据共享渠道、畅通相关管理部门之间的数据共享渠道、统一数据管理口径，进一步加强精细化环境管理，切实提升污染防治水平。

（1）《标准》规定：废铅蓄电池收集、贮存企业应建立废铅蓄电池收集处理数据信息管理系统，如实记录收集、贮存、转移废铅蓄电池的重量、来源、去向等信息，并实现与全国固体废物管理信息系统的数据对接。

（2）《标准》规定：再生铅企业应依法开展环境监测，主要废气排放口安装颗粒物、二氧化硫、氮氧化物（以 NO_2 计）自动监测设备；生产废水总排放口安装流量、pH 值、化学需氧量、氨氮自动监测设备，有条件的其他排放口宜安装自动监测设备，无法安装的应采用人工监测。

3. 细化再生铅企业建设及清洁生产要求

近年来，部分非正规企业和个人为谋取高额利益，非法处理废铅蓄电池事件屡禁不绝，严重危害群众身体健康和生态环境安全。为了响应党中央、国务院关于全面加强生态环境保护打好污染防治攻坚战的决策部署，国家相关部门和部分省市相继出台了一系列政策法规和标准规范，明确了再生铅企业的建设和清洁生产要求。由于这些文件出台时间均早于本标准，为了避免标准要求不一的情况，《标准》修订过程充分考虑了近三年出台的相关文件，对再生铅企业建设及清洁生产提出细化要求。

（1）目前，环境风险最低的废铅蓄电池回收再利用流程是收集后直接再生利用，控制废铅蓄电池拆解行为在再生铅企业进行；而仅从事拆解活动的企业将废铅蓄电池由单一的危险废物拆解成为废铅膏、废铅栅、废电解质等多种危险废物，收集和利用活动分在两地，大大增加了环境风险。为响应《废铅蓄电池污染防治行动方案》中关于"禁止无合法再生铅能力的企业拆解废铅蓄电池"的要求，《标准》明确规定"无再生铅能力的企业不得拆解废铅蓄电池"。

（2）按照目前各地规划产能计算，到2021年，再生铅行业将面临严重过剩，大量再生铅企业可能面临原料供应不足的局面。为促进再生铅产业可持续健康发展，《标准》将原来对再生铅企业生产规模的要求修改为"新、改、扩建再生铅项目规模应符合《产业结构调整指导目录（2019年本）》的要求"，限制新建单系列生产能力5万吨/年及以下、改扩建单系列生产能力2万吨/年及以下，以及资源利用、能源消耗、环境保护等指标达不到行业准入条件要求的再生铅项目。

（3）由于再生铅企业的过渡期已结束，《标准》要求"现有企业应依法实施强制性清洁生产审核，逐步淘汰技术落后、能耗高、资源综合利用率低和环境污染严重的工艺和设备"。

4. 加强再生铅企业污染控制要求

《标准》综合考虑了现有企业技术提升水平和环保设施改进情况，以及国家淘汰落后产能相关政策的实施，对工艺过程污染控制和末端污染控制提出了必要的管控要求。

1）工艺过程污染控制要求

工艺过程采取必要措施削减主要污染物的产生和排放，可有效满足"污染物总量"要求，实现达标排放。考虑到近年来再生铅企业技术改造和环保发展水平，《标准》要求：再生铅企业应加强对原料场所无组织排放的控制；采用自动破碎分选设备对带壳废铅蓄电池进行预处理；应分类收集、处理拆解过程中产生的废塑料、废铅栅、废铅膏、废隔板、废电解质等固体废物，并对各自的去向有明确的记录；预处理车间地面必须进行硬化、防腐和防渗漏处理；废铅膏与废铅栅应分别熔炼，其中废铅栅熔炼宜采用低温熔炼技术。

2）末端污染控制要求

废铅蓄电池处理过程产生了大量的废气、废液和固体废物，不同处理环节产生的污染物组成成分也不尽相同，根据《再生铅冶炼污染防治可行性技术指南》要求，应对处理过程产生的含铅量高的废物在生产区回用，减少外排，必须外排的根据具体污染控制要求分级处理，每级处理综合考虑使用先进的污染控制方法。因此，对于大气污染物，《标准》规定：再生铅企业所有工序产生的铅烟、铅尘和酸雾都应经过收集和处理后排放；废气中铅烟、铅尘应采用两级以上处理工艺；收集的粉尘可直接返回再生铅生产系统；再生铅熔炼过程中应控制原料中氯含量、控制二噁英等污染物的排放。对于酸性电解质和溢出液污染控制，《标准》规定：

若采用中和处理，宜将产生的中和渣返回熔炼炉进行处置；生产区地面冲洗水、厂区内洗衣废水和淋浴水应按含重金属（铅、镉、砷等）生产废水处理，收集后汇入含重金属（铅、镉、砷等）生产废水处理设施，不得与生活污水混合处理；含重金属（铅、镉、砷等）生产废水，应在其生产车间或设施内进行分质处理或回用，经处理后达到 GB 31574 的要求后排放；生产废水宜全部循环利用。对于固体废物污染控制，《标准》规定"再生铅熔炼产生的熔炼浮渣、合金配制过程中产生的合金渣宜返回熔炼工序；除尘工艺收集的不含砷、镉的烟（粉）尘宜密闭返回熔炼配料系统或直接采用湿法冶金方式提取有价金属"。

5. 加强再生铅企业运行环境管理要求

（1）土壤环境直接影响群众身体健康和国家生态文明建设，为切实加强土壤污染防治，2016 年 5 月国务院发布《土壤污染防治行动计划》，明确要求企业要有土壤污染隐患排查及整改方案。再生铅企业由于存有大量含重金属烟尘、废水和废电解质，一旦发生跑、滴、漏或其它类型的突发环境事件，极易造成周边土壤污染，因此《标准》要求"企业依法建立土壤污染隐患排查制度"。

（2）开展排污单位自行监测及环境信息公开对强化环境执法和提升环保管理水平至关重要。根据《重点排污单位名录管理规定》，市级地方人民政府环境保护主管部门应将再生铅企业列入当地水、大气、土壤环境重点排污单位名录，重点排污单位应根据相关法律开展自行监测。因此《标准》要求"再生铅企业应按照有关法律和排污单位自行监测技术指南等规定，建立企业监测制度，制定监测方案，对污染物排放状况开展自行监测，保存原始监测记录，并公布监测结果"。

7.1.3　环境效益和达标分析

7.1.3.1　环境效益

（1）水污染物。与现行标准中关于水污染物综合排放二级限值相比，《标准》化学需氧量（COD_{Cr}）浓度限值收严了 65% 以上，悬浮物（SS）浓度限值收严了 80%，总铅浓度限值收严了 80%，同时增加了关于地下水中 pH 值、铅、硫酸盐的环境监测要求。

（2）大气污染物。与现行标准中关于大气污染物综合排放二级限值相比，《标准》颗粒物浓度限值收严了 70% 以上，二氧化硫收严了 82% 以上，铅及其化合物收严了 80% 以上，其他各类污染物也均有不同程度收严。

《标准》的实施将推动再生铅企业引进或自主研发污染控制技术，进一步提高污染防治水平，实现产业结构调整和优化升级。《标准》实施后可有效控制水中

COD$_{Cr}$、SS 和总铅的排放，以及大气中铅及其他重金属、颗粒物、二氧化硫、氮氧化物、二噁英等有毒有害污染物的排放，切实改善再生铅企业周边的环境空气质量。

7.1.3.2　达标分析

（1）对于废铅蓄电池收集、运输企业，按照《标准》中相关要求运输，运输成本将极大降低。本标准既可对废铅蓄电池运输环节进行环境风险控制，又可降低企业的废铅蓄电池运输成本，企业接受度较高。

（2）对于再生铅企业，不同规模的企业建设差距较大，企业达标程度也有差异。对于大规模企业，环保投资一般占总投资的 7.0%～11.0%，有的甚至高达 30%以上，环保运行成本占总成本的 2.0%～6.0%，企业达标率 99% 及以上。对于中等规模企业，环保投资占总投资的 5%～7%，环保运行成本占总成本的 1%～3%，企业达标率 90%～95%。对于小型企业，占行业总产能的 10%左右，其生产工艺落后、废物处理设施简单，污染物排放浓度高，达标率较低，如不尽快加强环境设施改造，将逐步被淘汰。

7.1.4　标准实施建议

（1）加强标准宣贯力度。对新建企业应严格按本标准要求审核，使本标准成为再生铅企业准入的条件之一；同时加大生态环境执法监管力度，采用定期和不定期相结合的方式，加大对企业对现场检查频次，提高企业违法成本，营造公平的市场竞争环境。

（2）提升环境信息化管理水平。在收集、运输和贮存环节，深入推进废铅蓄电池收集处理数据信息管理系统建设；在污染物监测环节，推进全自动在线监测系统建设，并与地方生态环境部门数据共享，提高环境监测能力。

（3）强化重点污染物环境保护设施建设。铅尘和二氧化硫是再生铅企业的重要污染指标，建议推进脱硫除尘环保设施改造，如采用新型袋式除尘器滤料、采用多种技术集成的除尘措施、采用先进工艺减少尾气中硫含量等，降低铅尘和二氧化硫排放。

7.1.5　结语

《标准》的颁布体现了全过程环境风险防控的管理理念，调整了废铅蓄电池的收集、运输和贮存要求，细化了再生铅企业建设和清洁生产要求，加强了再生铅企业污染控制要求，增加了再生铅企业火法冶金工艺、湿法冶金工艺主要污染物排放监测要求和地下水环境监测要求，对于促进废铅蓄电池收集体系建设和再生铅行业规范有序发展、保护生态环境安全和人民群众身体健康具有重要意义。

7.2　锌冶炼浸出渣利用处置污染控制技术规范

锌冶炼技术主要有火法和湿法两大类，湿法冶炼是当今炼锌的主要方法，目前我国湿法炼锌占锌总产量的 85%以上。湿法炼锌浸出过程中主要产生硫酸锌溶液和不溶残渣的混合物，当达到工艺浸出反应的终点时，需进行固液分离，产生的固体残渣即为浸出渣。浸出渣中主要含有锌和其他有价金属元素，如铟、锗、金、银等稀贵金属元素，以及铜、铅、镉、砷、汞等重金属元素，其中常规湿法炼锌产生的浸出渣中锌含量可达 10%以上。2020 年我国锌冶炼厂精炼锌的产量约为 620 万吨，据统计，每吨精炼锌平均排放 0.85～1.0 t 浸出渣，按此估算，2020 年我国湿法炼锌企业排放浸出渣达 600 多万吨，加上多年填埋和堆放的锌浸出渣，数量相当巨大。该部分渣成分复杂、含水率高，对环境的风险大。锌浸出渣的利用处置污染控制成为影响锌冶炼企业发展的环保瓶颈问题。

锌冶炼浸出渣的利用处置包括对浸出渣的综合利用（包括火法和湿法工艺）以及填埋处置。在其利用处置过程中存在明显的重金属污染问题，包括在综合利用过程中会产生利用后渣等二次污染源，以及填埋过程中会析出重金属污染周边土壤、水体等，对外在环境会产生较大环境风险。

目前，我国在锌冶炼浸出渣利用处置污染控制及环境监管等方面依据不充分，缺乏详细、操作性强的技术规范要求，不利于解决该产业污染防治问题，迫切需要开展锌冶炼浸出渣利用处置污染控制技术评价研究，识别工艺产排污关键节点，研究污染物污染特性及迁移转化规律，分析环境风险，提出锌冶炼浸出渣利用处置污染控制技术规范。因此，在开展了大量现场调研、数据采集及检测分析工作，对铅锌冶炼行业危险废物的环境风险情况基本掌握的基础上，为规范企业锌冶炼浸出渣利用处置过程、降低锌冶炼浸出渣利用处置过程中的环境污染风险，2022 年 6 月中国国际科技促进会发布了《锌冶炼浸出渣利用处置污染控制技术规范》团体标准。

7.2.1　行业概况与污染物排放现状

7.2.1.1　行业概况

从硫化锌精矿中提取金属锌的方法可以分为火法和湿法。火法炼锌有竖罐炼锌和 ISP 炼锌,竖罐炼锌属于淘汰炼锌工艺,已逐步被其他工艺所取代,ISP 炼锌工艺适合于铅锌混合精矿。湿法炼锌厂通称电锌厂,湿法冶炼是当今炼锌的主要方法,其产量占锌总产量的 85% 以上。湿法炼锌具有劳动条件好,环保,能耗较低,金属回收率高,生产易于连续化、自动化、大型化等优点,新建锌冶炼厂普遍采用此方法。世界各国电锌厂主干流程是相同的,均为浸出—净化—电积—熔铸。根据浸出过程不同,分为部分湿法炼锌工艺和全湿法炼锌工艺之分。不同的锌冶炼工艺,产生不同的浸出渣。

部分湿法炼锌工艺浸出过程所处理的原料为硫化锌精矿经过焙烧脱硫后的氧化锌焙砂,精矿中的硫在焙烧过程中被氧化以二氧化硫的形式进入烟气,再进一步通过转化吸收等制酸工艺过程被制成硫酸。部分湿法工艺又由于浸出渣的处理方法各不相同,从而出现了众多的处理流程。目前应用于工业生产的方法主要有常规法和高温高酸法。部分湿法炼锌工艺产生的浸出渣包括:"铅锌冶炼过程中,锌焙烧矿、锌氧化矿常规浸出法产生的浸出渣"(321-004-48)、"铅锌冶炼过程中,锌焙烧矿热酸浸出黄钾铁矾法产生的铁矾渣"(321-005-48)、"铅锌冶炼过程中,锌焙烧矿热酸浸出针铁矿法产生的针铁矿渣"(321-007-48)、"铅锌冶炼过程中,氧化锌浸出处理产生的氧化锌浸出渣"(321-010-48)以及"铅锌冶炼过程中,锌焙烧矿热酸浸出黄钾铁矾法、热酸浸出针铁矿法产生的铅银渣"(321-021-48)。

全湿法炼锌工艺分为加压氧浸工艺和常压氧浸工艺,其浸出过程所处理的原料为硫化锌精矿,即硫化锌精矿直接浸出工艺。在直接浸出过程中,通过控制浸出过程的温度、酸度、氧压等操作条件,精矿中以硫化物形态存在的锌在酸和氧的作用下,转化为硫酸锌,进入溶液,浸出过程产出的硫酸锌溶液净化后进行电积得到金属锌;精矿中的硫在浸出过程中被氧化成单质硫进入渣中。全湿法炼锌工艺产生的浸出渣包括:"硫化锌矿常压氧浸或加压氧浸产生的硫渣(浸出渣)"(321-006-48)。

锌浸出渣是非常重要的稀贵金属再生资源之一。对锌浸出渣中的有价元素进行综合回收,能获得很大的经济效益,并可变废为宝,有利于环境保护。为了有效地回收利用浸锌渣中的有价元素,国内外专家学者进行了较为广泛的研究,开发了多种工艺方法,归纳起来主要有以下几种:回转窑挥发法、选冶联合法、奥斯麦特炉法、烟化炉法、富氧侧吹法(CSC 法)、旋涡炉熔炼法、密闭鼓风炉法(ISP 法)、基夫赛特炉法、富氧底(侧或顶)吹法(三连炉)等。此外,还派生出了其他一些相关的工艺,有一些工艺是针对浸锌渣中一种或几种金属进行回收处理,如浮选法、硫脲炭浆法、综合法等。

锌浸出渣处理主要有两个目的:①使锌浸出渣无害化,避免其中的硫酸根离子和重金属离子进入土壤和水体而造成环境污染;②回收其中的有价金属如铅、锌、金、银、铜、铟、锗等,最大限度地提高资源的综合利用水平。为了减少环境污染同时充分有效地利用二次资源，国内外学者做了大量的研究，提出了一系列方法。国内外对锌浸出渣的利用处置技术可归纳为湿法利用处置技术和火法利用处置技术，其中以火法利用处置技术为主。

7.2.1.2　典型处理工艺与排污环节

1. 锌冶炼浸出渣利用处置主要工艺

目前行业内对于锌浸出渣的综合利用一般都采用火法处理，在回收有价金属的同时，将危险废物最终转变为一般工业固体废物。而针对锌浸出渣的湿法处理大多处于试验和探索阶段，尚无工业应用，这里所指的湿法处理不是对中浸渣采用高温高酸法的湿法处理，而是对湿法炼锌最终浸出渣（包括高温高酸法处理后的铁矾渣、针铁矿渣、铅银渣）的湿法处理。

1）回转窑挥发法

将干燥的锌浸出渣（含水 10%～20%）配以 45%～55%的焦粉在回转窑中进行一系列的热解及氧化还原反应，使锌得到还原挥发并以次氧化锌烟尘的形式回收，同时次氧化锌烟尘中还富集了铅、镉、铟、镓、锗等有价金属，而 90%以上的杂质均进入窑渣。该工艺为处理锌浸出渣的典型工艺，具有处理能力大、原料适应性强、工艺成熟的优点，但热利用率低、能耗高、烟气中的 SO_2 浓度低不能制酸，且只能回收易挥发的锌、铅、铟等，大部分的金、银及铜等有价金属得不到回收。

对传统回转窑挥发法进行工艺改进后，富氧回转窑和银浮选+富氧回转窑的工艺被广泛应用。富氧回转窑技术可以提高锌渣处理量、降低能耗、提高锌的回收率并显著降低生产成本。而银浮选+富氧回转窑技术是先将锌浸出渣进行银浮选，选出的银精矿外售，提高银的回收率，浮选尾矿压滤后再进富氧回转窑处理。

2）奥斯麦特炉法

奥斯麦特技术处理锌浸出渣系统由 1 台熔炼炉和 1 台贫化炉组成，炉内熔炼温度分别为 1270～1290℃和 1300～1320℃。在加入煤作为燃料和还原剂、鼓入浓度为 40%氧气的条件下，锌、铅、银经挥发氧化在烟尘中得到回收，同时铜、锑以黄渣的形态得到回收。其优点是原料适应性强、有价金属回收率高、自动化程度高、热利用率高、熔炼炉烟气中 SO_2 浓度高可制酸，但能耗偏高、喷枪寿命短、更换频繁、投资较大。韩国锌业公司温山冶炼厂应用该技术对锌浸出渣进行处理，效果较好。我国内蒙古兴安博源铜锌冶炼厂采用此技术。

3）烟化炉法

目前国内只有云南驰宏锌锗股份有限公司在应用烟化炉法，其曲靖分公司的烟化炉在处理铅冶炼系统热炉渣的同时配入锌浸出渣。虽属于铅锌联合冶炼企业处理锌浸出渣的工艺，但其锌浸出渣所占比例达 60%以上，可以按主要处理锌浸出渣来对待。其优点是金属挥发率高，其中锗挥发率高达 93%～95%，对处理含锗高的渣料有利，但能耗高、炉寿短，需利用含铅热渣的潜热加热锌浸出渣（冷渣）。

4）富氧侧吹炉法

富氧侧吹炉法（CSC 法）是一种新的锌浸出渣处理工艺，并得到了重点推广，在渣料处理、综合回收方面具有独到的优势。其特点是：以富氧侧吹炉为主，配套一台烟化炉回收次氧化锌，对炉料含水、炉料粒度要求比较宽松，原料适应性强，烟气中的 SO_2 浓度可达到制酸要求，燃料及还原剂用量较小、生产成本低，密封性好、烟气量小、能耗低、炉寿长、设备处理能力大，除了通过挥发回收铅、锌、铟等易挥发金属外，还可在炉缸中产出冰铜回收铜和银等有价金属。我国西部矿业股份有限公司和南方有色金属有限责任公司的渣处理系统采用此技术。

5）旋涡熔炼炉法

采用顶部加料和侧壁切向送风的方式运行，在高温和还原剂作用下，先是铁酸锌、硅酸锌、硫酸锌、硫酸铅等各种盐类的分解，然后是各种氧化物的还原挥发。在旋涡室内，不但易于挥发的金属铅、锌、铟、锗等挥发进入烟尘，连不易挥发的金属银也绝大多数挥发进入烟尘。另外，锌浸出渣中的铜也有 15%～25% 挥发进入烟尘。其优点是金属挥发率较高且全面，余热利用率高，炉寿较长，生产过程连续稳定，但原料制备复杂，生产流程长，单台炉处理能力小，放大前景不佳。最早用于葫芦岛锌厂的竖罐炼锌渣的处理。

6）铅锌联合冶炼法

在锌浸出渣火法利用技术中,铅锌联合冶炼法是一种较为绿色的渣处理方法，在铅冶炼或铅锌联合冶炼的同时搭配处理锌浸出渣，既能达到处理锌浸出渣的目的，又不影响铅冶炼的各项技术经济指标，已被国内外很多铅冶炼厂或铅锌联合冶炼厂所采用。

韩国锌业公司铅冶炼厂的 QSL（富氧底吹熔池熔炼）炼铅工艺搭配处理湿法炼锌浸出渣，加拿大 Cominco 公司 Trail 铅冶炼厂利用基夫赛特法在铅精矿中配入锌浸出渣进行处理，均取得了不错的效果。我国江西铜业铅锌金属有限公司采用基夫赛特法，在铅精矿中搭配处理锌浸出渣，中金岭南丹霞冶炼厂采用基夫赛特法处理各种自产废渣及社会性废渣，包括硫渣、铅银渣等，也都取得了较好的效果。富氧底（侧或顶）吹炉氧化+侧吹炉还原铅+烟化炉还原锌的"三连炉"工艺也是在铅冶炼的同时搭配处理锌浸出渣的绿色渣处理工艺，我国河南豫光金铅集团有限责任公司、济源市万洋冶炼集团有限公司、广西南丹南方金属有限公司等近 30 条铅生产线采用此技术。基夫赛特法和"三连炉"工艺均具有能耗低、有价元素综合回收率高、生产成本低等优点，金属回收率分别达到：Pb 97%～98%、

Zn 92%~95%、Au 99%、Ag 99%、In 70%~85%，烟化炉渣含 Zn 1%~1.5%、Pb 1%~2%。

密闭鼓风炉法（ISP 法）是英国帝国熔炼公司发明的一种炼锌、附带产铅的方法，以铅、锌精矿或混合精矿为原料，经烧结机烧结、密闭鼓风炉熔炼得到粗铅和粗锌，粗铅经电解产出铅锭，粗锌经精馏分离产出锌锭。ISP 工艺可以搭配处理含铅、锌的氧化物料以及湿法炼锌的浸出渣。其优点是原料适应性强，工艺流程短，综合回收金属种类多、回收率高。某企业 ISP 工艺的金属回收率分别达到：Pb 95.54%、Zn 95.63%、Cd 82%、Ag 83%、Ge 58.6%。但此工艺规模较小，装备水平较低。我国中金岭南韶关冶炼厂、陕西东岭冶炼有限公司、白银有色集团第三冶炼厂、葫芦岛锌业股份有限公司采用此技术。

7）选冶联合法

选冶联合法是一种火法-选矿联合工艺，其利用选矿手段如碎磨、重选、磁选或浮选结合冶金工艺来处理矿石与废渣。从理论上讲，相较于单一冶金法或选矿法，选冶联合法更加灵活，处理锌浸出渣更加高效，成本较低，如焙烧-磁选法、焙烧-浮选法、水热硫化-浮选法、机械硫化-浮选法等，但此技术正处于研究阶段，且在金属回收率方面尚未达到理想效果，离实现工业化生产还有一定的距离。

另外，在锌浸出渣的综合利用方面，除了上述回收有价金属的综合利用技术外，还有制作功能材料、建筑材料等方面的研究有待加强。

2. 锌冶炼浸出渣利用处置典型工艺及排污环节

在众多锌冶炼浸出渣利用处置技术中，典型技术为回转窑挥发技术及富氧侧吹技术，均属火法处理浸出渣工艺。

1）回转窑挥发技术

以国内某锌冶炼厂的回转窑挥发技术为例，其处理锌冶炼浸出渣的方法是采用挥发焙烧的方法将浸出渣（成分见表 7-1）、铁矾渣、浸出氧化渣、污水处理站污泥、脱硫石膏等（合称回转窑废渣原料）中的有价金属还原挥发（还原剂使用无烟煤），经过降温氧化成金属氧化物，再经电收尘收集得到次氧化锌粉产品，贵重金属铟富集在次氧粉中，即富铟次氧化锌粉。具体工艺流程为：电解锌浸出溶液经压滤后产生的浸出渣直接落入浸出渣仓，后将回转窑废渣原料与无烟煤按大约 2∶1 的比例在渣斗行车内进行配料，将配好后的混合料抓入上料仓，经过圆盘给料机均匀送出，再经皮带输送机送至下料仓后，由圆盘给料机均匀下料送入回转窑窑尾，经窑尾自然下滑至窑体进行生产，有价金属经高温还原挥发形成含铟氧化锌烟气，该烟气经余热锅炉降温后形成金属氧化物，沉降收集一部分次氧化锌粉产品后，再经电收尘器进行二次收尘，收尘效率可达 99.8%，收到的粉尘即为富铟次氧化锌粉，送铟电解车间生产精铟。

表 7-1　国内某厂锌浸出渣主要元素组成

试样	Zn(%)	H₂O(%)	In(g/t)	Ag(g/t)	Pb(%)	S(%)	Fe(%)	SiO₂(%)	Al₂O₃(%)	CaO(%)
1	18.64	22.96	226.8	36.4	2.31	7.24	20.83	9.59	2.25	12.86
2	13.85	22.82	282.8	46.2	3.626	5.41	19.33	11.22	5.3	11.74
3	12.11	25.09	317.8	126	2.744	4.36	22.24	12.27	5.52	11.29
4	16.58	23.18	196.0	39.2	3.89	6.61	28.16	10.1	2.11	—
5	11.91	20.05	232.4	35	2.87	3.82	22.28	10.17	5.7	6.66

　　从电收尘器后面排出的尾气通过引风机抽至两级滤泡脱硫塔吸收洗涤净化，滤泡有很大的表面积，且尾气只通过滤泡，吸收洗涤效果很好，阻力小，一般不会产生堵塞，脱硫剂为石灰乳。处理后的烟气经满足高度要求的烟囱排放。

　　回转窑废渣原料经过高温还原焙烧后排出的窑渣从窑头排出，转窑渣属一般工业固体废物。工艺流程及产排污节点见图 7-4。

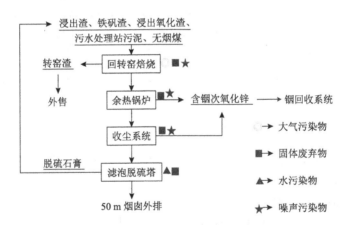

图 7-4　回转窑工艺流程及排污环节图

回转窑挥发技术应注意的问题：

　　(1) 窑体应做好密封，控制窑内负压为 50~80 Pa。窑尾和沉降仓法兰连接处，应确保不漏风。窑内负压过小，空气量不足，反应不充分，窑渣含锌增高。窑内负压过大，空气量增多，窑尾温度升高，进料溜子易损坏。

　　(2) 窑身转速应控制在 2/3~1 r/min 为宜。转速过大，炉料在窑内停留时间短，物料反应不完全，渣含锌升高。转速过小，炉料在窑内停留时间长，物料翻动差，窑的处理量降低。

　　(3) 应根据物料的熔点和性质，控制窑内适宜的温度。窑内温度过高，铅、锌氧化物的还原速度越快，但对窑衬砖的腐蚀越大，会降低窑的寿命。窑内温度过低，影响铅、锌氧化物的还原，金属回收率降低。

2）富氧侧吹技术（CSC 法）

国内某公司属于大型铅锌联合冶炼企业，既有三连炉工艺炼铅技术及装备可搭配处理锌浸出渣，又有回转窑挥发技术及装备处理常规湿法炼锌产生的锌浸出渣。另外，该企业 2020 年建设一套 30 万吨/年锌精矿氧压浸出工艺生产线，其产生的硫渣（表 7-2）、铁渣以及常规湿法炼锌产生的锌浸出渣，由富氧侧吹熔炼炉+烟化炉（富氧+粉煤）的渣处理工艺进行处理。通过对锌浸出渣进行熔炼和烟化挥发处理，实现炼锌渣的无害化处理，并综合回收其中的锌、铅、铜、银、铟等有价金属。

表 7-2　硫渣主要成分表（干基）

成分	Zn	Pb	Fe	S	Cu	SiO$_2$
%	11.23	1.90	12.88	55.00	0.43	7.32
成分	Cd	As	Hg	CaO	In	Ag/（g/t）
%	0.05	0.26	0.01	0.10	0.0041	165

具体工艺流程为：来自原料库及配料车间的铁渣、硫渣、浸出渣、煤及熔剂等经胶带输送机送至熔炼车间内，通过胶带输送机转运至侧吹熔炼炉顶的混合料仓内，再经皮带计量秤计量后加入侧吹熔炼炉内。其中，锌氧压浸出系统产的硫渣含硫较高，含水约 10%，不须进行干燥，配料后和混合炉料一起加入侧吹熔炼炉，以保证侧吹熔炼炉烟气能满足两转两吸制酸工艺要求，且硫渣中硫燃烧发热，可减少渣处理的煤耗。熔炼炉内鼓入氧气浓度 85% 的富氧空气，控制熔炼温度 1150~1250℃，并保持弱还原性气氛，使锌浸出渣熔化及脱硫。渣中的硫酸盐在高温下分解，生成金属氧化物和 SO$_2$。形成的金属氧化物被还原为金属，并形成一定量的冰铜，铜等有价金属富集进入冰铜中，产生烟尘随烟气进电收尘器收集，经制粒后返回到熔炼炉处理。炉内其他组分进入炉渣中，炉渣经溜槽流入烟化炉。烟气经余热锅炉冷却后，再经电收尘器收尘，收尘后烟气送酸系统。来自给煤车间的粉煤经风机送入烟化炉内，烟化炉内鼓入氧气浓度 25% 的富氧空气，控制炉内温度 1250~1350℃，保持强还原性气氛。炉渣中的铅、锌等被还原挥发进入烟气。再经二次氧化后在烟尘中富集，得到次氧化锌烟尘，送锌系统处理。烟化炉弃渣通过渣粒化系统水淬处理，水淬弃渣送临时渣场堆存待售。烟气经余热锅炉冷却布袋收尘后，送氧化锌脱硫系统处理。生产工艺流程及排污节点图见图 7-5。

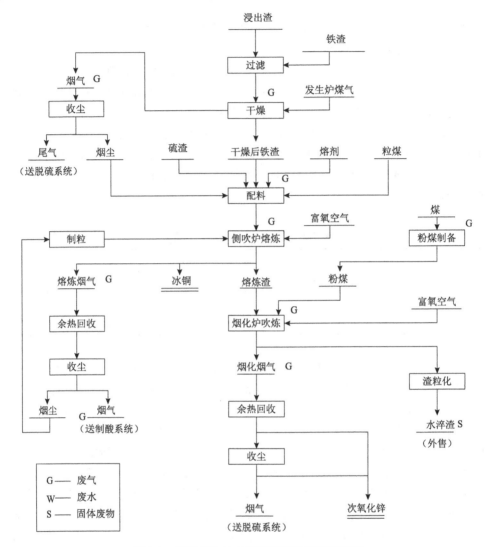

图 7-5 富氧侧吹技术工艺流程及排污环节图

富氧侧吹工艺特点为:

(1)备料简单。富氧侧吹炉对炉料含水、炉料粒度要求比较宽松。

(2)富氧侧吹熔炼过程在熔融状态下进行,喷入富氧空气形成强烈搅动,传质传热效果好,还原剂利用率高。

(3)富氧侧吹炉采用碎煤作燃料和还原剂,取代价格较高的焦粉,生产成本降低。

(4)炉寿长,作业率高。富氧侧吹炉最易损坏的渣线区,采用铜水套结构,减少停产检修的成本,生产作业率大幅度提高。炉子维护检修简单、炉寿长。

（5）氧气侧吹炉密封性好，漏风率低。采用氧气浓度 45%～85% 的富氧空气，烟气量仅为回转窑的约 30%，烟气带走的热量大幅度减少，冶炼过程的能耗大幅度降低。

（6）设备处理能力大。床能力大，占地面积小。富氧侧吹炉已工业生产的炉子面积从 5～48 m²，可满足不同生产能力需要。目前用于熔炼硫化铜精矿与硫化铜镍矿的床能率为 60～80 t/(m²·d)，氧气浓度为 60%～80%，连续作业；用于还原液态高铅渣的床能率为 70～120 t/(m²·d)，氧气浓度约为 60%，间断作业；用于处理锌浸出渣床能率为 30～40 t/(m²·d)，氧气浓度为 55%～60%，连续作业。

（7）富氧侧吹炉除了通过挥发回收铅、锌、铟等易挥发金属外，还可在炉缸中产出冰铜回收铜和银等有价金属。

7.2.2　标准主要内容

7.2.2.1　标准框架结构

按照《标准化工作导则　第 1 部分：标准化文件的结构和起草规则》（GB/T 1.1—2020）的规定，《锌冶炼浸出渣利用处置污染控制技术规范》（以下简称《标准》）框架结构包括：前言；适用范围；规范性引用文件；术语和定义；一般技术要求；锌冶炼浸出渣收集、贮存、运输污染控制要求；锌冶炼浸出渣利用过程污染控制要求；锌冶炼浸出渣填埋处置污染控制要求；运行管理基本要求；环境应急预案等共 10 个章节。

7.2.2.2　标准适用范围

标准规定了锌冶炼浸出渣收集、贮存、运输、利用和处置过程的污染控制技术要求。

适用于标准实施后新产生的锌冶炼浸出渣在收集、贮存、运输、利用和处置过程中的污染控制，可作为与锌冶炼浸出渣利用和处置有关建设项目的环境影响评价、环境保护设施设计、竣工环境保护验收、排污许可管理、清洁生产审核等的技术参考。

标准实施前堆存或填埋锌冶炼浸出渣的利用过程中的污染控制适用于本标准。

7.2.2.3　主要内容解读

1. 一般技术要求

1）可填埋的锌冶炼浸出渣种类

标准规定：锌冶炼浸出渣污染环境防治应坚持减量化、资源化和无害化原则，采取措施减少锌冶炼浸出渣产生量，应尽可能对本标准 3.1 所列所有锌冶炼浸出渣进行综合利用。仅经济价值较低的锌氧化矿浸出渣在不能利用的前提下，可进行填埋处置，其他锌冶炼浸出渣不宜填埋处置。

标准 3.1 所列所有锌冶炼浸出渣包括湿法炼锌过程中锌焙烧矿、锌氧化矿常规浸出法产生的浸出渣、锌焙烧矿热酸浸出黄钾铁矾法产生的铁矾渣和铅银渣、锌焙烧矿热酸浸出针铁矿法产生的针铁矿渣和铅银渣、硫化锌矿常压氧浸或加压氧浸产生的硫渣和浮选尾矿渣、氧化锌浸出处理产生的氧化锌浸出渣。从目前来看，这些锌冶炼浸出渣大部分具有一定的经济价值，可以进行综合利用以回收其中的有价元素，如回收铅、锌、银、铟、硫等，不宜填埋处置，一旦进行填埋处置，不但浪费资源，而且还需要建设符合标准要求的危险废物填埋场，投入大量资金的同时，还存在污染环境的风险，对企业来说是巨大的经济和环境负担。仅经济价值较低的锌浸出渣可以考虑在保障环境安全的前提下进行填埋，如锌氧化矿浸出渣。锌氧化矿的锌品位本来就低，其浸出渣的锌及其他有价元素的含量较少，利用价值不大，进行综合利用的性价比较差，这种浸出渣可以考虑在保障环境安全的前提下进行填埋。另外，也有企业为了规避环境风险，在经济平衡的前提下，也付出了一定的经济代价，对价值不高的锌浸出渣进行配矿后综合利用。

2）锌冶炼浸出渣利用后的产物分类管理

标准规定：锌冶炼浸出渣利用后的产物应根据 GB 34330 来判断作为产品管理或作为固体废物管理。作为产品管理的应符合国家、地方制定或行业通行的产品质量标准；作为固体废物管理的应在属性鉴别的基础上，进行分类管理。

锌冶炼浸出渣利用后的产物，首先需要根据《固体废物鉴别标准 通则》（GB 34330—2017）来判断是否是固体废物。如是产品，如次氧化锌，需符合国家、地方制定或行业通行的产品质量标准，如《副产品氧化锌》（YS/T 73）；如是固体废物，需在属性鉴别的基础上，按照危险废物或一般固废进行分类管理。

2. 锌冶炼浸出渣利用过程污染控制要求

1）火法回收过程污染控制要求

标准所指火法回收工艺指直接处理锌冶炼浸出渣的回转窑法、富氧顶吹炉法、富氧侧吹炉法、烟化炉法等，以及在铅冶炼或铅锌联合冶炼中搭配处理锌冶炼浸出渣的闪速熔炼法、三连炉法、密闭鼓风炉法等。

火法回收过程污染控制要求主要关注锌浸出渣在火法处理处置过程中的相关要求，主要涉及处置过程中的相关参数、工艺、物料要求，其中需要说明的是：

（1）通过锌冶炼浸出渣利用处置污染控制技术适用性评估，得出：推荐技术有富氧侧吹炉法、银浮选+富氧回转窑法、富氧回转窑法、奥斯麦特炉法、基夫赛特法以及三连炉工艺，可行技术有烟化炉法、传统回转窑法、旋涡熔炼炉法、密闭鼓风炉法。各锌浸出渣火法综合利用技术均有其优缺点，虽然通过适用性评估得到了锌浸出渣火法综合利用技术评估分类，但这是在对选定的 15 项评价因子进行分类统计分析基础上得到的结果，还有一些因素由于其特殊性及实际情况而无法纳入指标体系，如地域性因子（涉及原辅料获得的难易程度及其价格、所含特征金属元素等）、产品或终渣的去向因子（涉及下游产业链是否完备、消纳是否及时等），因此应在适用性评估的基础上，结合企业实际情况来进行评估和选择火法回收工艺。

（2）对于银浮选+富氧回转窑法，仅在锌浸出渣含银高时适用（一般含银大于 150 g/t），如果锌浸出渣含银较低，则不需进行银浮选。锌浸出渣综合利用后，主体设备产出的终渣（如水淬渣或窑渣）为一般工业固体废物，达到了无害化的目的，同时可以视情况对主体设备产出的终渣进行重选碳、磁选铁或铁银合金等。综合利用过程中会产生废气，废气净化过程产生的脱硫石膏等固体废物属于环保辅助设备产生的废渣，应根据相关标准规范进行属性鉴别，而根据已有相关数据分析，一般来说，此脱硫石膏为一般工业固体废物。

（3）对于硫化锌矿常压氧浸或加压氧浸产生的硫渣和浮选尾矿渣，含硫较高，且单质硫占比较大，在一定的温度下，单质硫存在升华而引起燃烧不充分甚至着火问题，因此其干燥工艺需特别对待。在采用基夫赛特法处理硫渣或浮选尾矿渣时，不宜采用常规干燥工艺，宜采用蒸汽干燥的方式使硫渣含水率降至 1%以下，以满足基夫赛特炉对原料含水率的要求；采用其他炉窑处理时，须进行机械压滤使硫渣或浮选尾矿渣含水率降至 10%～20%左右，或者根据当地气候条件采用自然干燥的方式降低含水率，以满足炉窑对原料含水率的要求。

2）湿法回收过程污染控制要求

目前，真正意义上的锌浸出渣湿法回收工艺正在研究过程中，处于实验室试验阶段，尚无真正的湿法回收工艺工业化。这里所指的湿法处理不是对中浸渣采用高温高酸法的湿法处理，而是对湿法炼锌最终浸出渣（包括高温高酸法处理后的铁矾渣、针铁矿渣、铅银渣）的湿法处理。

但鉴于标准的全面性和完整性，本标准对湿法回收工艺过程也提出了相关要求，主要关注有价元素的回收率、二次废渣的产生量等。

3）末端污染控制要求

标准对锌浸出渣利用产生的废气、废水、废渣、噪声、无组织排放均进行了相关排放规定，需要说明的有两点：

（1）末端污染控制要求的范围为锌浸出渣综合利用工序范围内，而不是整个锌冶炼企业。

（2）对于锌浸出渣综合利用产生的某些特定产物，本标准给予了明确定性，如"锌冶炼浸出渣火法回收工艺产生的烟化炉水淬渣和回转窑窑渣，为一般工业固体废物,应进行综合利用,既可采用物理分选后回用或外售,也可直接外售"、"锌冶炼浸出渣火法回收工艺冷却、除尘系统收集的次氧化锌,在满足 GB 34330 第 5.2 条规定的条件,并符合 YS/T 73 的情况下,可作为产品外售,也可以自行回收有价元素;锌冶炼浸出渣火法回收工艺冷却、除尘系统收集的其他粉尘,宜返回冶炼生产工序,确需开路处理的,应委托持有危险废物经营许可证的单位处理",其他废渣应优先综合利用,无法利用的,应在属性鉴别的基础上进行分类管理。

3. 锌冶炼浸出渣填埋处置污染控制要求

标准对于锌冶炼浸出渣填埋处置污染控制要求,是在《危险废物填埋污染控制标准》(GB 18598)的基础上进行针对性的补充说明。所指填埋的浸出渣主要指以锌氧化矿为主要原料浸出产生的浸出渣,这类浸出渣经济价值较低,不适合综合利用。根据最新的环保要求,对于锌冶炼浸出渣的入场要求及地下水监测因子方面,增加了铊的相关要求。

7.2.3　环境效益和达标分析

7.2.3.1　环境效益

标准主要对锌冶炼浸出渣利用过程污染控制要求进行了规定,并鼓励锌浸出渣综合利用,同时在综合利用的过程中,规定了过程污染控制和末端污染控制的要求。在此基础上,标准的实施将推动锌浸出渣利用处置企业引进或自主研发污染控制技术,进一步提高污染防治水平,实现产业结构调整和优化升级。

同时标准对锌冶炼浸出渣填埋处置污染控制要求也进行了规定,在最新环保要求下,规定锌冶炼浸出渣满足 GB 18598 的入场要求且根据 HJ/T 299 制备的浸出液中总铊浓度不超过 0.012 mg/L 时,可进入填埋场处置。同时进一步完善了地下水监测因子为:铜、铅、锌、砷、镉、汞、六价铬、铁、锰、锑、铊、硫酸盐等,进一步使锌浸出渣填埋处置的环境风险降到最低。

标准实施后可有效控制锌浸出渣综合利用过程中产生的废气、废水、废渣、噪声及无组织排放中重金属等有毒有害污染物的排放,有效控制锌浸出渣填埋处置中的废水污染物的排放,切实改善锌浸出渣综合利用和处置企业周边的环境质量。

7.2.3.2　达标分析

标准要求锌冶炼浸出渣利用过程中废水的排放应符合 GB 25466 或地方污水

排放标准的相关要求，废气的排放应符合 GB 25466 或地方大气污染物排放标准的相关要求；锌冶炼浸出渣填埋场产生的渗滤液应处理后优先回用于生产，确需排放应符合 GB 18598 的相关要求。

对于锌浸出渣利用处置企业来说，废水的排放要求很严格，一般情况下，在废水清污分流的基础上，大多数企业都能达到含重金属废水零排放，而本标准中也对废水末端处理提出要求：含重金属（铅、镉、砷等）生产废水处理设施处理后的水宜全部循环利用，确需排放的应符合本标准第 4.4 条废水排放的要求；锌冶炼浸出渣利用工序的其他废水经处理，满足本标准第 4.4 条废水排放的要求后方可排放。对于废气来说，视区域要求，相关企业须达到相应排放标准的一般排放限值或者特别排放限值要求；对于固体废物，在优先综合利用的基础上，相关企业须做到分类管理，合理处置。

7.2.4　标准实施建议

（1）加强标准推广力度。对新建企业建议按本标准要求审核，使本标准成为锌冶炼浸出渣利用处置企业在污染控制方面的重要支撑；同时加大生态环境执法监管力度，采用定期和不定期相结合的方式，加大对企业现场检查频次，提高企业违法成本，营造公平的市场竞争环境。

（2）提升环境信息化管理水平。在收集、运输和贮存环节，建议推进锌浸出渣数据信息管理系统建设；在污染物监测环节，推进全自动在线监测系统建设，并与地方生态环境部门数据共享，提高环境监测能力。

（3）强化重点污染物环境保护设施建设。建议进一步推进脱硫除尘环保设施改造，如采用新型袋式除尘器滤料、采用多种技术集成的除尘措施、采用先进工艺减少尾气中硫含量等，降低污染物排放。

（4）在选择锌浸出渣综合利用技术方面，建议企业根据自身所处地域特点、地方相关环保要求以及其他需考虑的实际情况，选择合适的锌浸出渣综合利用技术。

7.2.5　结语

《标准》的颁布体现了全过程环境风险防控的管理理念，规定了锌冶炼浸出渣的收集、运输和贮存要求，提出了锌冶炼浸出渣利用过程（包括火法回收和湿法回收）污染控制要求和锌冶炼浸出渣填埋处置污染控制要求，明确了锌冶炼浸出渣利用处置企业运行管理基本要求和环境应急预案，对于促进锌冶炼浸出渣利用处置行业规范有序发展、保护生态环境和人民群众身体健康具有重要意义。

7.3 电镀污泥利用处置过程污染控制技术规范

电镀是我国国民经济的重要基础工业的通用工序，在钢铁、机械、电子、精密仪器、航空、航天、船舶和日用五金等各个领域具有广泛的应用。电镀工业在生产过程中会产生大量含高浓度的氰和重金属离子的废水，如果不经处理直接排放，会严重污染地面水环境。我国对电镀工业废水的处理主要以物理化学法为主，有化学氧化、混凝沉淀、膜处理以及微波辐射等。相关统计数据表明，我国电镀废水排放量占我国工业废水排放总量的近 1/6，故 2018 年我国电镀废水排放量为 28.35 亿吨，按照 0.05%～0.08%含泥量测算，即全国电镀工业污泥产生量在 141 万吨至 230 万吨之间。电镀过程中产生的电镀污泥富集大量重金属元素，被《国家危险废物名录》（2021 年版）明确列为 HW17 表面处理废物。

电镀污泥污染防治的政策文件主要有《危险废物经营许可证管理办法》、《危险废物转移管理办法》、《危险废物经营单位编制应急预案指南》和《国家危险废物名录》等。相关标准有《电镀污泥处理处置　分类》（GB/T 38066—2019）、《电镀污泥减量化处置方法》（GB/T 39301—2020）、《含铜污泥处理处置方法》（GB/T 38101—2019）、《含铬电镀污泥处理处置方法》（GB/T 39300—2020）等，但未出台电镀污泥利用处置过程污染控制技术规范，对电镀污泥利用处置过程的污染控制缺乏针对性的技术指导。

为有效指引电镀污泥利用处置单位开展污染控制，降低环境风险，由广东省环境科学学会组织编制的《电镀污泥利用处置过程污染控制技术规范》（T/GDSES 6—2022）于 2022 年 12 月 30 日正式发布实施。该标准规定了电镀污泥利用处置的术语、定义及电镀污泥利用处置过程的污染控制要求，主要适用于电镀行业产生污泥的利用处置主流工艺（氨浸法、火法冶炼、湿法-火法冶炼联用）的污染控制。为便于相关单位对该标准条款的理解和应用，本节将从行业概况和污染物排放现状、标准框架结构、主要内容解析、环境效益、实施建议等方面进行解读。

7.3.1 行业概况与污染物排放现状

7.3.1.1 行业概况

电镀污泥主要可分为分质污泥与混合污泥。电镀分质污泥是将同种类电镀废液（废水）进行处理而得到的主要含某种重金属元素的电镀污泥，如含铜污泥、含镍污泥、含铬污泥等。电镀混合污泥指的是将不同镀种或不同生产工艺所产生的电镀废液（废水）汇集到废水池中再集中处理而得到的主要含有两种及以上重金属元素的电镀污泥，如铜铬污泥、铜镍污泥等。通常电镀企业会对废水处理产生的污泥进行板框压滤处理，得到的电镀污泥的含水率为 60%～80%，一般呈块状或泥状；部分企业会对压滤后的污泥进行风干或烘干，以达到降低处置成本的目的，得到的污泥的含水率在 30%～40% 左右，此时污泥一般呈粉末状或粒状。

电镀污泥的化学成分和物质组成复杂，结晶度低，结晶粒度小，含有尖晶石、磷酸盐、石膏等多种物相以及大量非晶态物质，其中的重金属多以氢氧化物胶体和晶格取代形式存在。有研究对广东省内 12 种来源不同的电镀污泥的基本理化特性进行了研究，发现电镀污泥中的常规化合物主要有 Al_2O_3、Fe_2O_3、NiO、CuO、ZnO、Cr_2O_3、SiO_2、CaO、SO_3、P_2O_5、Na_2O、MgO 等，且分布不均匀，结晶程度低，XRD 分析很难识别出具体的矿物相组成。另有研究表明经煅烧处理的电镀污泥的结晶程度仍然不高，煅烧后电镀污泥中的氢氧化物会分解并与 Cu、Ni 等金属作用生成双氧化物、尖晶石等矿物，煅烧后的产物还包括矾土（氧化铝）、硫酸钙等其他成分。

2017 年，全国可处置电镀行业危险废物的持证单位共 409 家，核准利用规模共 1385 万吨，核准处置规模共 724 万吨，一半以上分布在江苏、广东、浙江三个省份，新疆、黑龙江、山西、河北、贵州、西藏无电镀行业危险废物利用持证单位，西藏无电镀行业危险废物处置持证单位。2017 年，各省区市可处置电镀行业危险废物的持证利用单位负荷率在 63% 以下。2017 年，全国共有 292 家持证单位接收 226 万吨 HW17 类危险废物，其中利用 137 万吨、处置 63 万吨、贮存 26 万吨，其他 110 家有资质的单位未从事 HW17 类危险废物经营活动。HW17 类危险废物利用主要集中在浙江、广东、江苏、山东、上海、内蒙古、重庆 7 个省区市，占总利用量的 91%；在浙江、广东、江苏、山东、陕西、重庆 6 个省市进行处置，占总处置的 86%。

7.3.1.2　处理工艺与排污环节

目前，电镀污泥的处理处置技术主要包括固化稳定化技术、热处理技术、材料化技术与资源化回收技术等。因受到电镀污泥利用处置技术装备投资成本、运营成本、环境管理要求等要素影响，结合作者广泛开展的现状调研、文献资料收集分析结果，《电镀污泥处理处置分类》（GB/T 38066—2019）中"电镀污泥资源化回收"是市场上主流采用的利用处置技术，其他技术如"材料利用""电镀污泥焚烧""电镀污泥熔融处置""安全填埋"等难以在市场上推广或处在逐步淘汰状态，因此《电镀污泥利用处置过程污染控制技术规范》重点针对"电镀污泥资源化回收"技术进行分析。

1. 湿法利用处置

某典型湿法利用处置工艺流程及产排污节点如图 7-6 所示，主要包括污泥预

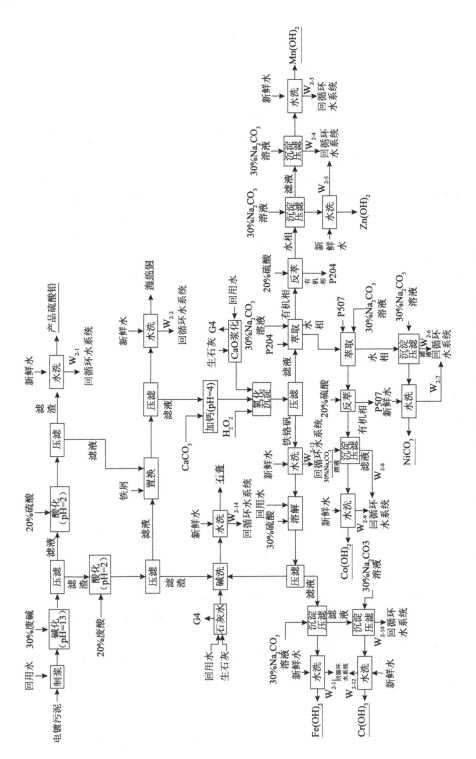

图 7-6 电镀污泥湿法处理工艺流程及产污环节图

处理和铅回收、铜回收、萃取分离锌锰、萃取分离镍钴等工序。由于电镀污泥中来源不同，含有的重金属元素和成分也相差较大。在电镀污泥处理前，需对电镀污泥进行成分分析，针对电镀污泥中的金属元素种类和含量，确定具体生产中采用上述工序中的一种或几种方式处理，并确定试剂的加入量。

电镀污泥处理污染物包括废气、废水与固废。废气主要来源于制浆区废气、车间工艺废气、氧化钙投料废气与 Na_2CO_3 投料废气等；废水主要包括压滤液、压滤冲洗水、包装袋清洗水、车间冲洗水及初期雨水、机修废水等；固体废物主要有初期雨水收集池沉渣、收集池沉渣，沉渣主要成分为碳酸钙、硫酸盐、二氧化硅及金属离子沉淀物，一般可回收利用作为生产原料。

2. 火法利用处置

某典型火法利用处置技术生产工艺流程及产排污节点情况如图 7-7 所示，主要包括预处理及侧吹熔炼工序。侧吹炉在原料适应性、投资规模、运行成本、节能环保等方面有较大的优势，经预处理后的污泥、废催化剂与造渣熔剂、废活性炭按照设定的投料量由皮带运输机计量并加入到侧吹炉。废活性炭燃烧放出的热量使炉料熔化，并辅以天然气使熔体过热，炉膛内的温度高达 1300～1400℃。废活性炭着火点 1200℃左右，废活性炭可以作为燃料和还原剂，与物料协同处理，主要参与燃烧反应和还原反应，减少燃料消耗。高温下，污泥中的重金属盐分解为氧化物，进而与废活性炭接触还原为单质和其他重金属。混合物料在炉中进行熔炼作业，产出黑铜、冰铜、炉渣和烟尘。黑铜含铜 80%～90%，含镍 5%～6%，含铁 2%～4%；冰铜含铜 30%～50%，作为副产品浇铸成锭外售；炉渣含铜<0.8%，水淬后外售；烟尘转移至有资质单位处理；高温烟气经二燃室、余热回收、急冷脱酸、活性炭吸附、布袋收尘、湿法脱硫和电除雾处理后排放。高温炉渣经水冷却后，形成玻璃体粒化水淬渣，主要成分为硅酸盐类无机物。重金属均固熔于玻璃体中，具有较好的稳定性，重金属的浸出浓度远低于毒性鉴别标准，可用作建筑辅材或造船厂的除锈材料。

该工艺产生的废气主要来自于污泥干燥和熔炼环节，干燥环节产生废气主要成分为水蒸气、CO、CO_2、SO_2、NO_x 及少量的粉尘；富氧侧吹熔炼炉烟气其主要污染物为烟尘、二氧化硫、一氧化碳、氮氧化物及铜等金属等。

该工艺产生的废水包括湿法脱酸废水、调浆压榨和湿电产生的排污水，送高盐分污水处理系统处理，处理后产生的蒸汽冷凝液进低盐分污水处理系统经生化处理后达到回用水水质标准，供生产系统循环冷却水补水，处理后产生的污水盐委托有资质的单位进行处理。

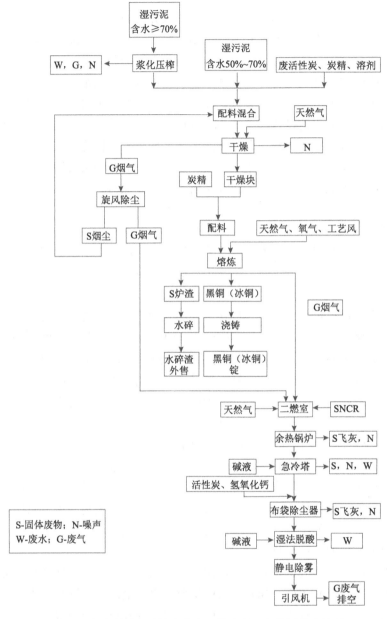

图 7-7 火法利用处置技术生产工艺流程及产排污节点情况

该工艺产生的固体废弃物主要为熔炼飞灰、炉渣，其中飞灰委托有资质单位处置，炉渣为水淬渣属一般固废，可作为建筑材料委外处置。

7.3.2　标准主要内容

7.3.2.1　标准框架结构

《电镀污泥利用处置过程污染控制技术规范》（以下简称《标准》）框架结构包括：范围、规范性引用文件、术语和定义、电镀污泥利用处置企业建设要求、电镀污泥利用处置污染控制要求、环境管理要求、污染物排放控制要求等章节。

7.3.2.2　标准适用范围

适用于电镀行业产生污泥的利用处置主流工艺（氨浸法、火法冶炼、湿法-火法冶炼联用）的污染控制，可作为采用主流工艺电镀污泥利用和处置有关建设项目的环境影响评价、环境保护设施计、竣工环境保护验收、排污许可管理、清洁生产审核等的技术依据。

7.3.2.3　主要内容解读

1. 电镀污泥利用处置企业建设要求

（1）电镀污泥利用处置企业建设应经过充分的技术经济论证并通过环境影响评价，包括环境风险评价；电镀污泥利用处置过程各种污染物的排放应满足国家和地方的污染控制要求；电镀污泥利用处置应采用成熟可靠的技术、工艺和设备，做到运行稳定、维修方便、经济合理、保护环境；电镀污泥属于 2021 年版《国家危险废物名录》中列明的危险废物，其在企业内的临时贮存应符合 GB 18597 的规定。外购电镀污泥的利用处置企业须按《危险废物经营许可证管理办法》进行管理。

（2）厂址选择应符合环境保护法律法规及相关法定规划要求；电镀污泥利用处置企业不应选在国务院和国务院有关主管部门及省、自治区、直辖市人民政府划定的生态保护红线区域、永久基本农田集中区域和其他需要特别保护的区域内。

（3）电镀污泥利用处置企业应包括预处理系统、电镀污泥利用或处置设施、环境保护设施以及相应配套工程和生产管理等设施；电镀污泥的收集和贮存场所应具有防雨洪、防渗漏和渗滤液收集处理等措施；电镀污泥利用处置车间应采用全封闭、微负压设计，室内排出的空气必须进行净化处理，达到国家相关标准后排放；应具有完整的废水和废气处理设施、报警系统和应急处理装置，确保废水、废气达标排放。

2. 电镀污泥利用处置工艺过程污染控制要求

《标准》综合考虑了现有企业技术提升水平和环保设施改进情况，以及国家淘汰落后产能相关政策的实施，对工艺过程污染控制和末端污染控制提出了必要的管控要求。

（1）电镀污泥前处理过程中应注意对湿法回收工艺制浆过程中产生的酸雾、火法冶炼干燥过程中产生的废气及粉尘等进行治理，宜采用酸雾净化塔去除酸雾；采用活性炭吸附及旋风除尘设备去除火法冶炼干燥过程中废气及粉尘。

（2）电镀污泥火法熔炼工艺主要采用鼓风炉、顶吹炉、侧吹炉等熔炼设备，侧吹炉在原料适应性、投资规模、运行成本、节能环保等方面有较大的优势。火法熔炼过程中推荐协同处置废活性炭，将废活性炭作为燃料和还原剂，与物料协同处理，减少燃料消耗。富氧侧吹熔炼可提高氧势强化熔炼反应过程，应采用提高熔炼温度或适时改变渣型的方式减轻或避免有价金属的损失；提高入炉空气压力，确保气体稳定，避免脉冲。

（3）电镀污泥湿法回收工艺需在处理前对电镀污泥进行成分分析，针对电镀污泥中的金属元素种类和含量，采用适宜方式处理，并确定酸碱的加入量。含镍污泥重金属回收工艺宜采用旋流电积工艺从浸出液中回收铜、镍等金属，在电积脱铜后的浸出液中加入活性石灰，可使溶液中铬离子选择性沉淀，经提纯后获得粗制氢氧化铬产品。含铜污泥重金属回收工艺宜采用碱性浸出，浸出后矿浆进行压滤，滤渣为氧化铜，经水洗后作为电解铜原料，将氧化铜滤渣与铜渣、浸出渣等混合配料，采用硫酸浸出，有价金属铜以硫酸铜的形式进入浸出液，采用喷淋法除去浸出液中的铁元素形成针铁矿沉淀，使用旋流电积技术直接电积硫酸铜溶液，得到标准阴极铜。

（4）将电镀污泥作为水泥原料利用时，应经过验证，证明对水泥性能无害，产品中的铅、铬、铜、镍、锌和锰等元素的含量应满足 GB 30760 中表 2 的限值要求，同时重金属污染物可浸出浓度应满足 GB 30760 中表 3 的限值要求；电镀污泥在使用焚烧或熔融处置工艺时，应确保废气得到有效收集及处理；电镀污泥在进行填埋处置时，应进行固化稳定化处理，符合 GB 18598 中危险废物填埋入场要求后填埋。

3. 电镀污泥利用处置末端污染控制要求

（1）电镀污泥利用处置过程中产生的粉尘宜采用布袋除尘、旋风除尘等污染控制技术。电镀污泥利用处置过程中产生的酸雾宜采用酸雾净化塔进行处理。电镀污泥利用处置过程中产生的二氧化硫废气宜采用双碱法烟气脱硫技术，配制好的氢氧化钠溶液直接打入脱硫塔洗涤脱除烟气中的 SO_2，达到烟气脱硫的目的，然后脱硫产物经脱硫剂再生池还原成氢氧化钠再打回脱硫塔循环使用。电镀污泥利用处置过程中产生的氮氧化物废气宜采用选择性催化还原法，在催化剂的参与条件下，以氨气或碳氢化合物做还原剂，将烟气中的氮氧化物选择性还原成氮气。电镀污泥火法冶炼过程中产生的焚烧烟气从锅炉排出后应采用急冷技术，使烟气急速冷却到 200℃以下，缩短烟气在二噁英易生成的温度区停留时间，并采用逆流喷射活性炭粉方式控制二噁英达标排放。

（2）电镀污泥湿法回收工艺产生的废水宜通过循环水系统作为化浆用水、配稀酸用水等使用，循环利用不外排。电镀污泥火法熔炼过程中湿法脱酸工艺产生的废水应通过高盐分污水处理系统进行处理，处理后产生的蒸汽冷凝液进低盐分污水处理系统进行生化处理后达到回用水水质标准，供生产系统循环冷却水补水。

（3）火法熔炼工艺产生的飞灰应委托有危险废物经营资质单位处置，炉渣可作为建筑材料委外处置。

（4）主要噪声设备，如破碎机、泵、风机等应采取基础减震和消声及隔声措施。厂界噪声应符合 GB 12348 要求。

4. 加强电镀污泥利用处置单位环境管理要求

（1）电镀污泥利用和处置的单位应设置专门的部门或者专职人员，负责电镀污泥利用和处置过程中的环境保护及相关管理工作，并建立完善的管理制度。应建立电镀污泥利用和处置管理台账，内容包括每批电镀污泥的来源、数量、种类、处理方式、处理时间、处理过程中的进料量、各种添加剂的使用量、不合格电镀污泥处理产物的再次处理情况记录、环境和污染物监测数据、事故等特殊情况的处理，以及电镀污泥处理和利用产物的流向信息等。具备主要污染物监测能力和监测设备。应建立污染预防机制和处理突发环境事件的应急预案制度。应保存的资料，包括培训记录、管理台账、隐患排查、事故处理、环境监测记录等，保存时间不少于 10 年。

（2）电镀污泥利用处置企业应对操作人员、技术人员及管理人员进行生态环境保护相关理论知识和操作技能培训。培训内容包括：电镀污泥利用处置有关生态环境法律和规章制度、了解电镀污泥利用处置危险性方面的知识、控制、报警和指示系统的运行和检查，以及必要时的纠正操作、电镀污泥利用处置过程产生的排放物应达到的排放标准、处理泄漏和其他事故的应急操作程序。

7.3.3　环境效益

（1）火法冶炼工艺（含湿法+火法工艺中的火法冶金工段）中的干化、烧结、熔炼等工段产生的废气应配备尾气在线监测系统，废气中重金属及二噁英排放限值、检测频次参照《危险废物焚烧污染控制标准》（GB 18484）中相应要求。其余企业排气筒及企业边界大气污染物排放标准应满足《大气污染物综合排放标准》（GB 16297）或相应行业大气污染物排放国家标准的要求。

（2）采用湿法回收工艺（含湿法+火法工艺中的湿法回收及湿法预处理工段）的，企业总排口及车间排口废水中重金属含量参照《无机化学工业污染物排放标准》（GB 31573）中相应行业重金属排放限值进行管理。

（3）电镀污泥利用处置企业生产过程中形成的各类灰渣，包括尾气脱酸处理产生的废渣、浸出残渣、脱硫石膏、火法冶炼炉渣等，应设置专门的贮存区，对灰渣的产生、贮存、处置数量及去向进行详细记录，按批次对灰渣的重金属含量进行检测。

《标准》的实施将推动再生铅企业引进或自主研发污染控制技术，进一步提高污染防治水平，实现产业结构调整和优化升级。

7.3.4　标准实施建议

（1）加强标准宣贯。鼓励新建企业按本标准要求建设，推动本标准纳入电镀污泥利用处置企业准入的条件之一。

（2）提升环境信息化管理水平。在收集、运输和贮存环节，深入推进电镀污泥收集处理数据信息管理系统建设；在污染物监测环节，推进全自动在线监测系统建设，并与地方生态环境部门数据共享，提高环境监测能力。

（3）推动产业优化升级。鼓励电镀污泥火法熔炼工艺主要采用侧吹炉熔炼设备，侧吹炉在原料适应性、投资规模、运行成本、节能环保等方面有较大的优势。推进电镀污泥利用处置企业采用《标准》推荐的污染治理先进工艺及设施以降低二次污染排放。

7.3.5　结语

我国近年来对电镀污泥利用处置技术进行了大量和广泛的研究，在电镀污泥利用处置技术相关研究逐渐深入的同时，也涌现出一批负责任、技术强的企业，不断为探索电镀污泥利用处置过程规范化污染控制进行努力。目前发达国家电镀行业的规模不断缩减，有逐渐向发展中国家进行产业转移的趋势，因此能为我国开展电镀污泥利用处置过程的污染控制提供的参考有限。因此，需要在对国内电镀污泥利用处置技术现状和发展进行深入分析，并充分吸收现有研究成果的基础上，调动科研单位、头部企业蕴藏的技术革新，对现行标准进行评价和补充，编制形式更灵活的团体标准。该标准的发布将有利于引导电镀污泥利用处置行业的良性发展，对于促进电镀污泥利用处置行业规范有序发展、保护生态环境安全和人民群众身体健康具有重要意义。

7.4 贵金属废催化剂利用处置污染控制技术规范

几乎所有的贵金属都可用作催化剂，但常用的是铂（Pt）、钯（Pd）、钌（Ru）、铑（Rh）等，尤其是铂（Pt）、铑（Rh）应用最广。

按照催化反应类型，贵金属催化剂可分为均相催化用和非均相催化用两大类。均相催化用催化剂通常为可溶性化合物（盐或络合物），如氯化钯、氯化铑、醋酸钯、羰基铑、三苯膦羰基铑等。非均相催化用催化剂为不溶性固体物，其主要形态为金属丝网态和多孔无机载体负载金属态，金属丝网催化剂（如铂网、银网）的应用范围及用量有限。绝大多数非均相催化剂为载体负载贵金属型，如 Pt/Al_2O_3、Pd/C、Ag/Al_2O_3、Rh/SiO_2、$Pt-Pd/Al_2O_3$、$Pt-Rh/Al_2O_3$ 等。在全部催化反应过程中，非均相催化反应占 80%～90%。按载体的形状，负载型催化剂又可分为微粒状、球状、柱状及蜂窝状。按催化剂的主要活性金属分类，常用的有银催化剂、铂催化剂、钯催化剂和铑催化剂。

非均相催化用负载型催化剂的组成较复杂，通常由活性金属组分、助催化剂及载体组成。助催化剂是添加到催化剂中的少量物质，它本身无活性或活性很小，但能改善催化剂的性能。载体是催化剂活性组分的分散剂或支持物。载体的主要作用是增加催化剂的有效表面，提供合适的孔结构，保证足够的机械强度和热稳定性。常用的催化剂载体有 Al_2O_3、SiO_2、多孔陶瓷、活性炭等。

催化剂的主要作用是降低化学反应的活化能、加快反应速度，在全球经济倡导绿色环保、节能、高效的背景下，催化剂的用途越来越广，特别是在环保、新能源、医药、石化等新兴领域。在环保领域，贵金属催化剂被广泛应用于汽车尾气净化、有机物催化燃烧、CO、NO 氧化等；在石油和化学工业中的氢化还原、氧化脱氢、催化重整、氢化裂解等反应中，贵金属均是优良的催化剂；在新能源方面，贵金属催化剂是新型燃料电池开发中最关键的部分；在电子等领域贵金属催化剂被用于气体净化、提纯。贵金属催化剂的应用几乎涉及各行各业，是国民经济发展的重要基础。

贵金属催化剂是化工新材料发展的基础。催化材料作为我国新材料的重要组成部分，是国家大力提倡和鼓励发展的产业。在 2017 年最新颁布的《新材料产业发展指南》中，稀土三元催化材料、工业生物催化材料、汽车尾气和工业废气净化用催化材料等是要重点突破的领域。同时，在石油化工、医药、农药等未来的产业发展规划中也多次提及贵金属催化材料。由此可见，贵金属催化剂在我国经济发展中的地位很重要。据统计，2015 年中国的贵金属催化剂及化合物材料的市场规模为 36.7 亿美元，其对贵金属的需求量是 909.2 t。

随着全球资源日益紧张，含贵金属废催化剂的回收利用将是争夺未来战略资源的重要途径。很多国家都把其作为战略物资进行储备，我国虽将其列入战略资源，却未从战略高度给予重视。我国作为一个贵金属催化剂消费大国，每年产生大量的废弃贵金属，但由于技术原因，国内的贵金属催化剂回收循环体系不完善，大量废弃的贵金属催化剂要运到国外回收，成本高昂，贵金属的国内战略储备成为迫切需要解决的重点。我国贵金属矿产品位低，尤其是重要的铂族金属，仅有金川集团在冶炼镍矿的同时，伴生着少量的铂族金属，原生矿产极其匮乏，年矿产量仅为 3 t 左右，未来几年可能扩产到 4～5 t。2016～2017 年，我国所需求的贵金属过分依赖进口，铂金每年用量 70 t 左右，通过回收利用途径获得 5 t 左右，钯金用量 90 t 左右，回收 15 t 左右（都不包含已出口的失效汽车尾气净化催化剂）；其他铂族金属每年用量 12.8 t，回收 0.6 t，进口 13.5 t。通过数据显示，目前我国贵金属通过回收精炼的量还是比较低的，扩展空间将会很大。随着国内的技术进步，已有贵研铂业、西安凯立等企业初步开展了贵金属废催化剂的回收，但由于国内对贵金属废催化剂的回收管理体系不健全，废催化剂回收贵金属之后产生的"三废"如何科学有效处理，监管部门如何监管等都缺乏依据，为了实现贵金属的高效、绿色回收，更好地将贵金属留在国内，实现战略储备，尽快建立含贵金属废催化剂利用处置污染控制技术规范，这是推动我国贵金属资源战略储备的必然需求。

7.4.1 行业概况与污染物排放现状

7.4.1.1 行业概况

我国贵金属再生行业尚未建立完善的体系，市场不够规范。2014 年前从事贵金属回收的企业约有上万家，其中 95% 为个体小作坊，4% 是中小企业，技术水平、设备工艺和生产管理等还处于作坊式原始生产阶段，资源回收率低，环保设施缺乏，废水、废气、废渣污染环境严重；回收渠道杂乱，不带票交易盛行。直到近几年，获得许可证的铂族金属回收处置企业约 160 家，实际能够回收精炼的企业只有不足 30 家。回收企业大多分布在江苏、浙江、江西、云南等省份，西北地区的金川集团、陕西瑞科、西安凯立等也是主要的回收精炼企业。

贵金属催化剂按应用行业主要分为汽车工业用的尾气净化催化剂、石油化工行业用的催化剂、精细化工行业用的催化剂等。

1. 汽车尾气净化催化剂

汽车尾气催化剂一般为颗粒状或整体式。催化剂的组成分为 3 部分，即载体、涂层和活性组分。颗粒状催化剂一般以 $\gamma\text{-Al}_2\text{O}_3$ 为载体，活性组分及助剂负载其上；整体式催化剂载体为堇青石（$2\text{MgO}\cdot2\text{Al}_2\text{O}_3\cdot5\text{SiO}_2$）蜂窝陶瓷或不锈钢，其孔密度为 $62~\text{cm}^{-2}$，载体表面涂敷高活性的 $\gamma\text{-Al}_2\text{O}_3$ 涂层（质量分数 10%～30%）以增大表面积，作为活性组分的贵金属 Pt、Pd 和 Rh，以 1～10 nm 粒径高度分散在涂层中。另外，涂层中还含有助剂，如 Ce-Zr 固溶体，以增强催化剂的性能和防止失活。高温的汽车尾气通过这些载体上的孔道时，与活性金属接触而发生催化反应，将 CO、HC、NO_x 等有害气体通过氧化和还原作用转变成于环境无毒无害的 CO_2、H_2O、N_2 等。但由于汽油燃烧和发动机等内部器件的磨损，造成废汽车尾气净化催化剂中 As、Pb、Cr 和 Ni 等重金属含量较高，最高可达 0.5%。

催化剂（如氧化型催化剂、氧化-还原型催化剂等）的用途不同，贵金属成分也有差异，如 Pt、Pd/Rh、Pt/Rh、Pt/Pd 或 Pt/Pd/Rh 催化剂等。汽车催化剂中 PGM 的含量根据汽车车型、排量、转化器类型和尺寸的不同而有较大差别，通常小于 0.1%（质量分数），Pt/Rh 或 Pd/Rh 质量比约为 5（欧洲）或 10（美国）。如典型的三元催化剂（three-way catalyst，TWC）含有 0.08% Pt、0.04% Pd 和 0.005%～0.007% Rh（质量分数）。

汽车尾气净化催化剂是世界上铂族金属使用量最大的行业，全球每年超过 60% 的铂族金属用于汽车尾气净化催化剂，总量合计超过 300 t，废汽车尾气净化催化剂已成为铂族金属二次资源回收的最主要领域，世界上著名的贵金属精炼厂都有废汽车尾气净化催化剂回收业务。从 2009 年开始，中国汽车产量就已超过日本和美国两国汽车产量的总和，成为世界第一大汽车生产国，在未来将会产生大量的失效汽车尾气净化催化剂需要回收。中国汽车催化剂消耗的铂族金属（铂、钯、铑）总量达到 62.9 t，也超过了国内所有行业对铂族金属的需求。据公安部最新统计，截至 2022 年 3 月底，中国汽车保有量超 3 亿辆，可回收失效汽车尾气净化催化剂数量 7900～8000 t，含铂族金属约 15 t，价值约 30 亿元。从废汽车尾气净化催化剂中回收铂、铑和钯金属对缓解当前的供需矛盾有非常积极的作用。然而，我国废汽车尾气净化催化剂规范化回收率低，大部分流向国外，部分流向小作坊，造成资源大量流失和环境污染。加强废汽车尾气净化催化剂规范化回收利用，对我国战略资源储备和环境污染防治具有重要意义。

2. 化工行业贵金属废催化剂

1）石油化工贵金属废催化剂

我国是仅次于美国的第二大炼油国，2021 年，中国炼油总能力达到 9.1 亿吨/

年，原油加工量为 7.04 亿吨，其中千万吨级炼厂 20 余家，使用大量的铂族金属催化剂，用于加氢、脱氢、氧化、还原、异构化、芳构化、裂化、合成等反应。

重整催化剂主要有 Pt 单金属催化剂及 Pt/Re 双金属催化剂 2 种，铂含量一般在 0.25%～0.6%，主要以 γ-Al$_2$O$_3$ 为载体。烷烃异构化催化剂主要用来制备低芳烃、高辛烷值、低蒸气压、高氧含量的汽油，以贵金属（Pt、Pd、Rh）及非贵金属（Co、Ni 等）负载在分子筛，如 ZSM-5、丝光沸石、SAPO、Y 型、β 型分子筛等。目前，该类催化剂研究主要集中在载体改性上，如有卤素改性的 Al$_2$O$_3$[Pt-改性 Al$_2$O$_3$（氯或氟活化）]。芳烃主要指 C$_8$ 芳烃，即邻二甲苯、间二甲苯、对二甲苯，其中邻二甲苯及对二甲苯占异构体比例 95% 以上，占二甲苯含量低于 50%。对二甲苯的分离主要采用的是 Pt-Ga、Pt-Re、Pt-Ir、Pt-Ir-Ga 等系列的催化剂。载体则采用硅酸铝、氧化铝、分子筛等。另一类用途广泛的 C$_8$ 异构化催化剂为 Pt-丝光沸石，是以氢型丝光沸石为载体，加入一定的 η-Al$_2$O$_3$，具有良好的活性及稳定性，无需加卤素维持酸性。苯催化加氢制备环己烯的催化剂以 Ru 系为主，Pt、Ni、Rh、Au、Pd 和稀土（La、Eu、Yb）等第Ⅷ族及周边金属和金属氰化物对苯加氢反应也具有一定活性。Ru 前驱体常含 Cl-增强催化剂的亲水性，且以 Cu、Zn、Fe、Ti 等作为助剂。SiO$_2$、Al$_2$O$_3$、ZrO$_2$、分子筛、BaSO$_4$ 等都可以做 Ru 基催化剂的载体。苯催化加氢制备环己烷催化剂主要为 Pt 系和 Ni 系，Ni 基催化剂载体普遍采用 γ-Al$_2$O$_3$ 或 SiO$_2$；Pt 系催化剂以 γ-Al$_2$O$_3$ 为载体。Pd/C 催化剂则多用于芳香族硝化物的氢化反应。脱氢催化剂则主要采用 Pt-Sn-X/Al$_2$O$_3$（X=Li、Na、K）为主要组分，通过碱土金属元素的添加改变 Pt 的分散度，调节催化剂表面酸性从而降低催化剂的积碳的发生。

截至 2017 年末，石油化工行业贵金属催化剂保有量约 12000 t，平均年更换量 2500 t，含贵金属约 7 t，到 2020 年，该行业贵金属催化剂保有量约 18000 t，平均年更换量 3500 t，含贵金属约 9 t，主要集中在中石油、中石化、中海油、合资企业及地方炼化企业，石化贵金属废催化剂是铂族金属重要的二次资源。

2）精细化工贵金属废催化剂

在医药、农药、食品添加剂等精细化工领域中，各有机化学反应中如氢化、氧化脱氢、催化裂解、加氢脱硫、还原胺化、调聚、偶联、歧化、扩环、环化、羰基化、甲酰化、脱氯以及不对称合成等反应中，贵金属均是优良的催化剂。精细化工行业使用的铂族金属催化剂种类繁多，其中 PTA、环氧乙烷、双氧水、煤制乙二醇、丙烷脱氢等领域中铂族金属用量较大。

以 PX 为原料可通过 Pd/C 催化制备 PTA，2022 年国内 PTA 总产能约 7355 万吨。

生产环氧乙烷所用催化剂分为高选择性银催化剂（HS）、高活性银催化剂（HA）、中等选择性银催化剂（MS）3 种类型，截止到 2020 年，国内有 30 余家企业生产环氧乙烷，产量达到 500 万吨以上，其中产品产能达 678 万吨。

蒽醌法合成的双氧水在氢化过程中大量使用钯催化剂，一般情况下，催化剂的使用寿命为 3～6 年。国内双氧水生产商超过 60 家，装置 90 余套，其中年产量在 10 万吨以上的有 20 家，全国已投产钯催化剂装置合计能力约为 520 万吨/年，在建装置合计产能 124 万吨/年，合计 644 万吨/年。

煤制乙二醇废催化剂。目前我国乙二醇生产厂家 20 余家，总生产能力为 530 万吨/年，其中煤制乙二醇为 130 万吨/年产能。Pd 催化剂装填量约 1000 t，含钯约 5 t。

失效丙烷脱氢催化剂。以丙烷为原料可通过铂催化剂制备丙烯，我国 2017 年丙烯总产能达 3420 万吨，其中丙烷脱氢制丙烯产能为 513.5 万吨。该行业目前铂用量超过 5.5 t，铂催化剂装填量约 2400 t，每年更换催化剂超过 650 t，含铂约 1.6 t。

医药化工行业主要是以炭载体为主的催化剂，如 Pd/C、Pt/C、Ru/C、Pt-Pd/C、Rh/C 等。主要用于多西环霉素、抗癌类、培南类药物、维生素 E、伊维菌素几类药物的生产，铂族金属周转速度快，累积数量巨大。

其他精细化工行业催化剂，如醋酸、醋酐、醋酸纤维工业甲醇低压羰基合成用到的 RhI_3 催化剂，每年铑的使用量约数百千克；低压丙烯羰基合工艺使用的铑派克（ROPAC）或三苯基膦羰基氢化铑[$HRhCO(PPh_3)_3$]催化剂；歧化松香及氢化松香行业使用的 Pd/C 催化剂。

综上，我国每年产生大量的贵金属废催化剂，含有丰富的贵金属资源，同时贵金属催化剂在生产过程中通常会添加锌、镍、钴等重金属，使用过程中也会附着一定量的有机物、重金属等有毒有害物质，给贵金属的回收带来一定困难。如处置不当，不仅污染环境，而且浪费了资源。在开展贵金属废催化剂的利用处置研究时，应根据催化剂特点和应用场景选择最佳的利用处置技术。

7.4.1.2 处理工艺与排污环节

目前，很多国家对于贵金属废催化剂的处理处置都以铂族金属的回收为主要目标，其回收技术流程依次包括预处理（包括均质化）、粗提和精炼（溶解和去除杂质、铂族金属的分离、铂族金属的纯化）三个步骤。

预处理是对贵金属废催化剂进行必要的破碎、细磨等处理，取样分析其贵金属含量，确定品位。根据不同种类催化剂的物理化学性质或催化剂回收方法，采用细磨、焙烧、溶浸等方法进行预处理，可提高铂族金属的回收率。贵金属废催化剂常会有严重的积炭和有机物掺和，在进行湿法处理前需经焙烧预处理，以脱除积炭和有机物，但焙烧温度须低于 500℃，维持还原性气氛，防止铂族金属氧化。

　　粗提是使废催化剂中的铂族金属与载体分离并富集,得到贵金属精矿。粗提工艺是决定铂族金属能否高效回收的关键。从贵金属废催化剂中回收铂族金属的粗提方法有湿法和火法两大类。

　　火法工艺是利用熔融状态的 Pb、Cu、Fe、Ni 等捕集金属或 CuS、NiS、Fe$_2$S$_3$ 等对 PGM 具有特殊的亲合力实现铂族金属的转移和富集。其工艺包括粉碎、配料、造粒、熔炼造渣、吹炼等过程。最后用湿法处理含有铂族金属的合金,实现回收。世界上具有废汽车催化剂回收铂族金属应用技术的企业已有很多,比如:比利时的优美科(Umicore)公司,美国的 Multimetco 公司、Gemini 工业公司和 PGP 公司,日本的田中贵金属公司和 Nippon/Mitsubishi 公司,德国的 Degussa 公司和 Hereaus 公司以及英国的 Johnson-Matthey 公司等。而火法工艺在国际几家大型跨国公司都有较为成熟的应用技术,具体见表 7-3。

表 7-3　国外火法回收工艺的应用实例

国别	应用公司	火法处理设备	捕集方法
比利时	优美科公司	Isasmelt 炉	熔融铜捕集法
美国	Multimetco 公司	直流电弧炉	熔融铜捕集法
日本	田中公司	等离子熔炉	熔融铁捕集法

　　湿法回收技术主要包括载体溶解、选择性溶解活性组分、全溶等方法。美国 SepraMet 公司采用全湿法技术回收汽车尾气净化催化剂,贵金属铂、钯回收率约为 99%、铑回收率约 98%。BASF 公司报道了一种采用 HCl/HNO$_3$ 溶液浸出溶解铂族金属的新工艺,将浸出液中的铂通过蒸发浓缩回收铂,同时回收 HCl 再浸出。日本田中贵金属公司于 1982 年发明一项专利,采用王水从废催化剂(含 1000 ppm Pt、200 ppm Pd 和 300 ppm Rh)中回收铂族金属,Pt、Pd、Rh 的回收率分别为 99.0%、100%、86.7%。火法和湿法回收技术优缺点见表 7-4。

表 7-4　废催化剂中贵金属回收方法的优缺点

方法	优点	缺点
火法	工艺简单、回收率高	(1) 焚烧过程会产生大量有害气体形成二次污染; (2) 排放大量浮渣,增加了二次固废的产生,部分金属被废弃; (3) 其他有色金属回收率较低; (4) 能耗大,处理设备昂贵,经济效益低
湿法	能耗低、工艺过程易监控、贵金属沉淀易进行	(1) 焚烧过程会产生大量有害气体形成二次污染; (2) 排放大量浮渣,增加了二次固废的产生,部分金属被废弃; (3) 其他有色金属回收率较低; (4) 能耗大,处理设备昂贵,经济效益低

　　精炼是分离、浓缩和提纯浸出液中的铂族金属。为了浓缩和提纯浸出液中的铂族金属，必须采用合适的精炼方法，通常为湿法，目前使用的主要方法有还原沉淀法、溶液萃取法、离子交换法、分子识别法、阳离子交换树脂分离贱金属净化铂族金属溶液等。

　　1. 化工行业贵金属废催化剂利用处置技术

　　石油化工行业生产中，采用贵金属催化剂不仅能够实现化学反应的速度改变，同时对化学反应本身也不会产生较大的影响，是石油化工领域的核心技术之一。当前，石油化工行业生产中所采用的贵金属催化剂主要包括银催化剂以及铂催化剂、钯催化剂、铑催化剂等，上述贵金属催化剂在脱氢、加氢以及氧化、还原、裂解、合成、异构化等反应中均具有较为广泛的应用。除上述贵金属催化剂类型外，石油化工行业领域中所采用的贵金属催化剂类型还包含乙烯脱氢、铑派克、乙烯脱炔、合成气脱氧用催化剂等。

　　对载体是可溶性 $\gamma\text{-Al}_2\text{O}_3$ 的石油化工贵金属废催化剂，一般采用湿法回收。对载体是难溶的 $\alpha\text{-Al}_2\text{O}_3$ 基、$\text{Al}_2\text{O}_3\text{-SiO}_2\text{-TiO}_2$ 基、SiO_2 基、沸石基等的石油化工含贵金属废催化剂大多采用火法熔炼回收。对载体是碳质的精细化工贵金属废催化剂，通常采用焚烧法，王水溶解烧灰将贵金属转入溶液然后再从溶液中提取。

　　从化工行业贵金属废催化剂中回收贵金属的著名公司有美国的 Gemini Industries Inc.、Engelhard Chemicals，德国的 Heraeus Metal Processing Inc.，亚洲有日本的 Nikki Universal、印度的 Hindustan Platinum 等公司。我国的浩通科技、贵研资源（易门）都先后建成了对应的化工行业贵金属废催化剂回收处置生产线。

　　1）从石油化工含贵金属废催化剂中回收铂

　　（1）全溶解法。

　　用 "$\text{H}_2\text{SO}_4 + \text{HCl} + \text{H}_2\text{O} + $氧化剂" 体系处理含铂石油化工含贵金属废催化剂，稀贵金属铂、铼和载体 Al_2O_3 全部溶解，溶解液中为碱金属阳离子 Al^{3+}、Fe^{3+}，酸根阴离子 Cl^-、SO_4^{2-} 和稀贵金属配阴离子 PtCl_6^{2-}、ReO_4^-。阴离子树脂只吸附稀贵金属配阴离子 PtCl_6^{2-}、ReO_4^-，实现铂、铼与其他物质的分离、富集。全溶解法已成功在我国实现产业化，是我国从石油化工含贵金属废催化剂中回收铂、铼的主要方法，典型企业为浩通科技。这种工艺具备成本低、适应性强且操作便捷、没有污染、综合利用率高等优势，最终获取的铂的回收率可以达到98%以上。

　　（2）硫酸选择溶解载体法。

　　硫酸能溶解载体 $\gamma\text{-Al}_2\text{O}_3$ 和活性组分铼，而不溶解活性组分铂，采用树脂吸附法从溶解液中吸附回收铼，从不溶解渣中回收铂。富铂渣铂的含量控制在10%～30%之间，在 600℃下焙烧，硝基盐酸溶解造液，并添加氯化铵进行多次沉铂，最终煅烧就可以获取海绵铂，亦或是使用水合肼就可以在还原中获取纯铂。因为载体在溶解时，会在浸出液中出现少量铂，所以可以添加适宜的活性炭或还原剂，降低浸出液中的 Pt 含量。位于美国加州的贺利氏 Santa Fe Springs 精炼厂采用硫酸溶解 Al_2O_3 载体，每年处置 5000～6000 t 石油化工含贵金属废催化剂，对于单铂活性组分氧化铝基石油化工含贵金属废催化剂，我国部分企业也采用硫酸选择溶解载体的方法回收铂。

（3）加压碱溶解载体法。

氢氧化钠溶液能溶解 $\gamma\text{-}Al_2O_3$，在一定的温度和压力条件下，可加快 Al_2O_3 载体的溶解速度，降低不溶渣的数量，提高铂的回收率，缩短生产周期，加快铂的周转，减少资金积压。在降低浸出液中 Pt 含量的情况下，铂族金属富集工作可以达到 8～12 倍，且回收率能有 95%。贺利氏德国总部铂族金属精炼厂采用加压碱溶解载体法处置石油化工含贵金属废催化剂，并实现了工业应用。

（4）高温碱熔融载体法。

高温碱熔融载体法在当前我国石油化工废催化剂中铂的回收实践中也存在一定的影响。昆明贵金属研究所采用碱熔融载体法处置石油化工含贵金属废催化剂，载体 Al_2O_3 生成可溶于水的 $NaAlO_2$，而铂不溶解，实现铂的分离、富集，已成功实现工业应用。

（5）选择性浸出活性组分法。

这种方法是指，载体不溶，只能通过选择性溶出铂。由于在多种氧化铝晶型中，只有 $\alpha\text{-}Al_2O_3$ 不会在酸中溶解，因此会选择高温焙烧的方法，将基体转变为酸不溶晶型，而后氯化浸出铂，最终可以结合阴离子交换树脂等方式，富集含铂溶液中的铂。石化行业在引用此种工艺进行处理操作时，铂回收率将大于等于 95%，且不溶基体中残留的铂含量将会低于 0.05%。

（6）火法。

对难溶的 $\alpha\text{-}Al_2O_3$ 基、$Al_2O_3\text{-}SiO_2\text{-}TiO_2$ 基、SiO_2 基、沸石基等为载体和以炭为载体的石油化工含贵金属废催化剂，目前国际上较知名的回收贵金属的公司一般先采用火法工艺富集贵金属，后转入湿法浸富集和精炼。火法工艺主要包括熔炼法、氯化法和焚烧法。熔炼法应用普遍，须对废催化剂进行必要的预处理并选择合适的熔剂、捕集剂、熔炼设备及操作制度。氯化法能耗少，操作简便，试剂消耗少，对 Rh 的回收率高，但 Cl_2 有毒且严重腐蚀设备；焚烧法流程短、效率高、处理成本低，适用于单一炭质载体废催化剂。火法工艺对设备要求高，且要达到一定规模才有明显优势。常用的火法设备有三相的交流电弧炉与回转炉，还有等离子熔炼炉等。

Pt/C 催化剂的载体属于活性炭，此时为了更好地富集铂，直接进行焚烧除碳的方法具备可行性，但直接操作，碳燃烧若是不充分，将会出现很多黑烟，严重降低了铂的提取率，因此可以添加一定比例的黏土和熟石灰，将两者作为燃烧助剂，有助于更好地控制黑烟的出现，且将焙烧温度控制到 400℃以下。富铂灰在一定条件下引用硝基盐酸进行溶解，铂络合进入溶液，且经过水解沉淀等工序后，就能获取优质纯铂。在焚烧时，烟气净化系统很多都属于湿式水膜收尘器，且有助于石化行业在废水渣泥当中回收铂。

2）从石油化工含贵金属废催化剂中回收钯

20 世纪 90 年代，我国从 Pd/Al$_2$O$_3$、Pd-Pt/Al$_2$O$_3$、Au-Pd/SiO$_2$ 等石油化工含钯废催化剂中回收钯等贵金属，采用"盐酸+氧化剂"体系溶解钯等贵金属，再从溶解液中分离、沉淀钯。方法一是用活泼金属锌、铝从溶解液中置换回收钯；方法二是用 Na$_2$S 从溶解液中分离、沉淀钯，Na$_2$S 沉淀铂族金属的顺序为 Pd(II)＞Pt(II)≫Rh(III)≈Ir(III)，沉淀钯效果最好，Na$_2$S 沉淀钯时对溶液酸度范围适应广，能从王水、盐酸、硫酸等介质中定量把钯沉淀干净，且 Na$_2$S 不沉淀溶液中的 Al^{3+}离子。

3）从石油化工含贵金属废催化剂中回收铑

铑催化剂在石油化工与医药卫生等行业领域中均具有较为广泛的应用，并且随着其行业发展以及对铑催化剂的使用量不断增加，进行铑催化剂中铂族金属回收与循环利用，其价值作用更加突出。应用于石油化工的含铑催化剂，使用后产生有机铑废液、废渣，从中高效回收铑有较大的难度。现在从有机铑废料中回收铑大多采用焚烧的方式破坏有机物，而铑转变为单质或氧化物留存于烧残渣中，部分有机铑受热会挥发，容易损失，而且温度升高，挥发加剧，因此，控制焚烧温度是降低铑挥发损失的关键。铳捕集-铝热活化适用于铂族金属含量较低的物料的富集和溶解。采用铳捕集-铝热活化法从铑催化剂焚烧渣中富集和分离提纯铑目前也已经产业化。

2. 废汽车尾气净化催化剂利用处置技术

由于原料组成差别大、杂质含量高，废汽车尾气净化催化剂的处置难度较大。目前，从废汽车尾气净化催化剂中回收铂族金属分为湿法、火法工艺两种。湿法包括载体溶解、活性组分溶解、全溶和加压氰化等方法，火法包括等离子体熔炼、金属捕集和干式氯化法等。从回收方式上可分为单独建厂回收或将废汽车尾气净化催化剂送铜、镍冶炼厂处理。这些方法各有其优缺点，有的方法已经被广泛使用，有的仍处于研究阶段。

1）湿法工艺

汽车尾气净化催化剂多是以堇青石为载体的蜂窝状催化剂，湿法工艺一般都是将铂族金属活性组分溶解。由于技术相对简单，设备投资较小，湿法工艺回收废汽车尾气净化催化剂中铂族金属的研究比较多，其大致工艺流程为：废汽车尾气净化催化剂磨碎后，用酸溶液处理，使铂族金属溶解进入溶液与载体分离。工艺的核心在于浸出过程，按照浸出压力分为常压化学溶解和加压化学溶解。

（1）常压化学溶解。

常压化学溶解常采用"盐酸+氧化剂"体系溶解废汽车尾气净化催化剂中的铂族金属。过滤使铂族金属与载体分离，再从滤液中用置换法或沉淀剂沉淀铂族金属，浸出液中的贱金属留在溶液中，实现贵贱金属分离，使铂族金属得到富集。

湿法常压化学溶解的技术比较成熟，对设备要求不高，很多回收企业都采用这种方法。但对于处置废汽车尾气净化催化剂，其缺点非常明显，铂族金属回收率较低，铂、钯的浸出率约为90%，铑的浸出率低于70%，不溶渣中铂族金属含量仍然很高，为100～200 g/t，远高于铂族金属矿石，后续需要进一步处理。而且浸出过程中会产生大量废水、废气，对环境影响较大。

（2）加压化学溶解。

由于常压化学溶解常采用的"盐酸+氧化剂"体系溶解铂族金属的同时，也会严重腐蚀设备，因此加压强化浸出的研究成为热点。加压化学溶解常采用加压氰化法以减少对设备的腐蚀，但因要使用大量剧毒氰化钠，危险系数较高。而且对于废汽车尾气净化催化剂，加压氰化法还是未能克服湿法过程中铂族金属浸出率不高、不稳定（高低甚至相差10%～15%）的问题。目前此方法还处于研究探索阶段，未见产业化的报道。

通过对湿法工艺的研究发现，此类工艺的主要缺点是不溶渣中铂族金属含量偏高（100～300 g/t），铂族金属的回收率偏低（低于90%）。另外，会产生大量废水（1t物料产生20～30 t废水），这也限制了湿法工艺的应用。

2）火法工艺

由于湿法工艺存在着诸多问题，目前国际知名的贵金属公司都采用火法工艺处置废汽车尾气净化催化剂中的铂族金属。火法工艺利用熔融状态的铅、铜、铁、镍等捕集金属或利用硫化铜、硫化镍、硫化铁对铂族金属具有特殊的亲合力实现铂族金属的转移和富集。

（1）铅捕集。

铅捕集是最古老的捕集方法，20世纪80年代前，国际知名的贵金属公司大量使用铅捕集法处理各种二次资源废渣。包括Inco公司的Acton精炼厂、Johnson Matthey的UK精炼厂、Impala铂公司精炼厂等。铅捕集操作简单，熔炼温度低，后续精炼工艺简单，投资少、见效快。但铅捕集也有许多缺点：从合金相图看，铅与铑不互溶，需要依靠铂钯协同铅捕集铑，铑的回收率低，只有70%～80%；且铅易形成氧化物挥发，对操作人员和周边环境危害很大。

（2）铜捕集。

后期，国际许多著名的贵金属回收精炼厂都采用了铜捕集法回收铂族金属。日本田中贵金属公司和同和矿业合作，于 1992 年在日本宫城县成立了日本铂族金属公司（Nippon PGM），用铜捕集法处置废汽车尾气净化催化剂。使用密封的电弧炉，熔炼过程中保持炉内为负压，每炉可处理 1 t 废汽车尾气净化催化剂。

（3）铁捕集。

铁的价格低，与铂族金属的亲和力很强。因此铁捕集铂族金属的研究和应用也很多。铁捕集常采用电弧炉熔炼和等离子熔炼，其中等离子熔炼是一种比较特殊的方法。世界上几家大的贵金属冶炼厂，如德国的 BASF、美国的 Multimetco、等公司，以及我国的贵研资源（易门）都采用等离子熔炼进行废汽车尾气净化催化剂中铂钯铑的熔炼富集。

南非的 Mintek 采用电弧炉熔炼法对铂族金属进行富集，并且他们也生产工业电弧炉（处理能力 20 t/d、功率 5.6 MVA 的直流电弧炉，以及处理能力 5 t/d、功率 3.2 MVA 直流电弧炉）和小型电弧炉（处理能力 1 t/d、功率 200～300 kVA 的直流电弧炉及交流电弧炉），但 Mintek 生产的电弧炉主要用于铂族金属原生矿物的熔炼处理。我国的（江苏徐州）浩通科技采用电弧炉熔炼法进行废汽车尾气净化催化剂中铂钯铑的熔炼富集。

火法工艺的优点是铂族金属收率高，尾渣中铂族金属含量一般低于 20 g/t，废水产生量很少（每 1 t 物料得到富集物约为 20～30 kg，因此只需采用湿法工艺处理 20～30 kg 富集物料），对环境压力小。缺点是技术难度大，设备投资高。

英国庄信万丰、德国巴斯夫（美国安格 2006 年并入）、比利时优美科（德国 Degussa 的贵金属回收业务 2003 年并入）、日本铂族金属公司采用三相交流电弧炉、回转炉熔炼回收贵金属，韩国喜星（Heesung PMTech）、美国 Multimetco、捷克 Safina、中国台湾光洋等采用等离子熔炼炉熔炼回收贵金属。

3. 产排污节点

贵金属废催化剂属于危险废弃物，其利用处置过程中使用了强酸、强碱等危险化学试剂，会产生对环境有害的废气、废水、废渣等，如果处理不当，原料、辅料和利用处置过程中产生的"三废"都可能造成环境污染。

1）废气

贵金属废催化剂的利用处置一般采用火法-湿法工艺联合富集和湿法工艺精炼提纯回收贵金属，废气主要有烟尘、氯化氢、氯气、硫酸雾等，少量企业由于使用燃煤锅炉，还会产生燃煤烟气（烟尘、二氧化硫），具体产排节点及处理设施和方法如表 7-5 所示。

表 7-5 贵金属废催化剂产废节点及处理工艺

序号	产废工序点	流程描述、处置方案	主要设备
1	预处理破碎、制样的烟尘	两级自由沉降 ＋ 旋风除尘 ＋ 布袋收尘	旋风、布袋除尘器
2	火法富集的废气	二级热氧化 ＋ 旋风除尘 ＋ 布袋收尘	二燃室、旋风、布袋除尘器
3	湿法工艺溶解、精炼提纯的废气	冷凝回收 ＋ 两级喷淋、碱洗涤	冷凝器、两级喷淋洗涤塔
4	熔炼、煅烧、还原的废气	冷凝回收 ＋ 两级喷淋、碱洗涤	冷凝器、两级喷淋洗涤塔
5	锅炉的烟气	旋风除尘 ＋ 水膜除尘	旋风除尘器、水膜除尘器

2）废水

贵金属废催化剂的废水主要为生产废水。生产废水中的设备冷却水、冷凝水应循环使用。其他的生产废水主要有湿法溶解废水、洗涤废水、精炼废水、锅炉软水处理定期排出的含杂质废水，主要污染物为 Al^{3+}、Fe^{2+}、Ca^{2+}、Mg^{2+}、Cl^-、NH_4^+ 等。无害化处置时，根据各种金属氢氧化物沉淀析出的 pH 值不同，对于生产废水中大部分的低浓度废水可循环使用；少部分的中浓度废水经污水管网收集到生产废水处理站处置，通过中和沉淀+絮凝沉淀的方法去除污染物，处理达到中水标准后外排或回用于溶解单元。资源化处置时，可结合生产废水中的污染物组分予以资源化利用，比如生产硫酸铝、硫酸亚铁等副产品，但资源化处置管理起来较为复杂，包括与使用单位的有效沟通和提供计量、分析、工艺适配等针对性服务。

3）废渣

贵金属废催化剂利用处置过程中所产生的工业固体废物主要为熔炼渣、不溶渣、结晶盐、污水处理中和泥渣等。固体废物按照资源化、减量化、无害化的原则进行综合利用和处置。熔炼渣为玻璃体，贵金属含量低，主要成分为氧化钙、氧化镁、氧化铝、氧化硅等，多作为建筑骨料；不溶渣、结晶盐可作为副产品外售；污水处理中和泥渣仍含有少量贵金属，可作为火法工艺原料提供其他企业再次利用。

7.4.2　标准主要内容

7.4.2.1　标准框架结构

《贵金属废催化剂利用处置污染控制技术规范》（以下简称《标准》）框架结构包括：前言、适用范围、规范性引用文件、术语和定义、总体要求、收集运输贮存要求、预处理要求、贵金属回收利用要求、环境保护和环境管理要求以及安全要求等章节。

7.4.2.2 标准适用范围

适用于石油化工、精细化工、机动车尾气净化领域含载体贵金属废催化剂的利用处置。

7.4.2.3 主要内容解读

1. 总体要求

明确了贵金属废催化剂利用处置的总体要求,包括选址、经营资质、工艺设备选择、环境治理、利用处置产物以及环境管理等方面的要求。贵金属废催化剂为危险废物,严格按照危险废物管理要求管理。

2. 收集运输贮存要求

规定了贵金属废催化剂的收集、运输、贮存要求。主要包括:收集周期;收集形式;包装容器;运输过程的防扬洒、防渗漏和分区贮存等。其中石油化工贵金属废催化剂的收集包装要求直接参照 T/CRRA 0704、T/CRRA 0705 两项团标。贵金属废催化剂中含有卤素元素时,应分类收集。贵金属废催化剂作为危险废物,贮存按照 GB 18597 要求执行,其他要求执行 HJ 2025。

3. 预处理要求

贵金属废催化剂多含有水分、积炭或者有机物等杂质,在利用处置时需要根据种类、成分以及后续处理工序等选择适宜的预处理技术。另外,废机动车尾气催化剂以催化器形式收集时,需进行拆解、破碎等预处理,预处理过程需满足相应的环境管理要求。

4. 贵金属回收利用要求

1)火法捕集

根据作者企业调研和资料调研结果可知,针对载体是难溶的 $\alpha\text{-}Al_2O_3$ 基、$Al_2O_3\text{-}SiO_2\text{-}TiO_2$ 基、SiO_2 基、沸石基等的石油化工贵金属废催化剂大多采用火法熔炼回收。火法处理装备主要有焙烧炉、热解焚烧炉、电弧炉和等离子炉等,主要利用熔融态的铅、铜、铁、镍等捕集剂或利用硫化铜、硫化镍、硫化铁等与铂族金属具有特殊的亲和力实现铂族金属的富集。铅等捕集剂由于具有环境危害,目前已不提倡使用,因此提出在高温熔炼时采用高效环保的贵金属捕集剂。当前也有企业将贵金属废催化剂与其他废物协同处置，为了兼顾环境效益与经济效益，鼓励使用熔池熔炼技术与装备。

2）湿法分离

贵金属废催化剂可采用酸溶、碱溶、电解等工艺进行湿法浸出，采用化学沉淀、树脂吸附、离子交换、金属置换、电化学、络合、萃取、硫化等工艺进行贵金属捕集、精炼。当载体为 γ-Al$_2$O$_3$ 等可溶性载体或 γ-Al$_2$O$_3$/SiO$_2$ 载体等部分可溶性载体时，采用全溶法（H$_2$SO$_4$ + HCl + H$_2$O +氧化剂）浸出或加压碱溶法（NaOH）浸出；当载体为 α-Al$_2$O$_3$ 或 α-Al$_2$O$_3$/SiO$_2$ 等难溶性载体，且催化剂中不含银等与氯离子产生沉淀物的物质时，多采用盐酸选择性浸出法浸出；当载体为 α-Al$_2$O$_3$ 或 α-Al$_2$O$_3$/SiO$_2$ 等难溶性载体，但物料中含有银等与氯离子产生沉淀物的物质时，采用硝酸选择性浸出法浸出；贵金属废催化剂（含铑）为有机类液体时，采用萃取法富集贵金属。湿法富集过程中精炼提纯后的产品通常为海绵铂、海绵钯、铑粉等时，产品质量应达到 GB/T 1419、GB/T 1420、GB/T 1421 要求。为了更好地引领企业提高生产效率，规定铂族金属的一次浸出率应达到95%以上。在调研过程中，编制组发现有企业根据贵金属废催化剂的载体成分，将其做成硫酸铝、硫酸亚铁等净水剂、水处理剂等副产品，实现了贱金属、载体的资源化利用。

5. 环境保护和环境管理要求

规定了贵金属废催化剂预处理、贮存、火法捕集、湿法分离过程中的废气、废水和废渣的污染排放控制要求、对水、气的环境监测要求以及利用处置档案等环境管理要求。贵金属废催化剂火法处理产生的废气主要含烟尘、SO$_2$、NO$_x$、重金属、有机废气及二噁英等，需配套除尘器、二燃室等处理设施，除尘器收集到的粉尘直接返回火法处理工序，污染物排放应执行 GB 18484 规定的最高允许浓度排放限值。湿法处理产生的废气主要含酸性废气、碱性废气、挥发性有机物和有机废气等，需配套冷凝器、喷淋洗涤塔等处理设施，排放应执行 GB 16297 规定的最高允许浓度排放限值。贵金属废催化剂车间清洗废水和生活污水排放标准执行 GB 8978 规定，企业所在地有废水处理排放标准的执行该标准。收集、运输过程产生的废包装材料，废水处理产生的污泥等，依据 2021 年版《国家危险废物名录》判断环境管理属性并采取相应的处置方式。利用处置过程产生的酸溶碱溶废渣、络合残渣、废树脂、废活性炭等按危险废物进行管理。熔炼炉熔炼后产生的残渣按"危险废物焚烧、热解等处置过程产生的底渣、飞灰和废水处理污泥（772-003-18）；危险废物等离子体、高温熔融等处置过程产生的非玻璃态物质和飞灰属于危险废物（772-004-18）"原则属于危险废物，但根据调研和研究结果，国内大部分危险废物高温熔融后的残渣为玻璃体，可按照 GB/T 41015 进行管理。当产物不满足玻璃化产物要求时，由于不同地方生态环境管理部门对高温熔融渣的界定尺度不一，有的地方允许对熔融渣进行鉴别，鉴定为一般工业固体废物后，可以作为建材原料等进行资源化利用，有的地方生态环境主管部门不允许对熔融渣进行鉴别，认为是危险废物。因此本标准提出不满足玻璃化产物要求时执行当地生态环境管理部门相关要求。

6. 安全要求

针对贵金属废催化剂利用处置过程中的环境安全隐患，提出了相应的安全要求。

7.4.3 环境效益和达标分析

7.4.3.1 环境效益

《标准》的实施，将有力推动贵金属废催化剂的高效收集和资源化安全利用进程，对于贵金属废催化剂利用处置企业而言，一方面降低了贵金属废催化剂的收集成本和废渣的贮存、处置成本；另一方面资源化处理后的产物又能给企业带来收益，大大提高了企业的经济效益。同时也降低了贵金属废催化剂流入非正规渠道的可能性，潜在减少了非正规利用处置带来的环境风险。

7.4.3.2 达标分析

《标准》对贵金属废催化剂的预处理、贮存、火法捕集、湿法分离过程中的废气、废水和废渣的污染排放控制均作了具体要求，既规范了企业的生产运营，又降低了环境风险，利于企业接受和实施。

另外，贵金属废催化剂利用处置相关产业产值较高，经济利益大，驱动越来越多的企业加入到贵金属废催化剂的利用处置行业中来，但是不同企业利用处置技术和装备差异较大，产生的污染物水平不一，有的地方还存在作坊式非法处理，污染问题严重。另外，不同处置类型、不同规模、不同性质的企业建设差距较大，企业达标程度也有差异。在标准实施过程中，需根据实际情况对企业实施分级分类管理，对于不能达标的企业应尽快加强环境治理设施改造或淘汰。

7.4.4 标准实施建议

（1）《标准》发布实施后，建议通过行业协会、相关论坛及培训等面向标准的各相关方（收集、运输、贮存、利用处置企业以及相关管理部门等）开展宣贯，尤其是与其他已有标准的区别及新增要求等，使本标准成为贵金属废催化剂利用处置企业准入的条件之一；对于地方管理部门，建议将本标准作为贵金属废催化剂管理的重要依据，加强收集、运输、贮存、利用处置全过程的环境管理，规范化贵金属废催化剂的利用处置。

（2）结合危险废物管理信息系统，深入推进贵金属废催化剂收集、运输、贮存、利用处置等全过程的数据平台建设，实现贵金属废催化剂管理信息的一张网，精准掌握贵金属废催化剂的相关信息。

（3）跟踪掌握贵金属废催化剂的相关国家管理政策，当现行标准与最新的管理政策出现不一致时，尽快组织标准修订。

7.4.5　结语

本标准的发布体现了全过程环境风险防控的理念，细化了贵金属废催化剂的收集、运输和贮存要求，提出了贵金属废催化剂预处理和金属回收利用要求，明确了贵金属废催化剂利用处置的环境保护和环境管理要求，对于促进贵金属废催化剂规范回收体系建设和贵金属回收利用行业规范有序发展、贵金属废催化剂的全过程监管都具有重要意义。本标准颁布实施后，将大大推动贵金属废催化剂的高效、安全、绿色利用处置，为我国的战略金属资源储备起到重要作用。

7.5　钨渣利用处置污染控制技术规范

我国钨资源储量、生产量、贸易量和消费量均居世界第一。我国钨工业正处在高质量发展的关键时期，工艺技术、装备水平、产品质量以及世界影响力不断提升，正向世界钨工业先进行列靠近。仲钨酸铵（APT）是钨产业链前端重要的初级产品，也是钨产业链中固体废物产生的主要生产环节。经过多年的开采，优质的钨资源逐渐缺乏，黑白钨原矿品位降低，随之 APT 冶炼产生的钨渣不断增多。如按照低品位钨精矿吨产品产渣系数 1～1.3 计算，钨渣的产生量超过 10 万吨/年。钨渣的处置方式主要采用水泥窑协同和填埋处理两种方式，但存在着钨渣处置费用较高、处置能力不足，钨渣中有毒物质污染未能有效解决及钨渣中钨、锡、铋、钽、铌等有价元素未能回收利用等问题。钨渣的利用主要通过湿法、火法冶炼提取有价金属，但产生的残渣面临二次污染问题，同时缺乏相配套的污染控制技术标准，钨渣利用已经成为制约钨工业发展的瓶颈。

钨渣产生、收集、贮存、运输和处置环节均建立了相对完整、可参照的管理文件或标准，但是在钨渣利用环节缺乏国家、地方层面相对应的技术规范或者标准。这主要是因为在 2016 年之前钨渣按照一般工业固废处理，2016 年之后列入《国家危险废物名录》后，关于钨渣的利用处置污染控制技术规范尚未及时制定，地方钨渣利用缺少技术政策支撑,迫使生产 APT 企业按照环保要求在厂区内建设暂存库临时堆放钨渣。

经过三十年的发展历程,我国的危险废物环境管理制度逐步形成了由四个层面的管理文件为核心的系统管理体系,主要包括:①法律;②行政法规、部门规章;③技术或管理标准等;④各省规章和地方性法规。为适应新时期对于钨渣利用处置环境管理需求,规范钨渣处理流程,2022 年 12 月由中国环境科学研究院编制的《钨渣利用处置技术规范》(T/CNIA 0173—2022)正式发布。规定了钨渣在收集、贮存、运输、利用、填埋和水泥窑协同处置过程中的污染控制及监测制度要求。可作为有关项目的环境影响评价、设计、验收及建成后运行与管理的技术依据。为便于相关单位对《钨渣利用处置技术规范》条款的理解和应用,本节将从行业概况和污染物排放现状、标准框架结构、主要内容解析、环境效益和达标成本预测、实施建议等方面进行解读。

7.5.1　行业概况与污染物排放现状

7.5.1.1　行业概况

目前,我国钨渣综合利用技术研究主要集中在稀有提取、建筑材料等,且多处于实验室研究阶段。如有研究者开展钨渣中钨、钪、锰等有价金属回收研究;将钨渣作为耐磨添加剂以提高材料耐磨性;制备了多孔陶粒以吸附含重金属废水。部分省份已开展钨渣综合利用技术的工业化应用尝试,主要采用湿法、火法或湿法+火法冶炼相结合的工艺路线回收钨渣中有价金属,但部分钨渣综合利用企业由于没有取得处理危险废物资质或钨渣综合利用产能小或工业化运行尚在完善之中等原因,钨渣未得到充分利用,再叠加监管部门的监管力度,钨渣综合利用受阻。《钨渣利用处置技术规范》编制过程需要充分考虑现有企业的典型处理工艺和排污环节。

7.5.1.2　处理工艺与排污环节

目前,国内钨渣的利用技术以湿法冶炼为主,主要包括钨渣盐酸体系无害化利用技术。火法冶炼工艺由于二次污染问题,未实现工业化发展。处置技术包括水泥窑协同处置与填埋。

1. 钨渣盐酸体系无害化利用技术

钨渣综合回收利用技术主要原理为:用含有盐酸的废水对钨渣预处理,调浆中和、盐酸酸解、铁粉置换银、N235 萃取钨、P204+TBP 萃取钪、石灰沉淀锰,沉锰后的氯化钙母液经蒸发浓缩结晶，得到 $CaCl_2 \cdot 2H_2O$，整个生产过程废水实现零排放。

整个处理过程污染物的排放如图 7-8 所示，废气主要来源于预处理和酸溶工序；废液主要来源于生产废水、地面冲洗废水；固体废物主要有锡富集物、锰富集物、银铜富集物等。

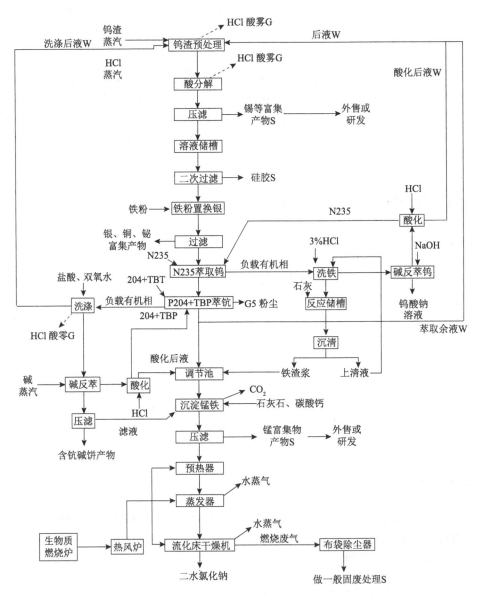

图 7-8　钨渣盐酸体系无害化利用技术工艺主要产排污环节

2. 水泥窑协同处置技术

该技术依托水熟料新型干法水泥生产线处置工业危险废物。

整个处理过程污染物的排放如图 7-9 所示，水泥窑协同处置危险废物过程产生的废气主要来自窑尾烟气；废水主要为危险废物地坑中的渗滤液、危险废物运输车辆冲洗水、车间冲洗水；固体废物主要有废物容器或包装物、污水收集池污泥、窑灰等。

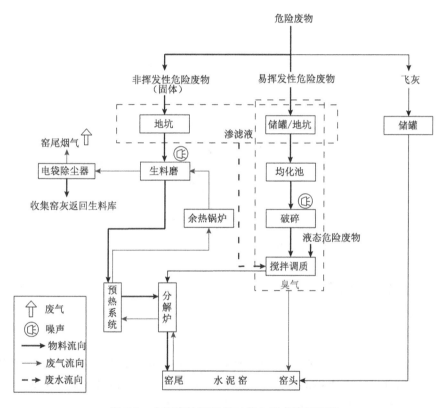

图 7-9　水泥窑协同处置工艺主要产排污环节

3. 填埋技术

通过化学试剂将有害物质转化、结合，并且固定在固化介质中，这类工艺主要有水泥稳定化/固化、石灰（粉煤灰）稳定化/固化以及有机螯合剂或硫化钠、硫代硫酸钠稳定化等，另外加入适量的稳定剂，可以增强固化体稳定性、减少水泥固化剂消耗和增容量。

整个处理过程污染物的排放如图 7-10 所示，因该工艺是在再生铅-铅精矿混合熔炼基础上发展而来的,其产生的废气、废液、固体废物均与再生铅-铅精矿混合熔炼工艺一致,但由于整个流程没有铅精矿的引入,废气的组成成分和废渣种类略为简单。

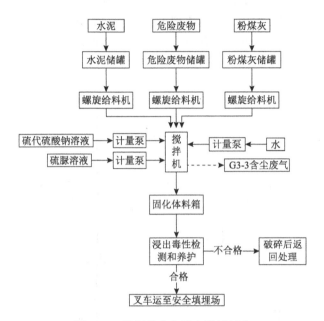

图 7-10　填埋技术主要产排污环节

7.5.2　标准主要内容

7.5.2.1　标准框架结构

《钨渣利用处置技术规范》(以下简称《标准》)框架结构包括:前言、范围、规范性引用文件、术语和定义、总体要求、钨渣利用处置技术要求、企业运行管理要求、环境应急与风险防控等章节。

7.5.2.2　标准适用范围

《标准》规定了钨渣利用处置技术的总体要求、钨渣利用处置技术要求、企业运行管理要求、环境应急与风险防控等。

适用于仲钨酸铵生产过程中产生的钨渣收集、运输、贮存、利用和处置过程中的污染控制以及与钨渣利用处置有关项目的环境影响评价、环境保护设施设计、竣工环境保护验收、排污许可管理、清洁生产审核等。

7.5.2.3　主要内容解读

钨渣自列入 2016 版《国家危险废物名录》后，开始参照国家危险废物管理体系进行管理，从钨渣产生、收集、贮存、运输和处置等环节建立了相对完善的管理体系。《固废法》明确了危险废物管理的方案和责任，为钨渣的管理提供法律依据；地方根据国务院、国家环境主管部门制定的一系列行政法规和部门规章，加强对钨渣的环境管理；在钨渣产生、鉴别、收集、贮存、运输和处置环节，也建立可参照执行的环境管理标准和环境技术标准，为钨渣的管理提供有力的技术支撑。

1. 钨渣收集、贮存、运输、转移技术依据

钨渣收集满足满足 HJ 2025，收集频次依据钨渣产生量、产生单位贮存量、利用处置单位的经营能力等情况确定。

钨渣的贮存应按照 GB 18597 有关要求执行，收集钨渣的容器应不易破损、变形，其所用材料能有效地防止渗漏、扩散，必须贴有国家标准所要求的有毒分类标识。钨渣的收集作业人员应配备必要的个人防护装备，并按已制定的收集操作规程进行操作。钨渣转移应严格执行危险废物转移联单制度，运输过程应采取防扬尘、防雨、防渗（漏）措施。

2. 钨渣利用处置技术要求依据

（1）建立钨渣利用处置技术评价方法，从技术工艺层面上推荐可行技术。本标准钨渣利用处置技术通过综合评估采用基于层次分析法的综合评判法筛选推荐可行技术。在对钨渣产生和利用处置现状调研分析的基础上，广泛搜集资料信息，通过对技术特点、经济效益、环境效果、资源综合利用能力等的全面分析和专家评价的基础上，形成钨渣利用处置污染控制最佳可行技术评估筛选体系。主要步骤包括分析钨渣利用处置技术，建立评价指标体系，确定评价因子的量化值及其权重，运用综合评估模型进行综合评价，首先从技术可行性推荐钨渣利用处置可行技术。

根据调研，梳理出目前针对钨渣利用处置技术清单，主要包括湿法冶炼技术、还原氧化冶炼利用技术、协同含锡废料火法冶炼利用技术、水泥窑协同处置技术、填埋技术及高温熔融玻璃化技术。对评价计算结果进行分析，并开展专家评议、取得对评价结果认同，湿法冶炼利用技术在工艺设备水平、尾渣毒性及危害水平、综合利用率等上属于国内相对好的钨渣利用技术，优先推荐。高温熔融玻璃化技术、还原氧化冶炼利用技术及协同含锡废料火法冶炼利用技术，综合指数较低，技术可行，但不推荐使用。水泥窑协同处置技术作为危险废物处置的有效方式，虽然综合指数较低，但对于社会经济发展及钨渣安全处置方面具有一定优势，并对钨渣处置过程属于危险废物豁免，可推荐，属可行技术。填埋技术综合评价后，专家建议作为钨渣处理处置兜底技术，予以保留。

（2）以生产过程产生的废气、废水满足标准排放、噪声控制满足标准要求及利用过程中产生的固体废物满足属性鉴别要求，规范钨渣利用处置技术的适用性。为保证钨渣利用处置技术实用性，除了从技术可行性层次分析法进行分析推荐，同时从钨渣预处理、利用处置技术在应用过程中产生的废气、废水等经过相应处理后满足排放标准要求及噪声控制满足标准要求，逆向倒逼用于规范钨渣利用处置技术要求。根据《危险废物鉴别标准　通则》（GB 5085.7—2019）要求，创新性地提出"具有毒性危险特性的危险废物利用过程产生的固体废物，经鉴别不再具有危险特性的，不属于危险废物。除国家有关法规、标准另有规定的外，具有毒性危险特性的危险废物处置后产生的固体废物，仍属于危险废物"。钨渣作为毒性危险废物，符合新《危险废物鉴别标准　通则》对钨渣利用要求，为钨渣利用提供新路径。

（3）钨渣预处理，一般包括破碎、分离、固化/稳定化处理等，主要加强对原料场所无组织排放的控制。废气满足 GB 16297 要求排放，厂界噪声应符合 GB 12348 要求。

（4）钨渣湿法利用技术，采用有价金属回收过程应采用技术装备先进、设备能效高、资源综合利用率高、污染防治水平高的先进工艺，不得采用设备能效低、处理能力小、资源综合利用率低、环境污染严重、能耗高的落后工艺。过程中产生的废水应当满足 GB 8978 的要求排放，废气满足 GB 16297 要求达标排放。产生的固体废物进行危险废物鉴定，经鉴定属于危险废物的按危险废物进行管理和处置，不属于危险废物的作为一般工业固体废物进行管理和处置。最终的产品符合 GB 34330 中 5.2 款要求，可按照相应的产品管理。

（5）水泥窑协同处置技术，在《国家危险废物名录》附录危险废物豁免管理清单中明确水泥窑协同处置钨渣过程不按危险废物管理。钨渣在进入水泥窑处置中首先保证水泥窑主体设备及环保设施正常运行，产品质量符合要求，各项污染物达标排放。优先选择具有危险废物经营许可证的水泥窑设施对钨渣进行协同处置。钨渣进入水泥窑协同处置，按照 HJ 662 技术要求。有组织大气污染物应按照 GB 4915、GB 30485、HJ 662 进行检测并满足相关的要求。排放废水应当满足 GB 8978 的要求。水泥窑协同处置钨渣生产的水泥熟料和产品，其质量应分别符合 GB/T 21372 和 GB 175 等现行国家标准的有关规定。

（6）填埋技术，作为钨渣处理处置兜底技术，主要保障在固化/稳定化设施设备正常运行，保证满足 GB 18598 中规定的入场要求，并按照 HJ 819 有关要求执行监测要求，防控环境风险。

7.5.3　环境效益和达标分析

7.5.3.1　环境效益

《标准》中的钨渣利用处置工艺均为国内已有实际应用的工艺，是相对成熟、可靠、环境风险可控的工艺技术。钨渣的利用处置是钨冶炼行业污染防治的重要环节，其效益更重要地体现在社会效益和环境效益上。

《标准》的实施，将有利于选择与我国当前的经济、技术发展水平相适应的工艺技术路线，促进钨渣的资源化与处置，减少对环境的污染，防治和避免钨渣的资源化和处置过程可能的二次污染，实现社会、经济和环境效益的统一。

7.5.3.2　达标分析

（1）采用湿法冶炼技术企业，产能年处理 30000 t 钨渣（干重），环保投资为 339 万元，可产出 12000 t 锡等富集物、135 t 银铜铋富集物、25000 t 锰富集物和 42000 t 二水氯化钙。解决钨冶炼企业钨渣污染环境的难题，更为重要的是能回收利用大量的稀有金属，从而减少大量的金属原矿开采，促进有色金属可持续发展和生态自然环境保护。如果将我国每年的在线钨渣进行综合回收利用，可节约 100 万吨的钨矿、150 万吨的钽铌矿和 100 万吨的铁矿以及数百万吨锰、锡、铋、钪等原矿的开采，并能减少大量药剂的使用，同时降低数千万吨的废水排放。

（2）对于水泥窑协同处置企业，环保投资占总投资 10%～20%，技术生产期平均投资利润率为 15%～25%，平均总投资收益率为 15%～20%，技术的建设具有较好的经济效益，且具有一定的抗风险能力。

（3）对于填埋处理的企业，环保设施投资占总投资的 20%～25%。从总体上来说，污染物排放总量的削减明显改善了危险废物对环境的污染影响。本标准对危险废物的处置将采用更科学、更符合生态学原理的方法，对危险废物中可回收利用的进行资源化处置，合理地实施工业固体废物减量化和无害化处置，从而大大降低由于管理不善而导致地表水、地下水和生态环境等的二次污染问题。

7.5.4　标准实施建议

（1）加强标准宣贯力度。对新建企业应严格按本标准要求审核，同时加大生态环境执法监管力度，采用定期和不定期相结合的方式，加大对企业对现场检查频次，提高企业违法成本，营造公平的市场竞争环境。

（2）根据钨渣利用处置技术适用性评估，推荐技术有富湿法冶炼、水泥窑协同处置及填埋技术，建议企业可在此基础上，根据自身所处地域特点、地方相关环保要求以及其他需考虑的实际情况，选择合适的钨渣综合利用技术。

（3）随着冶金技术发展，钨渣利用处置污染控制技术也将进一步发展，并产生一些工业化的新技术，如湿法与火法联用等，现有的技术也会在相关指标参数方面进一步提高，因此建议持续跟进钨渣利用处置污染控制技术的进步，并实时更新钨渣利用处置技术适用性评估，以指导企业根据自身情况和科技进步选择更适合自身的利用处置技术，并提高金属回收率、减污增效、降低能耗，在实现经济增长的同时，做好环境保护工作。

7.5.5 结语

《钨渣利用处置技术规范》的颁布体现了全过程环境风险防控的管理理念，满足固体废物精细化管理需求。该标准的实施，能有效提高钨渣综合利用效率，实现二次资源转变，并有效降低钨冶炼企业面临的环境风险。

7.6 电解铝炭渣利用处置污染控制技术规范

我国是世界上最大的电解铝生产国，长期以来，电解铝行业高耗能、高污染的状况没有根本改变，环境污染问题愈发突出，特别是危险废物的管理已经开始制约电解铝行业的绿色健康发展。其中，铝电解过程从电解槽中捞出的废炭渣混合物，由氟化盐、炭粉、少量金属铝和部分的杂质组成。2021 年 1 月 1 日起施行的 2021 年版《国家危险废物名录》中明确电解铝炭渣属于危险废物；含有的可溶性氟化物等有害物质，易挥发进入大气，或渗入地下污染土壤和地下水，对动植物生长及人体产生很大损害，破坏生态环境，影响生态平衡。随着国家环境保护政策不断收紧趋严，对产废企业及炭渣危险废物利用处置企业进行科学的环境管理，能够实现电解铝行业的可持续健康发展。

为科学管理电解铝行业危险废物阳极炭渣的收集、运输、贮存、利用和处置过程，依托国家重点研发计划，由中国环境科学研究院牵头，与生态环境部固体废物与化学品管理技术中心、矿冶科技集团有限公司、中国有色金属工业协会再生金属分会、山东宏桥新型材料有限公司、包头铝业有限公司、山东南山铝业股份有限公司、云南铝业股份有限公司、国家电投集团宁夏能源铝业有限公司等单位针对电解铝阳极炭渣开展了高风险危险废物利用处置技术评价研究，并制定发布团体标准《电解铝阳极炭渣利用处置管理规范》（T/CNIA 0166-2022）。

7.6.1 行业概况与污染物排放现状

7.6.1.1 行业概况

现代电解铝工业生产中，均使用冰晶石-氧化铝融盐电解法生产原铝。以氧化铝为原料，冰晶石（Na_3AlF_6）为溶剂，通入直流电进行电解，在阴极和阳极上发生电化学反应，阴极产生液态铝，阳极产生气体二氧化碳（约 75%～80%）和一氧化碳（约 20%～25%）。电解温度一般为 930～970℃。氧化铝熔融于冰晶石形成的电解质熔体（通常含有 80%冰晶石、6%～13%氟化铝和 1%～3.5%氧化铝以及 5%～10%氟化钙、氟化镁和氟化锂等添加剂）与铝液因具有密度差而分层。用真空抬包将铝液抽出后，经净化和过滤，得到高纯度原铝，经浇铸后形成铝锭或铝合金。

2019 年，全球原铝产量 6369.7 万吨，其中，我国电解铝产量达到 3504.4 万吨，电解铝产能 4100 万吨/年，运行产能 3640 万吨/年，电解铝产能产量双指标占全球的总产能总产量已经达到 55%以上。电解铝产能分布较广，主要分布在山东、新疆、内蒙古、河南、甘肃、青海、广西、贵州、云南等省、自治区。目前，中国电解铝企业在各省区的产能占比分别为：山东 27%；新疆 17%；内蒙古 11%；河南 7%；青海 7%；甘肃 6%；广西 4%；贵州 4%；云南 4%等。电解铝为高耗能产业，由于我国西部地区煤炭、天然气、水力资源丰富，电力成本低廉，近年来电解铝生产重心已逐渐转移至西南部地区，青海、内蒙古、云南、甘肃、宁夏、贵州、新疆、四川等西部省区电解铝产量已占全国总产量的 50%以上。

金属铝（原铝）的工业化生产在世界范围内目前均采用熔盐电解技术，以氧化铝为原料、冰晶石熔盐作电解质、炭素材料作阴极和阳极。铝电解过程中产生的炭渣主要包括由于受到不均匀燃烧、选择性氧化、铝液和电解质的侵蚀、冲刷等原因的影响，使部分碳颗粒脱落进入熔盐电解质中的炭素阳极渣。电解槽内炭渣的产生对铝电解过程的影响较大，炭渣会增加电解质的电阻率，在槽电压恒定的情况下，导致极距减小，加剧电解质与铝液界面上铝的二次溶解损失，最终导致电流效率降低等问题。为保证铝电解生产过程正常进行，铝电解槽电解质中的炭渣必须定期打捞。在捞炭渣过程当中，电解质因黏附在炭渣表面被带走，炭渣中通常含有 60%左右的电解质。

铝电解生产过程中，阳极反应主要为：$2Al_2O_3 + 3C \xlongequal{\quad} 4Al + 3CO_2$，理论计算，生产 1 t 铝消耗碳阳极量为 334 kg。但是，在实际铝电解生产过程中由于炭阳极（活性较高的沥青焦）与空气和二氧化碳反应、脱落掉渣等会引起炭阳极的额外消耗，因此，我国电解铝行业每年产生的危险废物超过 200 万吨，其中，炭渣产生于电解槽，根据原铝产量以及理论过程分析推算，我国炭渣年产生量超过 30 万吨。电解铝炭渣成分及含量、信息、产废环节及产废系数见表 7-6 至表 7-8。

表 7-6 炭渣成分组分相对含量

废物名称	物质组分（%）					
炭渣	冰晶石 （60）	氧化铝 （11）	萤石 （2）	K_2NaAlF_6 （2）	$LiNa_2AlF_6$ （4）	炭 （20）

表 7-7 电解铝炭渣信息

废物类别及行业来源	废物代码	废物名称[①]	污染特性[①]	废物组成	特征污染物
HW48 有色金属采选和冶炼废物 （常用有色金属冶炼）	321-025-48	电解铝生产过程产生的炭渣	T	电解铝生产过程炭素阳极表面脱落进入电解质产生的捞渣及残阳极	氟化物

①引自《国家危险废物名录》，T 表示毒性。

表 7-8 电解铝炭渣产废环节及产废系数

废物名称	废物代码[①]	产废环节	产废系数	产生规律
炭渣	321-025-48	冰晶石-氧化铝融盐电解环节	5～15 kg/t 电解铝	连续

①引自《国家危险废物名录》。

7.6.1.2 处理工艺与排污环节

电解铝炭渣主要包括炭素阳极不均匀燃烧、选择性氧化、铝液和电解质的侵蚀、冲刷等原因导致从阳极脱落进入熔盐电解质中的炭质残渣。为保证铝电解生产过程正常进行，必须定期打捞电解槽电解质中的炭质残渣。经检测，炭渣的主要成分是以冰晶石为主的钠铝氟化物、Al_2O_3 和炭等，都是铝电解工业所用的宝贵原料。炭渣中的有害物质主要为可溶性氟化物，为了避免环境污染和提高经济效益，需要采用合理技术实现炭和电解质的分离回收。目前，国内公开报道的处理炭渣技术主要有浮选工艺、焙烧工艺等。其中，浮选工艺是目前较为成熟的、已在工业上应用的一种低能耗、易操作的环保分离技术，成为国内现阶段最为常用的炭渣处理手段。

1. 湿法浮选技术

炭渣湿法综合利用技术（图 7-11）是利用炭渣中物质不同成分的物理和化学性质差异，通过浮选处理，使炭渣中的含氟物质和炭成分等得到回收和循环利用，处理工艺无废酸、废气、废渣排放，可以实现电解铝炭渣的无害化处理及有用元素的资源化利用。炭渣加水磨细至一定浓度和粒度，加入浮选药剂搅拌处理，然后进入浮选机并导入空气形成气泡。炭粉随气泡上浮至矿浆上面形成泡沫刮出弃之，电解质自浮选槽底流排出，从而实现炭渣中炭粉与电解质分离的目的。浮选法的优点：处理成本低；劳动用工少；工人劳动强度小，生产环境好。浮选法的缺点：回收电解质中含碳量高，不利于返回铝电解生产用；炭粉/泥中可溶性氟化物较高，超过危险废物浸出毒性限值。

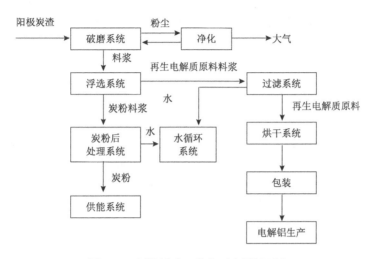

图 7-11 湿法浮选工艺主要产排污环节

2. 高温熔炼/焙烧技术

炭渣高温熔炼工艺的基本原理是炭渣在一定温度下焙烧，使炭渣中的碳、氢等可燃物充分燃烧，所得焙烧产物即为电解质，从而实现炭渣中电解质与碳分离的目的。炭渣焙烧工艺流程包括炭渣焙烧过程主要包括磨料、焙烧、冷却等工序（图 7-12）。该工艺一般采用反应炉，集氧化燃烧、催化转化、气化除杂、调质均

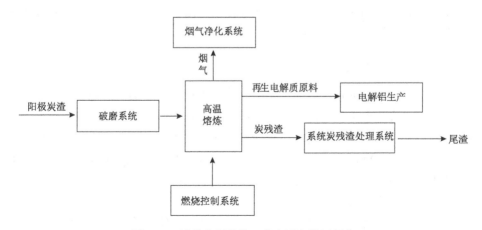

图 7-12 炭渣高温熔炼工艺主要产排污环节

化、烟气处理于一体，加热方式采用电或燃气等加热，火法炭渣处理主要采用高温燃烧炭渣中的碳，产品为再生冰晶石。技术缺点在于燃烧室的寿命问题及含氟气体的处理，工艺技术能耗较高，高温焙烧会产生二次环保问题；焙烧时间长，生产效率低下，不利于大规模处理炭渣，工人劳动强度大，劳动环境恶劣等。优点是生产的再生冰晶石纯度质量较好、纯度高，可直接返回电解槽循环利用。

7.6.2 标准主要内容

7.6.2.1 标准框架结构

《电解铝阳极炭渣利用处置管理规范》（以下简称《标准》）框架结构包括：范围，规范性引用文件，术语和定义，总体要求，电解铝炭渣收集、贮存、运输管理要求，电解铝炭渣利用处置管理要求，末端环境管理要求，电解铝炭渣利用处置企业运行管理要求，应急与风险防控9部分。

7.6.2.2 标准适用范围

适用于电解铝行业阳极炭渣的收集、运输、贮存、利用和处置过程中的管理。

7.6.2.3 主要内容解读

1. 收集、贮存、运输管理要求

电解铝炭渣属于危险废物，其收集、贮存、运输过程应满足危险废物管理要求。《标准》规定了收集过程管理要求及台账记录要求，防止运输过程的二次污染；炭渣及其预处理产物的贮存场所及运输过程的防雨、防渗等要求；以及对收集作业工人防护要求等。

2. 末端环境管理要求

电解铝炭渣利用处置过程会产生废气、废水和固体废物，不同处理环节产生的污染物组成成分也不尽相同，废气的排放目前行业内没有专门关于铝行业固危险废物利用处置的相关管理要求，企业可根据环评执行《大气污染物综合排放标准》（GB 16297—1996），也可以执行《铝工业污染物排放标准》（GB 25465—2020）相关要求。自备利用处置设施的电解铝企业废气系统收集的电解质粉尘可直接返回电解铝车间生产系统。

废水的排放目前行业内没有专门关于铝行业固危险废物利用处置的相关管理

要求，企业可根据环评执行《污水综合排放标准》（GB 8978—1996），也可以执行《铝工业污染物排放标准》（GB 25465—2020）相关要求。生产区废水不得与生活污水混合处理；含氟生产废水，应在其生产车间或设施内进行分质处理或回用，经处理达标后排放；生产废水宜全部循环利用。

浮选工艺及高温工艺会产生二次固体废物，如炭粉/泥、含氟废料、熔炼残渣、废气净化灰渣、分选残余物等含氟废物，应进行妥善管理。炭粉/泥应进行危险废物属性鉴定后明确其相关管理要求。

7.6.3　环境效益

《标准》可为有关项目的环境影响评价、设计、验收及建成后运行与管理提供参考。本标准中的炭渣利用处置工艺均为国内已有实际应用的工艺，是相对成熟、可靠、环境风险可控的工艺技术。浮选及高温熔炼是我国当年和未来一段时间内电解铝炭渣处理的主要途径之一，电解铝炭渣的利用处置是工业危险废物污染防治的重要环节，其效益更重要地体现在社会效益和环境效益上。

《标准》的实施，将有利于选择与我国当前的经济、技术发展水平相适应的工艺技术路线，促进电解铝炭渣的处置与资源化，减少对环境的污染，防治和避免炭渣处置和资源化过程可能的二次污染，实现社会、经济和环境效益的统一。

7.6.4　标准实施建议

（1）加强标准宣贯。对电解铝炭渣产生、利用及处置企业加强宣传培训，科学指导相关企业合法合规利用处置炭渣。

（2）提升环境信息化管理水平。在收集、运输和贮存环节，在现有国家固体废物管理信息系统使用的基础上，深入推进电解铝炭渣收集处理数据信息管理系统建设；在污染物监测环节，加强与地方生态环境部门数据共享，提高环境监测能力。

（3）强化新兴利用处置技术研发。当前行业内成熟的电解铝炭渣利用处理技术较少，较难满足国家危险废物相关管理要求，资源化利用效率不足，应强化新技术研发，推动电解铝炭渣的资源化利用。

7.6.5　结语

电解铝炭渣利用处置管理规范的制订是突破炭渣污染防治管理工作现状的关

键，是在危险废物管理框架体系内针对电解铝行业产生炭渣这一特定危险废物的管理深化和加强。本标准旨在调查评估电解铝阳极炭渣产废情况，掌握管理现状和难点问题，梳理并明确管理要求，指导危险废物产生单位、利用处置单位提升危险废物规范化管理水平。

参 考 文 献

蔡岳洪. 2003. 钨渣在耐磨球中的应用[J]. 湖南理工学院学报(自然科学版), 16(3): 40-42.

陈春梅. 2010. 危险废物风险评价的一般程序及方法分析[J]. 中国资源综合利用, 28(7): 47-49.

陈森, 李靖, 周艳文, 等. 2018. 南京市废铅蓄电池产生量测算的处理现状及存在问题[J]. 环境科学, (35): 107.

陈永松, 周少奇. 2007. 电镀污泥的基本理化特性研究[J]. 中国资源综合利用, 25(5): 2-6.

陈中华, 曹国庆. 2016. EPR与废铅蓄电池回收试点工作进展[J]. 电池工业, 20(1): 50-54.

成建梅. 2002. 考虑可信度的弥散度尺度效应分析[J]. 水利学报, (2): 90-94.

程亮, 张筝, 孙宁, 等. 2020. 补齐医疗废物和危险废物收集处理短板的思考和建议[J]. 环境科学研究, (7): 154-160.

戴艳阳, 钟晖, 钟海云. 2012. 钨渣回收制备四氧化三锰新工艺[J]. 中国有色金属学报, 22(4): 1242-1247.

第十二届全国人民代表大会常务委员会. 2020. 中华人民共和国固体废物污染环境防治法(2020年)[EB/OL]. [2020-04-30]. http://www.mee.gov.cn/ywgz/fgbz/fl/202004/t20200430_777580.shtml.

第十二届全国人民代表大会常务委员会. 2014. 中华人民共和国环境保护法(2015年)[EB/OL]. [2014-04-25]. http://www.mee.gov.cn/ywgz/fgbz/fl/201404/t20140425_271040.shtml.

杜群. 2002. 日本环境基本法的发展及我国对其的借鉴[J]. 比较法研究, (4): 55-64.

方正, 王俊杰, 赵震乾, 等. 2021. 城市生活垃圾焚烧飞灰熔融制备微晶玻璃技术现状分析及其研究进展[J]. 环境污染与防治, 43(4): 506-509.

葛芳新. 2010. 控制危险废物越境转移及其处置的巴塞尔公约浅析[D]. 上海: 华东政法大学.

国家标准化管理委员会. 2018. 报废机动车拆解环境保护技术规范: HJ 348—2007[S]. 北京: 中国环境科学出版社.

国家标准化管理委员会. 2011. 废矿物油回收利用污染控制技术规范: HJ 607—2011[S]. 北京: 中国环境科学出版社.

国家标准化管理委员会. 2005. 废弃机电产品集中拆解利用处置区环境保护技术规范: HJ/T 181—2005[S]. 北京: 中国环境科学出版社.

国家标准化管理委员会. 2020. 废铅蓄电池处理污染控制技术规范: HJ 519—2020[S]. 北京: 中国环境科学出版社.

国家标准化管理委员会. 2007. 铬渣污染治理环境保护技术规范(暂行): HJ/T 301—2007[S]. 北京: 中国环境科学出版社.

国家标准化管理委员会. 2018. 黄金行业氰渣污染控制技术规范: HJ 943—2018[S]. 北京: 中国环境科学出版社.

国家标准化管理委员会. 2019. 排污许可证申请与核发技术规范 废弃资源加工工业: HJ 1034—2019[S]. 北京: 中国环境科学出版社.

国家标准化管理委员会. 2017. 排污许可证申请与核发技术规范　水泥工业: HJ 847—2017[S]. 北京: 中国环境科学出版社.

国家标准化管理委员会. 2018. 排污许可证申请与核发技术规范　陶瓷砖瓦工业: HJ 954—2018[S]. 北京: 中国环境科学出版社.

国家标准化管理委员会. 2019. 排污许可证申请与核发技术规范　无机化学工业: HJ 1035—2019[S]. 北京: 中国环境科学出版社.

国家标准化管理委员会. 2018. 排污许可证申请与核发技术规范　有色金属工业——再生金属: HJ 863.4—2018[S]. 北京: 中国环境科学出版社.

国家标准化管理委员会. 2014. 水泥窑协同处置固体废物环境保护技术规范: HJ 662—2013[S]. 北京: 中国环境科学出版社.

国家标准化管理委员会. 2008. 危险废物(含医疗废物)焚烧处置设施二噁英排放监测技术规范: HJ/T 365—2007[S]. 北京: 中国环境科学出版社.

国家标准化管理委员会. 2010. 危险废物(含医疗废物)焚烧处置设施性能测试技术规范: HJ 561—2010[S]. 北京: 中国环境科学出版社.

国家标准化管理委员会. 2005. 危险废物集中焚烧处置工程建设技术规范: HJ/T 176—2005[S]. 北京: 中国环境科学出版社.

国家标准化管理委员会. 2010. 危险废物集中焚烧处置设施运行监督管理技术规范(试行): HJ/T 515—2009[S]. 北京: 中国环境科学出版社.

国家标准化管理委员会. 2020. 危险废物鉴别技术规范: HJ 298—2019[S]. 北京: 中国环境科学出版社.

国家发展和改革委员会, 国家环境保护总局, 建设部, 财政部和卫生部. 2003. 关于实行危险废物处置收费制度促进危险废物处置产业化的通知[EB/OL]. [2003-11-18]. https://www.ndrc.gov.cn/xwdt/xwfb/xwfb/200507/t20050706_958556.html.

国家发展和改革委员会. 2004. 全国危险废物和医疗废物处置设施建设规划[EB/OL]. [2004-05-23]. https://www.ndrc.gov.cn/fggz/hjyzy/hjybh/200507/t20050711_1161186.html?code=&state=123.

国家环保总局. 1999. 危险废物转移联单管理办法(1999年)[EB/OL]. [1999-05-91]. http://www.mee.gov.cn/gkml/zj/jl/200910/t20091022_171811.htm.

国家环境保护局, 对外贸易经济合作部, 海关总署, 国家工商行政管理局, 国家商检局. 1996. 关于颁布〈废物进口环境保护管理暂行规定〉的通知[EB/OL]. [1996-03-01]. http://www.110.com/fagui/law_43829.html.

国家环境保护总局. 1998. 关于严格控制从欧共体进口废物的暂行规定[EB/OL]. [1998-01-01]. https://www.lawtime.cn/zhishi/a2513764.html.

国家环境保护总局. 2004. 关于印发《全国危险废物和医疗废物处置设施建设规划》的通知[EB/OL]. [2004-01-19]. http://www.mee.gov.cn/gkml/zj/wj/200910/t20091022_172261.htm.

国家卫生健康委, 生态环境部, 国家发展改革委, 工业和信息化部, 公安部, 财政部, 住房城乡建设部, 商务部, 市场监管总局, 国家医保局. 2020. 关于印发医疗机构废弃物综合治理工作方案的通知[EB/OL]. [2020-02-24]. https://www.mee.gov.cn/xxgk2018/xxgk/xxgk10/202002/t20200227_766362.html.

国家卫生健康委办公厅, 生态环境部办公厅, 工业和信息化部办公厅, 公安部办公厅, 住房城乡建设部办公厅, 商务部办公厅, 市场监管总局办公厅. 2020. 关于开展医疗机构废弃物专项整治工作的通知[EB/OL]. [2020-05-14]. https://www.mee.gov.cn/xxgk2018/xxgk/xxgk10/202005/t20200525_780853. html.

国务院办公厅. 1995. 关于坚决控制境外废物向我国转移的紧急通知[EB/OL]. [1995-11-07]. http://www.mofcom.gov.cn/article/b/bf/200207/20020700031331.shtml.

国务院办公厅. 2021. 国务院办公厅关于印发强化危险废物监管和利用处置能力改革实施方案的通知[EB/OL]. [2021-05-11]. http://www.gov.cn/zhengce/content/2021-05/25/content_5611696.htm.

韩利, 梅强, 陆玉梅, 等. 2004. AHP-模糊综合评价方法的分析与研究[J]. 中国安全科学学报, (7): 89-92, 3.

郝雅琼, 黄启飞, 杨玉飞, 等. 2021. 我国常规焦炉危险废物产生和利用处置现状及对策[J]. 环境科学研究, 34(10): 2459-2467.

郝雅琼, 刘宏博, 迭庆杞, 等. 2021. 农药行业废盐产生和利用处置现状及对策建议[J]. 环境工程, 39(12): 148-152.

郝雅琼, 周奇, 杨玉飞, 等. 2021. 炼焦行业危险废物精准管控关键问题与对策[J]. 环境工程技术学报, 11(5): 1004-1011.

郝永利, 胡华龙, 金晶, 等. 2016. 论我国危险废物分级管理的紧迫性[J]. 中国环保产业, (3): 21-23, 27.

何启贤, 周裕高, 覃毅力, 等. 2017. 锌浸出渣回转窑富氧烟化工艺研究[J]. 中国有色冶金, (3): 49-54.

何艺, 靳晓勤, 金晶, 等. 2017. 废铅蓄电池收集利用污染防治主要问题分析和对策[J]. 环境保护科学, 53(3): 75-79.

何艺, 王维, 丁鹤, 等. 2021. 《废铅蓄电池处理污染控制技术规范》(HJ 519-2020)解读及实施建议[J]. 环境工程学报, 15(6): 2018-2026.

何艺, 郑洋, 李忠河, 等. 2018. 社会源危险废物收集和转移管理制度创新探讨[J]. 环境与可持续发展, 43(6): 157-160.

何艺, 郑洋. 2017. 危险废物环境风险全过程防控管理现状及建议[J]. 环境与可持续发展, (6): 30-33.

何宇, 杨小丽. 2018. 基于德尔菲法的精神卫生服务可及性评价指标体系研究[J]. 中国全科医学, 21(3): 322-329.

贺小塘. 2011. 铑的提取与精炼技术进展[J]. 贵金属, 32(4): 72-78.

贺小塘, 韩守礼, 王欢, 等. 2013. 一种从废催化剂中回收贵金属的方法: CN201310214870. 4[P]. 2013-06-03.

贺小塘, 李勇, 王欢, 等. 2013. 一种从氧化铝基废催化剂中富集铂族金属的方法: CN201310104285. 9[P]. 2013-03-28.

贺小塘, 韩守礼, 吴喜龙, 等. 2010. 从铂-铱合金废料中回收铂铱的新工艺[J]. 贵金属, 31(3): 56-59.

贺小塘, 刘伟平, 吴喜龙, 等. 2010. 从有机废液中回收铱的工艺[J]. 贵金属, 31(2): 6-9.

胡华龙, 郑洋, 郭瑞. 2016. 发达国家和地区危险废物管理实践[J]. 中国环境管理, (4): 76-81.

胡晖, 蔡岳洪. 2003. 钨渣在耐磨球生产中的应用研究[J]. 现代铸铁, (6): 1-4.

胡求光, 余璇. 2018. 中国海洋生态效率评估及时空差异——基于数据包络法的分析[J]. 社会科学, (1): 18-28.

环境保护部. 2018. 排污许可管理办法(试行)[EB/OL]. [2018-01-10]. http://www.gov.cn/xinwen/2018-01/17/content_5257422. htm.

环境保护总局. 2004. 危险废物安全填埋处置工程建设技术要求[EB/OL]. [2004-04-30]. http://www.mee.gov.cn/ywgz/fgbz/bz/bzwb/other/hjbhgc/200405/t20040511_89858. shtml.

环境保护部. 2009. 污染源在线自动监控(监测)数据采集传输仪技术要求: HJ 477—2009[S]. [2009-07-02]. https://www.mee.gov.cn/ywgz/fgbz/bz/bzwb/other/qt/200907/t20090708_154391.shtml.

黄启飞, 王菲, 黄泽春, 等. 2018. 危险废物环境风险防控关键问题与对策[J]. 环境科学研究, 31(5): 789-795.

黄泽春, 王琪, 黄启飞. 2013. 染料涂料废物贮存豁免量限值研究[J]. 环境工程技术学报, 3(1): 33-40.

吉林省质量技术监督局, 中国国家标准化管理委员会. 2012. 道路危险货物运输安全技术要求: DB22T 1556—2012[S]. 北京: 中国环境科学出版社.

季文佳, 杨子良, 王琪, 等. 2010. 危险废物填埋处置的地下水环境健康风险评价[J]. 中国环境科学, 30(4): 548-552.

季文佳, 王琪, 刘茂昌, 等. 2010. 危险废物贮存的大气环境健康风险评价[J]. 环境工程, 28(增刊): 309-311.

姜永海, 张丽颖, 李秀金, 等. 2006. 危险废物分级管理方式比较研究[C]. 中国环境科学学会固体废物专业委员会年会暨固体废物资源化与循环经济学术会议. 中国环境科学学会.

蒋文博, 黄玉洁, 刘正, 等. 2021. 基于健康风险的危险废物智能化分级分类研究[J]. 环境监控与预警, 13(5): 14-18.

金晶, 李玉爽, 靳晓勤, 等. 2016. 基于规范化管理要求下的危险废物利用处置现状及管理策略研究[J]. 环境与可持续发展, 41(5): 45-48.

金萍. 2004. 危险废物风险评估体系及管理模式的研究[D]. 合肥: 合肥工业大学.

靳晓勤, 周强, 蒋文博, 等. 2020. 危险废物环境治理体系和治理能力现代化建设初探[J]. 环境与可持续发展, 45(2): 28-30.

孔德鸿, 吴心平, 罗仙平. 2019. 氧压浸出炼锌尾矿渣无害化处理及有价金属综合回收方案选择[J]. 有色设备, (1): 17-20.

李传红, 朱文转. 2000. 浅议我国地方危险废物的管理和处理[J]. 环境保护, (5): 10-17.

李金惠, 段立哲, 郑莉霞, 等. 2017. 固体废物管理国际经验对我国的启示[J]. 环境保护, (16): 69-72.

李金惠, 聂永丰, 白庆中, 等. 2000. 中国危险废物管理国家战略方案研究[J]. 环境保护, (3): 3-5.

李金惠, 段立哲, 郑莉霞, 等. 2017. 固体废物管理国际经验对我国的启示[J]. 环境保护, 45(16): 69-72.

李淑媛, 郑洋, 郝永利, 等. 2011. 我国进口废物分类管理目录的发展对策[J]. 环境与可持续发展, 36(2): 45-49.

李思航. 2017. 我国废旧铅蓄电池的回收处理现状研究[J]. 广东化工, (16): 165.

李小文, 张云华. 2019. 模糊综合评价法在医生评价系统中的应用[J]. 电工技术, (2): 100-101.

李延刚. 2018. 建筑工程项目施工进度控制模糊综合评价[J]. 石化技术, 25(6): 236.

厉衡隆, 顾松青, 等. 2011. 铝冶炼生产技术手册(下册)[M]. 北京: 冶金工业出版社.

林斯杰, 蒋文博, 许涓, 等. 2019. 日本废弃物管理经验对我国的启示[J]. 环境与可持续发展, (3): 123-126.

凌江, 温雪峰. 2015. 危险废物污染防治现状及管理对策研究[J]. 环境保护, 43(24): 43-46.

刘斌莲. 2014. 提高ISP工艺锌冶炼回收率实践[J]. 有色矿冶, 30(2): 32-34.

刘贵庆, 罗秉钧. 1994. 美国危险废物污染控制的热点——超基金计划[J]. 环境科学研究, 7(5): 53-56.

刘洪萍. 2009. 锌浸出渣处理工艺概述[J]. 云南冶金, 38(4): 34-37.

刘华峰, 于可利, 李金惠. 2005. 危险废物焚烧设施的环境风险评价[J]. 环境科学研究, (S1), 48-52.

刘鹏飞, 张亦飞, 游韶玮, 等. 2016. 热酸浸出回收黄钾铁矾渣中有价元素[J]. 过程工程学报, 16(4): 584-589.

刘舒. 2013. 危险废物全过程管理风险评估指标体系框架研究[C]. 昆明: 2013中国环境科学学会学术年会论文集(第三卷).

刘学武, 王正民, 王书民. 2016. 炉窑处理湿法炼锌浸出渣研究进展[J]. 商洛学院学报, 30(2): 47-52.

卢静. 2012. 危险废物集中处置企业环境风险评价研究[D]. 北京: 中央民族大学.

卢宇飞, 熊国焕, 何艳明. 2014. 锌浸出渣资源化利用技术分析[J]. 云南冶金, 43(1): 93-96.

罗琨. 2016. ISP法冶炼铅锌节能实践[J]. 有色冶金节能, (4): 16-18.

毛军, 秋实. 2009. 铂族金属市场展望[J]. 世界有色金属, (8): 48-49.

宁继来, 郑永兴, 胡盘金, 等. 2020. 锌冶炼渣选冶联合技术研究进展[J]. 矿冶, 29(3): 18-24.

强化危险废物监管和利用处置能力改革实施方案[N]. 中国应急管理报, 2021-05-27.

曲志平, 王光辉. 2012. 汽车尾气净化催化剂回收技术发展现状[J]. 中国资源综合利用, 30(2): 23-26.

全国人民代表大会常务委员会. 2013. 中华人民共和国传染病防治法[EB/OL]. [2013-06-29]. http://www.moj.gov.cn/subject/content/2020-02/14/1449_3241666.html.

生态环境部, 国家发展和改革委员会, 公安部, 交通运输部, 国家卫生健康委员会. 2020. 国家危险废物名录(2021年版)[EB/OL]. [2020-11-25]. https://www.mee.gov.cn/xxgk2018/xxgk/xxgk02/202011/t20201127_810202.html.

生态环境部. 2019. 2019年全国大中城市固体废物污染环境防治年报[R].

生态环境部. 2020. 关于发布《化学物质环境与健康危害评估技术导则(试行)》等三项技术导则的公告[EB/OL]. (2020-12-24)[2021-06-16]. https://www.mee.gov.cn/xxgk2018/xxgk/xxgk01/202012/t20201225_814802.html.

生态环境部. 2019. 关于发布国家环境保护标准《危险废物鉴别技术规范》的公告[EB/OL]. (2019-11-13)[2021-06-16]. https://www.mee.gov.cn/xxgk2018/xxgk/xxgk01/201911/t20191114_742434.html.

生态环境部. 2019. 关于印发《化学物质环境风险评估技术方法框架性指南(试行)》的通知[EB/OL]. (2019-8-26)[2021-06-16]. https://www.mee.gov.cn/xxgk2018/xxgk/xxgk05/201909/t20190910_733204.html.

生态环境部. 2020. 国家危险废物名录 (2021 年) [EB/OL]. [2020-11-27]. http://www.mee.gov.cn/
　　xxgk2018/xxgk/xxgk02/202011/t20201127_810202. html, 2020.

生态环境部. 2021. 2019 年中国生态环境统计年报[EB/OL]. [2021-08-27]. https://www.mee.gov.
　　cn/hjzl/sthjzk/sthjtjnb/202108/t20210827_861012. shtml.

生态环境部办公厅, 国家发展和改革委员会办公厅, 工业和信息化部办公厅, 公安部办公厅,
　　司法部办公厅, 财政部办公厅, 交通运输部办公厅, 国家税务总局办公厅, 国家市场监督
　　管理总局办公厅. 2019. 关于印发《废铅蓄电池污染防治行动方案》的通知[EB/OL].
　　[2019-01-18]. https://www.mee.gov.cn/xxgk2018/xxgk/xxgk05/201901/t20190124_690792. html.

生态环境部办公厅, 交通运输部办公厅. 2019. 关于印发《铅蓄电池生产企业集中收集和跨区域
　　转运制度试点工作方案》的通知[EB/OL]. [2019-01-24]. https://www.mee.gov.cn/xxgk2018/
　　xxgk/xxgk05/201901/t20190131_691777. html.

史梦洁. 2014. 石灰石-石膏湿法脱硫系统综合能效评估方法研究[D]. 北京: 华北电力大学.

宋雨霖, 徐文龙, 樋口壮太郎. 2017. 日本废弃物处理技术政策发展历程[J]. 城市管理与科技,
　　19(3): 78-83.

孙世群, 金萍, 钟山. 2005. 危险废物风险评估指标体系及权重的研究[J]. 安徽化工, (2): 44-46.

唐梦奇, 阮贵武, 刘国文, 等. 2016. 湿法炼锌浸出渣和黄钾铁矾渣的鉴别[J]. 冶金分析,
　　36(12): 13-17.

汪帅马, 刘永轩. 2016. 浅析建立危险废物分级管理体系的必要性[J]. 江西化工, (5): 128-130.

王凤朝. 2012. 高浸渣资源化综合利用工艺选择分析[J]. 环保与综合利用, (4): 51-55.

王海林, 王俊慧, 祝春雷, 等. 2014. 包装印刷行业挥发性有机物控制技术评估与筛选[J]. 环境
　　科学, 35(7): 2503-2507.

王金利, 刘洋. 2011. 国内废催化剂中铂的回收及提纯[J]. 化学工业与工程技术, 2011, 32(1):
　　20-24.

王琪, 黄启飞, 段华波. 2006. 我国危险废物特性鉴别技术体系研究[J]. 环境科学研究, 19(5):
　　165-179.

王琪, 黄启飞, 闫大海, 等. 2013. 我国危险废物管理的现状与建议[J]. 环境工程技术学报,
　　3(1): 1-5.

王琪, 黄启飞, 高兴保, 等. 2013. 废矿物油贮存豁免量限值研究[J]. 环境工程技术学报, 3(1):
　　41-45.

王启军. 2006. 火电厂 FGD 技术综合评价模型研究[D]. 太原: 太原理工大学.

王维, 邵翔, 叶飞, 等. 2022. 典型因素对含锌废盐酸制备磷酸锌的影响机制研究[J]. 环境监测
　　管理与技术, 34(6): 43-46.

王伟, 袁光钰. 1997. 我国的固体废物处理处置现状与发展[J]. 环境科学, 18(3): 87-90, 96.

王晓钰. 2013. 基于灰色关联度的土壤环境重金属污染综合评价法[J]. 河南师范大学学报,
　　41(3): 110-113.

王学川, 程正平, 丁志文, 等. 2020. 我国危险废物管理制度与含铬皮革废料的管理现状及建议[J].
　　皮革科学与工程, 30(2): 42-47.

王忠伟, 张彦涛. 2007. 危险废物分类、识别、监控一体化管理技术研究概述[J]. 环境科学与管
　　理, (8): 17-21.

王忠伟. 2005. 废铅蓄电池的回收利用和管理对策[J]. 北方环境, (1): 5-7, 13.

卫生部, 国家环保总局. 2003. 关于印发《医疗废物分类目录》的通知[EB/OL]. [2003-10-13]. http:// www.binzhou.gov.cn/zwgk/news1/detail?code={dc54403c-0d31-41e8-8e0a-1e5390a975f6}.

温铝刚, 孙海璐, 李京彦. 2019. 宁夏青铜峡铝厂铝电解炭渣回收利用综合分析[J]. 内蒙古石油化工, 45(6): 13-14.

吴冠民. 1987. 从失效催化剂中回收钯的工艺研究[J]. 贵金属, 8(3): 11-17.

吴晓霞, 陈扬, 尹连庆, 等. 2014. 3MRA 模型在环境风险评价中的应用发展及前景分析[J]. 环境保护前沿, 4: 84-90.

肖超, 刘景槐, 吴海国. 2012. 低品位钨渣处理工艺试验研究[J]. 湖南有色金属, 28(4): 24-26, 71.

新华社. 2020. 中共中央关于制定国民经济和社会发展第十四个五年规划和二〇三五年远景目标的建议[EB/OL]. [2020-11-03]. http://www.gov.cn/zhengce/2020-11/03/content_5556991.htm.

新华社. 2020. 中华人民共和国固体废物污染环境防治法[EB/OL]. [2020-04-30]. http://www.gov.cn/xinwen/2020-04/30/content_5507561.htm.

徐春霞, 马丽涛. 2014. 用不确定德尔菲法预测 GDP[J]. 数学的实践与认识, 44(11): 140-146.

徐桂峰, 张耀军. 2006. 一种含铂催化剂回收方法: CN200610024681.0[P]. 2006-03-14.

许冠英, 罗庆明, 温雪峰, 等. 2010. 美国危险废物分类管理的启示[J]. 环境保护, (9): 74-76.

杨洪彪. 2004. 从失效催化剂回收铂的工艺及应用[D]. 昆明: 昆明理工大学.

杨金林, 刘继光, 肖汉新, 等. 2017. 锌冶金中铁酸锌研究概述[J]. 矿产综合利用, (6): 13-19.

杨庆林. 2019. 模糊综合评价理论在水利工程监理中的应用[J]. 水利技术监督, (1): 7-10.

于相毅, 等. 2019. 发达国家化学品环境风险评估原则与方法[M]. 北京: 中国环境出版集团: 40-56.

郁林枫, 尤文涛. 2018. 贵金属催化剂的发展简谈[J]. 山东化工, 47: 116-117.

岳战林. 2015. 我国危险废物分级管理体系与策略研究[J]. 能源环境保护, 29(3): 61-64.

张德江. 2017. 全国人民代表大会常务委员会执法检查组关于检查《中华人民共和国固体废物污染环境防治法》实施情况的报告[EB/OL]. http://www.npc.gov.cn/zgrdw/npc/zfjc/zfjcelys/2017-11/01/content_2030886.htm.

张方宇, 姜东, 王海翔, 等. 1992. 从铂锡废催化剂中回收铂的工艺研究[J]. 湿法冶金, 11(2): 4-6.

张方宇, 李庸华. 1997. 废催化剂中钯的回收[J]. 贵金属, 18(4): 29-31.

张海亮, 梁冬云, 刘勇. 2017. 电镀污泥处理现状及进展[J]. 再生资源与循环经济, 10(7): 25-30.

张建平. 2018. 钨冶炼渣制备电池级硫酸锰的工艺研究[D]. 赣州: 江西理工大学.

张洁. 2014. 火力发电脱硝工程项目方案选择评价研究[D]. 北京: 华北电力大学.

张丽颖, 黄启飞, 王琪, 等. 2006. 危险废物的分级管理研究[J]. 环境科学与技术, 29(5): 41-43.

张琳, 黄明波, 张薇, 等. 2018. 基于数据包络分析模型的高校图书馆学科服务团队建设绩效评价研究[J]. 大学图书馆学报, 36(6): 64-68.

张雪, 高强, 曹云霄, 等. 2022. 新固废法实施后我国地方固体废物管理进展与展望[J]. 环境保护科学, 48(6): 47-50.

张永春. 2000. 有害废物生态风险评价[M]. 北京: 中国环境科学出版社, 8.

章焱, 安伟, 刘保占. 2018. 基于多层次灰色评价法的 FPSO 外输溢油风险评估[J]. 航海工程, 47(2): 59-63.

赵智繁, 曹倩. 2016. 基于数据包络和数据挖掘的财务危机预测模型研究[J]. 计算机科学,

43(S2): 461-465.

中国钨业协会. 2017. 中国钨工业发展规划(2016—2020年)[J]. 中国钨业, 32(1): 9-15.

佚名. 2020. 中国再生铝行业发展概况、市场供求情况、市场容量及影响行业发展的主要因素分析[J]. 资源再生, (10): 43-47.

中华人民共和国国家质量监督检验检疫总局, 中国国家标准化管理委员会. 2012. 铬渣干法解毒处理处置工程技术规范: HJ 2017—2012[S]. 北京: 中国环境科学出版社.

中华人民共和国国家质量监督检验检疫总局, 中国国家标准化管理委员会. 1998. 工业固体废物采样制样技术规范: HJ/T 20—1998[S]. 北京: 中国环境科学出版社.

中华人民共和国国家质量监督检验检疫总局, 中国国家标准化管理委员会. 2017. 固体废物鉴别标准 通则: GB 34330—2017[S]. 北京: 中国环境科学出版社.

中华人民共和国国家质量监督检验检疫总局, 中国国家标准化管理委员会. 2020. 固体废物再生利用污染防治技术导则: HJ 1091—2020[S]. 北京: 中国环境科学出版社.

中华人民共和国国家质量监督检验检疫总局, 中国国家标准化管理委员会. 1996. 环境保护图形标志 固体废物贮存(处置)场: GB 15562.2—1995[S]. 北京: 中国环境科学出版社.

中华人民共和国国家质量监督检验检疫总局, 中国国家标准化管理委员会. 2019. 排污许可证申请与核发技术规范 工业固体废物和危险废物治理: HJ 1033—2019[S]. 北京: 中国环境科学出版社.

中华人民共和国国家质量监督检验检疫总局, 中国国家标准化管理委员会. 2019. 排污许可证申请与核发技术规范 危险废物焚烧: HJ 1038—2019[S]. 北京: 中国环境科学出版社.

中华人民共和国国家质量监督检验检疫总局, 中国国家标准化管理委员会. 2014. 水泥窑协同处置固体废物污染控制标准: GB 30485—2013[S]. 北京: 中国环境科学出版社.

中华人民共和国国家质量监督检验检疫总局, 中国国家标准化管理委员会. 2014. 危险废物处置工程技术导则: HJ 2042—2014[S]. 北京: 中国环境科学出版社.

中华人民共和国国家质量监督检验检疫总局, 中国国家标准化管理委员会. 2021. 危险废物焚烧污染控制标准: GB 18484—2020[S]. 北京: 中国环境科学出版社.

中华人民共和国国家质量监督检验检疫总局, 中国国家标准化管理委员会. 2007. 危险废物鉴别标准 毒性物质含量鉴别: GB 5085.6—2007[S]. 北京: 中国环境科学出版社.

中华人民共和国国家质量监督检验检疫总局, 中国国家标准化管理委员会. 2007. 危险废物鉴别标准 反应性鉴别: GB 5085.5—2007[S]. 北京: 中国环境科学出版社.

中华人民共和国国家质量监督检验检疫总局, 中国国家标准化管理委员会. 2007. 危险废物鉴别标准 浸出毒性鉴别: GB 5085.3—2007[S]. 北京: 中国环境科学出版社.

中华人民共和国国家质量监督检验检疫总局, 中国国家标准化管理委员会. 2007. 危险废物鉴别标准 易燃性鉴别: GB 5085.4—2007[S]. 北京: 中国环境科学出版社.

中华人民共和国国家质量监督检验检疫总局, 中国国家标准化管理委员会. 2020. 危险废物鉴别标准通则: GB 5085.7—2019[S]. 北京: 中国环境科学出版社.

中华人民共和国国家质量监督检验检疫总局, 中国国家标准化管理委员会. 2013. 危险废物收集贮存运输技术规范: HJ 2025—2012[S]. 北京: 中国环境科学出版社.

中华人民共和国国家质量监督检验检疫总局, 中国国家标准化管理委员会. 2020. 危险废物填埋污染控制标准: GB 18598—2019[S]. 北京: 中国环境科学出版社.

中华人民共和国国家质量监督检验检疫总局, 中国国家标准化管理委员会. 2002. 危险废物贮存污染控制标准: GB 18597—2001[S]. 北京: 中国环境科学出版社.

中华人民共和国国家质量监督检验检疫总局, 中国国家标准化管理委员会. 2018. 危险货物道路运输规则: JT 617—2018[S]. 北京: 中国环境科学出版社.

中华人民共和国国家质量监督检验检疫总局, 中国国家标准化管理委员会. 2021. 一般工业固体废物贮存和填埋污染控制标准: GB 18599—2020[S]. 北京: 中国环境科学出版社.

中华人民共和国国家质量监督检验检疫总局, 中国国家标准化管理委员会. 2003. 医疗废物焚烧炉技术要求(试行): GB 19218—2003[S]. 北京: 中国环境科学出版社.

中华人民共和国国家质量监督检验检疫总局, 中国国家标准化管理委员会. 2006. 医疗废物高温蒸汽集中处理工程技术规范(试行): HJ/T 276—2006[S]. 北京: 中国环境科学出版社.

中华人民共和国国家质量监督检验检疫总局, 中国国家标准化管理委员会. 2006. 医疗废物化学消毒集中处理工程技术规范(试行): HJ/T 228—2006[S]. 北京: 中国环境科学出版社.

中华人民共和国国家质量监督检验检疫总局, 中国国家标准化管理委员会. 2005. 医疗废物集中焚烧处置工程建设技术规范: HJ/T 177—2005[S]. 北京: 中国环境科学出版社.

中华人民共和国国家质量监督检验检疫总局, 中国国家标准化管理委员会. 2010. 医疗废物集中焚烧处置设施运行监督管理技术规范(试行): HJ 516—2009[S]. 北京: 中国环境科学出版社.

中华人民共和国国家质量监督检验检疫总局, 中国国家标准化管理委员会. 2006. 医疗废物微波消毒集中处理工程技术规范(试行): HJ/T 229—2006[S]. 北京: 中国环境科学出版社.

中华人民共和国国家质量监督检验检疫总局, 中国国家标准化管理委员会. 2008. 医疗废物专用包装袋、容器和警示标志标准: HJ 421—2008[S]. 北京: 中国环境科学出版社.

中华人民共和国国家质量监督检验检疫总局, 中国国家标准化管理委员会. 2003. 医疗废物转运车技术要求(试行): GB 19217—2003[S]. 北京: 中国环境科学出版社.

中华人民共和国国家质量监督检验检疫总局, 中国国家标准化管理委员会. 2017. 含多氯联苯废物污染控制标准: GB 13015—2017[S]. 北京: 中国环境科学出版社.

中华人民共和国国家质量监督检验检疫总局, 中国国家标准化管理委员会. 2020. 砷渣稳定化处置工程技术规范: HJ 1090—2020[S]. 北京: 中国环境科学出版社.

中华人民共和国国家质量监督检验检疫总局, 中国国家标准化管理委员会. 2009. 医疗废物焚烧环境卫生标准: GB/T 18773—2008[S]. 北京: 中国环境科学出版社.

中华人民共和国国家质量监督检验检疫总局, 中国国家标准化管理委员会. 2007. 危险废物鉴别标准 腐蚀性鉴别: GB 5085.1—2007[S]. 北京: 中国环境科学出版社.

中华人民共和国国家质量监督检验检疫总局, 中国国家标准化管理委员会. 2007. 危险废物鉴别标准 急性毒性初筛: GB 5085.2—2007[S]. 北京: 中国环境科学出版社.

中华人民共和国国务院. 2019. 医疗废物管理条例(2011 年)[EB/OL]. [2019-11-28]. http://www.gov.cn/gongbao/content/2011/content_1860802. htm, 2019.

中华人民共和国国务院. 2004. 危险废物经营许可证管理办法(2004 年)[EB/OL]. [2004-05-20]. http://www.gov.cn/gongbao/content/2004/content_62826. htm.

中华人民共和国交通运输部. 2013. 道路危险货物运输管理规定(2013 年)[EB/OL]. [2013-01-23]. http://www.gov.cn/gongbao/content/2013/content_2390161. htm.

中华人民共和国交通运输部. 2019. 道路运输车辆技术管理规定(2019 年)[EB/OL]. [2019-11-28]. https://xxgk.mot.gov.cn/2020/jigou/ysfws/202006/t20200623_3315240.html.

中华人民共和国交通运输部. 2019. 危险货物道路运输安全管理办法(2019 年)[EB/OL].
　　[2019-06-21]. https://xxgk.mot.gov.cn/2020/jigou/fgs/202006/t20200623_3308205. html.
中华人民共和国卫生部. 2010. 医疗废物管理行政处罚办法(2010 年)[EB/OL]. [2004-06-02].
　　http://www. mee.gov.cn/gkml/zj/jl/200910/t20091022_171825. htm.
中华人民共和国卫生部. 2003. 医疗卫生机构医疗废物管理办法(2003 年)[EB/OL]. [2003-10-15].
　　http://www.gov.cn/gongbao/content/2004/content_62768. htm.
钟雪虎, 焦芬, 覃文庆, 等. 2017. 电镀污泥处理与处置方法概述[J]. 电镀与涂饰, (17): 50-55.
周斌. 2001. 华东地区城市污水处理厂运行成本分析[J]. 中国给水排水, (8): 29-30.
周大伟. 2018-12-25. 引领新时代钨行业发展[N]. 中国有色金属报.
周奇, 姚光远, 包为磊, 等. 2023. 油气田开采钻井岩屑分类利用处置现状及环境管理[J]. 环境
　　工程技术学报, 13(2): 785-792.
周强, 靳晓勤, 郭瑞, 等. 2020. 我国危险废物全过程管理制度体系现状及展望[J]. 环境与可持
　　续发展, 45(5): 43-46.
朱林, 韩俊伟, 刘维, 等. 2018. 铁矾渣综合利用技术进展[J]. 矿产保护与利用, (4): 124-129.
邹小平, 王海北, 魏帮, 等. 2016. 锌冶炼厂铁闪锌矿湿法冶炼浸出渣处理方案选择[J]. 有色金
　　属(冶炼部分), (8): 12-15.
最高人民法院, 最高人民检察院, 公安部, 司法部, 生态环境部. 2019. 关于办理环境污染刑事
　　案件有关问题座谈会纪要(2019 年)[EB/OL]. [2019-02-20]. https://www.spp.gov.cn/zdgz/201902/
　　t20190220_408574. shtml.
最高人民法院, 最高人民检察院, 公安部, 司法部, 生态环境部. 2019. 关于办理环境污染刑事
　　案件有关问题座谈会纪要(2019 年)[EB/OL]. [2019-02-20]. https://www.spp.gov.cn/zdgz/
　　201902/t20190220_408574. shtml, 2019.
最高人民法院, 最高人民检察院. 2016. 关于办理环境污染刑事案件适用法律若干问题的解释
　　(2016 年)[EB/OL]. [2016-12-27]. https://www.spp.gov.cn/zdgz/201612/t20161227_176817.shtml.
最高人民法院, 最高人民检察院. 2016. 关于办理环境污染刑事案件适用法律若干问题的解释
　　(2016 年)[EB/OL]. [2016-12-27]. https://www.spp.gov.cn/zdgz/201612/t20161227_176817.shtml,
　　2016.
2010 年环境统计年报[EB/OL]. [2012-01-18]. P020170821592888847295. pdf.
2015 年环境统计年报[EB/OL]. [2017-02-23]. P020170223595802837498. pdf.
2016年中国生态环境统计年报[EB/OL]. [2021-08-27.] https://www.mee.gov.cn/hjzl/sthjzk/sthjtjnb/
　　202108/t20210827_860992. shtml.
2017 年中国生态环境统计年报[EB/OL]. [2021-08-27]. https://www.mee.gov.cn/hjzl/sthjzk/sthjtjnb/
　　202108/t20210827_860994. shtml.
2018 年中国生态环境统计年报[EB/OL]. [2021-08-27]. https://www.mee.gov.cn/hjzl/sthjzk/sthjtjnb/
　　202108/t20210827_861011. shtml.
ANTON G J, AITANI A M. Catalytic Naphtha Reforming: 2nd edition[M]. New York: Marcel
　　Dekker, Inc. , 2004.
Department of Water Affairs and Forestry Republic of South Africa. 1998. Minimum Requirements
　　forthe Handling, Classification and Disposal of Hazardous Waste. Second Edition.
EPA. 1988. Risk Assessment Methodology for Hazardous Waste Management[R]. EPA-230-02-89-041.

EPA. 1999. Screening Level Ecological Risk Assessment Protocol for Hazardous Waste Combustion Facilities[R]. EPA530-D-99-001A.

EPA. 2003. Multimedia, Multipathway, and Multireceptor Risk Assessment（3MRA）Modeling System Volume Ⅰ: Modeling System and Science[R]. EPA530-D-03-001a.

EPA. 2003. Multimedia, Multipathway, and Multireceptor Risk Assessment（3MRA）Modeling Volume Ⅱ: Site-based, Regional, and National Data[R]. EPA530-D-03-001b.

EPA. 2003. Multimedia, Multipathway, and Multireceptor Risk Assessment（3MRA）Modeling Volume Ⅲ: Ensuring Quality of the System, Modules, and Data[R]. EPA530-D-03-001c.

EPA. 2003. Multimedia, Multipathway, and Multireceptor Risk Assessment（3MRA）Modeling Volume Ⅳ: Evaluating Uncertainty and Sensitivity[R]. EPA530-D-03-001d.

EPA. 2003. Multimedia, Multipathway, and Multireceptor Risk Assessment（3MRA）Modeling Volume Ⅴ: Technology Design and User's Guide[R]. EPA530-D-03-001e.

HOU W Y, LI H S, LI M, et al. 2019. Multi-physical field coupling numerical investigation of alumina dissolution[J]. Applied Mathematical Modelling, 67: 588-604.

Human Health Risk Assessment Protocol for Hazardous Waste Combustion Facilities[R]. EPA530-R-05-006, September 2005.

HUNTER D, SALZMAN J, ZAELKE D. 2002. International Environmental Law and Policy[M]. Second Edition. New York: Foundation Press, 9-50.

InforMEA. 2021.巴塞尔公约[EB/OL]. [2021-04-23]. https://www.informea.org/zh-hans/treaties/ %E5%B7%B4%E5%A1%9E%E5%B0%94%E5%85%AC%E7%BA%A6/text.

JING Q X, WANG Y Y, CHAI L Y, et al. 2018. Adsorption of copper ions on porous ceramsite prepared by diatomite and tungsten residue[J]. Transactions of Nonferrous Metals Society of China, 28(5): 1053-1060.

LI H S, WANG J R, HOU W Y, et al. 2001. The study of carbon recovery from electrolysis aluminum carbon dust by froth flotation[J]. Metals, 11(1): 145.

MAGALHÃES J M, SILVA J E, CASTRO F P, et al. 2005. Physical and chemical characterisation of metal finishing industrial wastes[J]. Journal of Environmental Management, 75(2): 157-166.

NIE H P, WANG Y B, WANG Y L, et al. 2018. Recovery of scandium from leaching solutions of tungsten residue using solvent extraction with Cyanex 572[J]. Hydrometallurgy, (175): 117-123.

USEPA. 2005. CFR 40 RCRA Subtitle Part C: Waste Determination Procedure[R]. Washington DC: US Environmental Protection Agency Science Advisory Board.

USEPA. 2008. User's Guide Delisting Risk Assessment Software（DRAS）Version 3. 0[R]. U. S. EPA Region 5 Chicago, Illinois.